# 建筑电气设计方法与实践

孙成群　编著

中国建筑工业出版社

**图书在版编目（CIP）数据**

建筑电气设计方法与实践 / 孙成群编著. —北京：中国建筑工业出版社，2016.7
ISBN 978-7-112-19285-4

Ⅰ.①建… Ⅱ.①孙… Ⅲ.①房屋建筑设备－电气设备－建筑设计 Ⅳ.① TU85

中国版本图书馆 CIP 数据核字 (2016) 第 060965 号

本书分为 8 章，包括电气工程师职业素养与能力、建筑体系与电气设计的分析、建筑电气消防设计策略、民用建筑工程电气节能设计、民用建筑防雷与接地设计、超高层建筑电气设计与研究、电气设计中的验证和自我验证、电气设计若干问题解析。本书具有取材广泛、数据准确、注重实用等特点，内容均采用 PPT 形式表述，简明扼要，通俗易懂，希望读者通过阅读本书，开扩思路，提高设计技能，增强解决实际工程问题的能力。

本书适合电气设计人员学习使用，也可作为建筑电气工程师再教育培训教材，并可供相关专业大中专院校师生学习参考。

责任编辑：刘　江　张　磊
责任校对：陈晶晶　张　颖

**建筑电气设计方法与实践**
孙成群　编著
*
中国建筑工业出版社出版、发行（北京西郊百万庄）
各地新华书店、建筑书店经销
北京佳捷真科技发展有限公司制版
北京君升印刷有限公司印刷
*
开本：787 × 1092 毫米　1/16　印张：$21^3/_4$　字数：520 千字
2016 年 7 月第一版　2017 年 12 月第二次印刷
定价：**50.00** 元
ISBN 978-7-112-19285-4
（28538）

# 作者简介

孙成群1963年出生，1984年毕业于哈尔滨建筑工程学院（现与哈尔滨工业大学合并）建筑工业电气自动化专业，2000年取得教授级高级工程师任职资格，现任北京市建筑设计研究院有限公司总工程师，中国建筑学会电气分会副理事长，住房和城乡建设部建筑电气标准化技术委员会副主任委员，中国工程建设标准化协会雷电防护委员会常务理事，全国建筑标准设计委员会电气委员会副主任委员。

在从事民用建筑中的电气设计工作中，曾参加并完成多项工程项目，在这些工程中，既有高层和超过500m高层建筑的单体公共建筑，也有数十万平方米的生活小区。这些项目主要包括：中国尊大厦；全国人大机关办公楼，全国人大常委会会议厅改扩建工程，凤凰国际传媒中心，呼和浩特大唐国际喜来登大酒店，朝阳门SOHO项目Ⅲ期，深圳联合广场；富凯大厦；百朗园；首都博物馆新馆；金融街B7大厦；富华金宝中心；泰利花园；福建省公安科学技术中心；珠海歌剧院；九方城市广场；深圳中州大厦；中国天辰科技园天辰大厦；天津泰达皇冠假日酒店；北京上地北区九号地块-IT标准厂房；北京科技财富中心；新疆克拉玛依综合游泳馆；北京丽都国际学校；山东济南市舜玉花园Y9号综合楼；中国人民解放军总医院门诊楼；山东东营宾馆；李大钊纪念馆；北京葡萄苑小区；宁波天一家园；望都家园；西安紫薇山庄；山东辽河小区等。

撰写出数十篇论文并多次在中国建筑学会建筑电气专业委员会和全国建筑电气设计技术协作及情报交流网年会上受到嘉奖。主持编写《简明建筑电气工程师数据手册》、《建筑工程设计文件编制实例范本—建筑电气》、《建筑电气设备施工安装技术问答》、《建筑工程机电设备招投标文件编写范本》、《建筑电气设计实例图册④》等书籍。参加编写《全国民用建筑工程设计技术措施·电气》、《智能建筑设计标准》GB 50314、《火灾自动报警系统设计规范》GB 50116、《住宅建筑规范》GB 50368、《建筑物电子信息系统防雷设计规范》GB 50343、《智能建筑工程质量验收规范》GB 50339、《建筑机电工程抗震设计规范》GB 50981、《会展建筑电气设计规范》JGJ 333、《消防安全疏散标志设置标准》DB11/1024等标准。

The Author was born in 1963. After Graduated from the major of Industrial and Electrical Automation of Architecture of Harbin Institute of Architecture and Engineering (Now merged into Harbin Institute of Technology) in 1984, then the author has been working in China Architecture Design & Research Group(originally Architecture Design and Research Group of Ministry of Construction P.R.C). He has acquired the qualification of professor Senior Engineer in 2000. He is chief engineer of Beijing Institute of Architectural Design, vice chairman of Housing and Urban and Rural Construction, Building Electrical Standardization Technical Committee, Executive director of the Lightning Protection Committee of the China Engineering Construction Standardization Association, vice chairman of National Building Standard Design Commission Electrical Commission now.

Engaging in architectural design for civil buildings in these years , he have fulfilled many projects situated at many provinces in China ,which include high buildings and monomer public architectures which is more than 500m high, and also hundreds of thousands square meters living zone . They are ZhongGuoZun high-rise Building, the NPC organs office building, Phoenix International Media Center, The expansion project of the Great Hall of the People, Hohhot Datang International Sheraton Hotel,Chaoyangmen SOHO project III, the Unite Plaza of ShenZhen; FuKai Mansion; BaiLang Garden; the New Museum of the Capital Museum; the B7 Building of Finance Street in Beijing ; the FuHuaJinBao Center; the TAILI Garden; Fujian Provincial Public Security Science and Technology Center; Zhuhai Opera House; Nine side of City Square; Shenzhen Zhongzhou Building; Tianchen Building; Crowne Plaza Hotel in Tianjin TEDA; IT Standard Factory of Beijing ShangDi North Area No.9 lot; The Wealth Center of science & technology in Beijing ;Integrated Swimming Gymnasium of XinJiang KeLaMaYi; Beijing LiDu International School; Y9 Integrated Building of ShunYu Garden in ShanDong JiNan; the Clinic Building of the People's Liberation Army General Hospital; ShanDong DongYing Hotel; The memorial of LiDaZhao ;Beijing Vineyard Living Zone; NingBo TianYi Homestead; WangDu Garden; XiAn ZiWei Mountain Villa; ShanDong LiaoHe Living Zone, and so on.

The author have published many papers and books in these years, which are awarded by the Architectural Electric Specialty Committee , a branch of The Architectural Society of China .He has charged many books such as "The Data Handbook for Architectural Electric Engineer", "The Model for Architectural Engineering Designing File Example—Architectural Electric ", "Answers and Questions for Construction Technology in Electrical Installation Building", "Model Documents of Tendering for Mechanical and Electrical Equipments in Civil Building" and Exemplified diagrams of Architecture Electrical Design". And he take part in the compilation of "The National Architectural Engineering Design Technology Measures ·Electric ", "Standard for design of intelligent building GB50314", "Code for design of automatic fire alarm system GB50116", "Residential building code GB50368", "Technical code for protection against lightning of building electronic information system GB50343" and " Code for acceptance of quality of intelligent building systems GB50339", Code for seismic design of mechanical and electrical equipment GB50981, Code for electrical design of conference & exhibition buildings JGJ 333, Standard for Fire Safety Evacuation Signs Installation DB11/1024.

# 前言

建筑电气作为现代建筑的重要标志，它以电能、电气设备、计算机技术和通讯技术为手段来创造、维持和改善建筑物空间的声、光、电、热以及通讯和管理环境，使其充分发挥建筑物的特点，实现其功能。本书遵循国家有关方针、政策，突出电气系统设计的可靠性、安全性和灵活性，秉承“建筑社会责任”的核心理念，对普遍面临要求高，任务重，周期紧和市场竞争的压力条件下，如何给社会提供出高品质的产品，体现电气工程师应负的社会责任，通过作者 30 多年的设计经验和工程实践中涉及的问题，阐述电气设计方法和相关理论，它不仅可以是建筑电气工程设计、施工人员实用参考书，也可作为建筑电气工程师再教育培训教材，供大专院校有关师生教学参考使用。

本书分为 8 章，包括电气工程师职业素养与能力、建筑体系与电气设计的分析、建筑电气消防设计策略、民用建筑工程电气节能设计、民用建筑防雷与接地设计、超高建筑电气设计与研究、电气设计中验证和自我验证和电气设计若干问题解析。本书具有取材广泛、数据准确、注重实用等特点，内容均采用 PPT 形式表述，简明扼要，通俗易懂，希望读者通过阅读本书，开扩思路，提高设计技能，增强解决实际工程问题的能力。

这里深怀感恩之心来品味自己的成长历程，发现人生的真正收获。感恩父母的言传身教，是他们把我带到了这个世界上，给了我无私的爱和关怀。感恩老师的谆谆教诲，是他们给了我知识和看世界的眼睛。感恩同事的热心帮助，是他们给了我平淡中蕴含着亲切，微笑中透着温馨。感恩朋友的鼓励支持，是他们给了我走向成功的睿智。

限于编者水平，对书中谬误之处。真诚地希望广大读者批评指正。

北京市建筑设计研究院有限公司总工程师　孙成群

# 目录

# 第一章

## 电气工程师职业素养与能力

## Professional Quality and Ability of Electrical Engineer

【摘要】电气工程师职业素养是指构成工程师的基本要素的内在规定性，是从事设计活动所具备的主体条件和非对象化的结晶，其包括思想道德素养、知识素养、专业素养和身体素质几个方面。其中，身体素养是物质基础，知识素养是核心，专业素养是关键，思想道德素质是主导。电气工程师素养和创造能力体现设计重要标志，是推动技术进步和工程建设的关键因素。电气工程师能力是指在设计活动过程中对象化的呈现，能力和素养相比，素养更根本，素养是能力的基础，能力的大小是由素养的高低决定的。只有具备较高的职业素养，才会在工程建设中表现出较强的适应力和创造力。

# 目录 CONTENTS

## 1.1 职业要求

### 建筑电气设计

建筑电气广义的解释是以建筑为平台，以电气技术为手段，利用现代的科学理论及电气技术（含电力技术，信息技术及智能化技术等），在建筑空间内，创造人性化生活环境的一门应用学科。

## 1.1 职业要求

### 建筑电气设计的原则

可靠性：根据电气系统的要求，保证在各种运行方式下提高供电的连续性，力求系统可靠。

安全性：保证在电气系统运行时系统安全、工作人员和设备的安全，以及能在安全条件下进行维护检修工作。

简洁性：电气系统力求简单、明显、没有多余的电气设备；投入或切除某些设备或线路的操作方便。避免误操作，提高运行的可靠性，处理事故也能简单迅速。灵活性还表现在具有适应发展的可能性。

## 1.1 职业要求

### 设计阶段流程框图

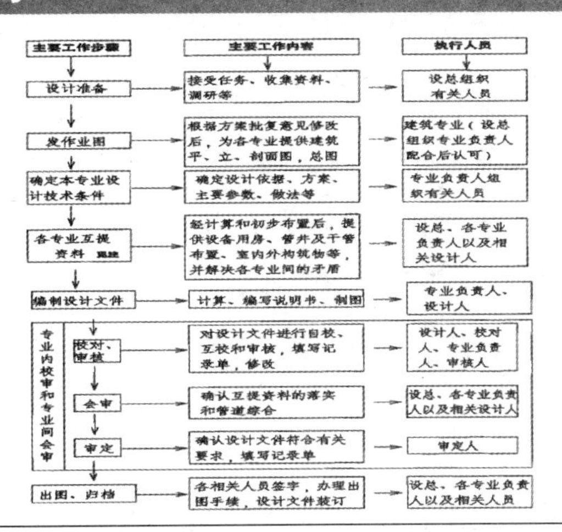


## 1.1 职业要求

### 电气工程师职业道德基本要求

- 发扬爱国、爱岗、敬业精神，既对国家负责同时又为企业服务好。坚持把国家与人民利益放在首位。珍惜国家资金、土地、能源、材料设备，力求取得更大的经济、社会和环境效益。在涉外活动中，遵守外事纪律，维护民族尊严，保守国家政治、经济、技术机密。
- 坚持质量第一，讲求工程效益。遵守各项勘察设计标准、规范、规程，防止重产值、轻质量的倾向、确保公众人身及财产安全，各项设计文件要符合设计深度的规定，防止粗制滥造。积极开展创优活动，克服只重产值，忽视质量、水平和效益的倾向。对工程质量负责到底。
- 搞好团结协作，树立集体观念，甘当配角，艰苦奋斗，无名奉献。
- 信守勘察设计合同，以高速、优质的服务，为行业赢得信誉。

## 1.1 职业要求

电气工程师职业道德基本要求

- 钻研科学技术，不断采用新技术、新工艺，推动行业技术进步；树立正派学风，积极推广、转让技术开发成果，不搞技术封锁，不剽窃他人成果，采用他人成果要标明出处，要征得对方同意，尊重他人的正当技术、经济权利 。
- 认真贯彻勘察设计的各项方针政策，合法经营，严格按国家标准取费，不巧立名目额外收费，不搞无证勘察设计，不搞越级勘察设计，不搞私人勘察设计，不出卖图签图章。
- 遵守市场管理，平等竞争，严格按规定收费，不超收、不压价，勇于抵制行业不正之风，不因收取“回扣”“介绍费”等而选用价高质次的材料设备，不订立为厂家销售产品的合同，不贬低别人，抬高自己。
- 遵守劳动纪律，不私揽设计任务，不参与无证设计及本单位未纳入计划的任何形式的业余设计。服从单位法人管理，有令则行，有禁必止。

## 1.1 职业要求

工作现状

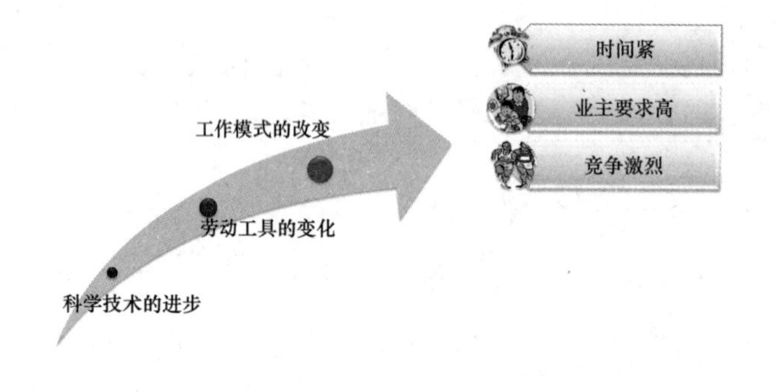


## 1.1 职业要求

**基础标准**——表示专业类别标准中普遍使用并可作为其他标准的基础技术依据，明确规定了该专业类别中其他标准均应遵守符合的要求，一般包括术语、符号、图形、模数、单位等类型的标准。

**通用标准**——表示某一专业类别标准中重要的、能体现其他标准共性的标准，可作为专用标准编制的依据，如涉及公共安全、消防、节能、环保等领域的重要标准。

**专用标准**——表示某一专业类别标准包含的各子类标准，这类标准的使用范围明确单一，针对性较强，能体现某一具体专业或行业的特点及要求。也能直观反映出标准技术的更新换代。

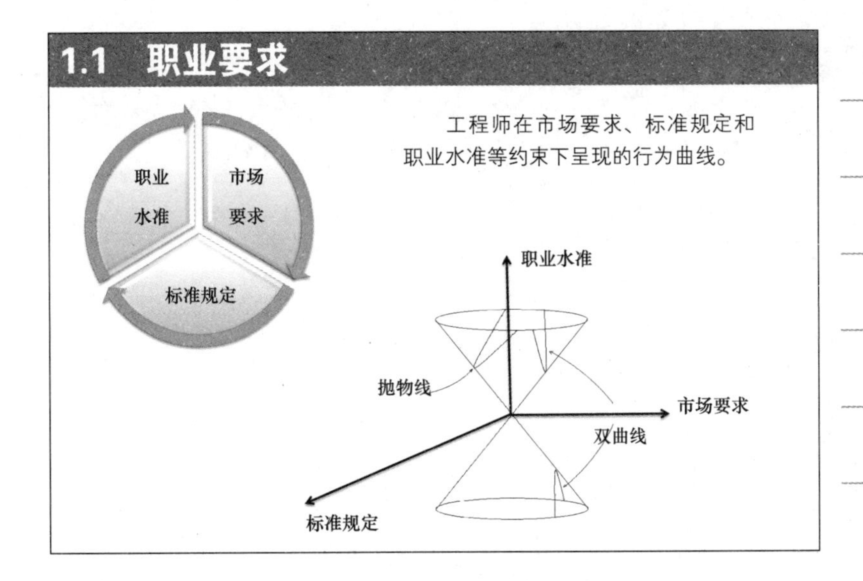


## 1.1 职业要求

有些工程师有过疲劳，焦虑，困惑这样的感受，长期这样的状态，会影响效率、生活品质，甚至健康。

## 1.1 职业要求

如何才能从繁重工作中解脱出来？实现快乐设计，享受人生？实现从困惑到快乐的转变，寻求正确的工作方法是关键。

## 1.1 职业要求

**良好心态**

- 设计的进取心

**不断学习**

- 技术知识储备

**丰富智慧**

- 快速设计方法

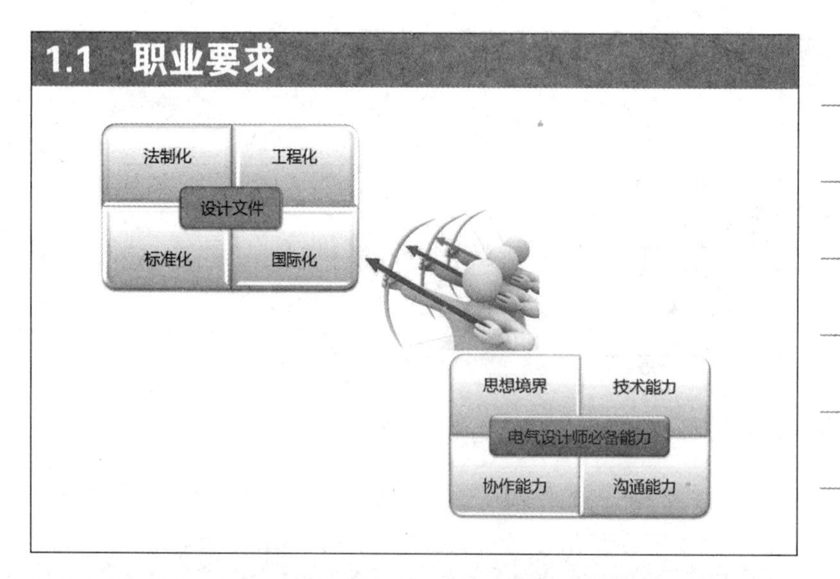


## 1.2 工作方法

## 1.2 工作方法

做任何事情都会有方法

人生×成就=思维方法×热情×能力

工作方法并不完全决定成败，但没有工作方法或者工作方法存在缺陷，往往会导致失败

## 1.2 工作方法

- 建立电气工程系统模型
- 有效沟通
- 工程总结
- 充分利用时间

## 1.2 工作方法

建立电气工程系统模型基本要求

| | |
| --- | --- |
| 现实性 | 指包含内在根据的、合乎必然性的存在，是客观事物和现象种种联系的综合 |
| 简明性 | 力求做到目标对路，结构简明，方法灵活，效果到位，要体现针对性、迁移性、多变性、思维性和层次性 |
| 标准性 | 在一定的范围内获得最佳秩序，对实际的或潜在的问题制定共同的和重复使用的规则的活动 |

## 1.2 工作方法

建立电气工程系统模型遵循的原则

- 切题
- 模型结构清晰
- 精度要求适当
- 尽量使用标准模型

管理模式

建筑标准

建筑功能

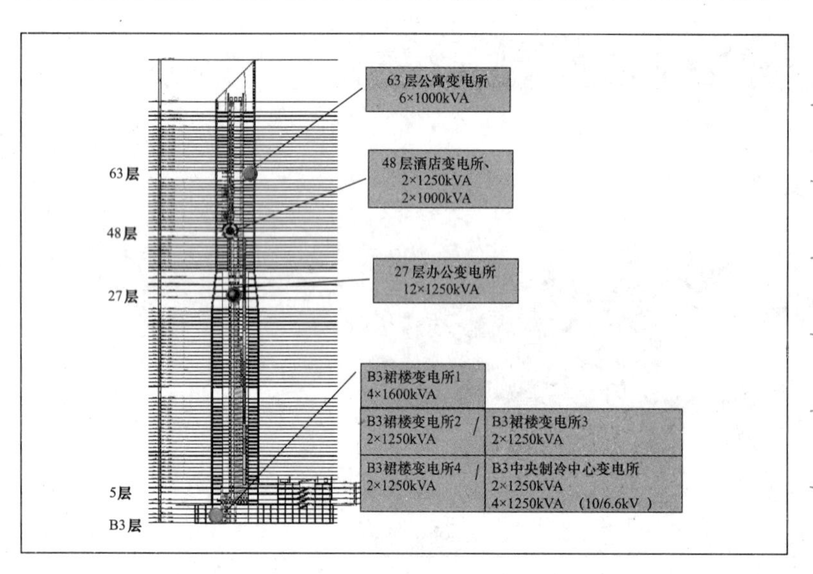


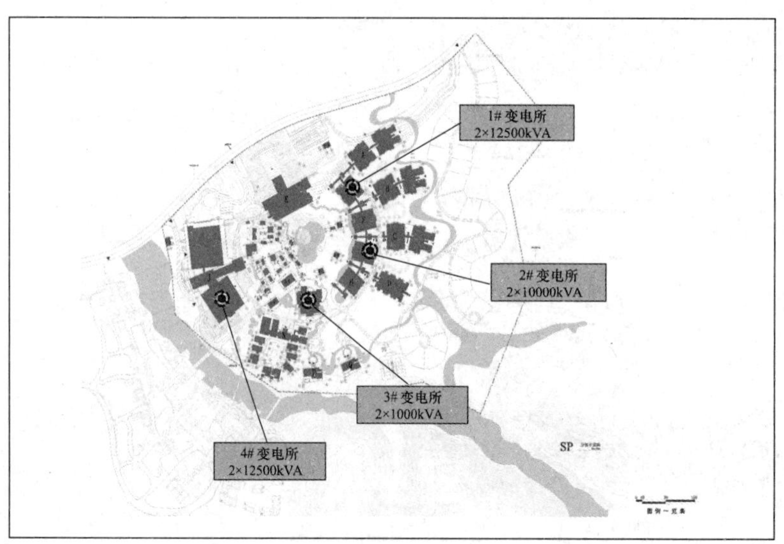

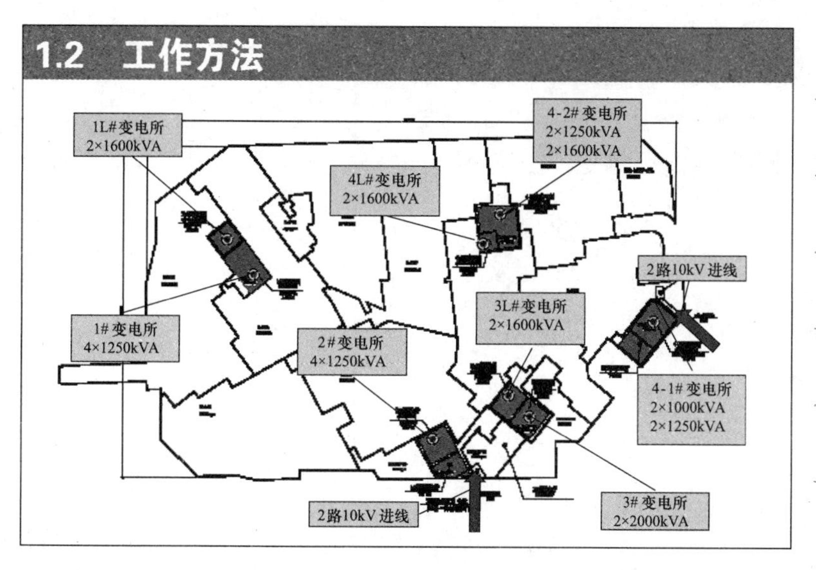
1.2　工作方法
1L#变电所
2×1600kVA
4-2#变电所
2×1250kVA
2×1600kVA
4L#变电所
2×1600kVA
2路10kV进线
3L#变电所
2×1600kVA
1#变电所
4×1250kVA
2#变电所
4×1250kVA
4-1#变电所
2×1000kVA
2×1250kVA
3#变电所
2×2000kVA
2路10kV进线

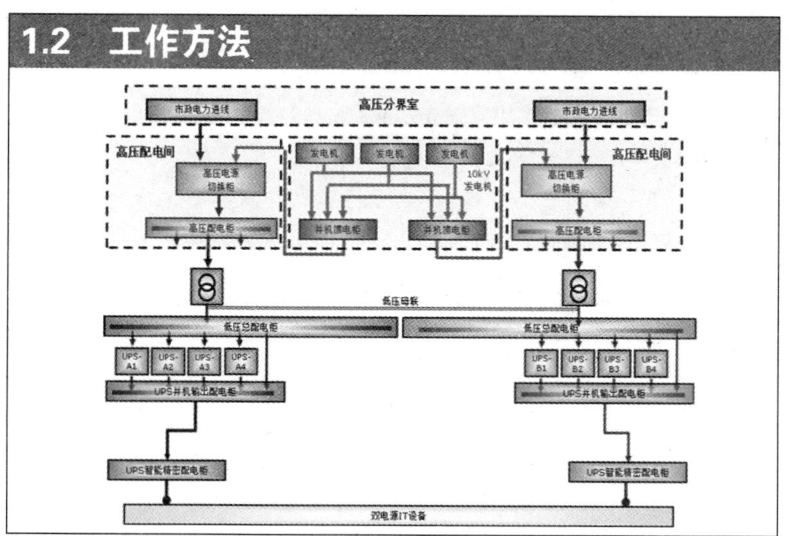
1.2　工作方法
高压分界室
市政电力进线
市政电力进线
高压配电间
高压配电间
高压电源切换柜
高压电源切换柜
发电机
发电机
发电机
10kV发电机
高压配电柜
并机馈电柜
并机馈电柜
高压配电柜
低压母联
低压总配电柜
低压总配电柜
UPS-A1
UPS-A2
UPS-A3
UPS-A4
UPS-B1
UPS-B2
UPS-B3
UPS-B4
UPS并机输出配电柜
UPS并机输出配电柜
UPS智能精密配电柜
UPS智能精密配电柜
双电源IT设备

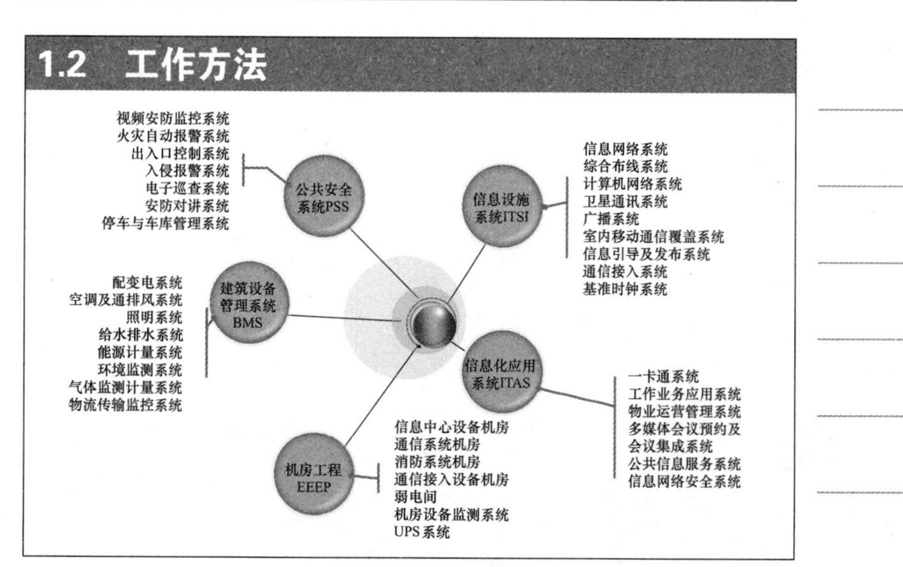
1.2　工作方法
视频安防监控系统
火灾自动报警系统
出入口控制系统
入侵报警系统
电子巡查系统
安防对讲系统
停车与车库管理系统
公共安全系统PSS
信息设施系统ITSI
信息网络系统
综合布线系统
计算机网络系统
卫星通讯系统
广播系统
室内移动通信覆盖系统
信息引导及发布系统
通信接入系统
基准时钟系统
配变电系统
空调及通排风系统
照明系统
给水排水系统
能源计量系统
环境监测系统
气体监测计量系统
物流传输监控系统
建筑设备管理系统BMS
信息化应用系统ITAS
一卡通系统
工作业务应用系统
物业运营管理系统
多媒体会议预约及
会议集成系统
公共信息服务系统
信息网络安全系统
机房工程EEEP
信息中心设备机房
通信系统机房
消防系统机房
通信接入设备机房
弱电间
机房设备监测系统
UPS系统

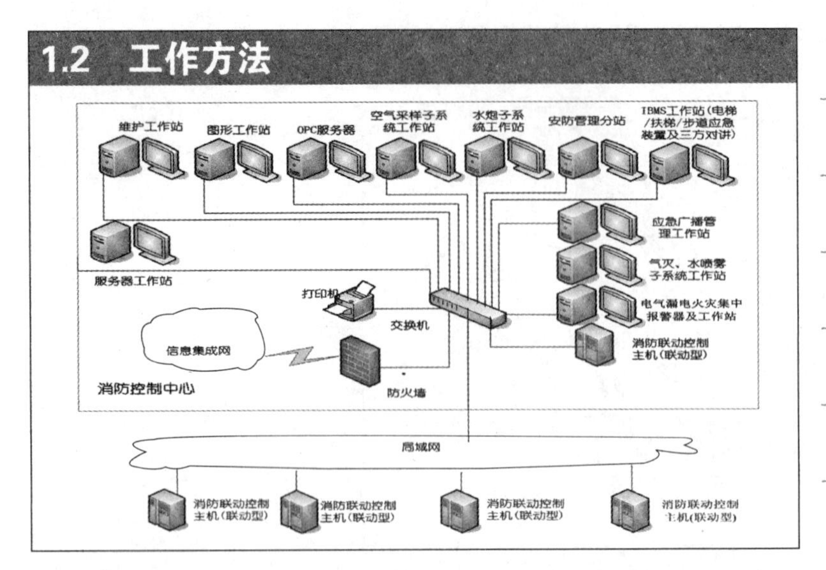
1.2 工作方法
维护工作站
图形工作站
OPC服务器
空气采样子系统工作站
水炮子系统工作站
安防管理分站
IBMS工作站(电梯/扶梯/步道应急装置及三方对讲)
服务器工作站
应急广播管理工作站
气灭、水喷雾子系统工作站
电气漏电火灾集中报警器及工作站
消防联动控制主机(联动型)
打印机
交换机
信息集成网
防火墙
消防控制中心
局域网
消防联动控制主机(联动型)
消防联动控制主机(联动型)
消防联动控制主机(联动型)
消防联动控制主机(联动型)

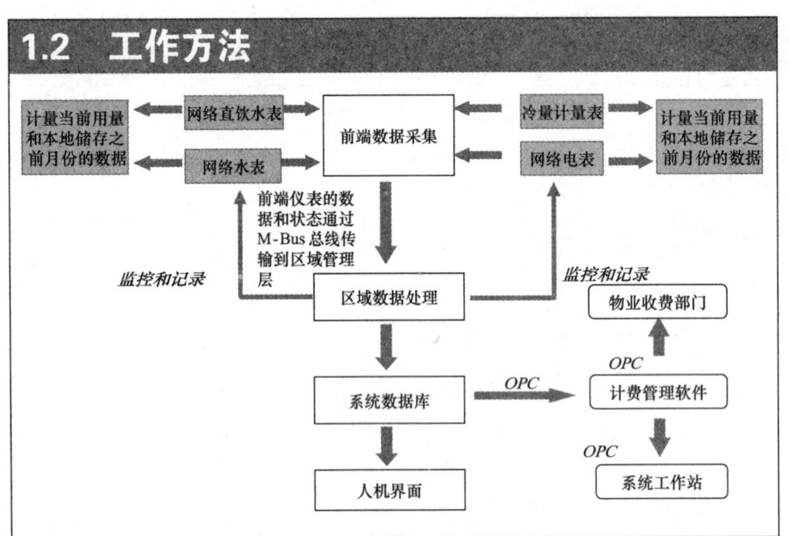
1.2 工作方法
计量当前用量和本地储存之前月份的数据
网络直饮水表
网络水表
前端数据采集
冷量计量表
网络电表
计量当前用量和本地储存之前月份的数据
前端仪表的数据和状态通过M-Bus总线传输到区域管理层
监控和记录
区域数据处理
监控和记录
物业收费部门
OPC
系统数据库
OPC
计费管理软件
OPC
系统工作站
人机界面

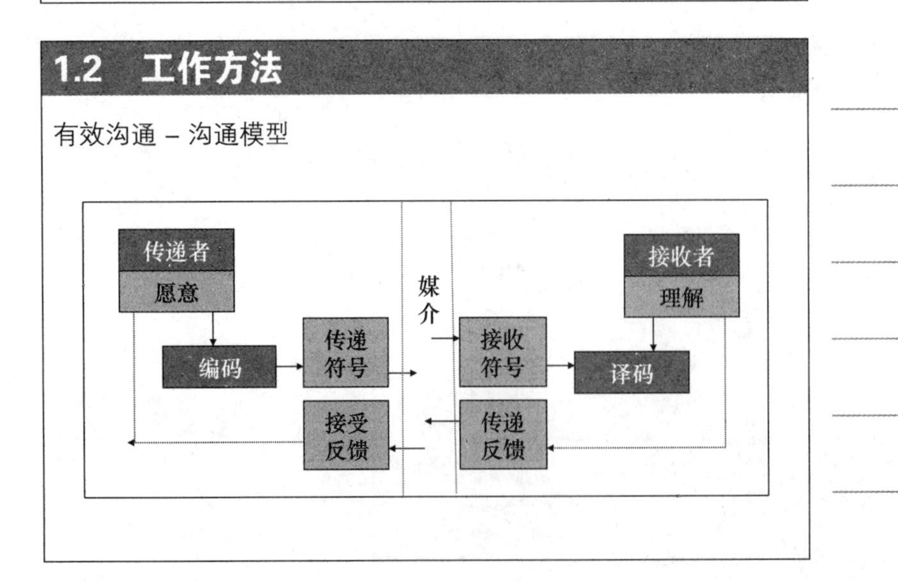
1.2 工作方法
有效沟通 – 沟通模型
传递者
愿意
编码
传递符号
媒介
接收符号
接收者
理解
译码
接受反馈
传递反馈

## 1.2 工作方法

有效沟通——沟通的形式

沟通包括语言沟通和非语言沟通。
语言沟通是包括口头和书面语言沟通。
非语言沟通包括声音语气、肢体动作。
最有效的沟通是语言沟通和非语言沟通的结合。

## 1.2 工作方法

有效沟通——目的和作用

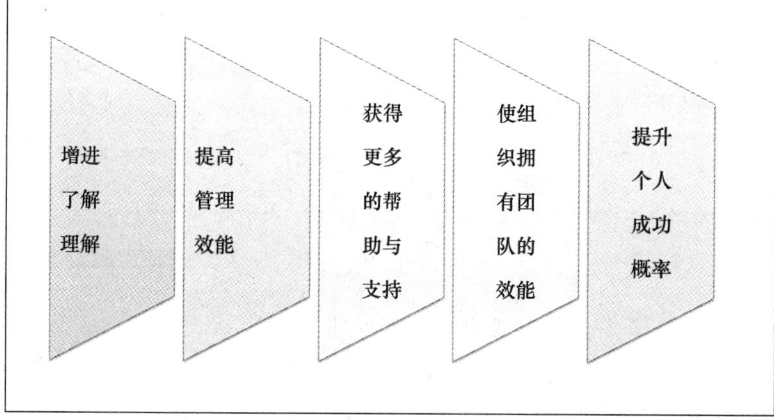


## 1.2 工作方法

沟通的障碍

**发信障碍**
- 发信者的表达能力
- 发信者的态度和观念
- 缺乏反馈

**接收障碍**
- 环境刺激
- 接收者的态度和观念
- 接收者的需求和期待

## 1.2 工作方法

沟通的障碍

**理解障碍**

- 语言和语义问题
- 接收者的接收和接受的能力
- 信息交流的长度和信息传播的方式与渠道
- 地位的影响

**接受障碍**

- 怀有成见
- 传递者与接收者之间的矛盾

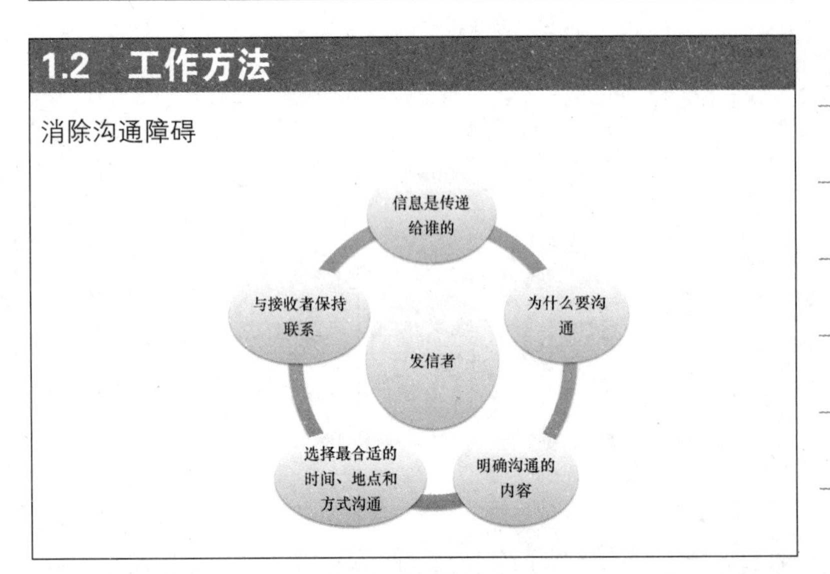


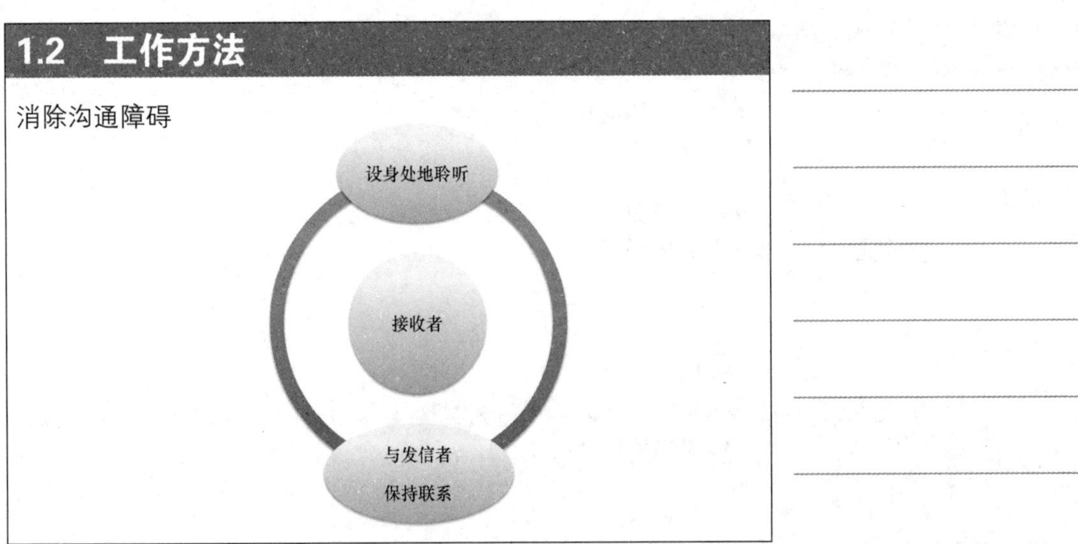

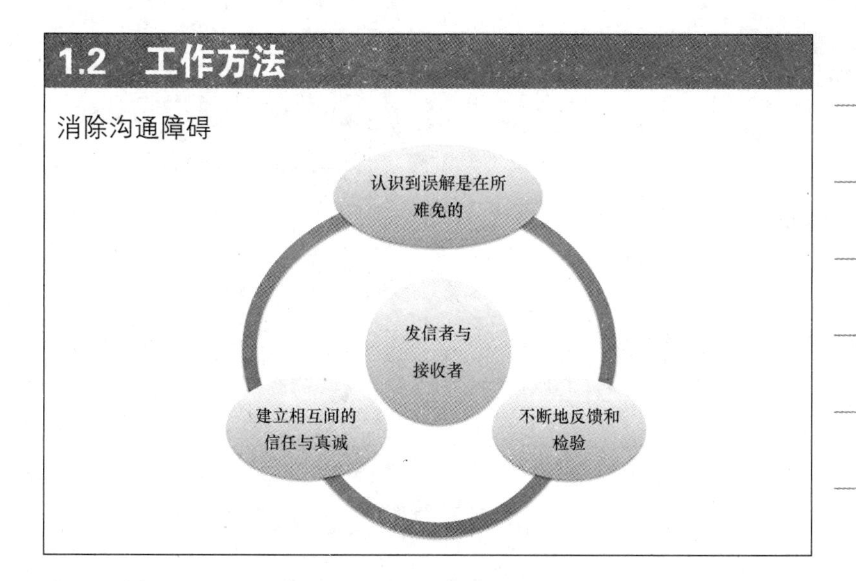


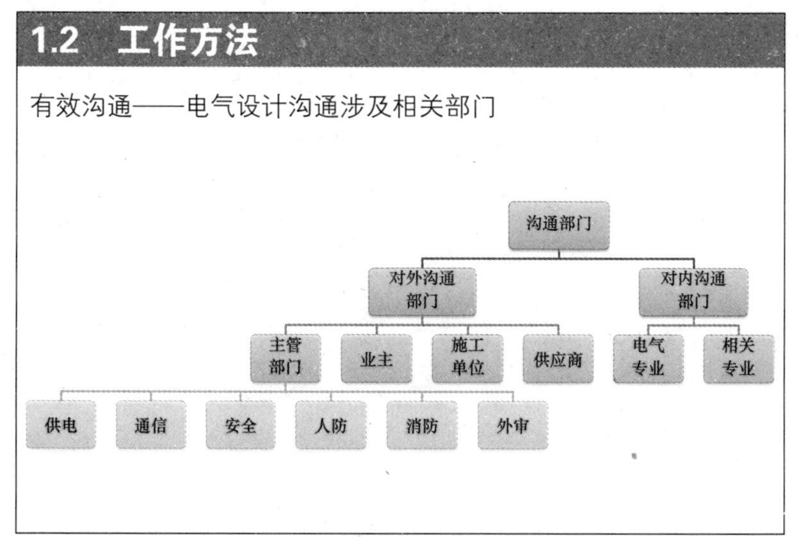


## 1.2　工作方法

有效沟通——沟通的要素

沟通的基本问题——心态

沟通的基本原理——关心

沟通的基本要求——主动

## 1.2 工作方法

| 有效沟通 | | | |
|---|---|---|---|
| 善于倾听 | 理解透彻 | 交流简洁 | 纪录完整 |

## 1.2 工作方法

| 有效沟通技巧 | | | |
|---|---|---|---|
| 用心沟通 | 换位思考 | 准备充分 | 做到共赢 |

## 1.2 工作方法

与客户和主管部门的沟通注意事项

- 要主动工作，不忙的时候主动帮助他人
- 对自己的业务主动地提出改善计划，让客户进步
- 对客户的询问有问必答而且清楚
- 接受批评，不犯三次过错
- 充实自己，努力学习
- 毫无怨言地接受任务

## 1.2　工作方法

与团队内部沟通注意事项

- 建立共同愿景
- 促动内部自我管理
- 共同承担责任，使成员都体验到成就感

## 1.2　工作方法

Edwards Deming 循环

## 1.2　工作方法

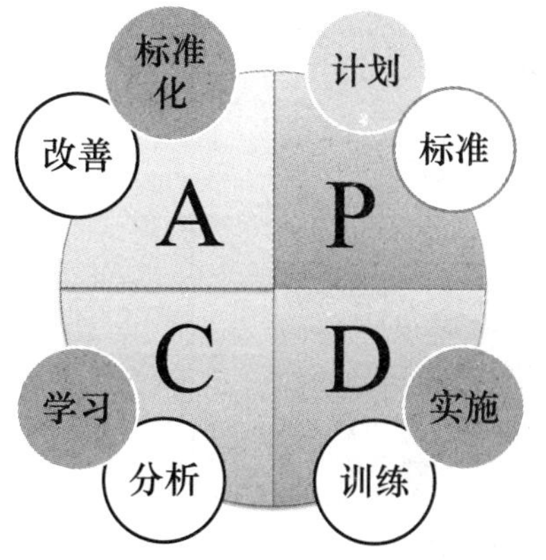

## 1.2 工作方法

工程总结要求

- 抓住重点
- 应有特色
- 坚持实事求是
- 观点与材料应公正
- 语言要准确、简明

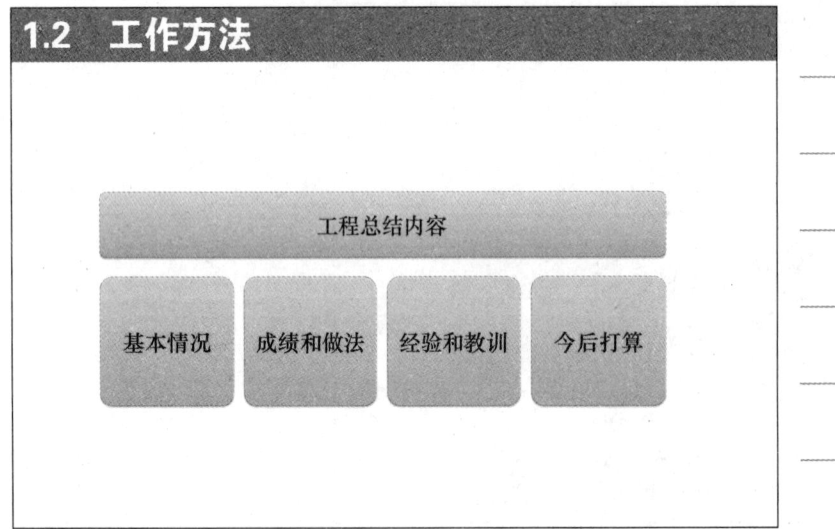


## 1.2 工作方法

时间管理方法

化整为零，聚零为整

即根据不同的情况灵活采用集中式或分散式处理方式

## 1.2 工作方法

时间管理公式

提高效率和增加效能

效率 = 工作的程序化 + 思考 + 判断 + 创造力

## 1.2 工作方法

充分利用时间要素

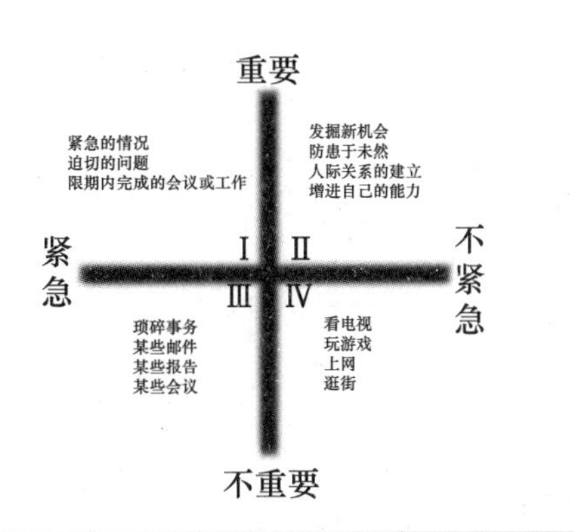


## 1.2 工作方法

电气设计充分利用时间具体工作

- 做好设计前准备
- 编制电气工程设计统一规定
- 有效表示方法

## 1.2 工作方法

设计前准备

- 了解建筑需求
- 收集当地情况
- 类似工程案例

## 1.2 工作方法

编制电气工程设计统一规定

- 主动工作
- 明确目标
- 制定计划
- 规范设计

## 1.2 工作方法

电气工程设计统一规定编写内容

- 设计文件编制原则
- 工程质量与进度要求
- 设计分工
- 设计内容
- 设计文件编制深度要求及注意事项
- 设计计算书要求

## 1.2 工作方法

电气工程设计统一规定编写内容

- 主要设备表
- 设备选型
- 制图表示方法
- 打印图纸要求
- 目标
- 注意事项

## 1.2 工作方法

有效表示方法

- 适应变化
- 减少错误
- 提高效率

## 1.3 技术要点

## 1.3 技术要点

高压系统

- 高压一次接线图是否合理，供电半径是否满足规范要求，是否已征得供电局同意。
- 高压电器选择是否正确，接线型式是否满足供电负荷等级要求。
- 继电保护方式是否合理，整定计算和选择是否正确。
- 进线、出线、联络、电压互感器及计量回路之间联接是否正确。

## 1.3 技术要点

高压系统

- 二次接线图是否正确，进线、联络等有无安全闭锁装置。
- 高压电缆规格型号是否正确，是否考虑了热稳定问题 。
- 高压母线的规格型号选择是否正确 。
- 高压电器的选择与开关柜的成套性是否符合 。
- 仪表配备是否齐全，电流表、电流互感器等规格型号是否正确。

## 1.3 技术要点

低压系统

- 主断路器及配出回路开关断流能力是否满足要求。
- 电流互感器的变比是否合适，与电流表、电度表是否配合 。
- 低压母线的规格型号选择是否正确 。
- 变压器容量计算是否正确，变压器的台数是否合理，是否能满足使用要求。
- 配出回路是否都有计算，导线规格型号有无错误 。

## 1.3 技术要点

低压系统

- 保护断路器的选择与导线的配合是否正确，上下级之间选择性。
- 保护计量是否满足规范要求及供电部门的规定 。
- 母线联络方式是否合理，有无安全闭锁装置 。
- 电容器的容量是否满足要求，补偿计算结果是否正确。
- 发电机是否自动起动及自动切换，自动切换有无安全闭锁装置。

## 1.3 技术要点

变电所、发电机机房

- 发电机机房的布置是否满足规范要求。
- 发电机机房有无水喷雾灭火设施，是否满足规范要求。
- 设备布置间距是否符合规范要求，标注尺寸是否正确 。
- 安装高度是否合适，是否满足规范要求 。
- 变压器、开关柜等设备的安装做法是否便利安装维修 。

## 1.3 技术要点

变电所、发电机机房

- 高低压柜进线方式及土建条件是否符合要求 。
- 变电所进出线路如何安排，标高是否注清楚 。
- 变电所是否有通风换气或空调设备，能否满足要求。
- 低压母线进出开关柜有无问题 。
- 变电所的面积是否满足使用要求，有无值班室、休息室，独立变电所是否设置厕所及上下水设备 。

## 1.3 技术要点

### 照明系统

- 配电箱分支回路的断路器（熔断器）路别、相序是否标注清楚。
- 大截面电缆（导线）与主断路器接线如何解决。
- 各级断路器保护的选择性如何，是否满足要求。
- 配电箱的型号、编号、代号、容量是否标注清楚。
- 由配电箱至配电箱各段电缆的导线规格和管径是否注明。
- 所有电器设备的规格型号是否齐全，有无使用淘汰产品。
- 双电源供电干线所带互投箱数量是否符合规定。

## 1.3 技术要点

### 照明平面

- 电源方向，位置是否合理。图中是否已注明高度 。
- 电源引入处或总盘处有无接地 。
- 配电箱的位置是否合适。明装暗装是否得当 。
- 每支路灯头数量是否满足规范要求 。
- 支路长度是否合适。电压降能否满足规范要求 。
- 导线根数是否有误。导线根数与管径是否相适 。
- 管线的敷设方式是否合理。明配（暗）线与结构型式是否相符。
- 灯具的规格型号、安装方式、高度及光源数量是否标注清楚。

## 1.3 技术要点

### 照明平面

- 照度选择是否合理，是否满足要求。
- 照明开关的位置是否得当 。
- 走廊、楼梯照明控制线根数是否准确 。
- 灯的控制是分散或集中，是否合理 。
- 插座、开关、箱、盒等与消火栓、暖气、空调及门窗等是否进行专业会审。

## 1.3　技术要点

照明平面

- 灯具与广播扬声器、火灾报警器、水喷洒头、送回风风口等是否进行专业会审。
- 垂直管线的箭头是否正确。垂直暗管穿梁是否可行 。
- 疏散指示标志灯的位置距离以及安装高度是否合适。走廊及疏散口是否按规范要求装设疏散指示标志灯 。

## 1.3　技术要点

电力系统

- 电力系统的保护是否正确，与导线规格是否配合。
- 支干线路每一段线（即由配电箱至配电箱）导线规格及管径是否均已标注清楚。
- 大干线小断路器及干线并接问题如何解决。
- 配电箱支路的断路器、熔断器等规格容量是否均已标注清楚。
- 回路编号、管线规格是否已标注。
- 导线与管线配合是否正确。

## 1.3　技术要点

电力系统

- 与系统相应的控制原理图是否满足工艺要求或使用要求，操作是否方便，自动控制是否正确。
- 控制电源、控制元件、检测仪表是否合理可靠，接点数量及容量是否满足要求。
- 有无控制工艺流程或图纸，或控制说明。
- 设备选型是否正确，有无使用淘汰产品，设备表、系统图、原理图、平面图等电器设备是否统一。
- 潮湿场所、移动设备用电是否考虑了剩余电流保护装置。

## 1.3 技术要点

电力平面

- 电源引入方向、位置是否合适，图中是否注明标高。
- 电源引入处或总盘处是否接地。
- 配电系统是否考虑了生产工艺。
- 配电箱的位置是否合适，是否便于维修和操作。
- 用电设备的编号、容量及安装高度等是否均已注明。
- 配电箱的型号、容量、编号、代号及安装高度等是否均已注明。

## 1.3 技术要点

电力平面

- 控制线路是否已有表示，管线规格有无丢漏现象。
- 线路通过梁板外墙等做法是否交代清楚，是否得当。
- 暗埋管线与结构型式、墙体材料及厚度是否有矛盾。
- 垂直暗管穿梁是否可行 。

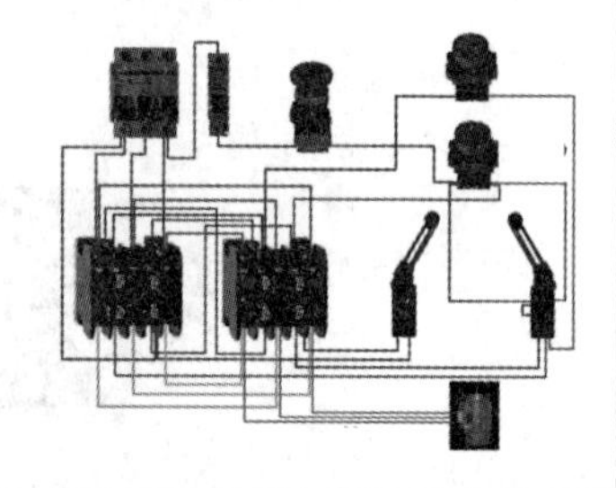

## 1.3 技术要点

防雷与接地

- 防雷等级划分是否正确，图纸有无说明。
- 各类接地电阻要求值多少，有无说明 。
- 高出屋面的金属部分如通风帽、旗杆、天线杆、灯杆、水箱、冷却塔是否与防雷装置做了可靠联接 。
- 与节日彩灯并行时，避雷装置的高度是否高于节日彩灯。
- 引下线的根数和距离是否满足要求。
- 明装引下线根部是否做了穿管保护。
- 明装或暗装的引下线是否做了断接卡子，位置数量是否合理 。

## 1.3 技术要点

- 防侧向雷击是否采取了有效措施。
- 接地是否已全盘考虑，进户线是否重复接地。
- 程控电话、程控电梯、计算机房、消防中心、音响中心等是否需要独立的接地系统。接地电阻是否满足要求。
- 在同一电气系统中是否有接地的混杂现象。
- 大门口是否设有均压或绝缘措施。
- 剩余电流保护装置后是否按系统要求设计。
- 信息系统信号线、电源线是否加有防过压元件。
- 外电源及出屋面电源线是否加有防过压元件 。

## 1.3 技术要点

火灾自动报警系统

- 火灾自动报警系统图是否合理，是否已征得消防部门同意。
- 选用标准是否合适。
- 消防控制点是否设置合理。
- 火灾报警系统电源供应标准是否满足要求。

## 1.3 技术要点

火灾自动报警系统

- 配电线路选择标准是否满足消防要求。
- 是否应设置紧急广播设备，扬声器及设备设置是否满足要求。
- 应急照明和诱导灯设计是否合理。
- 探测器选择种类和安装位置是否正确。
- 手动报警按钮安装是否满足规范要求。

## 1.3 技术要点

### 火灾自动报警系统

- 火灾报警器安装位置、高度等是否满足要求。
- 消火栓灭火系统控制方式、标准是否合理。
- 自动喷洒灭火系统控制方式、标准是否合理。
- 如果有气体灭火设施，其控制信号设计是否达到要求。
- 消防泵、排烟风机是否符合在消防控制室直接启动的要求。

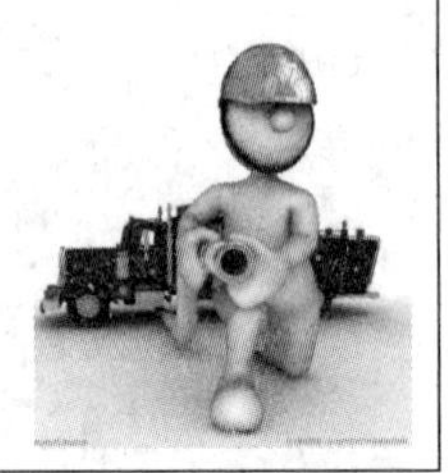

## 1.3 技术要点

### 建筑设备监控系统与安防系统

- 建筑设备监控系统设计标准系统设置是否合理。
- 保安系统设计标准、系统设计是否合理。
- 建筑设备监控系统和保安系统、供电系统、UPS 电源及供电线路设计是否满足要求。
- 控制室和值班室设置是否合理。
- 施工图是否能满足投标要求，与承包单位分工是否明确。
- 预留通道管路是否满足施工要求 。

## 1.3 技术要点

### 通讯与广播系统

- 电话布线系统是否符合规范标准。
- 数据通讯系统是否合理。
- 综合布线系统采用是否合理。
- 信息点布置是否满足本工程标准要求。
- 通讯干线引入方向、预留管道数量是否满足要求。
- 预留机房面积是否满足要求，是否有依据。

## 1.3　技术要点

### 通讯与广播系统

- 机房供电电源是否合理，是否满足要求。
- 线路选择标准是否合理，如何与主管单位配合。
- 广播系统设计标准是否合理。
- 与专业扩声系统设计分工是否明确，要求是否清楚。
- 电视系统设计是否满足规范要求。

## 1.3　技术要点

### 电气计算书编写格式

- 计算书封面（工程名称、计算人、审核人、计算日期等内容）
- 计算目的
- 计算条件
- 计算公式和参数选择
- 计算内容
- 计算结果

## 1.3　技术要点

电气工程师工作注意事项

- 发挥团队精神
- 协调专业关系
- 把控工程进度质量
- 技术沟通
- 施工配合

## 1.3 技术要点

发挥团队精神

- 确立共同目标
- 明确职责和分工
- 进行合作质量管理，合作风险管理，监督合作过程
- 建立良好的沟通平台和沟通机制，减小合作冲突
- 发挥每个人的长处

## 1.3 技术要点

协调专业关系

- 整体统筹，寻求最佳方案
- 思想活跃，善于学习，广博知识，掌握信息
- 善于倾听，求同存异
- 及时反馈信息
- 工作中，善于找到突破口，主动寻求解决办法，提高办事效率
- 具有良好的时间观念和竞争意识，将工作压力转变为工作动力

## 1.3 技术要点

把控工程进度和质量

- 善于抓住要点，分清主次
- 做事主动，创新意识，独挡一面
- 有严格的务实态度，从不好高骛远
- 善于在固定时间内，将事情合理分工，目标明确，准确把握做事节奏，高效完成任务
- 善于突破旧规则，创造新的发展空间，充满活力地面对工作

## 1.3 技术要点

技术沟通

- 沟通简洁明了，明确表达意愿
- 有理有据，增强说服力
- 服务社会为宗旨
- 沟通做到平等对话
- 善于倾听，求同存异

## 1.3 技术要点

施工配合

- 在工作中避免责任心淡薄，夸大自己能力，应付了事
- 在工作中提高自己的工作实践
- 相信自己的能力，树立共同目标
- 不断完善自己，多发现不足，能主动改进工作方法，不抱怨
- 善于机制尽责地做好身边“小事”，求真务实

## 1.4 快乐工作

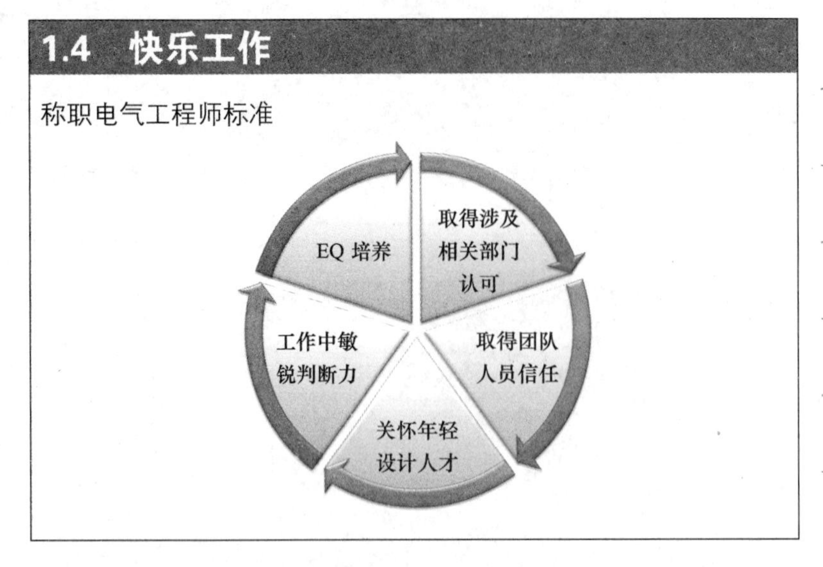
1.4 快乐工作
称职电气工程师标准
EQ 培养
取得涉及相关部门认可
取得团队人员信任
关怀年轻设计人才
工作中敏锐判断力

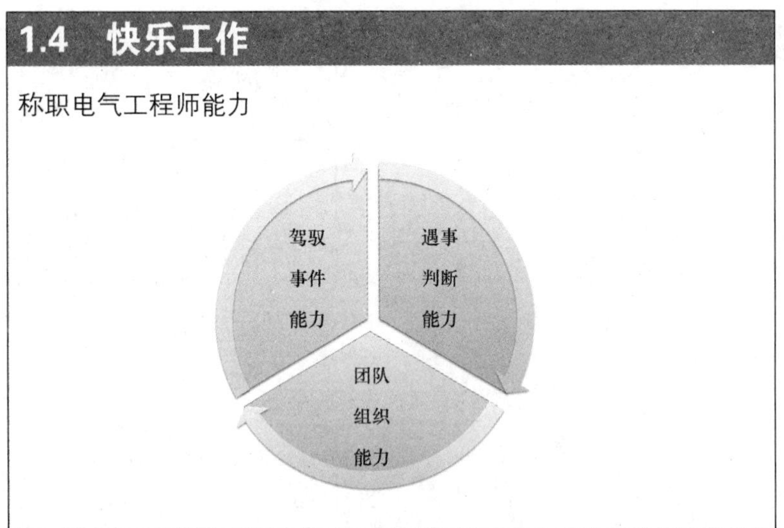
1.4 快乐工作
称职电气工程师能力
驾驭事件能力
遇事判断能力
团队组织能力

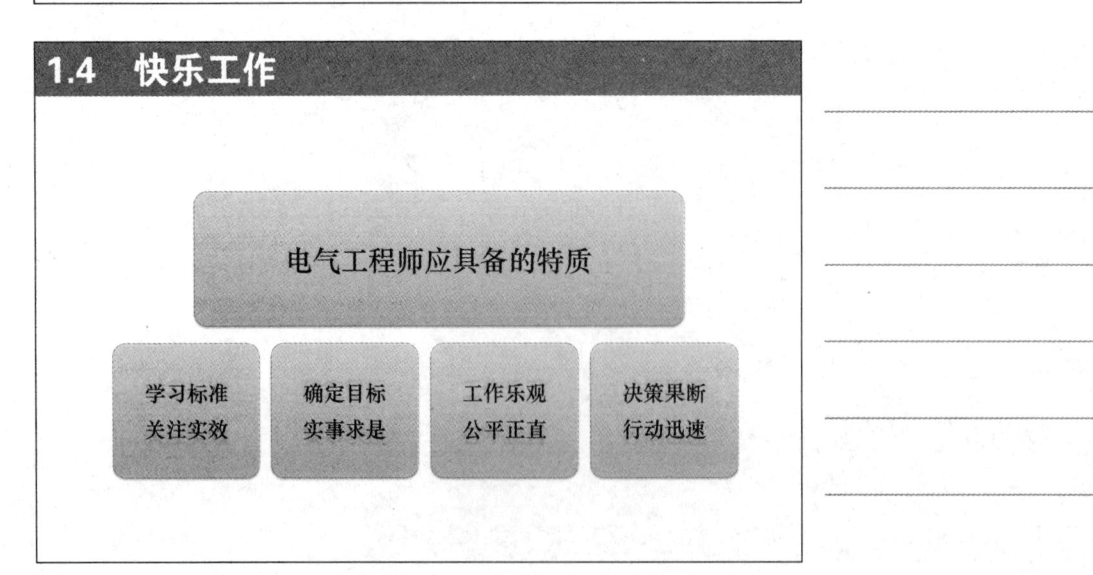
1.4 快乐工作
电气工程师应具备的特质
学习标准 关注实效
确定目标 实事求是
工作乐观 公平正直
决策果断 行动迅速

## 1.4 快乐工作

电气工程师应具备的特质

- 处事彻底而有条理
- 展示影响促进沟通
- 不断总结丰富经验
- 承担责任共享光荣

## 1.4 快乐工作

关于职业规划

| 普通员工 | 优秀员工 |
| --- | --- |
| 没有职业规划，对自己想要什么没概念，能做多久算多久，风风光光是一辈子，窝窝囊囊也是一辈子，得过且过。 | 有自己的职业规划，知道自己想要什么，也知道如何去努力。 |

## 1.4 快乐工作

关于对待问题

| 普通员工 | 优秀员工 |
| --- | --- |
| 对于上司交代的问题本着能做就做，不能做就慢慢磨，执行效果较差。 | 上司交代的事情积极去解决，遇到问题会积极与上司沟通请示，执行效果好。 |

## 1.4 快乐工作

关于执行力

| 普通员工 | 优秀员工 |
|---|---|
| 在工作中会发现各种各样的问题，对于问题他们往往以抱怨的态度去对待，而没有想方法去解决。 | 在工作过程中，碰到问题会冷静的分析原因，并通过各种手段去解决，慢慢培养了一种解决问题的能力。 |

## 1.4 快乐工作

关于工作中沟通

| 普通员工 | 优秀员工 |
|---|---|
| 和客户沟通仅局限于单纯的程序化，没有考虑到客户的实际需求，往往工作很辛苦，但是成效却很低。 | 能很好地处理与客户的客情关系，准确地找到客户实际需求，并结合客户需求实现目标。往往事半功倍。 |

## 1.4 快乐工作

关于工作与薪酬

| 普通员工 | 优秀员工 |
|---|---|
| 看重工资的高低，在一无所长的前提下，没有想过学习丰富的工作经验和职业技能。 | 更看重宝贵的工作经验，踏踏实实的去学习业务技能，他相信只要有丰富的经验，以后无论到哪都能赢得高薪。 |

## 1.4　快乐工作

关于视界

| 普通员工 | 优秀员工 |
| --- | --- |
| 缺乏宏观思考，经常纠结于某个终端问题，有时为了应对单个终端问题不惜提高政策从而影响了整个工程建设体系。 | 从市场整体角度出发，能很好的协调好各个渠道之间的问题，对于违反市场规律的个别终端坚决予以治理。 |

## 1.4　快乐工作

关于批评

| 普通员工 | 优秀员工 |
| --- | --- |
| 对忠言逆耳理解得不透彻，总认为自己想的是对的，把上司或资深前辈的意见或建议不当一回事，我行我素。 | 能谦虚的接受批评，认识到自己所犯错误在哪，并积极改正！ |

## 1.4　快乐工作

电气工程师禁忌

- 拒绝承担个人的责任
- 没有能启发团队成员
- 只重结果，忽视思想
- 团队的内部形成对立
- 管理一视同仁

## 1.4 快乐工作

电气工程师禁忌

- 忘了团队的目标
- 只见问题不看目标
- 不顾责任，只作哥们
- 没有设定标准
- 纵容能力不足的人

## 1.4 快乐工作

快乐电气设计的理解

- 学会感恩是快乐的
- 主动工作是快乐的
- 按计划高效率取得收益是快乐的
- 总结工作是快乐的
- 成功实现自我是快乐的

## 1.4 快乐工作

怎样寻找电气设计中的快乐

- 改变对工作的态度
- 提升工作的意义
- 改善物质、文化环境和人际关系环境
- 处理好工作与生活的关系
- 调整目标，带着兴趣从容工作
- 享受工作的成就感

## 1.4　快乐工作

实现快乐的技巧

- 有目标和追求
- 保持高度自信
- 经常保持微笑、能处惊不乱
- 学会和别人一同分享
- 避免贪婪、乐于助人

## 1.4　快乐工作

实现快乐的技巧

- 学会宽恕他人、保持幽默感
- 有若干知心朋友
- 常和别人保持合作乐趣
- 学会和各种人愉快相处

## 结束语

- 做称职电气工程师不能停留口号
- 电气工程师工作方法是在实际工作中产生
- 实现自我提升不仅仅是技术和经验，更需要自律和总结
- 电气工程师工作目标是快乐地创造优质工程

*The End*

# 第二章

## 建筑体系与电气设计的分析

## Electrical design in different architecture size

【摘要】建筑电气作为现代建筑的重要标志，它是建筑物的神经系统，对建筑物能否实现使用功能、保障居住者的生命财产安全，维持建筑内环境稳态，保持建筑完整统一性及其与外环境的协调平衡中起着关键作用。建筑体系与电气设计存在密切关系。建筑体系主要体现建筑功能和建筑尺度，这是电气设计的基础，在不同建筑体系的电气设计存在共性和个性，只有本着安全可靠、经济合理、技术先进、整体美观、维护管理方便的设计原则，将电气技术与建筑特点密切结合，才能充分发挥建筑的特点，实现建筑功能，赋予建筑灵魂。

## 目录 CONTENTS

## 2.1 建筑体系分类

## 2.1 建筑体系分类

建筑按功能分类

办公建筑、住宅建筑、旅馆建筑、博、展建筑、商业建筑、体育建筑、医疗建筑、学校建筑、传媒建筑、交通建筑、观演院建筑、图书馆……

## 2.1 建筑体系分类

### 工业建筑分类

单层工业厂房（冶金、化工、纺织等专业性厂房……）

多层厂房（电子或其他轻工业厂房……）

## 2.1 建筑体系分类

### 建筑按规模分类

大、中、小型建设项目

城市综合体、建筑群……

多层建筑、高层建筑、超高层建筑……

## 2.1 建筑体系分类

### 建筑按其他形式分类

按项目的性质可分为新建、扩建、改建、恢复、迁建项目……

按项目的用途可分为生产性和非生产性建设项目……

按项目的投资主体可分为国家（地方）投资、企业投资、合资和独资建设项目……

## 2.1 建筑体系分类

### 特级重要用户

- 中央、国家级机关办公地点，国家级重要广播电台、电视台、通讯中心、国际航空港、党和国家领导人及外国首脑经常活动的场所。

### 一级重要用户

- 国家部委办公地点，国家级安全、保卫、机要单位，国家级副职领导干部活动、修养、居住场所，外国驻华使馆及外交机构办公地点，重要军事基地和军事设施，国家级科研单位、信息中心、文体场所、博物馆（展览馆），国家级地震、气象、防汛等监测、预报中心，飞机场、铁路枢纽站、地铁（城铁）、市级广播电台、电视台、通讯中心，经常接待国家重要会议、重要外宾的场所，三级甲等医院，120、999 急救中心，合法煤矿企业等高危电力用户。

## 2.1 建筑体系分类

### 二级重要用户

- 区县级党政机关办公地点、安全保卫部门、监狱、市级煤气、液化气加压站、灌瓶站、自来水厂、供热厂、电车变流站、泵站等公共设施，铁路客运站、重要的大型商业中心（6 万平方米以上）、100m 以上超高建筑，五星级宾馆、酒店，容纳 5000 人以上的重要文体场所，省部级正职以上领导干部活动、修养、居住场所，国有特大型企业，世界知名公司在京总部、信息中心、市级地震、气象、防汛等监测、预报中心，教堂、清真寺等宗教活动场所，有手术、血透、重症监护、呼吸机、体外循环等医院。

### 临时性重要用户

- 需要临时特殊供电保障的客户。上述重要电力范围以外的阶段性（如重大活动）或季节性（如夏季防汛及冬季供暖）电力用户。

## 2.1 建筑体系分类

### 不同类型建筑的特点

- 办公建筑是供机关、团体和企事业单位办理行政事务和从事各类业务活动的建筑物。
- 旅馆建筑是为旅客提供住宿、饮食服务和娱乐活动的公共建筑。旅馆类型可分为旅游旅馆、假日旅馆、会议旅馆、汽车旅馆和招待所等。
- 住宅建筑是供家庭居住使用的建筑（含与其他功能空间处于同一建筑中的住宅部分）。
- 商业建筑是为商品直接进行买卖和提供服务供给的公共建筑。
- 会展建筑是以展览空间为核心空间，会议空间作为相对独立的组成部分，并结合其他辅助功能空间（办公、餐饮、休息等）的展览建筑综合体。

## 2.1 建筑体系分类

不同类型建筑的特点

- 教育建筑是供人们开展教学及相关活动所使用的建筑物，包括学校校园内的教学楼、图书馆、实验楼、风雨操场（体育场馆）、会堂、办公楼、学生宿舍、食堂及附属设施等供教育教学活动所使用的建筑物及生活用房。
- 剧场建筑是设有演出舞台、观看表演的观众席及演员、观众用房的文娱建筑。
- 体育建筑是作为体育竞技、体育教学、体育娱乐和体育锻炼等活动之用的建筑。体育场、体育馆、游泳馆等体育建筑统称为体育场馆。
- 博物馆建筑是供收集、保管、研究和陈列、展览有关自然、历史、文化、艺术、科学、技术方面的实物或标本之用的。

## 2.1 建筑体系分类

不同类型建筑的特点

- 金融建筑：全部或部分为银行业及其衍生品交易、证券交易、商品及期货交易、保险业等金融业务服务的建筑物。
- 医院建筑是指供医疗、护理病人之用的公共建筑。医院通常分为科目较齐全的综合医院和专门治疗某类疾病的专科医院两类 。
- 交通建筑是为公众提供一种或几种交通客货运形式的建筑的总称，主要包括交通枢纽、机场、港口、铁路、磁浮、轨道交通以及汽车客运站等交通建筑。
- 档案馆建筑是集中管理特定范围档案的专门机构。

## 2.2 建筑电气设计

## 2.2　建筑电气设计

### 建筑电气设计的原则

电气各系统设计应遵循国家有关方针、政策，针对建筑的特点，以长期安全可靠的供电为基础，并保证所有的操作和维修活动均能安全和方便地进行，做到安全适用、技术先进、经济合理，以保证电气安全性、可靠性和简洁性。

## 2.2　建筑电气设计

安全性：保证在电气系统运行时系统安全、工作人员和设备的安全，以及能在安全条件下进行维护检修工作。

简洁性：电气系统力求简单、明显、没有多余的电气设备；投入或切除某些设备或线路的操作方便。避免误操作，提高运行的可靠性，处理事故也能简单迅速。灵活性还表现在具有适应发展的可能性。

可靠性：根据电气系统的要求，保证在各种运行方式下提高供电的连续性，力求系统可靠。

## 2.2　建筑电气设计

### 不同类型建筑电气系统的特点

- 存在不同业态管理模式；
- 建筑群存在公共电气系统和用户电气系统；
- 电气系统之间存在相互依存、相互助益的能动关系；
- 电气系统是高科技、高智能的集合；
- 电气系统是一个复合的系统，而不是纷繁的系统；
- 电气系统内部有很多子系统和很多层次；
- 电气系统不是简单系统，也不是随机系统；
- 电气系统有时是一个非线性系统。

## 2.2 建筑电气设计

### 特级重要用户供电方式

- 应具备三路电源供电条件，其中两路电源应来自两个不同的变电站，当任何两路电源发生故障时，第三路电源应能保证独立的正常供电。
- 特级重要客户不应串接其他用户。

### 一级重要用户供电方式

- 应具备两路电源供电条件，两路电源应来自两个不同的变电站，且被引用的这两个不同变电站的电源须保证引自的上一级电站的不同母线，当一路电源发生故障时，另一路电源应能保证独立的正常供电。

## 2.2 建筑电气设计

### 二级重要用户供电方式

- 应具备双回路供电条件，供电电源可来自同一个变电站的不同母线段。

### 临时性重要用户供电方式

- 按照重要性，在条件允许的情况下，可以通过临时架设线路等方式具备双回路或两路以上电源供电条件。

1. 重要用户供电电源的切换时间和切换方式应满足重要电力用户允许中断供电时间的要求。
2. 重要用户必须配置自备应急电源。
3. 重要用户一般采用双（多）路电源供电，高压联络。

## 2.2 建筑电气设计

### 电气系统配置

- 应根据建筑物的特质配备必要电气系统；
- 系统的标准应适宜；
- 电气系统应充分与建筑配合最大实现建筑功能；
- 电气系统力求简单，操作方便；
- 电气系统应采用成熟有效的节能措施，降低电能损耗。

## 2.2　建筑电气设计

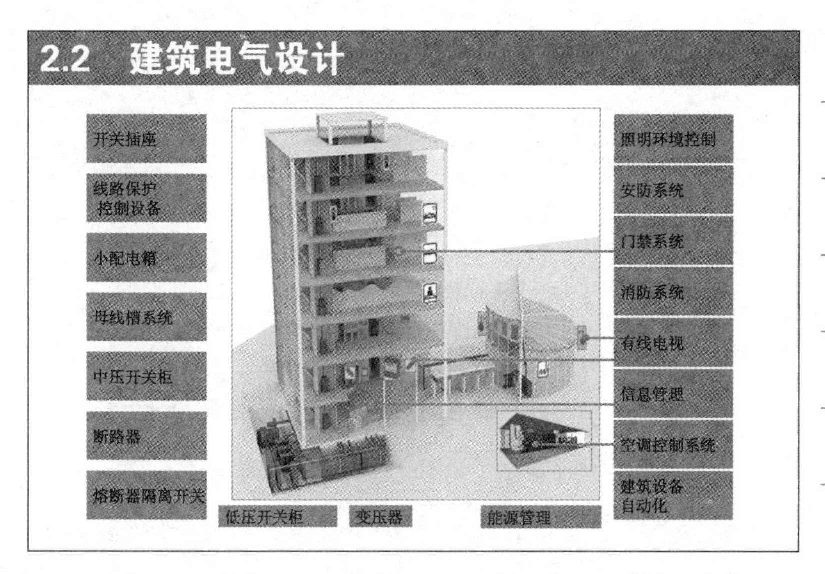


## 2.2　建筑电气设计

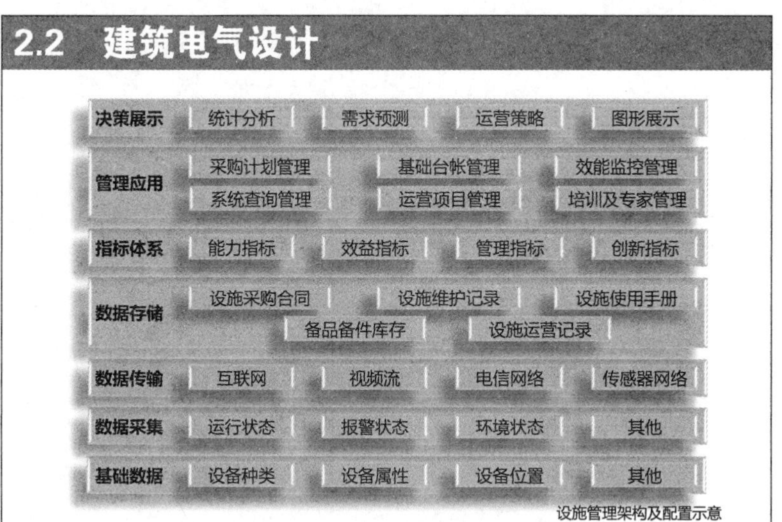


设施管理架构及配置示意

## 2.2　建筑电气设计

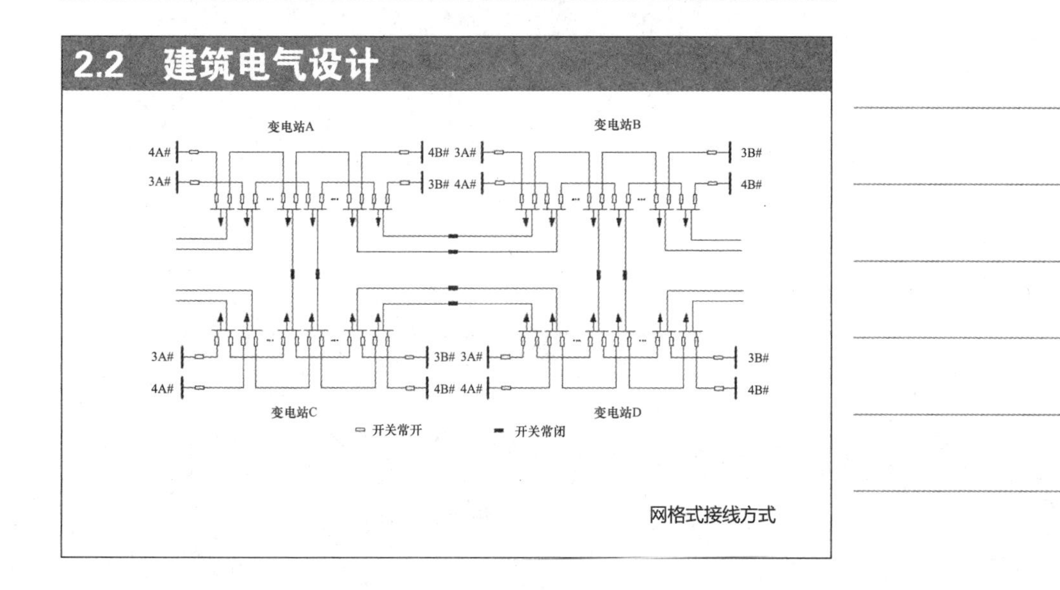


网格式接线方式

## 2.2 建筑电气设计

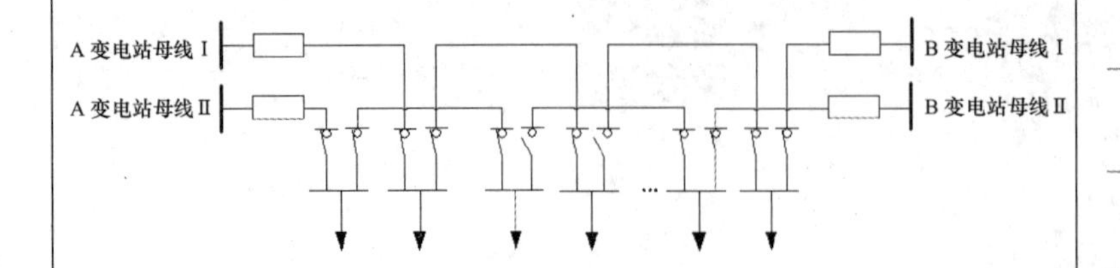


自同一供电区域的两个变电站的不同10kV母线各引出一回线路，开环运行。

双环式接线方式

## 2.2 建筑电气设计

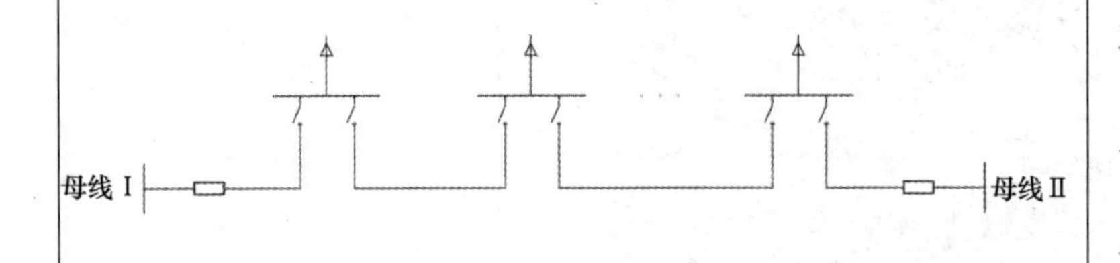


自同一供电区域的两个变电站的不同10kV母线（或一个变电站的不同10kV母线）引出单回线路，开环运行。

单环式接线方式

## 2.2 建筑电气设计

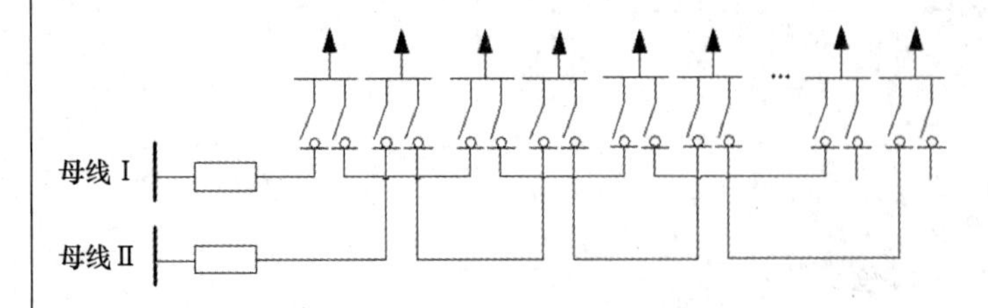


自一个变电站或开闭站的不同10kV母线（或一个变电站的不同10kV母线）引出双回线路，或自同一供电区域的不同变电站引出双回线路。

双射网接线方式

## 2.2　建筑电气设计

母线 I

母线 II

自不同方向电源的两个变电站的10kV母线引出单回线路。

双射网接线方式

## 2.2　建筑电气设计

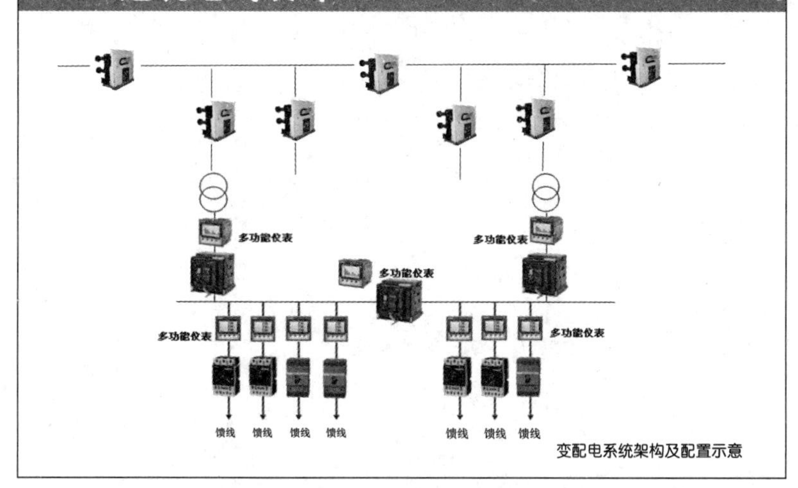


变配电系统架构及配置示意

## 2.2　建筑电气设计

照明设计

- 室内照明优先采用高效、节能的荧光灯及节能型光源应选用无眩光的灯具。气体放电灯应设置电容补偿。功率因数不应低于 0.9。
- 人工照明设备应与窗口射入的天然光合理结合。宜将直管型荧光灯与窗口平行布置。灯列控制宜与窗口平行。有条件时，可设照明自动控制开关或调光开关。
- 为避免光幕和反射眩光，不宜将直管型荧光灯布置在工作台平行的正上方。
- 在有计算机显示器的工作区宜选用无眩光无屏幕反射的照明方式。
- 开水间应选用防潮型灯具公共浴室应选用防潮防水型灯具。
- 燃气表间，燃气锅炉房、燃气直燃式冷水机房应根据该区域的防爆等级选用防爆型灯具灯开关及插座应位于爆炸危险区外。

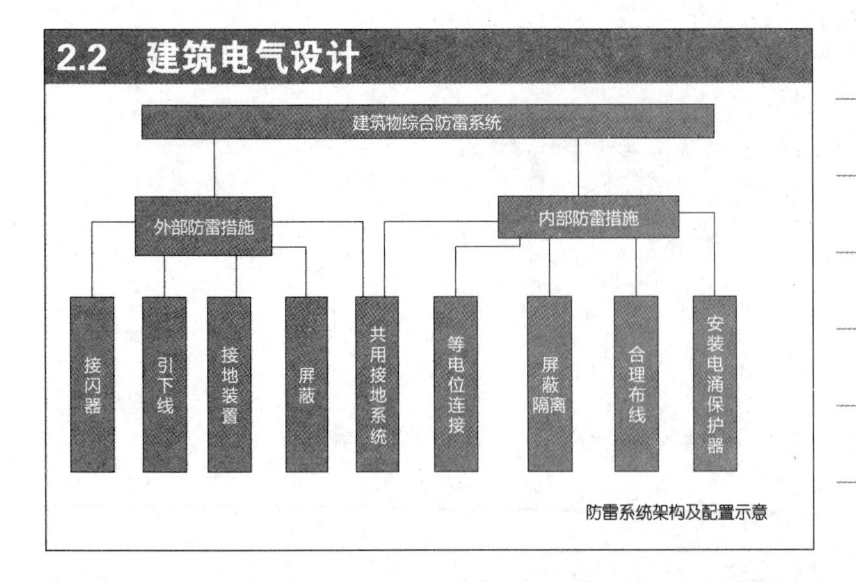


防雷系统架构及配置示意

## 2.2 建筑电气设计

### 接地与安全

- 不同电压等级用电设备的保护接地和功能接地，宜采用共用接地网；除有特殊要求外电信及其他电子设备等非电力设备也可采用共用接地网。接地网的接地电阻应符合其中设备最小值的要求。
- 采用 TN—C—S 系统时，当保护导体与中性导体从某点分开后不应再合并，且中性导体不应再接地。
- TT 系统中，配电变压器中性点应直接接地。系统内所有电气设备外露且正常条件下不带电的可导电部分，宜采用保护导体与共用的接地网或保护接地母线、总接地端子相连。
- IT 系统中包括中性导体在内的任何带电部分严禁直接接地。IT 系统中的电源系统对地应保持良好的绝缘状态。

## 2.2 建筑电气设计

### 接地与安全

- 民用建筑物内电气装置应采用总等电位联结。下列导电部分应采用总等电位联结导体可靠连接，并应在进入建筑物处接至总等电位联结端子板：

（1）PE(PEN) 干线；

（2）电气装置中的接地母线；

（3）建筑物内的水管，煤气管，采暖和空调管道等金属管道；

（4）可以利用的建筑物金属构件。

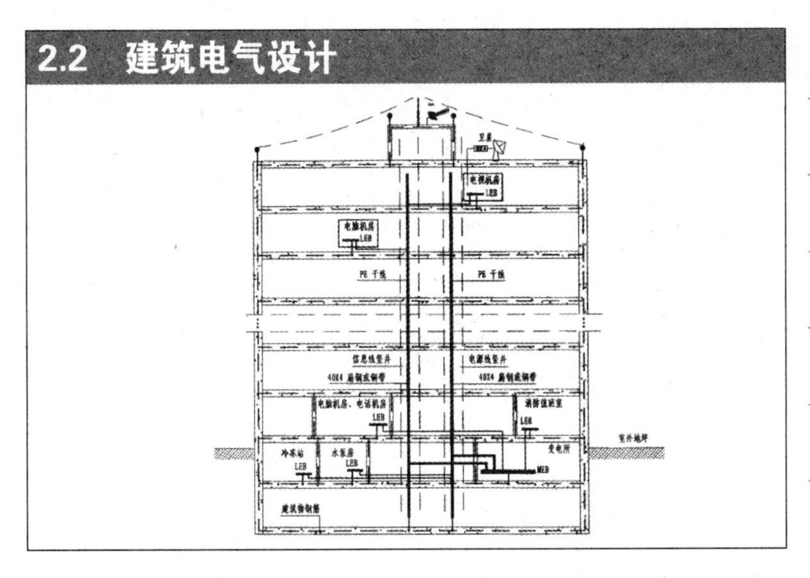


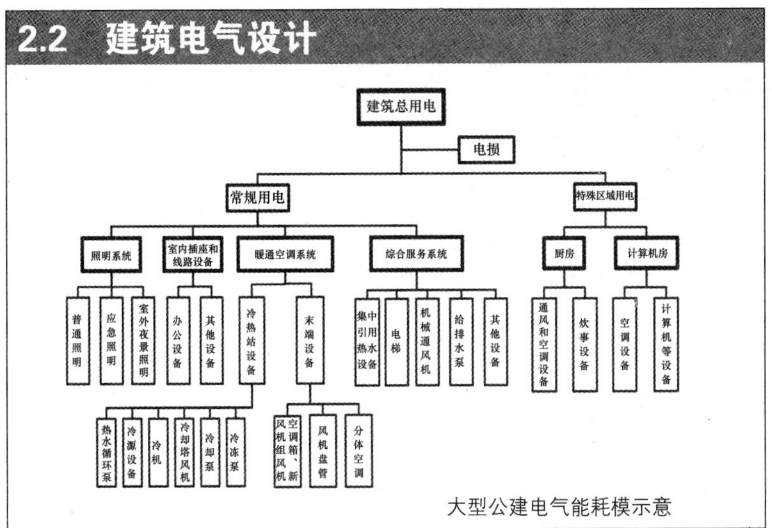

大型公建电气能耗模示意

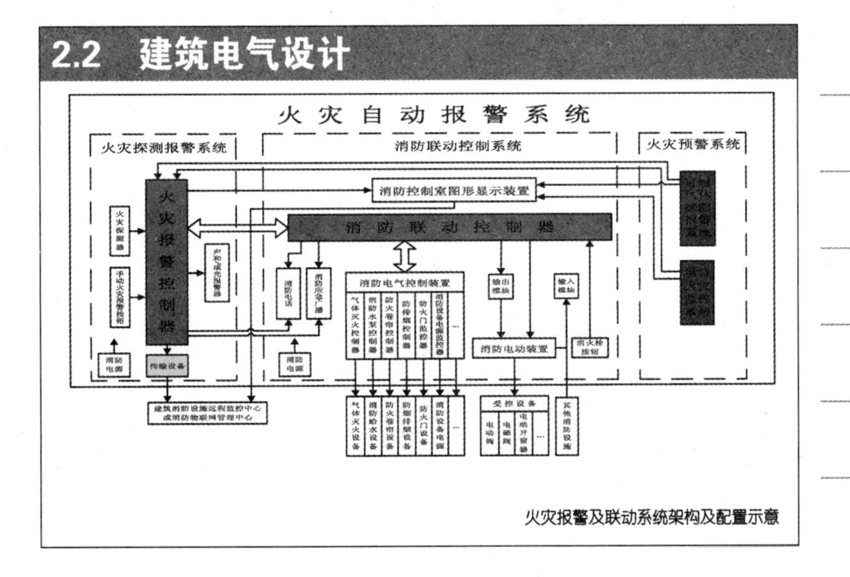

火灾报警及联动系统架构及配置示意

## 2.2 建筑电气设计

### 智能化系统设计

- 建筑智能化系统设计，一般由智能化集成系统、信息设施系统、信息化应用系统、建筑设备管理系统、公共安全系统，机房工程等要素构成。
- 各类建筑智能化系统的配置应符合国家标准《智能建筑设计标准》GB 50314规定。
- 智能化集成系统：

智能化集成系统应以满足建筑物的使用功能为目标．确保对各类系统监控信息资源的共享和优化管理。

## 2.2 建筑电气设计

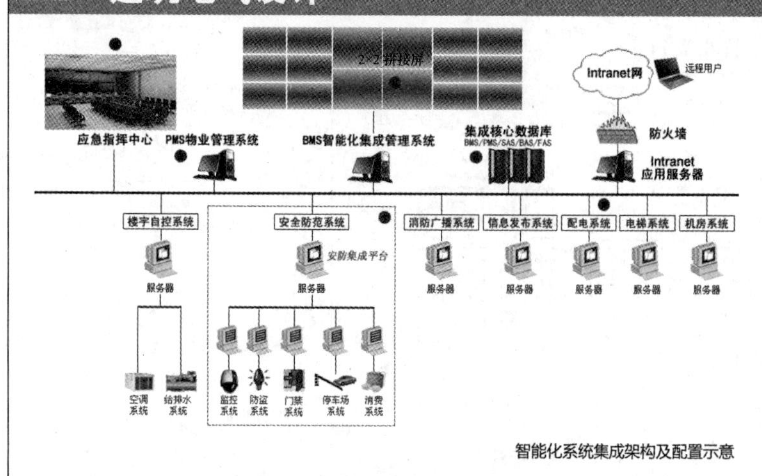


智能化系统集成架构及配置示意

## 2.2 建筑电气设计

### 通信接入系统

- 应根据用户信息通信业务的需求，将建筑物外部的公用通信网或专用通信网的接入系统引入建筑物内。
- 对于出租的区域，宜由建设方和物业管理方建立通信接入系统并将公用通信网或专用通信网引入至出租区域内。

### 电话交换系统

- 综合业务数字程控用户交换机系统设备的出入中继线数量，应根据实际话务量等因素确定，并预留裕量。
- 建筑物内所需的电话端口应按实际需求配置，并预留裕量。
- 建筑物公共部位宜配置公用的直线电话，内线电话和无障碍专用的公用直线电话和内线电话。

## 2.2 建筑电气设计

综合布线系统

- 综合布线系统工程宜按 7 个部分进行设计：工作区、配线子系统、干线子系统、建筑群子系统、设备间、进线间和管理。
- 工作区：每一个工作区信息插座模块（电，光）数量不宜少于 2 个，220V 电源带保护接地的插座数量不应少于 1 个。
- 配线子系统：连接至电信间的每一根水平电缆 / 光缆应终接于相应的配线模块，配线模块与缆线容量相适应：集合点 (CP) 配线设备与楼层配线设备 (FD) 之间水平线缆的长度应大于 15m 同一个水平电缆路由不允许超过一个 CP。
- 干线子系统：所需要的电缆总对数和光纤总芯数，应满足工程的实际需求，并留有适当的备份容量。主干缆线宜设置电缆与光缆，并互相作为路由。

## 2.2 建筑电气设计

综合布线系统

- 建筑群子系统：建筑群配线设备 (CD) 宜安装在进线间或设备间，并可与入口设施或建筑物配线设备 (BD) 合用场地。
- 电信间：信息点数量不多于 400 个，水平缆线长度在 90m 范围以内，宜设置一个电信间。
- 设备间：每幢建筑物内应至少设置 1 个设备间。
- 进线间：在不具备设置单独进线间或入楼电缆、光缆数量及入口设施容量较小时，进线间、设备间可合用，入口设施可安装在设备间内。
- 管理：综合布线的每一配线设备、线缆、敷设路由、端接点、接地装置等，应给定标识符，并设置标签。

## 2.2 建筑电气设计

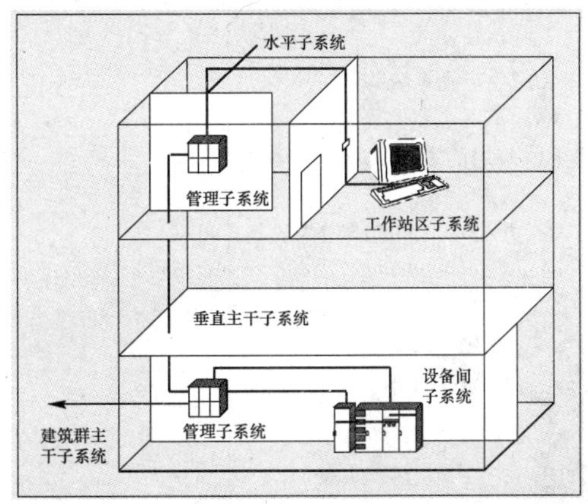


综合布线系统架构及配置示意

## 2.2 建筑电气设计

### 信息引导及发布系统

- 系统应具有向建筑物内的公众或来访者提供告知，信息发布和演示以及查询等功能。
- 信息显示屏处应预留相应的信号传输路由及电源。系统的信号传输宜纳入建筑物内的信息网络系统。

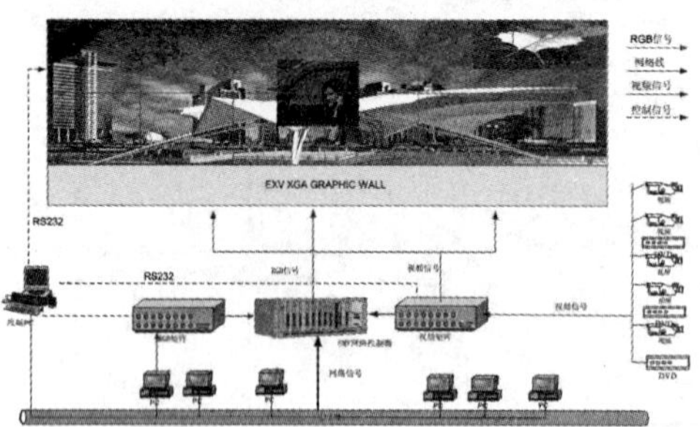


大屏幕投影显示系统架构及配置示意

## 2.2 建筑电气设计

### 室内移动通信覆盖系统

- 应确定建筑物内各类移动通信用户对移动通信使用需求。
- 对室内需屏蔽移动通信信号的局部区域，宜配置室内屏蔽系统。
- 卫星通信系统。应在建筑物相应的部位。配置或预留卫星通信系统的天线、室铃单元设备安装的空间、天线基座基础、室外馈线引入的管道和通信机房的位置等。

## 2.2 建筑电气设计

### 广播系统

- 广播系统根据使用需求宜分为公共广播，背景音乐和应急广播系统等。
- 根据使用需求应配置多音源播放设备，对不同分区播放不同音源信号。
- 应急广播系统扬声器宜采用与公共广播系统的扬声器兼用的方式。应急广播系统应优先于其他广播系统。
- 走廊、门厅及公共场所的扬声器箱宜采用 3 ~ 5W：办公室、客房等室内的扬声器箱宜采用 1 ~ 2W。

## 2.2 建筑电气设计

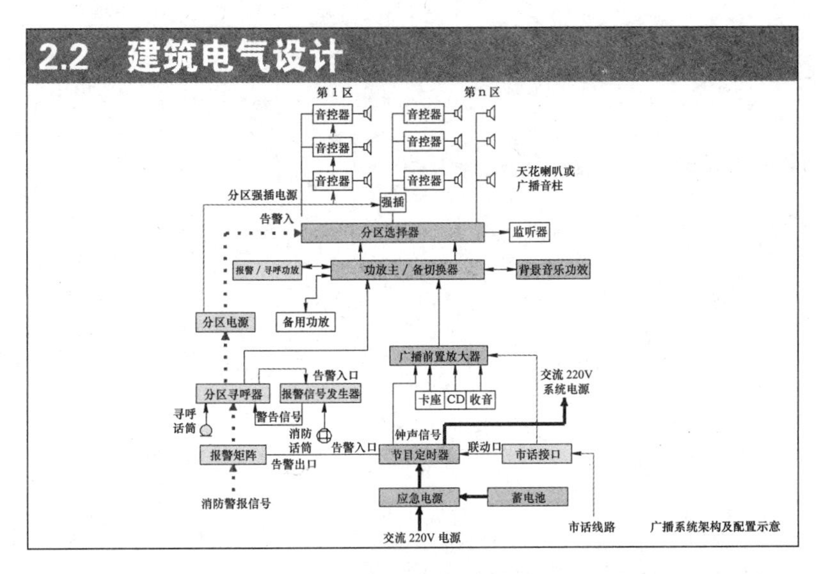

广播系统架构及配置示意

## 2.2 建筑电气设计

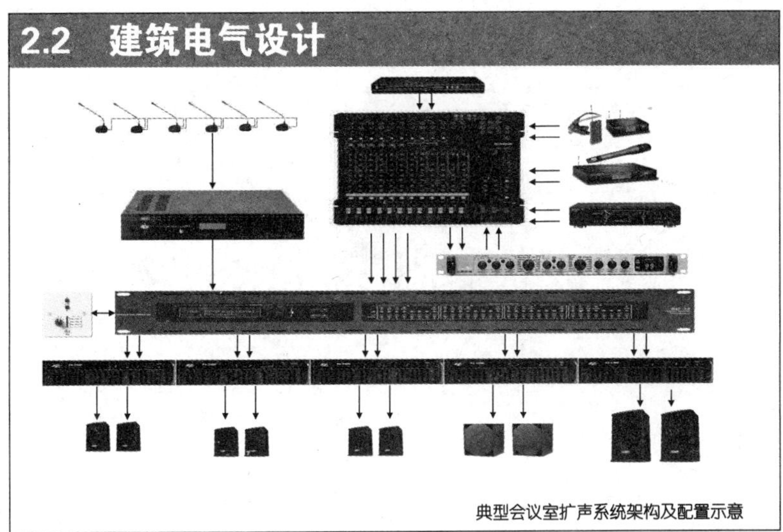
典型会议室扩声系统架构及配置示意

## 2.2 建筑电气设计

有线电视及卫星电视接收系统

- 应根据各类建筑内部的功能需要配置电视终端。
- 具有上网和点播功能的有线电视系统宜采用双向传输系统。

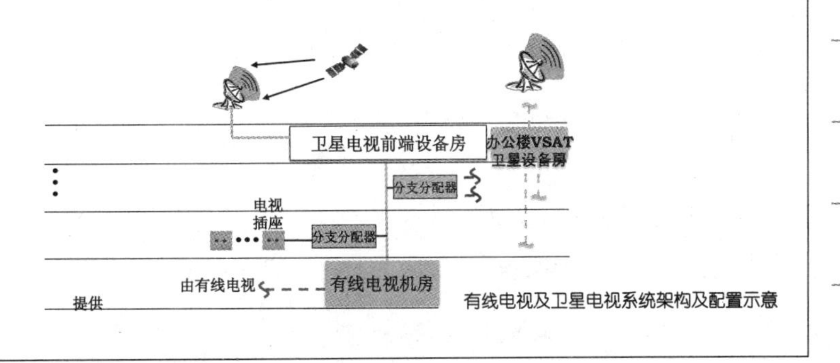

有线电视及卫星电视系统架构及配置示意

## 2.2 建筑电气设计

### 安全技术防范系统

- 安全技术防范系统宜包括入侵报警系统、视频安防监控系统、出入口控制系统、电子巡查管理系统、停车库(场)管理系统等。
- 安全技术防范系统的设置及配置应符合现行国家标准《安全防范工程技术规范》GB 50348、《入侵报警系统工程设计规范》GB 50394、《视频安防监控系统工程设计规范》GB 50395、《出入口控制系统工程设计规范》GB 50396 等标准的规定。
- 入侵报警系统应能独立运行并能与出入口控制系统，视频监控系统等联动。
- 视频安防监控系统应能独立运行，并能与出入口控制系统、入侵报警系统等联动。
- 应急联动系统：大型建筑物或其群体宜以火灾自动报警系统，安全技术防范系统为基础，构建应急联动系统。应急联动系统的功能及配置应符合国家标准《智能建筑设计标准》GB 50314 的规定。

## 2.2 建筑电气设计

### 安全技术防范系统

- 出入口控制系统的设计应注意以下要点：

(1)对受控区域的位置按各种不同的通行对象及其准入级别对其进出实施实时控制与管理，并应具有报警功能；
(2)出入口控制系统应与火灾自动报警系统联动。在火灾确认后，应能自动解除所有安装在消防通道，防火分区隔墙，疏散楼梯及建筑物出入口处的门禁控制；
(3)该系统应能独立运行，并能与电子巡查系统、入侵报警系统、视频监控系统等联动。

- 电子巡查系统可选择离线式和在线式。在线式电子巡查可独立设置也可与出入口控制系统或入侵报警系统联合设置。
- 停车库(场)管理系统可独立运行，也可与出入口控制系统联合设置与视频安防监控系统联动。

## 2.2 建筑电气设计

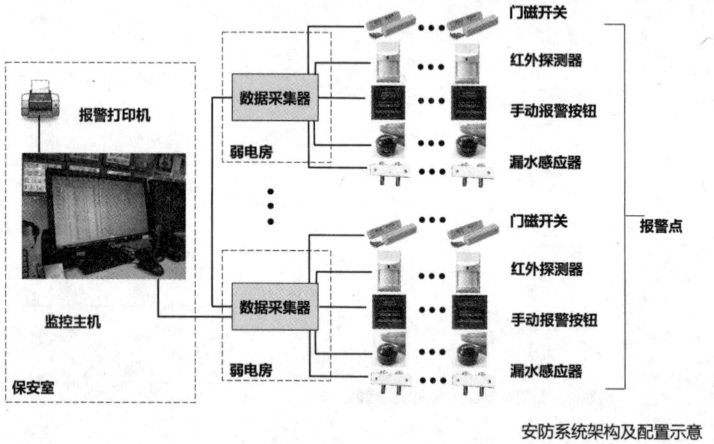

报警打印机
监控主机
保安室
数据采集器
弱电房
数据采集器
弱电房
门磁开关
红外探测器
手动报警按钮
漏水感应器
门磁开关
红外探测器
手动报警按钮
漏水感应器
报警点

安防系统架构及配置示意

## 2.2　建筑电气设计

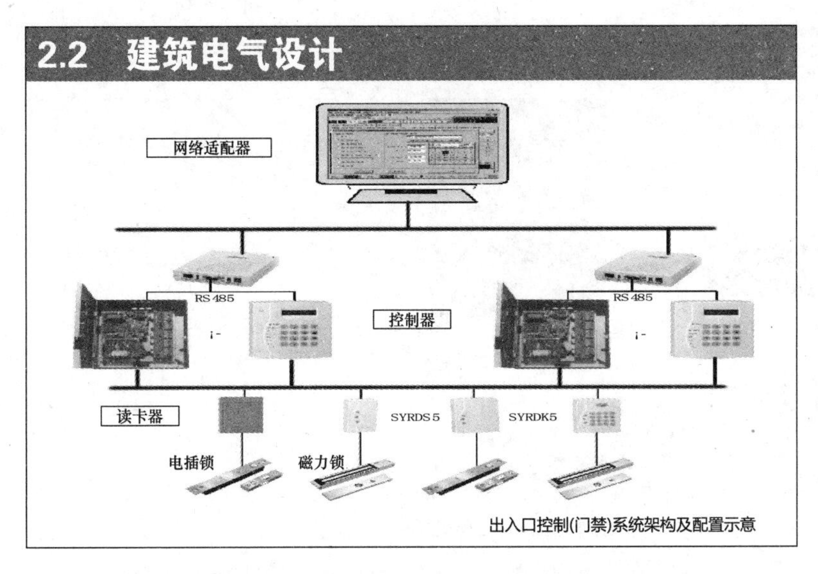


出入口控制(门禁)系统架构及配置示意

## 2.2　建筑电气设计

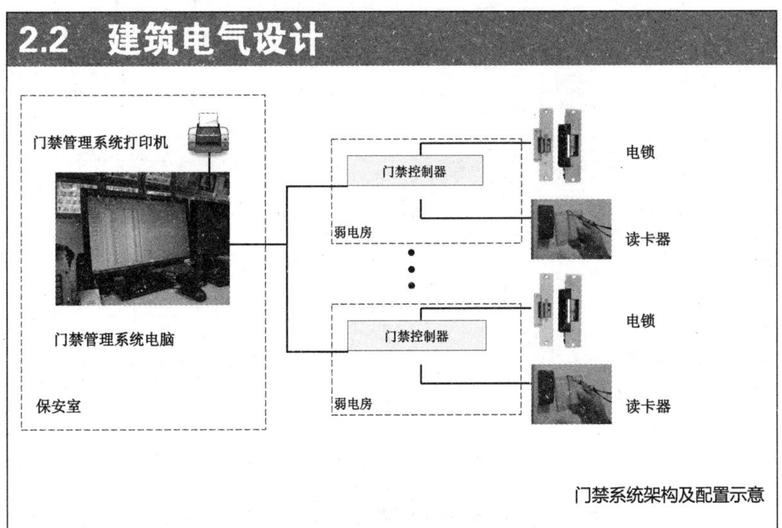


门禁系统架构及配置示意

## 2.2　建筑电气设计

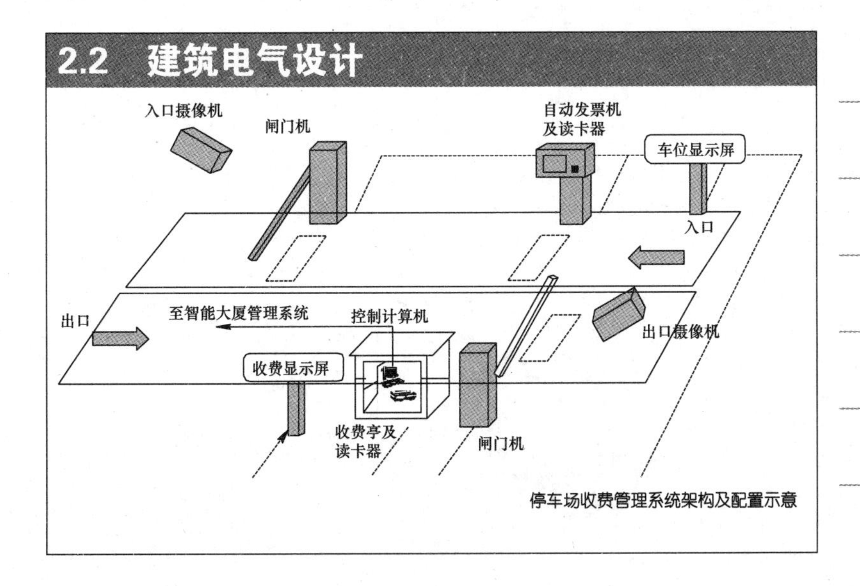


停车场收费管理系统架构及配置示意

## 2.2 建筑电气设计

内部车辆采用远距离读卡技术（读卡距离 7 ~ 8m）

摄像防盗系统

临时车辆自动发卡收费管理系统

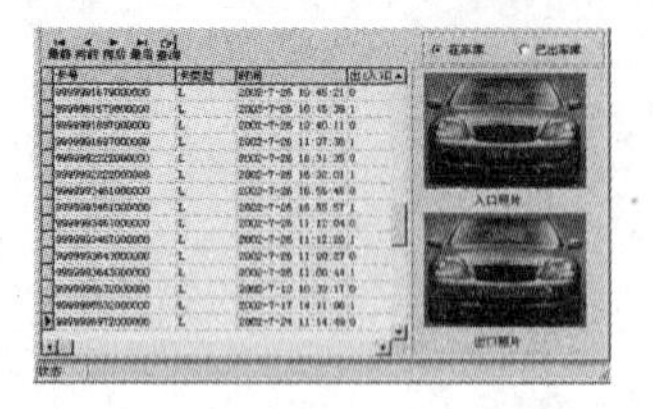

停车场收费管理系统架构及配置示意

## 2.2 建筑电气设计

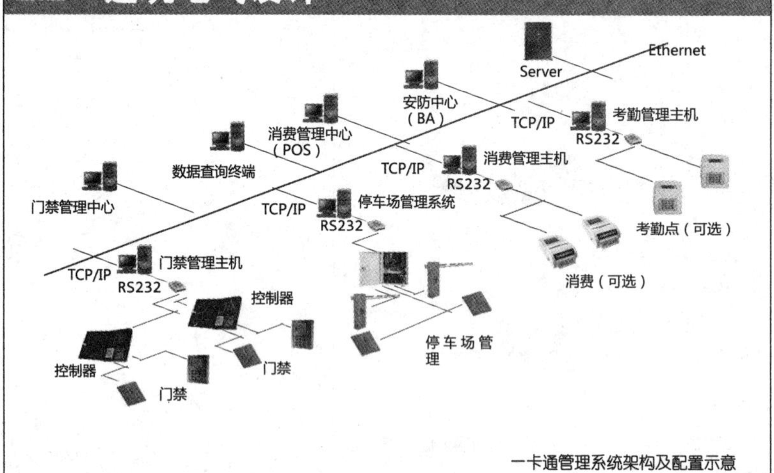


一卡通管理系统架构及配置示意

## 2.2 建筑电气设计

建筑设备管理系统

- 建筑设备管理系统应具有对建筑机电设备测量、监视和控制的功能，确保各类设备系统运行稳定、安全和可靠，并达到节能和环保的管理要求。
- 建筑设备管理系统宜根据实际工程的情况对建筑物内的供电、照明、空调、通风、给水排水、电梯等机电设备选择配置相关的检测、监视、控制等管理功能。
- 被检测、监视、控制的机电设备应预留相应的信号传输路由，有源设备应预留电源。

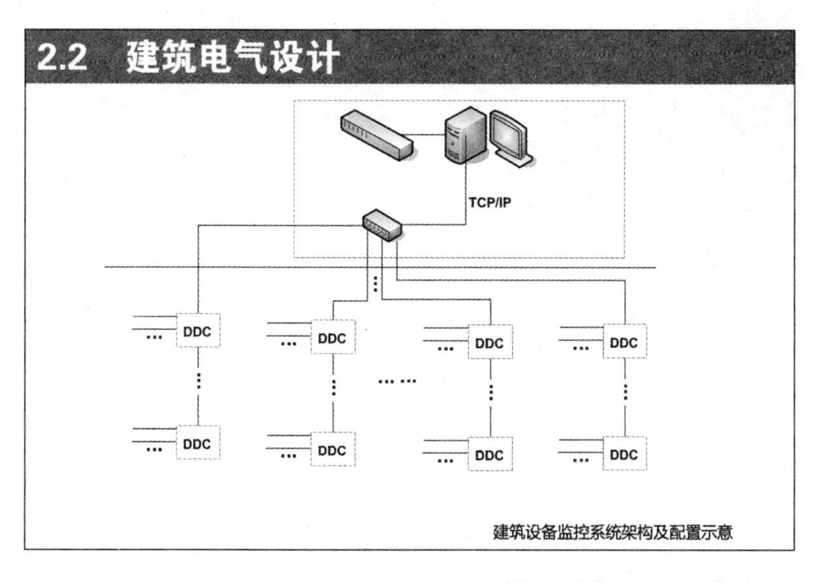

2.2 建筑电气设计
TCP/IP
DDC
DDC
DDC
DDC
DDC
DDC
DDC
DDC
建筑设备监控系统架构及配置示意


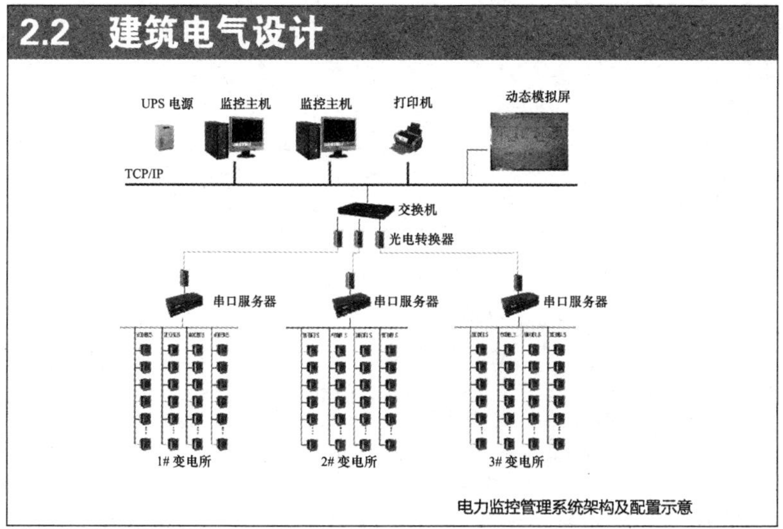

2.2 建筑电气设计
UPS 电源
监控主机
监控主机
打印机
动态模拟屏
TCP/IP
交换机
光电转换器
串口服务器
串口服务器
串口服务器
1# 变电所
2# 变电所
3# 变电所
电力监控管理系统架构及配置示意


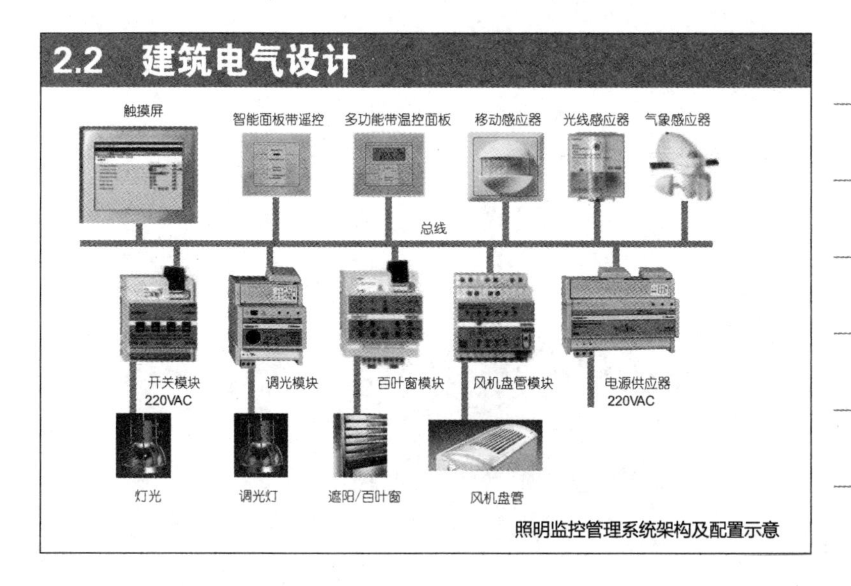

2.2 建筑电气设计
触摸屏
智能面板带遥控
多功能带温控面板
移动感应器
光线感应器
气象感应器
总线
开关模块
220VAC
调光模块
百叶窗模块
风机盘管模块
电源供应器
220VAC
灯光
调光灯
遮阳/百叶窗
风机盘管
照明监控管理系统架构及配置示意

## 2.2 建筑电气设计

紧急按钮
燃气泄漏/烟感等
温湿度照度
温湿度照度
隐藏式配电箱
温湿度照度
无线触摸屏
移动侦测
紧急按钮
温湿度照度
温湿度照度
移动侦测
嵌墙式触摸屏
可视对讲触摸屏
紧急按钮
移动侦测
温湿度照度
紧急按钮
移动侦测
温湿度照度
隐藏式配电箱
移动侦测

智能家居系统架构及配置示意

## 2.2 建筑电气设计

设备选型

- 建筑当地对电气设备的供应情况；
- 不能选用淘汰产品；
- 所有电气设备内使用的绝缘材料和电介质应是无毒的，并对周围环境无害；
- 材料和设备宜标准化，具有相似（相同）特性或结构的元器件或设备应选用相同的制造厂。

## 2.2 建筑电气设计

电气计算内容

- 负荷计算；
- 防雷计算；
- 建筑电子信息系统雷电风险评估；
- 电压损失计算；
- 短路电流、继电保护、接地、可靠性计算；
- 节能计算。

## 2.2　建筑电气设计

各类建筑物的单位建筑面积用电参考指标

| 建筑类别 | 用电指标（W/m²） | 变压器装置指标（VA/m²） | 建筑类别 | 用电指标（W/m²） | 变压器装置指标（VA/m²） |
|---|---|---|---|---|---|
| 住宅 | 15 ~ 40 | 20 ~ 50 | 剧场 | 50 ~ 80 | 80 ~ 120 |
| 公寓 | 30 ~ 50 | 40 ~ 70 | 医院 | 40 ~ 70 | 60 ~ 100 |
| 酒店 | 40 ~ 70 | 60 ~ 100 | 高等院校 | 20 ~ 40 | 30 ~ 60 |
| 办公 | 30 ~ 70 | 50 ~ 100 | 中小学 | 12 ~ 20 | 20 ~ 30 |
| 商业 | 一般：40 ~ 80 | 60 ~ 120 | 展览馆 | 50 ~ 80 | 80 ~ 120 |
| | 大中型：60 ~ 120 | 90 ~ 180 | 演播室 | 250 ~ 500 | 500 ~ 800 |
| 体育 | 40 ~ 70 | 60 ~ 100 | 汽车库 | 8 ~ 15 | 12 ~ 34 |

## 2.2　建筑电气设计

电气设计文件表现

- 设计深度应满足住房和城乡建设部《建筑工程设计文件编制深度规定》的规定；
- 应结合建筑特点表示；
- 应适应市场变化的要求。

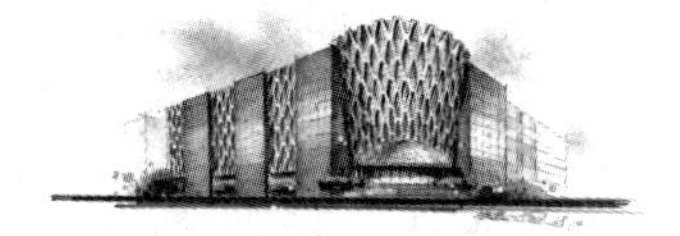

## 2.2　建筑电气设计

电气方案设计文件编制深度原则

- 建筑工程设计文件的编制，必须符合国家有关法律法规和现行工程建设标准规范的规定，其中工程建设强制性标准必须严格执行。
- 方案设计文件，应满足编制初步设计文件的需要。
- 当设计合同对设计文件编制深度另有要求时，设计文件编制深度应同时满足本规定和设计合同的要求。

## 2.2 建筑电气设计

电气初步设计文件编制深度原则

- 建筑工程设计文件的编制，必须符合国家有关法律法规和现行工程建设标准规范的规定，其中工程建设强制性标准必须严格执行。
- 初步设计文件，应满足编制施工图设计文件的需要。
- 在设计中宜因地制宜正确选用国家、行业和地方建筑标准设计，并在设计文件的图纸目录或施工图设计说明中注明所应用图集的名称。重复利用其他工程的图纸时，应详细了解原图利用的条件和内容，并作必要的核算和修改，以满足新设计项目的需要。
- 当设计合同对设计文件编制深度另有要求时，设计文件编制深度应同时满足设计合同的要求。

## 2.2 建筑电气设计

电气施工图设计文件编制深度原则

- 建筑工程设计文件的编制，必须符合国家有关法律法规和现行工程建设标准规范的规定，其中工程建设强制性标准必须严格执行。
- 初步设计文件，应满足编制施工图设计文件的需要。
- 在设计中宜因地制宜正确选用国家、行业和地方标准设计，并在设计文件的图纸目录或初步设计说明中注明所应用图集的名称。重复利用其他工程的图纸时，应详细了解原图利用的条件和内容，并作必要的核算和修改，以满足新设计项目的需要。
- 当设计合同对设计文件编制深度另有要求时，设计文件编制深度应同时满足本规定和设计合同的要求。
- 对于技术要求相对简单的民用建筑工程，经有关主管部门同意，且合同中没有做初步设计的约定，可在方案设计审批后直接进入施工图设计。

## 2.2 建筑电气设计

电气设计系统建模注意问题

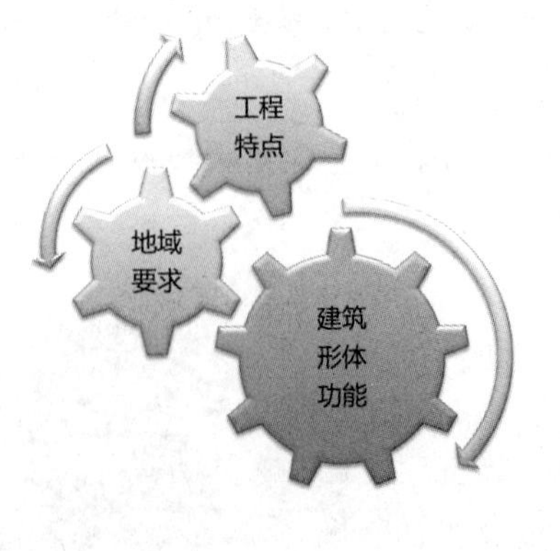

## 2.2　建筑电气设计

电气设计引用标准注意问题

技术更新

标准更新

相关标准规定

企业标准

地方标准

行业标准

国家标准

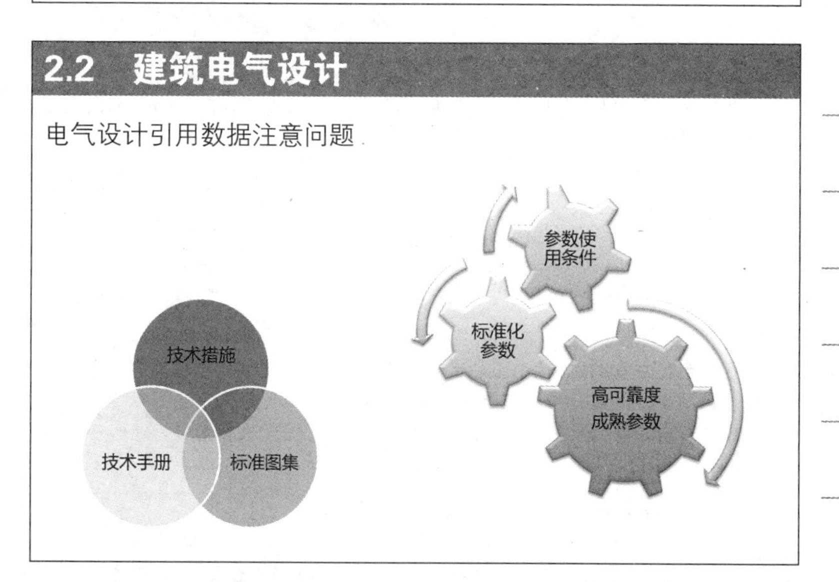


## 2.3　警示若干问题

## 2.3 警示若干问题

### 办公建筑

- 应根据办公需求确定电气系统；
- 对有日后出租要求时，应注意物业管理需求；
- 高层办公建筑电气小间面积：
  - ◇ 强电电气小间面积不宜小于 $4m^2$；
  - ◇ 弱电电气小间面积不宜小于 $5m^2$；
- 用电指标 30 ~ $70W/m^2$；
- 变压器装置指标 50 ~ $100VA/m^2$；

  其中：照明插座占 40%；空调占 35%；其他动力占 25%。
- 智能化系统可包括：建筑设备管理系统、综合布线系统、安全防范系统、有线电视和卫星电视系统、系统集成、会议系统、移动通信覆盖系统、机房工程等。

## 2.3 警示若干问题

### 旅馆建筑

- 四、五级旅馆建筑设置的自备发电机组；
- 客房部分的总配电箱不得安装在走道、电梯厅和客人易到达的场所；
- 设计应考虑弱势人群需求；
- 客房内“请勿打扰”灯、不间断电源供电插座、客用保险箱、迷你冰箱、床头闹钟不受节能钥匙卡控制；
- 用电指标：40 ~ $70W/m^2$；变压器装置指标 60 ~ $100VA/m^2$；
- 智能化系统可包括：建筑设备管理系统、综合布线系统、安全防范系统、有线电视和卫星电视系统、酒店管理系统、POS 系统、系统集成、会议系统、移动通信覆盖系统、机房工程等。

## 2.3 警示若干问题

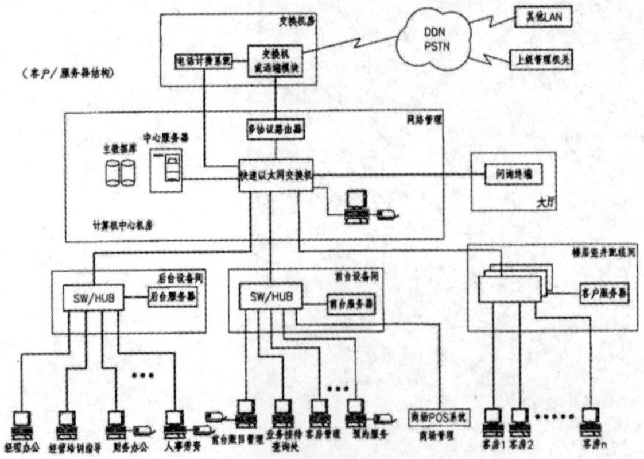

旅馆信息管理系统示意图

## 2.3　警示若干问题

### 住宅建筑

- 应关注当地主管部门对住宅相关规定；
- 户内配电箱与配线箱宜设置在户门较近地方；安装在较低插座应采用安全型插座；
- 插座设置：
  - 厨房、卫生间应选用防溅水；卫生间插座应设置在 2 区以外；
  - 空调、洗衣机、排油烟机等插座应与设备布置密切配合。
- 用电指标：50m² 以下：3kW；50 ~ 90m²：4kW；90 ~ 150m²：6kW；150 ~ 200m²：50W/m²；
- 智能化集成系统、通信接入系统、电话交换系统、信息网络系统、综合布线系统、有线电视系统、公共广播系统、物业信息运营管理系统、建筑设备管理系统、火灾自动报警系统、安全技术防范系统等。

## 2.3　警示若干问题

**住宅用电负荷标准**

| 套型 | 建筑面积 $S$（m²） | 用电负荷（kW） |
|---|---|---|
| A | $S < 60$ | 3 |
| B | $60 < S \leq 90$ | 4 |
| C | $90 < S \leq 150$ | 6 |

注：当每套住宅建筑面积大于 150m² 时，超出的建筑面积可按 40~50W/m² 计算。

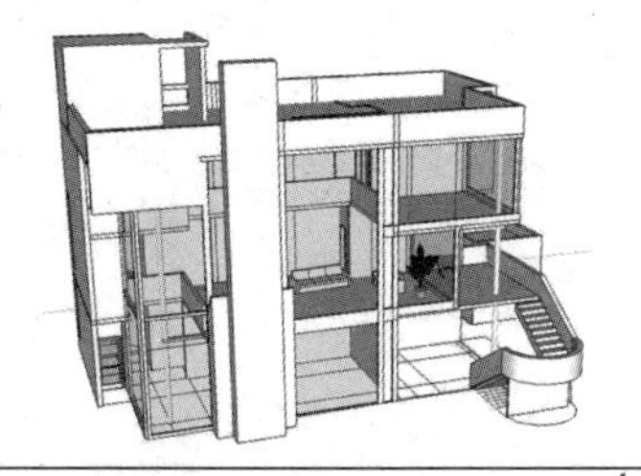

## 2.3　警示若干问题

**小区用电负荷计算**

| 序号 | 项目类别 | 用电负荷指标 |
|---|---|---|
| 1 | 建筑面积 80m²（不含）以下 | 6kW/ 户 |
| 2 | 建筑面积 80 ~ 120m²（不含） | 8kW/ 户 |
| 3 | 建筑面积 120 ~ 150m²（不含） | 10kW/ 户 |
| 4 | 采用电采暖 | 增加 2kW/ 户 |
| 5 | 建筑面积超出 150m² 以上的住宅，超出部分 | 50W/m²（注） |
| 6 | 住宅区内的配套公建（如小型超市、学校、社区服务业等） | 60W/m² |

注：按单位面积指标计算时，按≮ 60W/m² 计算

## 2.3 警示若干问题

小区用电负荷计算需要系数取值

| 序号 | 项目类别 | 需要系数 |
|---|---|---|
| 1 | 普通住宅 | 0.2 |
| 2 | 高档住宅楼、住宅及办公为一体的建筑（不含分散式电采暖） | 200户及以下0.2<br>200户以上0.15 |
| 3 | 分散式电采暖（除采用集中式电锅炉以外的分散式电采暖：如电3热膜、电暖气等） | 0.6 |
| 4 | 计算采用集中式电锅炉（只作为采暖，不做制冷用）采暖的住宅，4锅炉配电室与住宅配电室分开时 | 0.2 |
| 5 | 计算采用集中式电锅炉（只作为采暖，不做制冷用）采暖的住宅，锅炉配电室与住宅配电室不分开时 | 0.6 |
| 6 | 住宅区内的配套公建（如小型超市、学校、社区服务业等） | 0.6 |

## 2.3 警示若干问题

### 博物馆建筑

- 关注博物馆的风险等级与防护级别划分；
- 特大型、大型博物馆应设置备用柴油发电机组；
- 应以文物为主、参观人群为辅需求确定电气系统；
- 文物库房的消毒熏蒸装置采用独立回路供电；
- 应注重文物防火、防潮、防鼠、防盗设计，安全用电气小间宜独立设置；
- 用电指标：45 ~ 100W/$m^2$，变压器指标：60 ~ 120VA/$m^2$；
- 智能化系统包括：通信系统、综合布线系统、火灾报警及消防控制系统、广播系统、有线电视系统、视频安防系统、多媒体公共显示系统、建筑设备监控系统、大屏幕电子显示系统、触摸屏导览系统、门禁系统、多功能会议系统、售票（验票）系统、无线信号转发系统、停车场管理系统等。

## 2.3 警示若干问题

### 影、剧院建筑

- 特、甲等剧场应采用双重电源供电；
- 舞台调光装置应采取有效的抑制谐波措施；
- 电声、电视转播设备的电源不宜接在舞台照明变压器上；
- 照明分为舞台灯光系统、观众厅照明系统、舞台工作灯系统、配套用房常规照明系统；
- 用电指标：80 ~ 100W/$m^2$；
- 智能化系统包括：综合布线系统、信息发布系统、大屏幕电子显示系统、安全防范系统、门禁系统、火灾自动报警系统、广播系统、建筑设备监控系统、售票（验票）系统、会议系统、无线信号转发系统等。

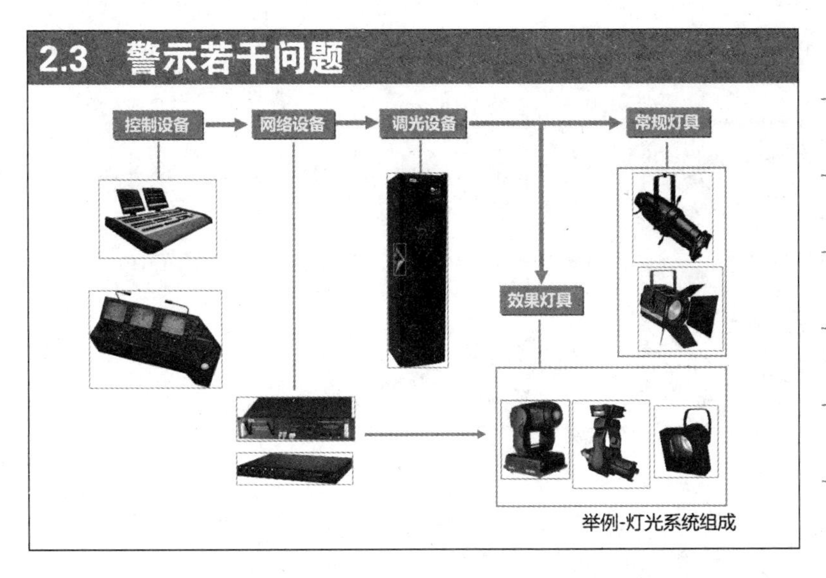

举例-灯光系统组成

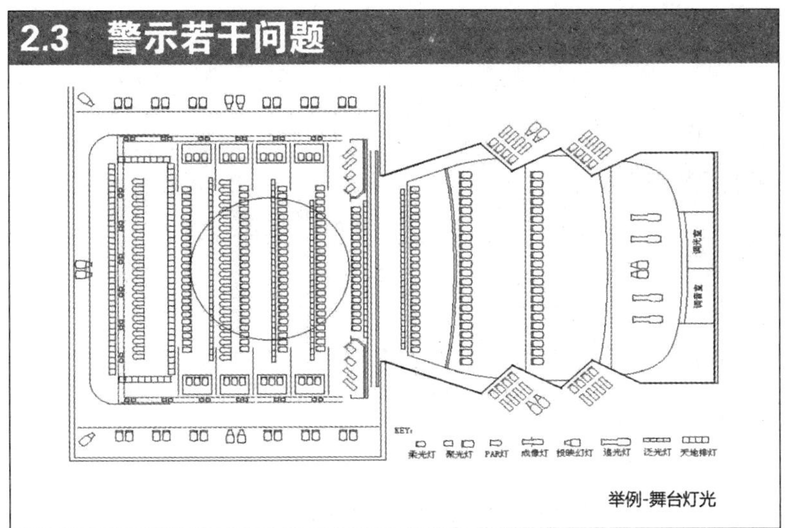

举例-舞台灯光

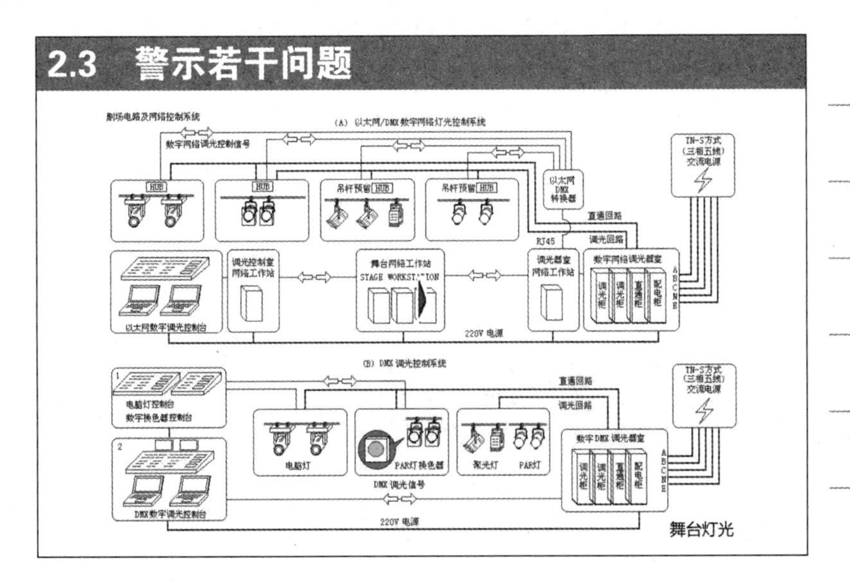

舞台灯光

## 2.3 警示若干问题

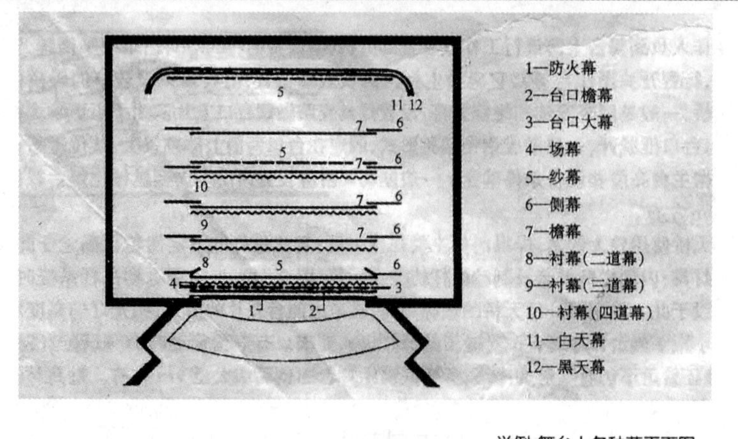


举例-舞台上各种幕平面图

## 2.3 警示若干问题

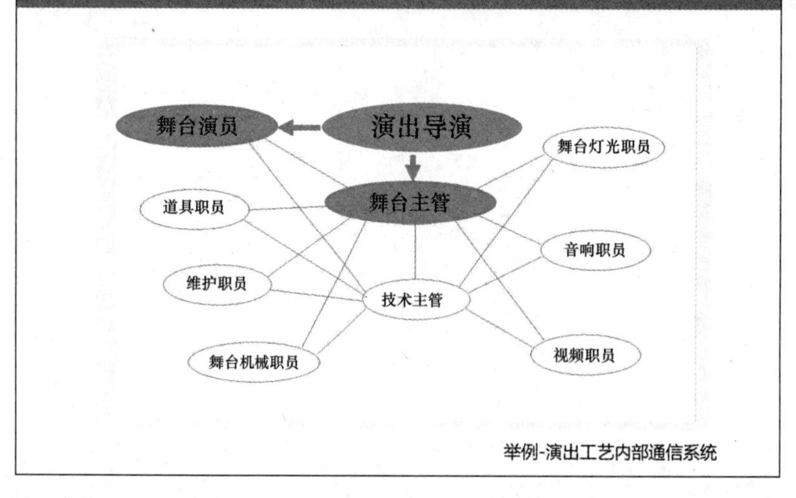


举例-演出工艺内部通信系统

## 2.3 警示若干问题

商业建筑

- 根据商业建筑不同业态的需求确定用电水平和装备标准；
- 照明设计要达到显示商品特点、吸引顾客和美化室内环境；
- 大、中型商业建筑应设置值班照明；
- 应关注商业管理公司需求、冷冻食品供电可靠性；
- 应关注出租商铺配电与计费；
- 用电指标：80 ~ 120W/m$^2$；
- 智能化系统包括：通信系统、综合布线系统、火灾报警及消防控制系统、广播系统、有线电视系统、视频安防系统、公共显示系统、建筑设备监控系统、大屏幕电子显示系统、触模屏导购系统、POS 系统、门禁系统、多功能会议系统、无线信号转发系统、停车场管理系统等。

## 2.3 警示若干问题

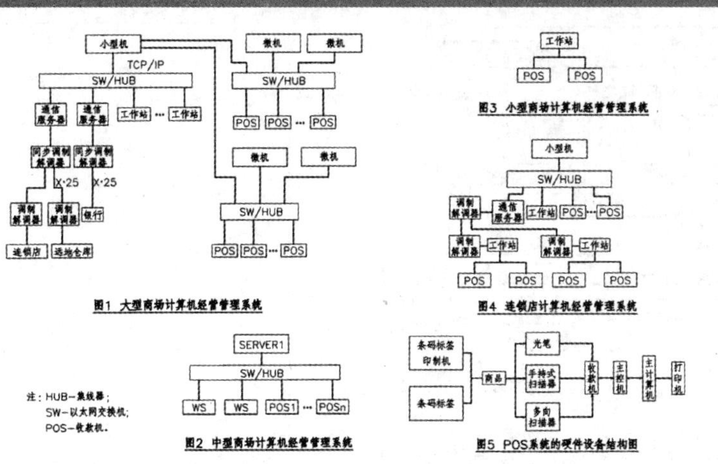


## 2.3 警示若干问题

金融建筑

- 供电可靠性等级应根据金融设施等级使用要求、当地的供电条件及运行经济性等因素；
- 通信、安防、监控等设备的负荷等级应与该建筑中最高等级的用电负荷相同；
- 数据中心内的空调设备和电子信息设备不应由同一组不间断电源系统供电；
- 应设置自备应急电源；
- 金融设施营业厅、交易厅及其他大空间公共场所的照明灯具应由两个回路交叉供电；
- 数据中心用电指标 1.5 ~ 3kW/m$^2$；
- 智能化系统包括：综合布线系统、呼叫显示与信息发布系统、大屏幕电子显示系统、安全防范系统、门禁系统、火灾自动报警系统、广播系统、建筑设备监控系统、POS 系统、会议系统、无线信号转发系统等。

## 2.3 警示若干问题

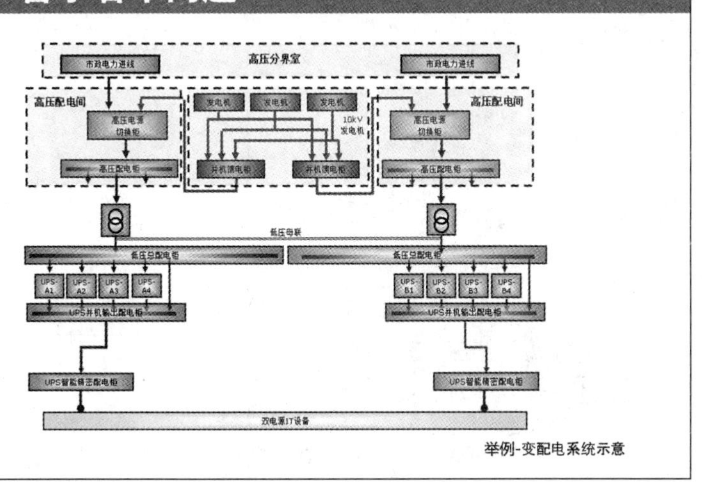


举例-变配电系统示意

## 2.3 警示若干问题

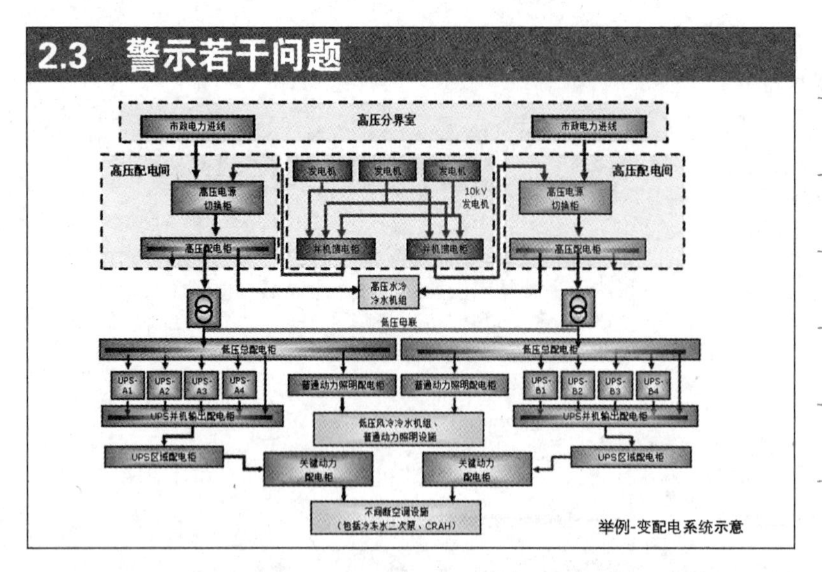


举例-变配电系统示意

## 2.3 警示若干问题

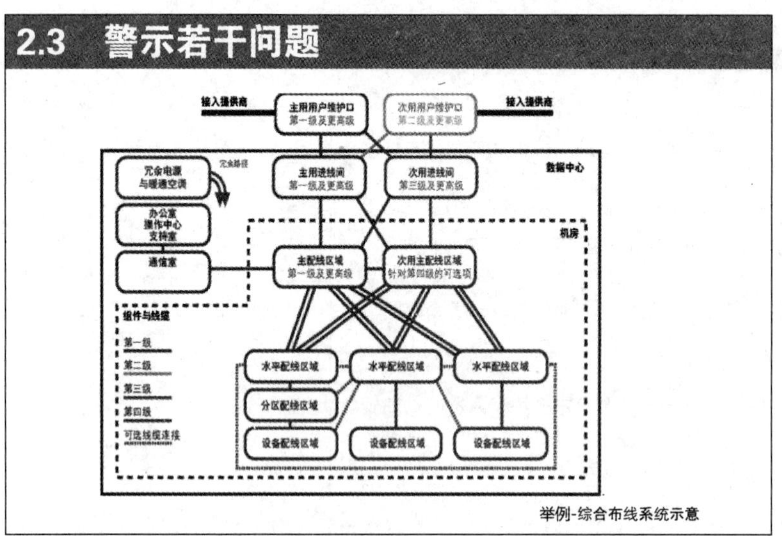


举例-综合布线系统示意

## 2.3 警示若干问题

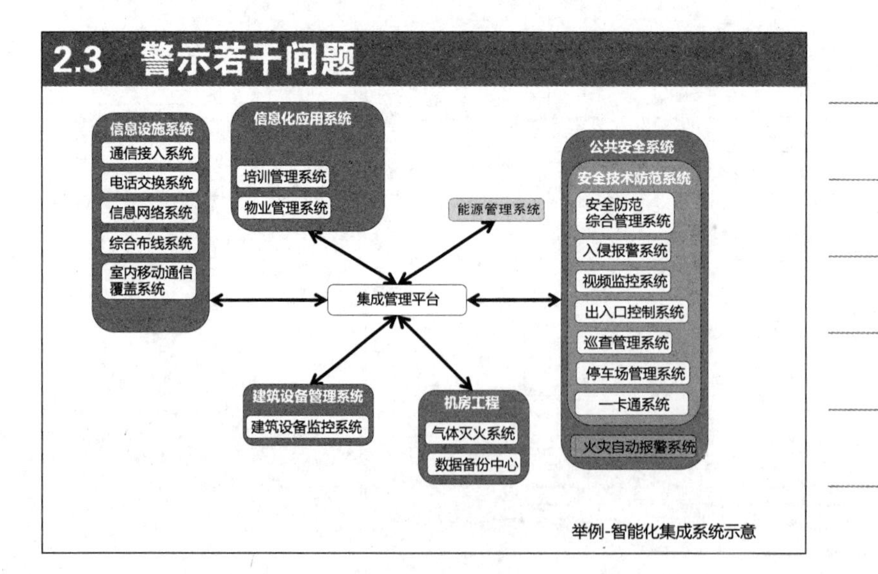


举例-智能化集成系统示意

## 2.3　警示若干问题



举例-综合环境监控系统示意

## 2.3　警示若干问题

会展建筑

- 根据会展建筑规模确定电气系统，每 2 ～ 4 个标准展位宜设置一个展位箱；
- 应满足展览多样性需求，特大型会展建筑宜设置展览专用变压器；
- 特大型、大型会展建筑根据布展工艺要求，宜采用展沟布线；
- 展区内每台展览用配电箱（柜）的供电区域面积不宜大于 600m$^2$；
- 充分利用天然光，高大空间照明灯具应采取安全防护，并应便于检修维护；
- 用电指标：轻型展按 50~100W/m$^2$、中型展按 100~150W/m$^2$、重型展按 150~300W/m$^2$ 计算；
- 智能化系统包括：火灾报警及消防控制系统、通信系统、综合布线系统、大屏幕电子显示系统、触模屏导览系统、广播系统、有线电视系统、多媒体公共显示系统、建筑设备监控系统、安防系统、 POS 系统、会议系统、售票（验票）系统、无线信号转发系统等。

## 2.3　警示若干问题

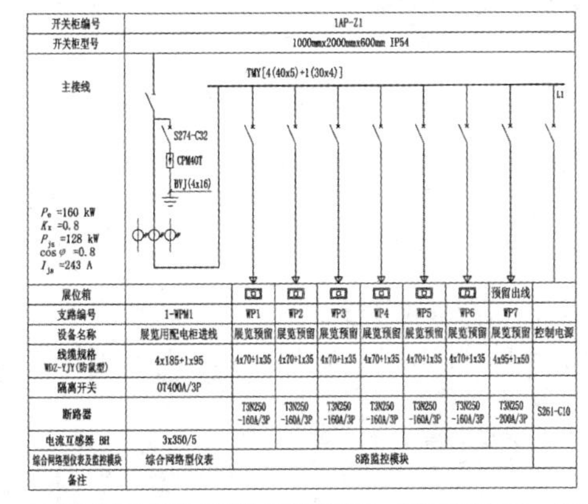

| 开关柜编号 | 1AP-Z1 | | | | | | | | |
|---|---|---|---|---|---|---|---|---|---|
| 开关柜型号 | 1000mmx2000mmx600mm IP54 | | | | | | | | |
| 主接线 | S274-C32 CPM40T BVJ(4x16) TMY[4(40x5)+1(30x4)] L1 | | | | | | | | |
| $P_e$ =160 kW<br>$K_x$ =0.8<br>$P_{js}$ =128 kW<br>$\cos\varphi$ =0.8<br>$I_{js}$ =243 A | | | | | | | | | |
| 展位箱 | | | | | | | | 预留出线 | |
| 支路编号 | 1-WPM1 | WP1 | WP2 | WP3 | WP4 | WP5 | WP6 | WP7 | |
| 设备名称 | 展览用配电柜进线 | 展览预留 | 展览预留 | 展览预留 | 展览预留 | 展览预留 | 展览预留 | 展览预留 | 控制电源 |
| 线缆规格 WDZ-YJY(防鼠型) | 4x185+1x95 | 4x70+1x35 | 4x70+1x35 | 4x70+1x35 | 4x70+1x35 | 4x70+1x35 | 4x70+1x35 | 4x95+1x50 | |
| 隔离开关 | OT400A/3P | | | | | | | | |
| 断路器 | | T3N250 -160A/3P | T3N250 -160A/3P | T3N250 -160A/3P | T3N250 -160A/3P | T3N250 -160A/3P | T3N250 -160A/3P | T3N250 -200A/3P | S261-C10 |
| 电流互感器 BH | 3x350/5 | | | | | | | | |
| 综合网络型仪表及监控模块 | 综合网络型仪表 | 8路监控模块 | | | | | | | |
| 备注 | | | | | | | | | |

展览配电柜专为展区内展览设施提供电源，宜按不超过 400 ～ 600m$^2$ 展厅面积设置一个。

## 2.3 警示若干问题

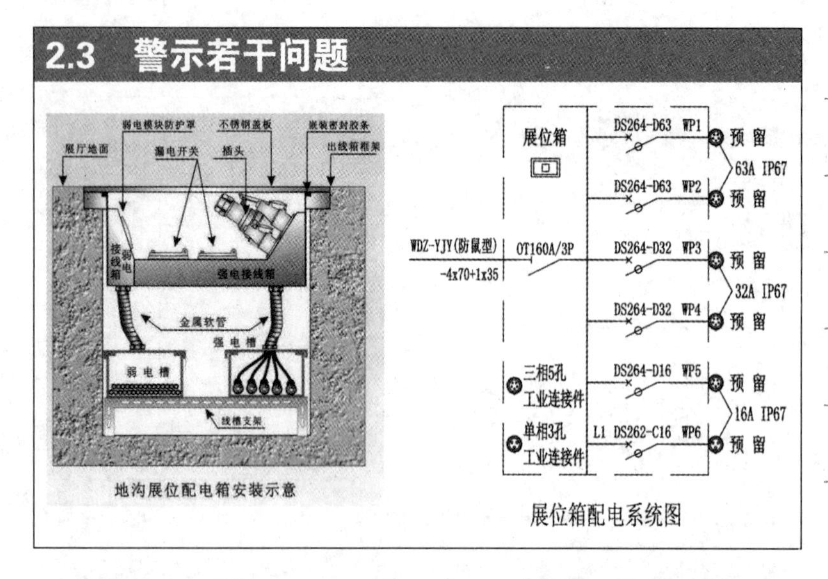


地沟展位配电箱安装示意

展位箱配电系统图

## 2.3 警示若干问题

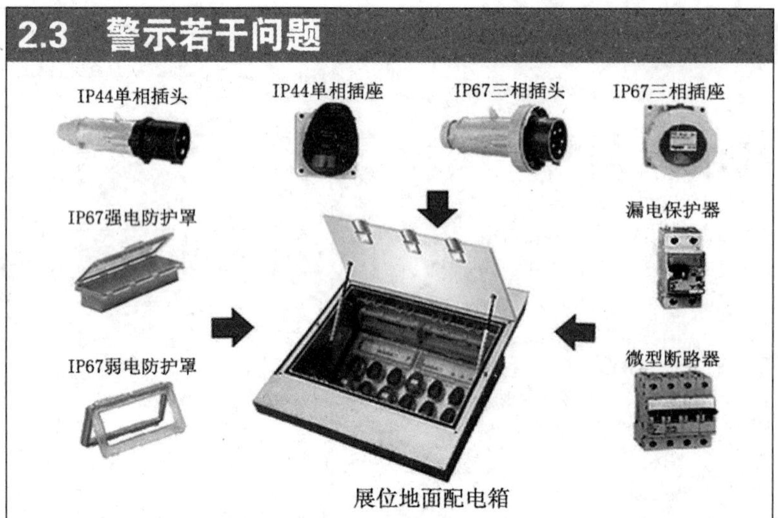


展位地面配电箱

## 2.3 警示若干问题

教育建筑

- 中小学、幼儿园的电源插座必须采用安全型。幼儿活动场所电源插座不应低于1.8m；
- 教室配电箱应预留供多媒体教学用的电源，并应将管线预留至讲台；
- 教师讲台处宜设实验室配电箱总开关的紧急停电按钮；
- 教室照明应避免眩光，灯具距桌面的最低悬挂高度不应低于 1.7m；
- 用电指标：20 ~ 30W/m$^2$，变压器指标 25 ~ 40VA/m$^2$；
- 智能化系统包括：通信系统、信息网络系统、综合布线系统、有线电视及卫星电视接收系统、广播系统、信息引导及发布系统等子系统组成。校园信息化应用系统包括信息化应用管理系统、数字化图书馆系统、学校门户网站、校园智能卡应用系统、校园网络安全管理系统、校园多媒体教学、远程教育、电子监考系统等系统。

## 2.3 警示若干问题

中小学单位面积负荷密度表

| 名称 | 班级数 | 建筑面积合计（$m^2$） | 负荷估算（kW） |
|---|---|---|---|
| 完全小学 | 12班 | 3569 | 71.4~107.1 |
| | 18班 | 4684 | 93.7~140.5 |
| | 24班 | 5812 | 116.2~174.4 |
| | 30班 | 6912 | 138.2~207.4 |
| 九年制学校 | 18班 | 5500 | 110.0~165.0 |
| | 27班 | 7328 | 146.6~219.8 |
| | 36班 | 9425 | 188.5~282.8 |
| | 45班 | 11588 | 231.8~347.6 |
| 初级中学 | 12班 | 4772 | 95.4~143.2 |
| | 18班 | 6379 | 127.6~191.4 |
| | 24班 | 7972 | 159.4~239.2 |
| | 30班 | 9605 | 192.1~288.2 |

## 2.3 警示若干问题

黑板与照明灯位置关系表

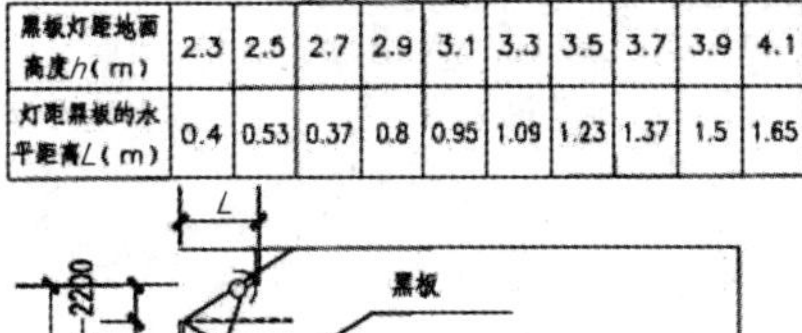

| 黑板灯距地面高度$h$（m） | 2.3 | 2.5 | 2.7 | 2.9 | 3.1 | 3.3 | 3.5 | 3.7 | 3.9 | 4.1 |
|---|---|---|---|---|---|---|---|---|---|---|
| 灯距黑板的水平距离$L$（m） | 0.4 | 0.53 | 0.37 | 0.8 | 0.95 | 1.09 | 1.23 | 1.37 | 1.5 | 1.65 |

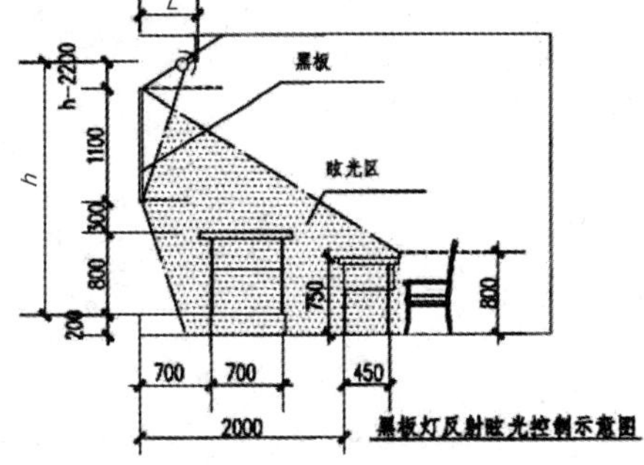


黑板灯反射眩光控制示意图

## 2.3 警示若干问题

医院建筑

- 医疗场所的重要用电负荷按安全维护系数允许间断供电时间设置电源自动转换;
- 三级医疗建筑应设置柴油发电机组，供油时间，三级医院应大于 24h;
- 大型医疗设备的电源系统，应满足设备对电源压降的要求;
- 洁净手术部必须保证用电可靠性，洁净手术部的总配电柜，应设于非洁净区内;
- 进行心脏手术的设备其正常剩余电流不得大于 10μA;
- 用电指标 40 ~ 70W/$m^2$，变压器指标 60 ~ 100VA/$m^2$;
- 智能化系统包括：通信系统、综合布线系统、火灾报警及消防控制系统、广播系统、有线电视系统、闭路电视监视系统、排队叫号系统、病房呼叫信号及公共显示系统、建筑设备自动监控系统、大屏幕电子显示系统、触模屏导诊系统、门禁系统、闭路示教系统、多功能会议系统、主计时子母钟、无线信号转发系统、停车场管理系统、远程视频会诊系统等。

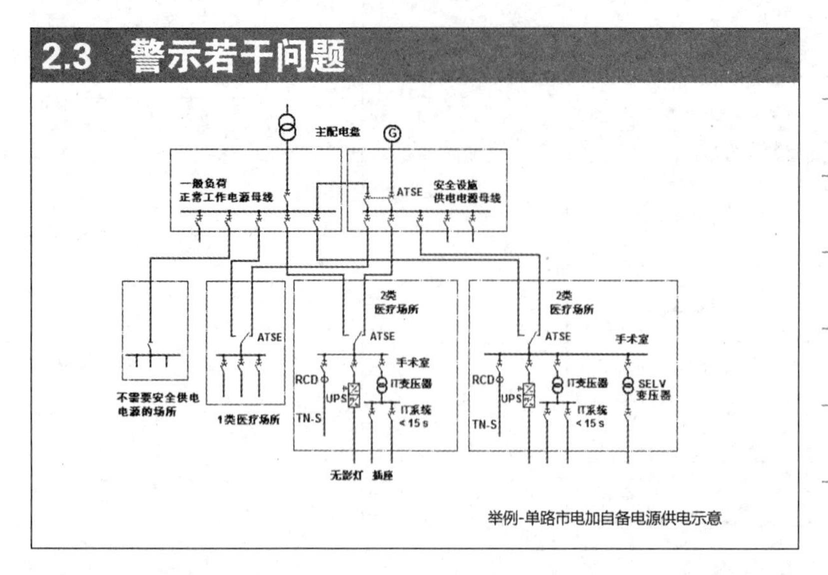

举例-单路市电加自备电源供电示意

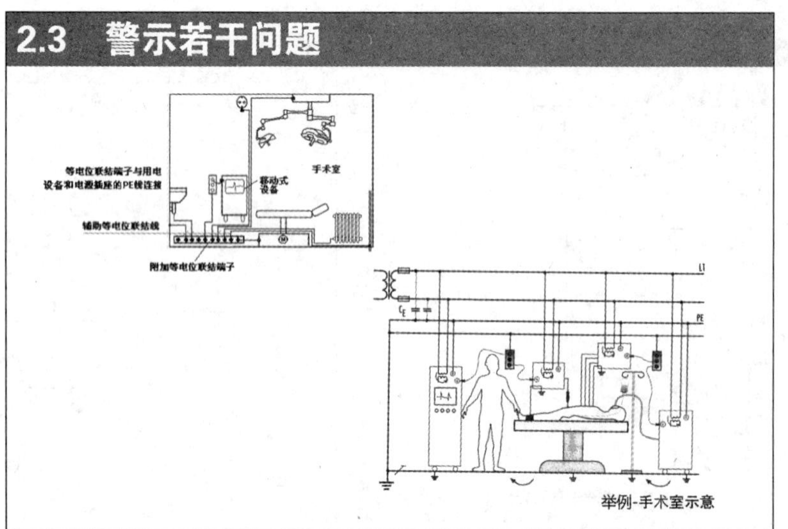

举例-手术室示意

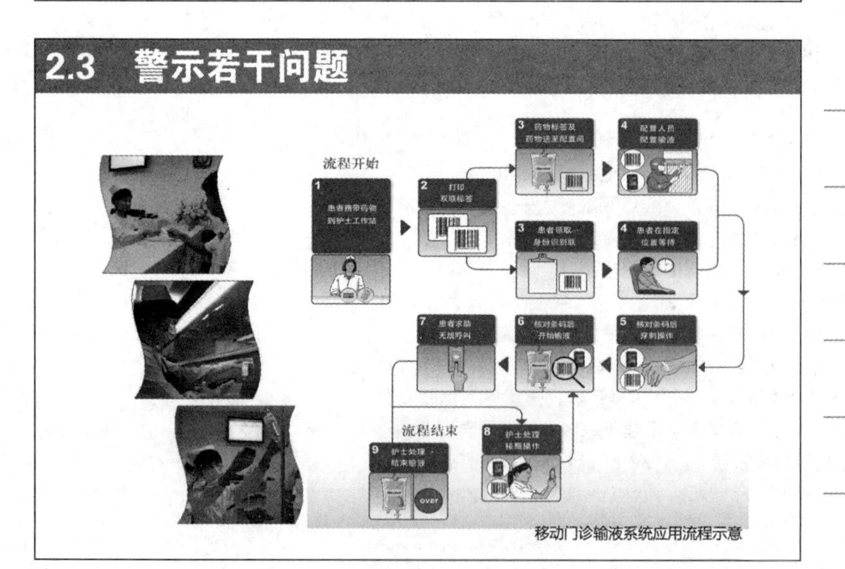

移动门诊输液系统应用流程示意

## 2.3 警示若干问题

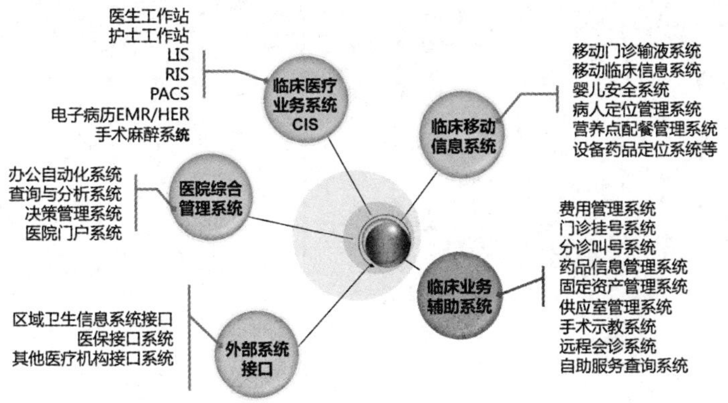

临床医疗业务系统CIS：医生工作站、护士工作站、LIS、RIS、PACS、电子病历EMR/HER、手术麻醉系统

临床移动信息系统：移动门诊输液系统、移动临床信息系统、婴儿安全系统、病人定位管理系统、营养点配餐管理系统、设备药品定位系统等

医院综合管理系统：办公自动化系统、查询与分析系统、决策管理系统、医院门户系统

临床业务辅助系统：费用管理系统、门诊挂号系统、分诊叫号系统、药品信息管理系统、固定资产管理系统、供应室管理系统、手术示教系统、远程会诊系统、自助服务查询系统

外部系统接口：区域卫生信息系统接口、医保接口系统、其他医疗机构接口系统

医疗信息化示意

## 2.3 警示若干问题

体育建筑特点

- 确保举办国际性比赛的设施和观众席；
- 为了达到最佳的观看比赛的条件，设置了74%的屋顶；
- 设计成能自然采光的结构；
- 采用两个供电系统组成无停电体系；
- 终端控制设施的合理组合使各系统便易统一管理；
- 高清晰度HDTV播放及安装多方位控制的最新照明设备；
- 为设备、安防及保护人身安全安装终端监视系统；
- 为了确保便于停车，安装远程停车场监控系统；
- 节约能源，创造舒适的环境。

## 2.3 警示若干问题

体育建筑

- 根据赛事用电、赛后运营确定电气系统；
- 自备电源根据举办赛事重要性和人员密集特点配置；
- 举办开幕式、闭幕式或极少使用的大容量临时负荷不应纳入永久供配电系统；
- 大型、特大型体育建筑的场地照明要采用多回路供电；
- 用电指标：体育场体育照明负荷800～1000kW；体育馆体育照明负荷300～400kW；体育馆空调负荷40～60W/$m^2$；专用足球场体育照明负荷400～600kW；
- 智能化系统包括：信息显示及控制、场地扩声、场地照明及控制、计时记分及现场成绩处理、现场影像采集及回放、售检票、电视转播和现场评论、标准时钟、升旗控制、比赛设备集成管理等子系统。

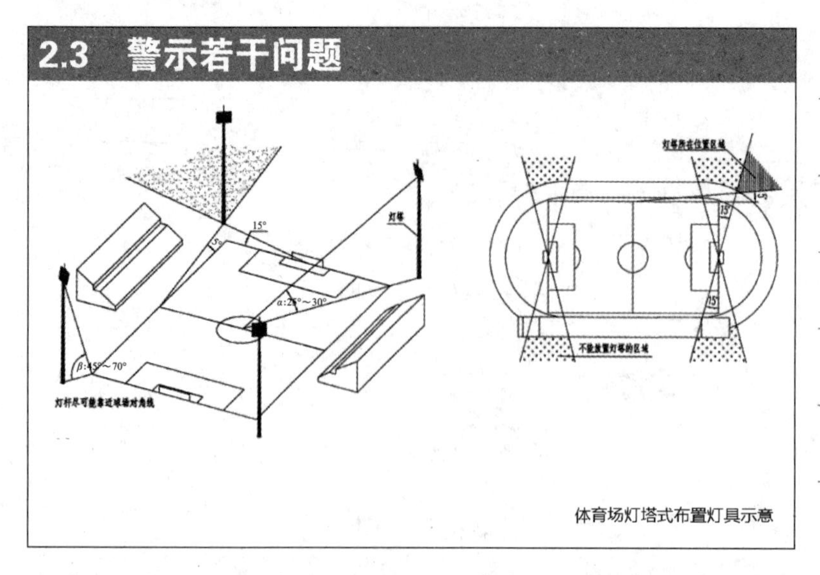

体育场灯塔式布置灯具示意

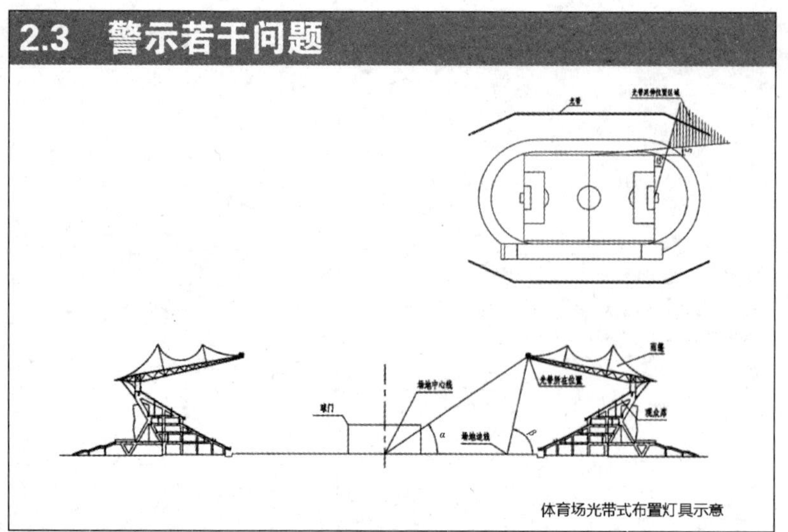

体育场光带式布置灯具示意

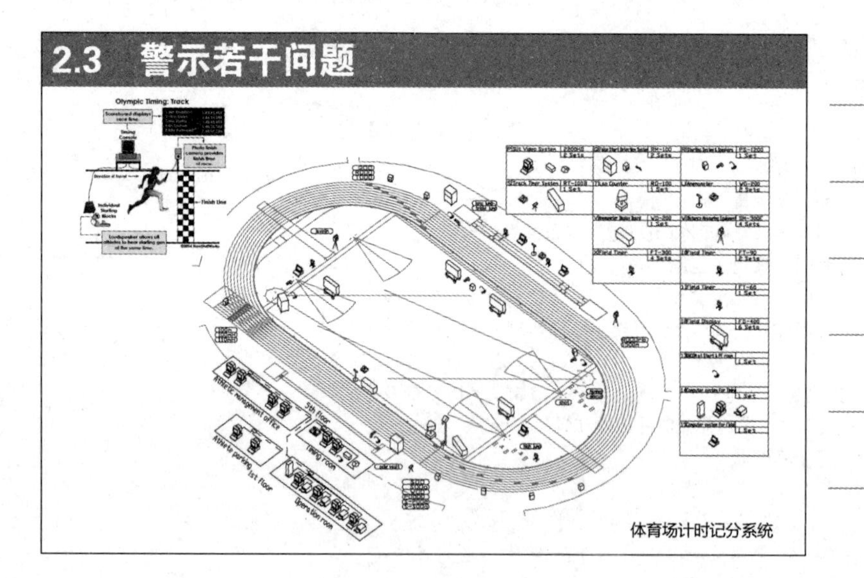

体育场计时记分系统

## 2.3　警示若干问题

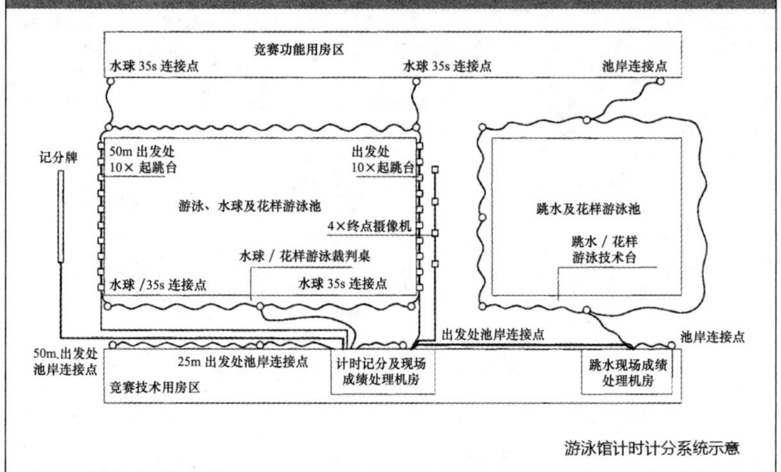


游泳馆计时计分系统示意

## 2.3　警示若干问题

### 档案、图书馆建筑

- 供电等级应与档案、图书馆的级别、建设规模相适应；
- 安防系统、图书检索用计算机系统用电应设置不间断电源作为备用电源；
- 档案馆、图书馆除设置正常照明、局部照明外，还应设应急照明、值班照明或警卫照明；
- 装裱、整修用房内应配置加热用的电源；
- 库区电源总开关应设于库区外；
- 用电指标：40 ~ 80W/m$^2$；
- 智能化系统包括：计算机网络（外网、内网）、综合布线系统、信息发布系统、大屏幕电子显示系统、安全防范系统、门禁系统、火灾自动报警系统、广播系统、建筑设备监控系统、会议系统、无线信号转发系统等。

## 2.3　警示若干问题

### 传媒建筑

- 根据传媒建筑规模和特征确定电气系统；
- 关注演播室的设计；
- 注意供电可靠性；
- 关注系统接地；
- 用电指标：100 ~ 150W/m$^2$；
- 智能化系统包括：综合布线系统、呼叫显示与信息发布系统、大屏幕电子显示系统、安全防范系统、门禁系统、火灾自动报警系统、广播系统、建筑设备监控系统、转播系统、会议系统、无线信号转发系统等。

## 2.3 警示若干问题

150m²演播室灯光系统示意

## 2.3 警示若干问题

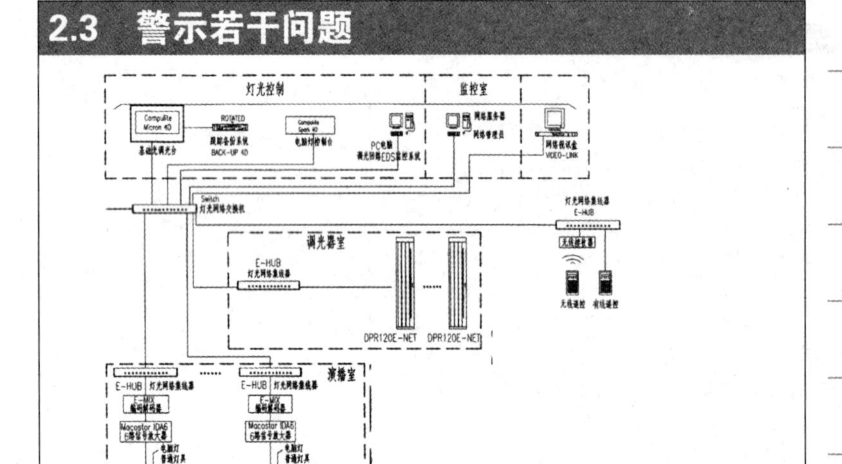


150m²演播室灯光系统网络分配干线示意

## 2.3 警示若干问题

### 航站楼建筑

- 航站楼单台变压器长期运行负荷率宜为 55% ~ 65%；
- 治理“电压暂降”和“供电中断”的危害；
- 行李处理系统应采用独立回路供电；
- 需考虑航站楼供电的飞机机舱专用空调及机用 400Hz 电源；
- 设置标识引导系统；
- 变压器装置指标 100 ~ 150VA/m$^2$；
- 智能化系统包括：信息集成系统、楼宇自控系统、航班信息显示系统、时钟系统、广播系统、视频安防系统、综合布线系统等。

## 2.3　警示若干问题

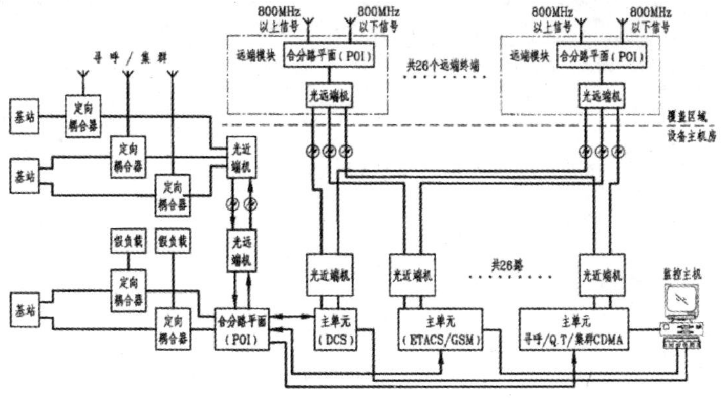

航站楼移动通信信号覆盖示意

## 2.3　警示若干问题

超高层建筑

- 根据超高层建筑群各建筑规模、业态管理模式和特征确定电气系统；
- 合理确定电气机房；
- 关注用电安全性和可靠性，合理配备自备电源；
- 关注电气线路路由；
- 关注电气设备传动的连动控制；
- 用电指标：80 ~ 150W/m²；
- 智能化系统包括：综合布线系统、信息发布系统、大屏幕电子显示系统、安全防范系统、门禁系统、火灾自动报警系统、广播系统、建筑设备监控系统、POS 系统、会议系统、无线信号转发系统等。

## 2.3　警示若干问题

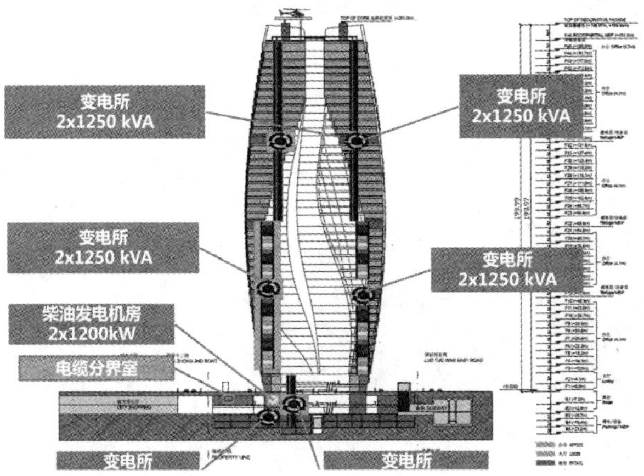

## 2.3 警示若干问题

城市综合体建筑

- 根据建筑群各建筑规模、业态管理模式和特征确定电气系统；
- 公共电气系统与用户的电气系统间建立联系；
- 电气系统之间存在相互依存、相互助益的能动关系；
- 运用整体论和还原论相结合的方法建立系统模型；
- 电气系统是复合的系统；
- 用电指标：80 ~ 120W/m$^2$；
- 智能化系统包括：综合布线系统、信息发布系统、大屏幕电子显示系统、安全防范系统、门禁系统、火灾自动报警系统、广播系统、建筑设备监控系统、POS 系统、会议系统、无线信号转发系统等。

## 2.3 警示若干问题

举例-变配电系统

## 2.3 警示若干问题

举例-自备电源系统

## 2.4 电气机房设置

变配电所所址的确定

- 深入或接近负荷中心；
- 进出线方便；
- 接近电源侧；
- 设备吊装、运输方便；
- 不应设在有剧烈振动或有爆炸危险介质的场所；
- 不宜设在多尘、水雾或有腐蚀性气体的场所，当无法远离时，不应设在污染源的下风侧；
- 不应设在厕所、浴室、厨房或其他经常积水场所的正下方，且不宜与上述场所贴邻。如果贴邻，相邻隔墙应做无渗漏、无结露等防水处理。

## 2.4 电气机房设置

变配电所所址的确定

- 配变电所为独立建筑物时，不应设置在地势低洼和可能积水的场所；
- 宜集中设置配变电所，当供电负荷较大，供电半径较长时，也可分散设置；可分设在避难层、设备层及屋顶层等处；
- 应考虑到维护管理的需要；
- 应考虑到变电所对周围环境的影响。

## 2.4 电气机房设置

**电力线路合理输送功率和距离**

| 标称电压 (kV) | 线路结构 | 输送功率 (kW) | 送电距离 (km) |
|---|---|---|---|
| 0.22<br>0.38 | 电缆线<br>电缆线 | 100 以下<br>175 以下 | 0.2 以下<br>0.35 以下 |
| 10 | 电缆线 | 5000 以下 | 10 以下 |
| 35 | 架空线 | 2000~10000 | 50~20 |

## 2.4 电气机房设置

**10kV 线路经济供电半径**

| 负荷密度（$kW/m^2$） | 经济最大供电半径（km） |
|---|---|
| 5 以下 | 20 |
| 5 ~ 10 | 20 ~ 16 |
| 10 ~ 20 | 16 ~ 12 |
| 20 ~ 30 | 12 ~ 10 |
| 30 ~ 40 | 10 ~ 8 |
| 40 以上 | 小于 8 |

通常采用变配电所供电距离 200m 以内。

## 2.4 电气机房设置

35/0.4kV 变配电所面积估算：

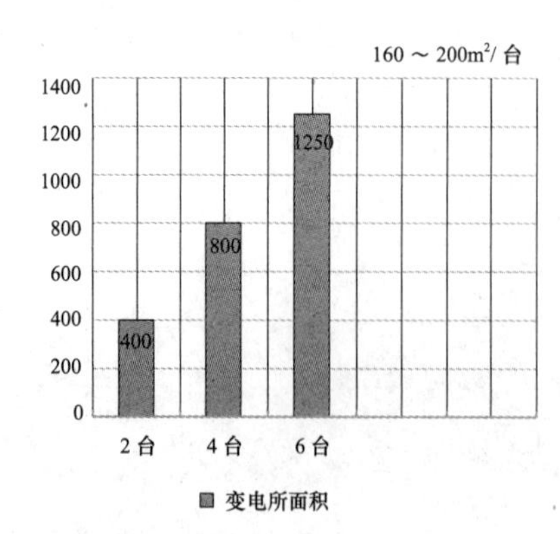

## 2.4　电气机房设置

35kV 配电装置室内各种通道的最小净宽

| 开关柜布置方式 | 柜后维护通道 | 柜前操作通道 | |
|---|---|---|---|
| | | 固定式 | 手车式 |
| 单排布置 | 1.0 | 1.5 | 单车长度 +1.2 |
| 双排面对面布置 | 1.0 | 2.0 | 双车长度 +0.9 |
| 双排背对背布置 | 1.2 | 1.5 | 单车长度 +1.2 |

注：1. 采用柜后免维护可靠墙安装的开关柜靠墙布置时，柜后与墙净距应大于 50mm，侧面与墙净距应大于 200mm；

2. 通道宽度在建筑物的墙面遇有柱类局部凸出时，凸出部位的通道宽度可减少 200mm。

## 2.4　电气机房设置

0.4kV 配电屏前后的通道净宽

| 配电屏种类 | | 单排布置 | | | 双排面对面布置 | | | 双排背对背布置 | | | 多排同向布置 | | | 屏侧通道 |
|---|---|---|---|---|---|---|---|---|---|---|---|---|---|---|
| | | 屏前 | 屏后 | | 屏前 | 屏后 | | 屏前 | 屏后 | | 屏间 | 前、后排屏距墙 | | |
| | | | 维护 | 操作 | | 维护 | 操作 | | 维护 | 操作 | | 前排屏前 | 后排屏后 | |
| 固定式 | 不受限制时 | 1.5 | 1.0 | 1.2 | 2.0 | 1.0 | 1.2 | 1.5 | 1.5 | 2.0 | 2.0 | 1.5 | 1.0 | 1.0 |
| | 受限制时 | 1.3 | 0.8 | 1.2 | 1.8 | 0.8 | 1.2 | 1.3 | 1.3 | 2.0 | 1.8 | 1.3 | 0.8 | 0.8 |
| 抽屉式 | 不受限制时 | 1.8 | 1.0 | 1.2 | 2.3 | 1.0 | 1.2 | 1.8 | 1.0 | 2.0 | 2.3 | 1.8 | 1.0 | 1.0 |
| | 受限制时 | 1.6 | 0.8 | 1.2 | 2.1 | 0.8 | 1.2 | 1.6 | 0.8 | 2.0 | 2.1 | 1.6 | 0.8 | 0.8 |

注：1. 当建筑物墙面遇有柱类局部凸出时，凸出部位的通道宽度可减少 0.2m；

2. 各种布置方式，屏端通道不应小于 0.8m。
3. 控制屏、柜的通道最小宽度可按本表确定。
4. 采用柜后免维护可靠墙安装的开关柜靠墙布置时，柜后与墙净距应大于 50mm，侧面与墙净距应大于 200mm 。

## 2.4　电气机房设置

10/0.4kV 变配电所面积估算：

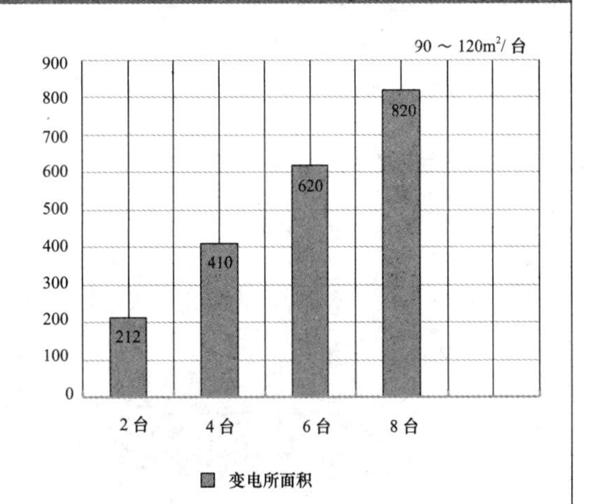

## 2.4 电气机房设置

20（10）kV 配电装置室内各种通道的最小净宽

| 开关柜布置方式 | 柜后维护通道 | 柜前操作通道 | |
|---|---|---|---|
| | | 固定式 | 手车式 |
| 单排布置 | 0.8 | 1.5 | 单车长度+1.2 |
| 双排面对面布置 | 0.8 | 2.0 | 双车长度+0.9 |
| 双排背对背布置 | 1.0 | 1.5 | 单车长度+1.2 |

注：1. 采用柜后免维护可靠墙安装的开关柜靠墙布置时，柜后与墙净距应大于 50mm，侧面与墙净距应大于 200mm；
2. 通道宽度在建筑物的墙面遇有柱类局部凸出时，凸出部位的通道宽度可减少 200mm。

## 2.4 电气机房设置

### 变配电所门的要求

- 变电所位于高层主体建筑（或裙房）内时，通向其他相邻房间的门应为甲级防火门，通向走道的门应为乙级防火门；
- 变电所位于多层建筑物的二层或更高层时，通向其他相邻房间的门应为甲级防火门，通向过道的门应为乙级防火门；
- 变电所位于多层建筑物的一层时，通向相邻房间或过道的门应为乙级防火门；
- 变电所位于地下层或下面有地下层时，通向相邻房间或过道的门应为甲级防火门；
- 变电所通向汽车库的门应为甲级防火门；
- 变电所直接通向室外的门应为丙级防火门。

## 2.4 电气机房设置

### 柴油发电机房的确定

- 宜设在地下一层，至少要有一面靠外墙，最好是在建筑物的非主入口面及背风面，以便处理设备的进出口，通风口和排烟。
- 应靠近变电所的低压配电室；以便接线，减少线路损耗，便于运行管理。
- 应便于设备运输、吊装和检修。
- 应避开建筑物的主要出入口及主要通道，以免机组定期运行保养时影响人员进出。
- 不应设在厕所、浴池等潮湿场所的下方或相邻，以免渗水影响机组运行。

## 2.4 电气机房设置

柴油发电机机组布置的要求

- 机组宜横向布置；机组之间、机组外廊至墙的距离应满足设备运输、就地操作、维护检修或布置辅助设备的需要；
- 机房与控制室、配电室贴邻布置时，发电机出线端与电缆沟宜布置在靠控制室、配电室侧；
- 辅助设备宜布置在柴油机侧或靠机房侧墙，蓄电池宜靠近所属柴油机；
- 不同电压等级的发电机组可设置在同一发动机房内，当机组超过二台时，宜按相同电压等级相对集中设置；
- 机房设置在高层建筑物内时，机房内应有足够的新风进口及合理的排烟道位置；
- 应采取机组消音及机房隔音综合治理措施。

## 2.4 电气机房设置

柴油发电机电压等级、容量、机房的面积的确定

- 柴油发电机电压等级、容量、机房的面积的确定：
  - 200m 以内建筑应急电源电压采用 0.4kV 低压发电机组。
  - 200 ~ 300m 建筑应急电源电压应分析确定。
  - 300m 以上建筑应急电源电压应采用高压 10kV 发电机组。
- 方案设计阶段，柴油发电机组的容量可按全工程变压器总容量的 10%~20% 进行估算。
- 机房所需的建筑面积与机组的型式、容量和布置等因素有关。方案设计阶段，单台机组机房面积约为 60~100m$^2$/ 台。

## 2.4 电气机房设置

柴油发电机耗油量的确定

- 当发电机组机组负荷率 50%：150mL/kW・h；
- 当发电机组机组负荷率 75%：200mL/kW・h；
- 当发电机组机组负荷率 100%：300mL/kW・h。

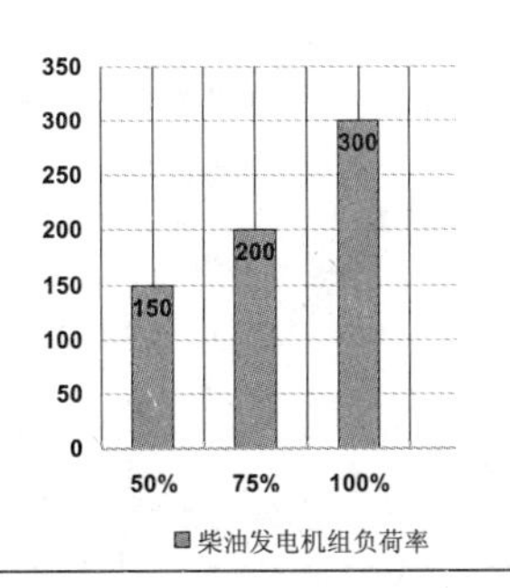

## 2.4 电气机房设置

### 信息系统进线间设置

- 进线间应满足缆线的敷设路由、成端位置及数量、光缆的盘长空间和缆线的弯曲半径、配线设备、入口设施安装对场地空间的要求；单体或群体建筑物同一个地下一层内宜设置不少于 1 个进线间；
- 进线间的面积应按通局管道及入口设施的最终容量设置，并应满足不少于多家电信业务经营者接入设施的使用空间与面积要求。进线间的面积不应小于 $15m^2$；
- 进线间应与同楼层电信运营经营者的通信机房、物业管理通信机房、弱电间或弱电竖井采用管、槽盒连通；进线间应采取防渗水措施，宜在室内设置排水地沟并与设有抽、排水装置的集水坑相连；
- 进线间设置涉及国家安全和秘密的弱电设备时，涉密与非涉密设备之间应采取房间分隔或房间内区域分隔措施。

## 2.4 电气机房设置

### 强电间（井）设置

- 强电间宜设在进出线方便，便于安装、维护的公共部位，且为其配线区域的中心位置；
- 强电间位置宜上下层对应，每层均应设独立的门，不宜与其他房间形成套间；
- 强电间不应与水、暖、气等管道共用井道；
- 强电间应避免靠近烟道、热力管道及其他散热量大或潮湿的设施；
- 各强电间至最远端的缆线敷设长度不要大于 50m；
- 性质重要、可靠性要求高或高度超过 250m 的公共建筑，有条件时每层可设置不少于两个强电间；
- 强电间的面积应满足设备安装、线路敷设、操作维护及扩展的要求。

## 2.4 电气机房设置

### 智能化机房位置的确定

- 机房宜设在建筑物首层及以上的房间，当有多层地下层时，也可设在地下一层；
- 机房不应设置在厕所、浴室或其他潮湿、易积水场所的正下方或与其贴邻；
- 机房应远离粉尘、油烟、有害气体以及生产或储存具有腐蚀性、易燃、易爆物品的场所；
- 机房应远离强振动源和强噪声源的场所，当不能避免时，应采取有效的隔振、消声和隔声措施；
- 机房应远离强电磁场干扰场所，不应设置在变压器室、配电室的楼上、楼下或隔壁场所，当不能避免时，应采取有效的电磁屏蔽措施。

## 2.4　电气机房设置

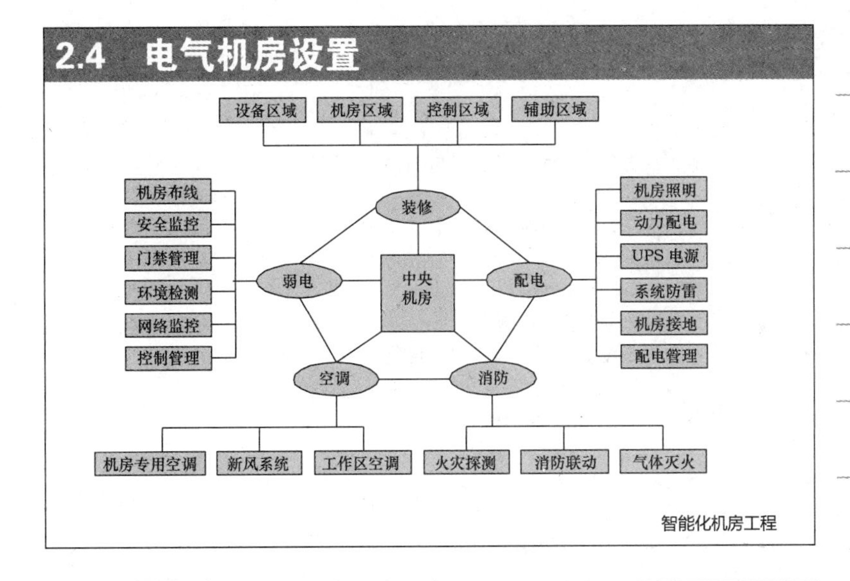


智能化机房工程

## 2.4　电气机房设置

### 智能化机房设备布置

- 机房设备应根据系统配置及管理需要分区布置，当几个系统合用机房时，应按功能分区布置；
- 需要经常监视或操作的设备布置应便于监视或操作；
- 产生尘埃的设备，宜集中布置在靠近机房的回风口处；
- 电子信息设备宜远离建筑物防雷引下线等主要的雷击散流通道；
- 壁挂式设备中心距地面高度宜为 1.5m，侧面距墙应大于 0.5m；
- 视频安防监控系统电视墙前面的距离应满足观看视距的要求，电视墙与值班人员之间的距离应大于主监视器画面对角线长度的 4~6 倍。设备布置应防止在显示屏上出现反射眩光；
- 活动地板下面的线缆应敷设在封闭式金属线槽中。

## 2.4　电气机房设置

### 智能化机房内设备间距和通道要求

- 机柜正面相对排列时，其净距离不应小于 1.5m；
- 背后开门的设备，背面离墙边净距离不应小于 0.8m；
- 机柜侧面距墙不应小于 0.5m，机柜侧面离其他设备净距不应小于 0.8m，当需要维修测试时，则距墙不应小于 1.2m；
- 并排布置的设备总长度大于 4m 时，两侧均应设置通道；
- 通道净宽不应小于 1.2m。

## 2.4 电气机房设置

### 弱电间（井）设置

- 弱电间宜设在进出线方便，便于安装、维护的公共部位，且为其配线区域的中心位置；
- 弱电间位置宜上下层对应，每层均应设独立的门，不宜与其他房间形成套间；
- 弱电间不应与水、暖、气等管道共用井道；
- 弱电间应避免靠近烟道、热力管道及其他散热量大或潮湿的设施；
- 当设置综合布线系统时，各弱电间至最远端的缆线敷设长度不得大于 90m；当同楼层及邻层弱电终端数量少，且能满足缆线敷设长度要求时，可多楼层合设弱电间；
- 电子信息系统性质重要、可靠性要求高或高度超过 250m 的公共建筑，有条件时每层可设置不少于两个弱电间；
- 弱电间的面积应满足设备安装、线路敷设、操作维护及扩展的要求。

## 2.4 电气机房设置

### 弱电间（井）面积要求

- 当弱电间设置落地式机柜时，面积不宜小于 2.5m（宽）×2.0m（深）；当弱电间覆盖的信息点超过 400 点时，每增加 200 点应增加 $1.5m^2$（2.5m×0.6m）的面积；
- 当弱电间设置壁挂式机柜时，系统较多时，弱电间面积不宜小于 3.0m（宽）×0.8m（深）；系统较少时，面积不宜小于 1.5m（宽）×0.8m（深）；
- 当多层建筑不能保证弱电间短边尺寸 0.8m 时，可利用门外公共场地作为维护、操作的空间，弱电间房门须将井道全部敞开，但弱电间短边尺寸不应小于 0.6m；
- 当弱电间内设置涉密弱电设备时，涉密弱电间应与非涉密弱电间分别设置；
- 弱电间内的设备箱宜明装，安装高度宜为箱体底边距地 0.5~1.5m。

## 结束语

- 电气系统由于建筑体系不同而不同
- 应在不同建筑体系功能下寻找其规律
- 电气设计应满足业主、物业管理要求
- 不同建筑体系电气设计需要的是智慧

*The End*

# 第三章

## 建筑电气消防设计策略

## Design Strategy of Building Electrical Fire Protection

【摘要】对于现代建筑，消防是非常重要的，而建筑消防电气设计则是建筑防火安全十分重要的一环，建筑电气防火设计必须遵循国家的有关方针、政策，贯彻“预防为主，防消结合”的消防工作方针，采用行之有效的先进防火技术，平时应做到安全用电，火灾发生时，能够尽早、准确进行火灾报警，最快地掌握火情，保证人员疏散和消防用电可靠，最及时地依靠固定的消防设施自动灭火，从设计上将建筑物内的火灾隐患降到最低点，保障建筑消防安全，保护人身财产安全，服务国家经济社会发展。

## 目录 CONTENTS

# 3.1 建筑电气消防一般要求

## 3.1 建筑电气消防一般要求

建筑电气防火设计原则

- 从设计上保证建筑物内的火灾隐患降到最低点
- 最快地掌握火情，最及时地依靠固定的消防设施自动灭火
- 建筑内的居住者在相应的时间内，有效地安全疏散

## 3.1　建筑电气消防一般要求

建筑电气防火指导思想

- 根据建筑功能进行分析
- 结合建筑体系进行设计
- 立足满足物业维护管理

## 3.1　建筑电气消防一般要求

电气火灾的定义

电气火灾一般是指由于电气线路、用电设备、器具以及供配电设备出现故障性释放的热能；如高温、电弧、电火花以及非故障性释放的能量；如电热器具的炽热表面，在具备燃烧条件下引燃本体或其他可燃物而造成的火灾，也包括由雷电和静电引起的火灾。

## 3.1　建筑电气消防一般要求

电气火灾的种类

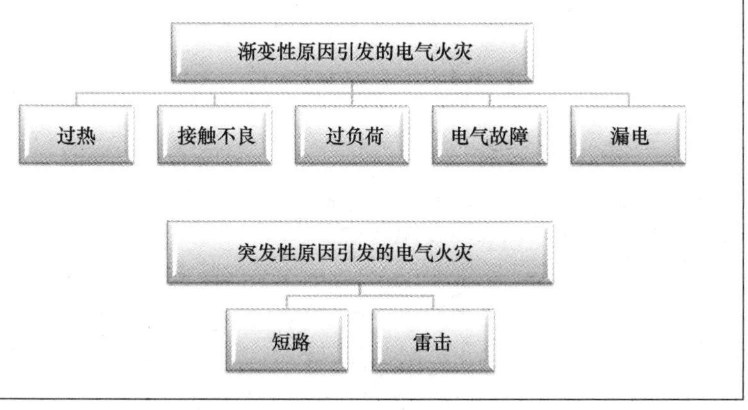

## 3.1 建筑电气消防一般要求

### 电气火灾的起因

电气火灾年均发生次数占火灾年均总发生次数的30%，占重特大火灾总发生次数80%，引发电气火灾的原因主要包括：

（1）供电线路未随生活水平的提高而改进。

（2）用电设备、电线电缆质量问题。

（3）施工质量不符合要求。

（4）缺乏政策保护，没有相关的验收。

（5）电气产品达不到防火要求。

## 3.1 建筑电气消防一般要求

### 电气火灾的起因

■ 电气线路短路故障

电气线路中的裸导线或绝缘导线的绝缘体破损后，相线与中性线，或相线与接地线（包括接地从属于大地）在某一点碰在一起，引起电流突然大量增加的现象就叫短路。

由于短路时电阻突然减少，电流突然增大，其瞬间的发热量也很大，大大超过了线路正常工作时的发热量，并在短路点易产生强烈的火花和电弧，不仅能使绝缘层迅速燃烧，而且能使金属熔化，引起附近的易燃可燃物燃烧，造成火灾。

## 3.1 建筑电气消防一般要求

### 电气火灾的起因

■ 电气线路短路故障

**金属性短路起火：**金属性短路起火是指当不同电位的两个导体接触时，大短路电流通过接触电阻时的发热量($I^2Rt$)产生高温，若短路防护电器因故未能可靠动作，就有可能引发短路起火。

**电弧性短路起火：**接地故障电弧性短路发生在电气线路的带电导体与PE线或大地之间。在电气线路短路起火事故中，接地故障引发的火灾概率远高于带电导体间短路引发的火灾概率，一是带电导体对地的绝缘水平总是低于带电导体之间的绝缘水平，二是电气线路施工时，穿钢管拉电线缆时带电导体绝缘外皮与钢管间的摩擦易使绝缘受损。

## 3.1　建筑电气消防一般要求

电气火灾的起因

■ 电气线路过负荷

过负荷：指输电线路负载的电流量超过了安全载流量时，导线的温度不断升高，这种现象就叫导线过负荷。

当导线过负荷时，加快了导线绝缘层老化变质。当严重过负荷时，会引起导线的绝缘发生燃烧，并能引燃导线附近的可燃物，从而造成火灾。

造成过载的主要原因有：导线截面选择不当，实际负载超过了导线的安全载流量；或在原来设计安装的输电线路中接入了过多或功率过大的用电设备，超过了原输电线路的负载能力。

## 3.1　建筑电气消防一般要求

电气火灾的起因

■ 电气线路连接点接触不良

输电线路上接线点的接触不良，导致接触电阻过大，使接线处过热，引起金属变色甚至熔化，导致绝缘层燃烧。

造成电气线路连接点接触不良的主要原因有：一是安装质量差，造成导线与导线、导线与用电设备间的连接不牢靠；二是接线点由于长期受震动或冷热变化等影响，使接头松动；三是铜铝线交接时，由于接头处理不当，在电腐蚀作用下接触电阻会很快增大；再者在私接过程中不规范接线柱。

## 3.1　建筑电气消防一般要求

电气火灾的起因

■ 人为因素

◇ 疏忽大意。在使用电气过程中，无专人管理，缺乏安全防范意识。

◇ 违章操作。在电气施工中，无视国家相关规范及安全规程，违规操作。

◇ 缺乏维护保养、检查、检修。在对输配电装置、设备，家用电器等缺乏必要的维护保养、检查、检修时，极易引发火灾。

◇ 在可能有易燃气体、液体、粉尘或蒸汽的危险地方或潮湿的地方，未能按要求使用专用的防火、防爆电气设备，也易造成火灾。

## 3.1 建筑电气消防一般要求

电气火灾的特点

- **隐蔽性：**由于通常漏电与短路都发生在电器设备及穿线管的内部，因此在一般情况下电气起火的最初部位是看不到的，只有当火灾已经形成并发展成大火后才能看到，但此时火势已大，再扑救已经很困难。
- **燃烧快：**电线着火时，火焰沿着电线燃烧的非常迅速，原因是处于短路或过流时的局部温度特别高。
- **扑救难：**电线或电器设备着火时一般是在其内部，看不到起火点，且不能用水来扑救，所以电气火灾一旦发展不易扑救。
- **危害大：**电气火灾发生后，大火能沿着电线燃烧，且蔓延速度很快（尤其是短路），燃烧比较猛烈，极易引燃可燃物。电线的绝缘层大多容易燃烧，燃烧时有的还能产生有毒气体。

## 3.1 建筑电气消防一般要求

电气火灾的特点

- **季节性特点：**夏季和冬季。夏季时，周围环境温度高，雷雨，对电气设备的发热程度有很大影响。冬季时，气候干燥，昼短夜长，风多，风大，使用电炉、电热器具等取暖，静电，是电气防火的关键季节。
- **时间性特点：**夜间或节、假日。在节、假日或下班前，人们由于疏忽大意，对电气设备及电源等不进行妥善处理，造成设备长时间通电运行，过热或引燃其他可燃物而发生火灾。也有临时停电或有其他事而离开设备，忘记切断电源，待恢复供电后引起失火。后半夜用电量减少，供电电压较高，而发生过热或绝缘损坏事故。往往这些失火后，正是节、假日或夜间现场无人值班，难以及早发现，极易蔓延扩大。
- **运行管理差：**不懂电气防火安全，麻痹大意造成的。如一个插座上使用多个插头，把电风扇、电视机、电热器具长期使用，人员离开时未切断电源，大功率的电气设备使用插销供电，乱拉乱接线路，接头处理不好等。

## 3.1 建筑电气消防一般要求

建筑防火要求

- 油浸变压器室、高压配电装置室的耐火等级不应低于二级，其他防火设计应符合现行国家标准《火力发电厂与变电站设计防火规范》GB 50229 等标准的规定。
- 变、配电站不应设置在甲、乙类厂房内或贴邻，且不应设置在爆炸性气体、粉尘环境的危险区域内。供甲、乙类厂房专用的 10kV 及以下的变、配电站，当采用无门、窗、洞口的防火墙分隔时，可一面贴邻，并应符合现行国家标准《爆炸危险环境电力装置设计规范》GB 50058 等标准的规定。
- 建筑高度大于 250m 的建筑，除应符合 GB 50016 的要求外，尚应结合实际情况采取更加严格的防火措施，其防火设计应提交国家消防主管部门组织专题研究、论证。
- 民用建筑与单独建造的变电站的防火间距应符合 GB 50016 第 3.4.1 条有关室外变、配电站的规定，但与单独建造的终端变电站的防火间距，可根据变电站的耐火等级按 GB 50016 第 5.2.2 条有关民用建筑的规定确定。民用建筑与 10kV 及以下的预装式变电站的防火间距不应小于 3m。

## 3.1　建筑电气消防一般要求

### 建筑防火要求

- 油浸变压器、充有可燃油的高压电容器和多油开关等，宜设置在建筑外的专用房间内；确需贴邻民用建筑布置时，应采用防火墙与所贴邻的建筑分隔，且不应贴邻人员密集场所，该专用房间的耐火等级不应低于二级。确需布置在民用建筑内时，不应布置在人员密集场所的上一层、下一层或贴邻，并应符合下列规定：

（1）变压器室应设置在首层或地下一层的靠外墙部位。
（2）变压器室的疏散门均应直通室外或安全出口。
（3）变压器室等与其他部位之间应采用耐火极限不低于2.00h的防火隔墙和1.50h的不燃性楼板分隔。在隔墙和楼板上不应开设洞口，确需在隔墙上设置门、窗时，应采用甲级防火门、窗。

## 3.1　建筑电气消防一般要求

（4）变压器室之间、变压器室与配电室之间，应设置耐火极限不低于2.00h的防火隔墙。
（5）变压器室应设置在首层或地下一层的靠外墙部位。
（6）应设置与变压器、电容器和多油开关等的容量及建筑规模相适应的灭火设施，当建筑内其他部位设置自动喷水灭火系统时，应设置自动灭火系统。
（7）油浸变压器的总容量不应大于1250kV·A，单台容量不应大于630kV·A。

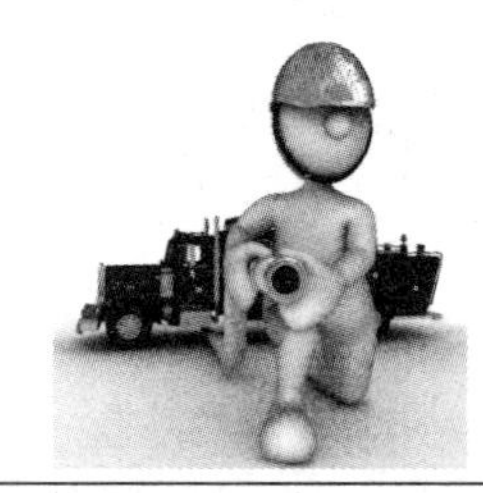

## 3.1　建筑电气消防一般要求

**民用建筑与单独建造的变电站的防火间距（m）**

| 名称 | | | 民用建筑 | | | | |
|---|---|---|---|---|---|---|---|
| | | | 裙房，单、多层 | | | 高层 | |
| | | | 一、二级 | 三级 | 四级 | 一类 | 二类 |
| 室外变、配电站 | 变压器总油量（t） | ≥5，≤10 | 15 | 20 | 25 | 20 | |
| | | >10，≤50 | 20 | 25 | 30 | 25 | |
| | | >50 | 25 | 30 | 35 | 30 | |

## 3.1 建筑电气消防一般要求

民用建筑的分类

| 名称 | 高层民用建筑 | | 单、多层民用建筑 |
|---|---|---|---|
| | 一类 | 二类 | |
| 住宅建筑 | 建筑高度大于 54m 的住宅建筑（包括设置商业服务网点的住宅建筑） | 建筑高度大于 27m，但不大于 54m 的住宅建筑（包括设置商业服务网点的住宅建筑） | 建筑高度不大于 27m 的住宅建筑（包括设置商业服务网点的住宅建筑） |
| 公共建筑 | 1. 建筑高度大于 50m 的公共建筑<br>2. 建筑高度 24m 以上部分任一楼层建筑面积大于 $1000m^2$ 的商店、展览、电信、邮政、财贸金融建筑和其他多种功能组合的建筑<br>3. 医疗建筑、重要公共建筑<br>4. 省级及以上的广播电视和防灾指挥调度建筑、网局级和省级电力调度建筑<br>5. 藏书超过 100 万册的图书馆、书库 | 除一类高层公共建筑外的其他高层公共建筑 | 1. 建筑高度大于 24m 的单层公共建筑<br>2. 建筑高度不大于 24m 的其他公共建筑 |

注：1. 表中未列入的建筑，其类别应根据本表类比确定。
2. 除 GB 50016 另有规定外，宿舍、公寓等非住宅类居住建筑的防火要求，应符合 GB 50016 有关公共建筑的规定。
3. 除 GB 50016 另有规定外，裙房的防火要求应符合 GB 50016 有关高层民用建筑的规定。

## 3.1 建筑电气消防一般要求

### 建筑防火要求

■ 布置在民用建筑内的柴油发电机房应符合下列规定：

（1）宜布置在首层或地下一、二层；

（2）不应布置在人员密集场所的上一层、下一层或贴邻；

（3）应采用耐火极限不低于 2.00h 的防火隔墙和 1.50h 的不燃性楼板与其他部位分隔，门应采用甲级防火门；

（4）机房内设置储油间时，其总储存量不应大于 $1m^3$，储油间应采用耐火极限不低于 3.00h 的防火隔墙与发电机间分隔；确需在防火隔墙上开门时，应设置甲级防火门；

（5）应设置火灾报警装置；

（6）应设置与柴油发电机容量和建筑规模相适应的灭火设施，当建筑内其他部位设置自动喷水灭火系统时，机房内应设置自动喷水灭火系统。

## 3.1 建筑电气消防一般要求

### 建筑防火要求

■ 供建筑内使用的丙类液体燃料储罐应布置在建筑外，并应符合下列规定：

（1）当总容量不大于 $15m^3$，且直埋于建筑附近、面向油罐一面 4.0m 范围内的建筑外墙为防火墙时，储罐与建筑的防火间距不限；

（2）当总容量大于 $15m^3$ 时，储罐的布置应符合 GB 50016 第 4.2 节的规定；

（3）当设置中间罐时，中间罐的容量不应大于 $1m^3$，并应设置在一、二级耐火等级的单独房间内，房间门应采用甲级防火门。

## 3.1 建筑电气消防一般要求

### 建筑防火要求

- 柴油发电机燃料供给管道应符合下列规定：

（1）在进入建筑物前和设备间内的管道上均应设置自动和手动切断阀；

（2）储油间的油箱应密闭且应设置通向室外的通气管，通气管应设置带阻火器的呼吸阀，油箱的下部应设置防止油品流散的设施。

- 消防水泵房和消防控制室应采取防水淹的技术措施。
- 当住宅建筑的敞开楼梯间内确需设置可燃气体管道和可燃气体计量表时，应采用金属管和设置切断气源的阀门。

## 3.1 建筑电气消防一般要求

### 建筑防火要求

- 建筑高度大于 100m 的公共建筑避难层（间）应符合下列规定：

（1）避难层可兼作设备层。设备管道宜集中布置，其中的易燃、可燃液体或气体管道应集中布置，设备管道区应采用耐火极限不低于 3.00h 的防火隔墙与避难区分隔。管道井和设备间应采用耐火极限不低于 2.00h 的防火隔墙与避难区分隔，管道井和设备间的门不应直接开向避难区；确需直接开向避难区时，与避难层区出入口的距离不应小于 5m，且应采用甲级防火门。

（2）应设置消防专线电话和应急广播。

（3）在避难层（间）进入楼梯间的入口处和疏散楼梯通向避难层（间）的出口处，应设置明显的指示标志。

## 3.1 建筑电气消防一般要求

### 建筑防火要求

- 建筑高度大于 100m 的住宅建筑应设置避难层，避难层的设置应符合《建筑设计防火规范》GB 50016 第 5.5.23 条有关避难层的要求。
- 附设在建筑内的消防控制室、变配电室等，应采用耐火极限不低于 2.00h 的防火隔墙和 1.50h 的楼板与其他部位分隔。
- 高层病房楼应在二层及以上的病房楼层和洁净手术部设置避难间。避难间应符合下列规定：

（1）应设置消防专线电话和消防应急广播。

（2）避难间的入口处应设置明显的指示标志。

## 3.1 建筑电气消防一般要求

### 建筑防火要求

- 建筑内的电梯井等竖井应符合下列规定：

（1）电梯井应独立设置，不应敷设与电梯无关的电缆、电线等。电梯井的井壁除设置电梯门、安全逃生门和通气孔洞外，不应设置其他开口。

（2）电缆井等竖向井道，应分别独立设置。井壁的耐火极限不应低于1.00h，井壁上的检查门应采用丙级防火门。

（3）建筑内的电缆井应在每层楼板处采用不低于楼板耐火极限的不燃材料或防火封堵材料封堵。建筑内的电缆井与房间、走道等相连通的孔隙应采用防火封堵材料封堵。

## 3.1 建筑电气消防一般要求

### 建筑防火要求

- 消防电梯应符合下列规定：

（1）应能每层停靠；

（2）电梯的载重量不应小于800kg；

（3）电梯从首层至顶层的运行时间不宜大于60s；

（4）电梯的动力与控制电缆、电线、控制面板应采取防水措施；

（5）在首层的消防电梯入口处应设置供消防队员专用的操作按钮；

（6）电梯轿厢的内部装修应采用不燃材料；

（7）电梯轿厢内部应设置专用消防对讲电话。

## 3.1 建筑电气消防一般要求

### 建筑防火要求

- 电气线路不应穿越或敷设在燃烧性能为B1或B2级的保温材料中；确需穿越或敷设时，应采取穿金属管并在金属管周围采用不燃隔热材料进行防火隔离等防火保护措施。设置开关、插座等电器配件的部位周围应采取不燃隔热材料进行防火隔离等防火保护措施。
- 需在火灾时自动降落的防火卷帘，应具有信号反馈的功能。
- 直升机停机坪四周应设置航空障碍灯，并应设置应急照明。
- 常开防火门应能在火灾时自行关闭，并应具有信号反馈的功能。

## 3.1　建筑电气消防一般要求

建筑防火要求

- 设置在防火墙、防火隔墙上的防火窗，应采用不可开启的窗扇或具有火灾时能自行关闭的功能。
- 避难走道内应设置消防应急照明、应急广播和消防专线电话。
- 变形缝内的填充材料和变形缝的构造基层应采用不燃材料。电线、电缆、不宜穿过建筑内的变形缝，确需穿过时，应在穿过处加设不燃材料制作的套管或采取其他防变形措施，并应采用防火封堵材料封堵。
- 常开防火门应能在火灾时自行关闭，并应具有信号反馈的功能。

# 3.2　火灾自动报警系统设计

## 3.2　火灾自动报警系统设计

火灾自动报警系统的作用

- 火灾发展的过程是一个特征函数过程，不是周期函数过程，跟时间没有直接的关系，发展到哪个阶段就具有哪个阶段的特征。
- 从一个阶段发展到下一个阶段的时间具有不确定性，与建筑中可燃物质的成分、含量、通风条件、建筑结构等因素相关。

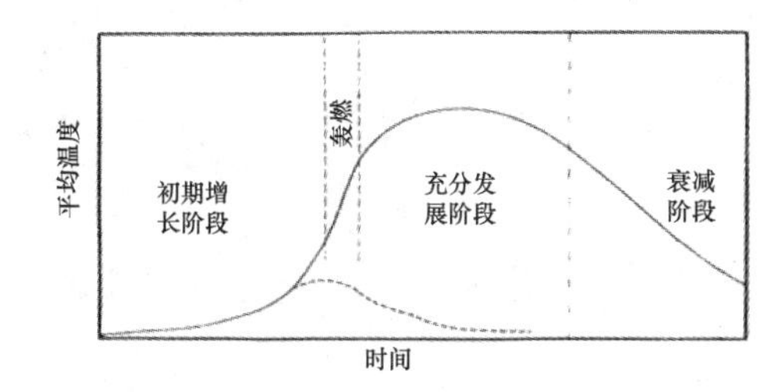

## 3.2 火灾自动报警系统设计

### 火灾自动报警系统设计的基本原则

- 及时、准确的探测初起火灾，并做出报警响应告知建筑中的人员火灾的发生。
- 探测报警系统可以使建筑中的人员有足够的时间在火灾发展蔓延到危害生命安全的程度时疏散至安全地带，因此可以说探测报警系统是保障人员生命安全的最基本的建筑消防系统。

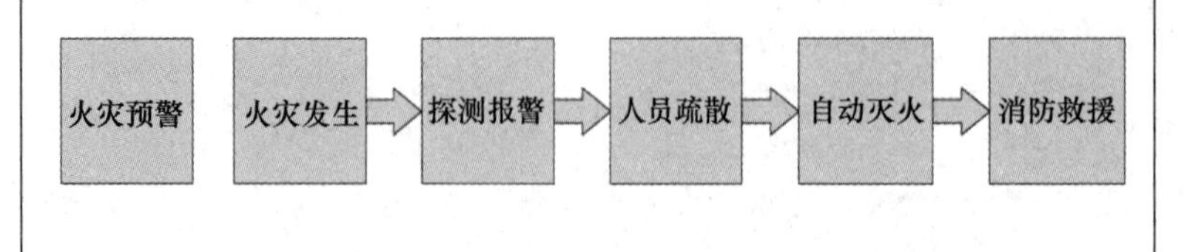


## 3.2 火灾自动报警系统设计

### 火灾探测报警系统

- 任一层建筑面积大于 1500m$^2$ 或总建筑面积大于 3000m$^2$ 的制鞋、制衣、玩具、电子等类似用途的厂房；
- 每座占地面积大于 1000m$^2$ 的棉、毛、丝、麻、化纤及其制品的仓库，占地面积大于 500m$^2$ 或总建筑面积大于 1000m$^2$ 的卷烟仓库；
- 任一层建筑面积大于 1500m$^2$ 或总建筑面积大于 3000m$^2$ 的商店、展览、财贸金融、客运和货运等类似用途的建筑，总建筑面积大于 500m$^2$ 的地下或半地下商店；
- 图书或文物的珍藏库，每座藏书超过 50 万册的图书馆，重要的档案馆；
- 地市级及以上广播电视建筑、邮政建筑、电信建筑，城市或区域性电力、交通和防灾等指挥调度建筑。

## 3.2 火灾自动报警系统设计

### 设置火灾自动报警系统的建筑或场所

- 特等、甲等剧场，座位数超过 1500 个的其他等级的剧场或电影院，座位数超过 2000 个的会堂或礼堂，座位数超过 3000 个的体育馆；
- 大、中型幼儿园的儿童用房等场所，老年人建筑，任一层建筑面积大于 1500m$^2$ 或总建筑面积大于 3000m$^2$ 的疗养院的病房楼、旅馆建筑和其他儿童活动场所，不少于 200 床位的医院门诊楼、病房楼和手术部等；
- 歌舞娱乐放映游艺场所；
- 净高大于 2.6m 且可燃物较多的技术夹层，净高大于 0.8m 且有可燃物的闷顶或吊顶内；

## 3.2 火灾自动报警系统设计

### 设置火灾自动报警系统的建筑或场所

- 电子信息系统的主机房及其控制室、记录介质库，特殊贵重或火灾危险性大的机器、仪表、仪器设备室、贵重物品库房；
- 二类高层公共建筑内建筑面积大于 $50m^2$ 的可燃物品库房和建筑面积大于 $500m^2$ 的营业厅；
- 其他一类高层公共建筑；
- 设置机械排烟、防烟系统、雨淋或预作用自动喷水灭火系统、固定消防水炮灭火系统、气体灭火系统等需与火灾自动报警系统联锁动作的场所或部位；
- 建筑内可能散发可燃气体、可燃蒸气的场所应设置可燃气体报警装置。

## 3.2 火灾自动报警系统设计

### 设置火灾自动报警系统的住宅建筑

- 建筑高度大于 100m 的住宅建筑，应设置火灾自动报警系统。
- 建筑高度大于 54m、但不大于 100m 的住宅建筑，其公共部位应设置火灾自动报警系统，套内宜设置火灾探测器。
- 建筑高度不大于 54m 的高层住宅建筑，其公共部位宜设置火灾自动报警系统。当设置需联动控制的消防设施时，公共部位应设置火灾自动报警系统。
- 高层住宅建筑的公共部位应设置具有语音功能的火灾声警报装置或应急广播。

## 3.2 火灾自动报警系统设计

### 设置火灾自动报警系统的建筑

设置火灾自动报警系统和需要联动控制的消防设备的建筑（群）应设置消防控制室。消防控制室的设置应符合下列规定：

- 单独建造的消防控制室，其耐火等级不应低于二级；
- 附设在建筑内的消防控制室，宜设置在建筑内首层或地下一层，并宜布置在靠外墙部位；
- 不应设置在电磁场干扰较强及其他可能影响消防控制设备正常工作的房间附近；
- 疏散门应直通室外或安全出口；
- 消防控制室内的设备构成及其对建筑消防设施的控制与显示功能以及向远程监控系统传输相关信息的功能，应符合现行国家标准《火灾自动报警系统设计规范》GB 50116 和《消防控制室通用技术要求》GB 25506 的规定。

## 3.2 火灾自动报警系统设计

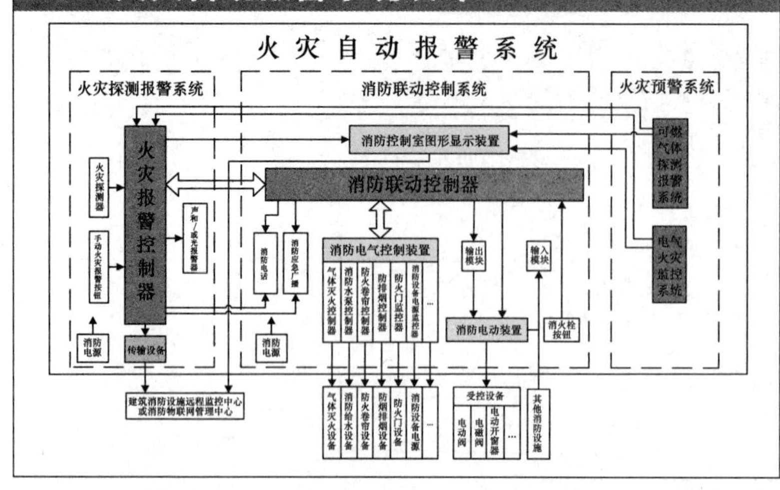


## 3.2 火灾自动报警系统设计

### 火灾探测报警系统

火灾探测报警系统是实现火灾早期探测并发出火灾报警信号的系统，一般由火灾触发器件（火灾探测器、手动火灾报警按钮）、声和／或光警报器、火灾报警控制器等组成。

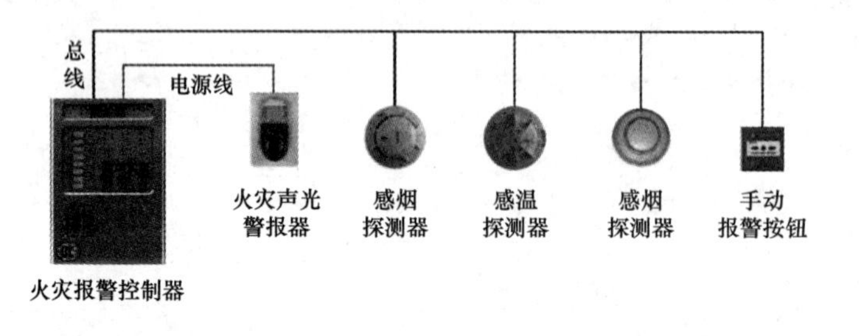


## 3.2 火灾自动报警系统设计

### 火灾自动报警系统设计

火灾自动报警系统设备应选择符合国家有关标准规定和有关市场准入制度的产品。

触发方式要求：火灾自动报警系统应设有自动和手动两种触发装置。

兼容性要求：系统中各类设备之间的接口和通讯协议的兼容性应满足《火灾自动报警系统组件兼容性要求》GB 22134—2008等国家有关标准的要求。

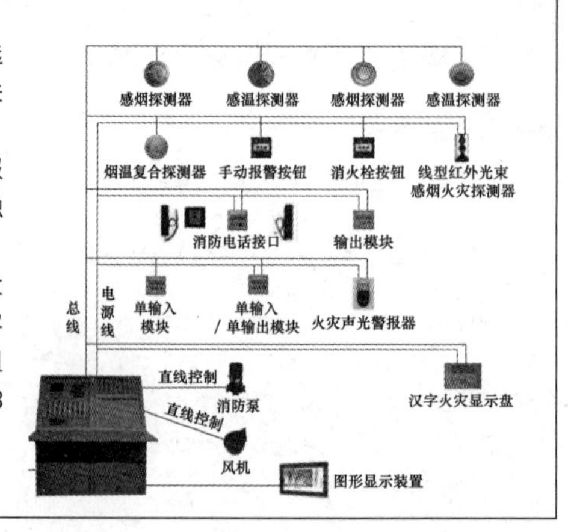

## 3.2 火灾自动报警系统设计

### 火灾探测报警系统设计

消防联动控制系统是接收火灾报警控制器发出的火灾报警信号，按预设逻辑完成各项消防控制的控制系统。由消防联动控制器、消防控制室图形显示装置、消防电气控制装置(防火卷帘控制器、气体灭火控制器等)、消防电动装置、消防联动模块、消火栓按钮、消防应急广播设备、消防电话等设备和组件组成。

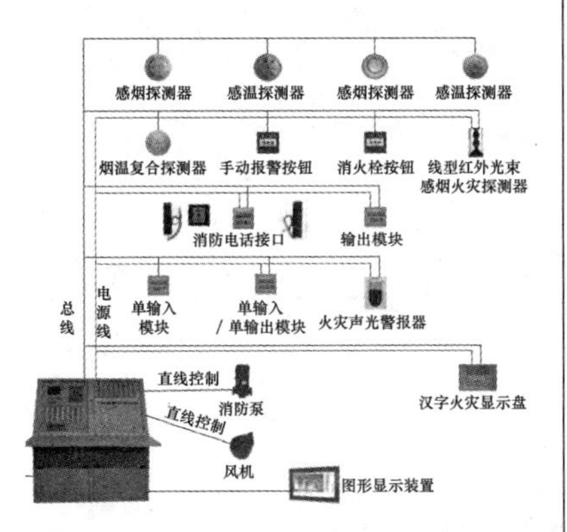


## 3.2 火灾自动报警系统设计

### 火灾探测报警系统设计

设备和地址总数要求

(1)任一台火灾报警控制器所连接的火灾探测器、手动火灾报警按钮和模块等设备总数和地址总数均不应超过3200，每一总线回路联结设备的总数不宜超过200，且应留有不少于额定容量10%的余量;

(2)任一台消防联动控制器地址总数或火灾报警控制器(联动型)所控制的各类模块总数不应超过1600，每一联动总线回路联结设备的总数不宜超过100，且应留有不少于额定容量10%的余量。

注：1. 一个回路地址点只能对应一个独立的设备;

2. 应计算每一个设备实际占用的回路地址数量。

## 3.2 火灾自动报警系统设计

### 火灾探测报警系统设计

总线短路隔离器设置要求

(1)每只总线短路隔离器保护设备总数不应超过32;

(2)总线穿越防火分区时，应在穿越处设置总线短路隔离器。

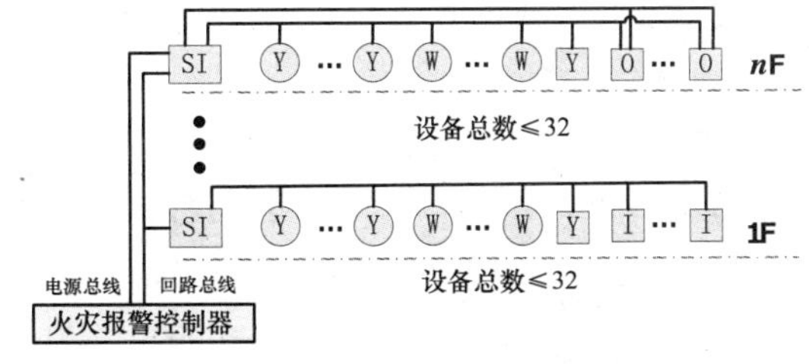


树形结构总线短路隔离器接线示意图

## 3.2 火灾自动报警系统设计

### 火灾探测报警系统设计

总线短路隔离器设置要求：

（1）每只总线短路隔离器保护设备总数不应超过 32；

（2）总线穿越防火分区时，应在穿越处设置总线短路隔离器。

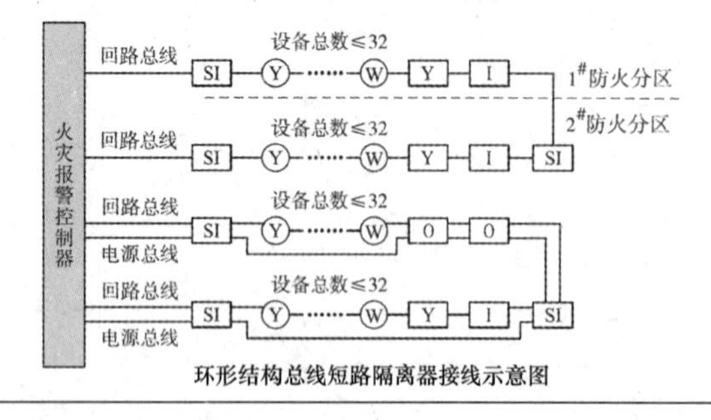


环形结构总线短路隔离器接线示意图

## 3.2 火灾自动报警系统设计

### 火灾探测报警系统设计

- 高度超过 100m 的建筑火灾报警控制器的设置要求
- ◇ 系统构成模式宜采用集中区域模式；
- ◇ 区域控制功能的火灾报警控制器的监控范围不能跨越避难层。
- 消防设备的启动方式：

水泵控制柜、风机控制柜等消防电气控制装置不应采用变频启动方式。

## 3.2 火灾自动报警系统设计

### 火灾探测报警系统设计

- 系统可以根据工程的实际情况采用对等网络和集中区域的系统构成模式。

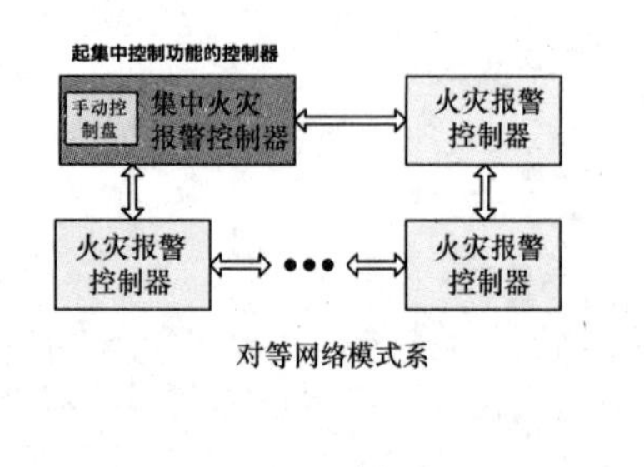


对等网络模式系

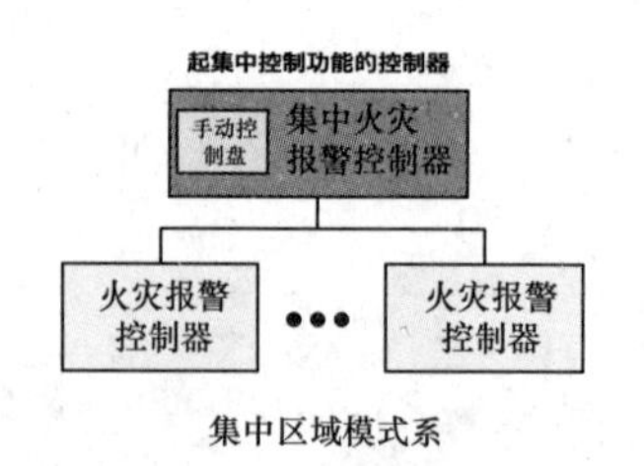


集中区域模式系

## 3.2　火灾自动报警系统设计

火灾探测报警系统设计

- 功能区、子系统，应按功能相对独立构成。

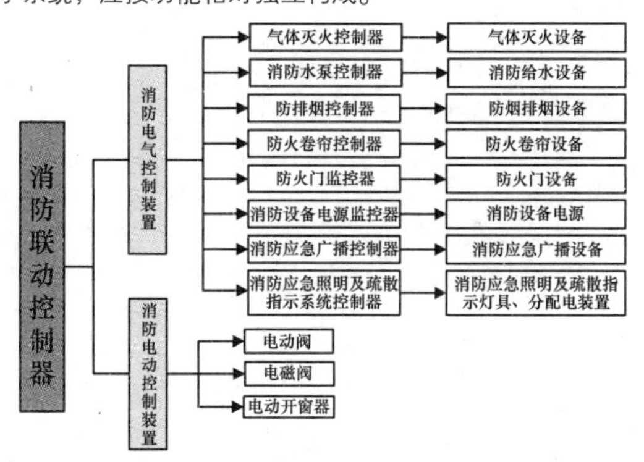


## 3.2　火灾自动报警系统设计

火灾探测报警系统设计

- 功能区、子系统应集中显示。

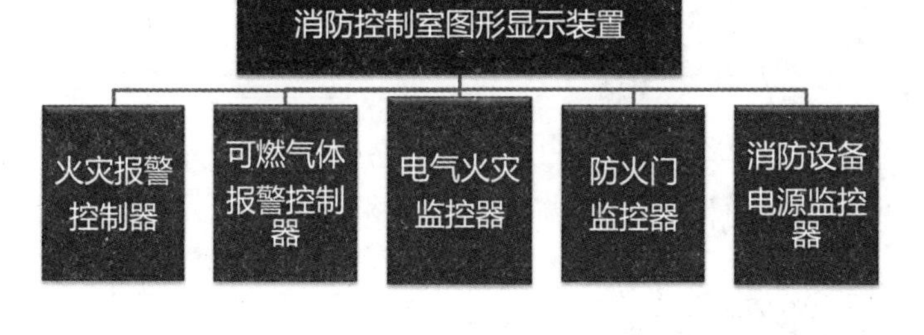


## 3.2　火灾自动报警系统设计

火灾探测报警系统设计

- 系统形式的选择：

区域报警系统：适用于仅需要报警，不需要联动（即不通过总线控制模块而是利用火灾报警控制器的控制输出触点）控制自动消防设备的保护对象；

集中报警系统：适用于不仅需要报警，同时需要联动自动消防设备，且只设置一台具有集中控制功能的火灾报警控制器和消防联动控制器的保护对象保护对象应设置一个消防控制室；

控制中心报警系统：适用于设置两个及以上消防控制室的保护对象，或已设置两个及以上集中报警系统的保护对象。

## 3.2 火灾自动报警系统设计

### 火灾探测报警系统设计

■ 系统形式的选择：

■系统的组成
应由火灾探测器、手动火灾报警按钮、火灾声光警报器及区域火灾报警控制器等组成，这是系统的最小组成要求；
可以根据需要增加消防控制室图形显示装置和指示楼层的区域显示器；
未设置消防控制室图形显示装置时，应设置火警传输设备。
■ 火灾报警控制器的设置要求设置在有人值班的场所。
■ 火灾声光警报器应由火灾报警控制器的火警继电器直接启动。
■ 系统应具有将相关运行状态信息传输到城市消防远程监控中心的功能。

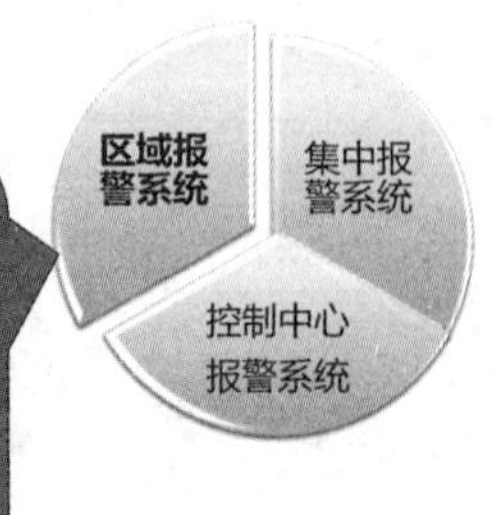


## 3.2 火灾自动报警系统设计

### 火灾探测报警系统设计

■ 系统形式的选择：

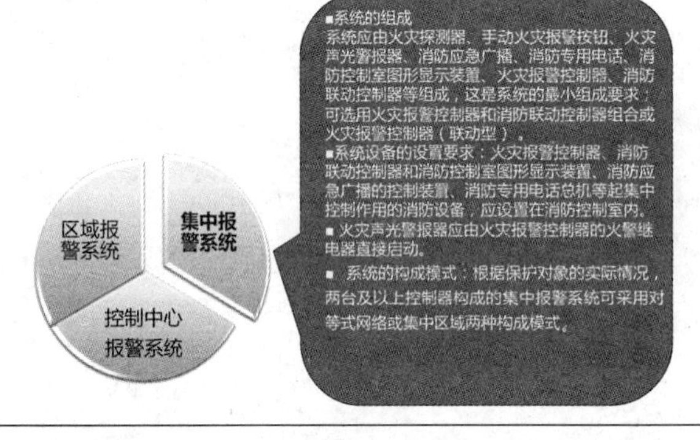


■系统的组成
系统应由火灾探测器、手动火灾报警按钮、火灾声光警报器、消防应急广播、消防专用电话、消防控制室图形显示装置、火灾报警控制器、消防联动控制器等组成，这是系统的最小组成要求；
可选用火灾报警控制器和消防联动控制器组合或火灾报警控制器（联动型）。
■系统设备的设置要求：火灾报警控制器、消防联动控制器和消防控制室图形显示装置、消防应急广播的控制装置、消防专用电话总机等起集中控制作用的消防设备，应设置在消防控制室内。
■ 火灾声光警报器应由火灾报警控制器的火警继电器直接启动。
■ 系统的构成模式：根据保护对象的实际情况，两台及以上控制器构成的集中报警系统可采用对等式网络或集中区域两种构成模式。

## 3.2 火灾自动报警系统设计

### 火灾探测报警系统设计

■ 系统形式的选择：

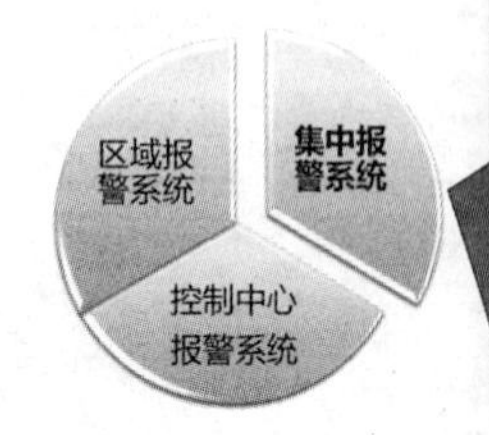


■两台及以上控制器构成的集中报警系统的控制方式：
对于建筑中水泵、风机等消防设施的专线手动控制必须由起集中控制作用的控制器实现；
对于水泵、风机、电动排烟阀、挡烟垂壁等自动消防设施的总线联动控制，可根据实际情况由其他控制器实现。
■系统运行状态信息的传输要求：
集中控制作用的火灾报警控制器将系统的运行信息传输给消防控制室图形显示装置。
消防控制室图形显示装置实现相关信息的传输功能。

## 3.2 火灾自动报警系统设计

火灾探测报警系统设计

■ 系统形式的选择：

现场总线设备　现场总线设备

集中报警系统主机 ⟺ 集中报警系统主机

消防控制室图形显示装置　消防控制室

传至城市消防远程监控中心或消防物联网管理中心

控制中心报警系统构成模式 1

区域报警系统　集中报警系统　控制中心报警系统

■ 系统的组成

设置了两个及以上消防控制室；

或已设置了两个及以上集中报警系统。

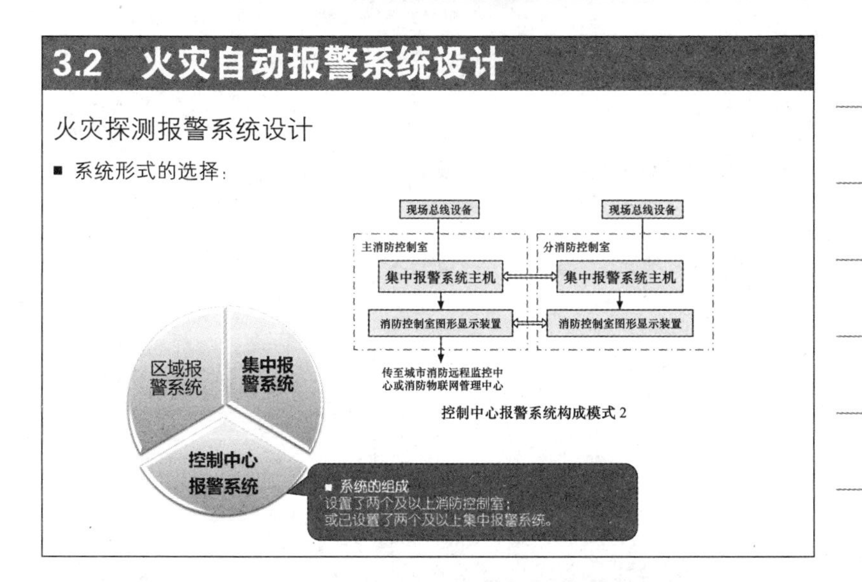


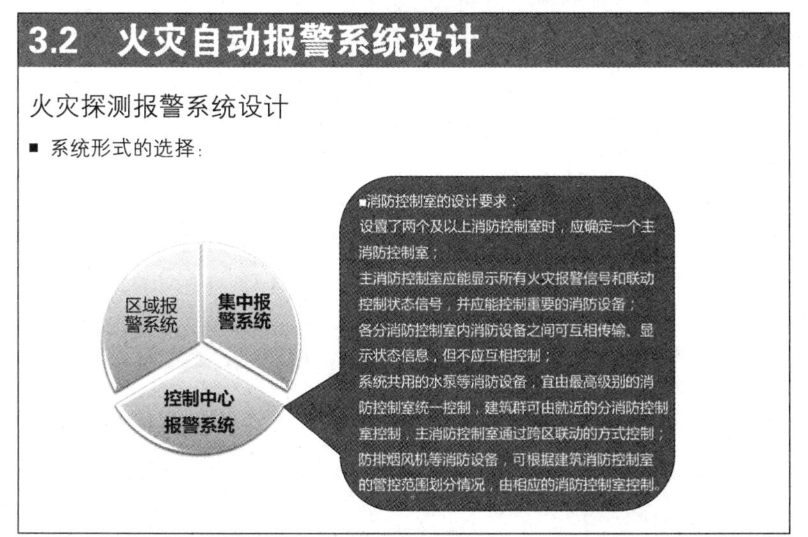

## 3.2 火灾自动报警系统设计

### 火灾探测报警系统设计

- 系统形式的选择：

区域报警系统
集中报警系统
控制中心报警系统

- 消防控制室图形显示装置的设置要求

各消防控制室均应设置消防控制室图形显示装置，且应单独组网；

各消防控制室设置的图形显示装置应能显示各消防控制室管控范围内的消防设施运行状态信息；

分消防控制器管控范围的火灾自动报警系统的运行状态信息，由分消防控制室设置的火灾报警控制器传至主消防控制室设置的火灾报警控制器；

接入分消防控制室图形显示装置的监管信息，由图形显示装置上传至主消防控制室设置的图形显示装置；

主消防控制室设置的图形显示装置集中实现整个保护对象消防设施运行状态信息的显示和传输功能。

## 3.2 火灾自动报警系统设计

### 集中报警系统和控制中心报警系统的区别

- 消防控制室集中报警系统只设置了一个消防控制室，控制中心报警系统设置了两个及以上消防控制室。
- 起集中控制功能的火灾报警控制器：

集中报警系统只设置了一台起集中控制功能的火灾报警控制器，控制中心报警系统设置了两台及以上起集中控制功能的火灾报警控制器。

- 系统构成模式：

控制中心报警系统与集中报警系统类似，可以根据实际情况采用对等网或集中区域模式，或两种模式的组合。

## 3.2 火灾自动报警系统设计

### 火灾探测报警系统设计

- 报警区域划分的具体要求
  - 可将一个防火分区或一个楼层划分为一个报警区域，也可将发生火灾时需要同时联动消防设备的相邻几个防火分区或楼层划分为一个报警区域；
  - 电缆隧道的一个报警区域宜由一个封闭长度区间组成，一个报警区域不应超过相连的3个封闭长度区间；
  - 道路隧道的报警区域应根据排烟系统或灭火系统的联动需要确定，且不宜超过150m；
  - 甲、乙、丙类液体储罐区的报警区域应由一个储罐区组成，每个50000$m^3$及以上的外浮顶储罐应单独划分为一个报警区域；
  - 列车的报警区域应按车厢划分，每节车厢应划分为一个报警区域。

## 3.2 火灾自动报警系统设计

### 火灾探测报警系统设计

■ 探测区域

概念：将报警区域按探测火灾的部位划分的单元，是火灾自动报警系统的最小单元。划分探测区域的目的：探测区域代表了火灾报警的具体部位，有助于及时准确确定火灾部位。探测区域划分的原则：

◇ 宜对报警区域按顺序划分探测区域；

◇ 每个探测区域应在火灾报警控制器上对应一个部位号，且应有部位描述性注释。

## 3.2 火灾自动报警系统设计

### 火灾探测报警系统设计

■ 探测区域划分的具体要求

探测区域应按独立房（套）间划分。一个探测区域的面积不宜超过 500m$^2$；从主要入口能看清其内部，且面积不超过 1000m$^2$ 的房间，也可划为一个探测区域；红外光束感烟火灾探测器和缆式线型感温火灾探测器的探测区域的长度，不宜超过 100m；空气管差温火灾探测器的探测区域长度宜为 20 ~ 100m。下列部位应单独划分探测区域：

◇ 敞开或封闭楼梯间、防烟楼梯间；

◇ 防烟楼梯间前室、消防电梯前室、消防电梯与防烟楼梯间合用的前室、走道、坡道；

◇ 电气管道井、通信管道井、电缆隧道；

◇ 建筑物闷顶、夹层。

## 3.2 火灾自动报警系统设计

### 火灾探测报警系统设计

■ 消防控制室

◇ 具有消防联动功能的火灾自动报警系统的保护对象中应设置消防控制室。

◇ 消防控制室应有相应的竣工图纸、各分系统控制逻辑关系说明、设备使用说明书、系统操作规程、应急预案。

◇ 值班制度、维护保养制度及值班记录等文件资料。

◇ 消防控制室内严禁与消防设施无关的电气线路及管路穿过。

◇ 消防控制室的显示与控制、信息记录与传输应符合现行国家标准《消防控制室通用技术要求》GB 25506 的有关规定。

## 3.2 火灾自动报警系统设计

### 火灾探测报警系统设计

■ 消防联动控制设计的可靠性要求

（1）联动触发信号的选择

1）联动触发信号应采用"与"逻辑组合；

2）自动喷水灭火系统等自动消防设施由系统部件的状态信号，作为系统的联锁启动触发信号，联锁启动自动消防系统；

3）当自动消防系统联锁启动失效时，由自动消防系统的联锁启动触发信号与火灾报警信号的"与"逻辑作为联动触发信号，由消防联动控制器联动控制自动消防系统的启动。即消防联动控制必须在有火灾报警的情况下方可执行。

## 3.2 火灾自动报警系统设计

4）感温火灾探测器在不同的应用场所其报警信号的含义有所不同：

①感温火灾探测器的报警信号在特定的条件下是预警信号

a. 感温火灾探测器直接用于探测物体温度变化，如堆垛监测内部温度变化、电缆温度变化等情况时。

b. 单一的预警信号不能作为自动灭火设施的联动触发信号。

②监测空间温度的感温火灾探测器的报警信号

该信号表明火灾已经发展到应该启动自动灭火设施的程度了，这时点型感温火灾探测器用于确认火灾并联动自动灭火系统。

## 3.2 火灾自动报警系统设计

（2）重要消防设备的冗余控制

消防水泵、防烟和排烟风机的控制设备，除应采用联动控制方式外，还应在消防控制室设置手动直接控制装置。

（3）消防设备的启动要求

1）启动电流较大的消防设备宜分时启动；

2）应核算受控设备的启动电流参数。

| 信号名称 | 信号发出方 | 信号接收方 | 作用 |
| --- | --- | --- | --- |
| 联动控制信号 | 消防联动控制器 | 消防设备（设施） | 控制消防设备（设施）工作 |
| 联动反馈信号 | 受控消防设备（设施） | 消防联动控制器 | 反馈受控消防设施（设施）工作状态 |
| 联动触发信号 | 有关设备 | 消防联动控制器 | 用于逻辑判断，当条件满足时，相关设备启停 |

## 3.2　火灾自动报警系统设计

### 火灾探测报警系统设计

■ 消防联动控制输出供电要求

（1）电压控制输出应采用直流24V；

（2）电源容量应满足受控消防设备同时启动且维持工作的控制容量要求；

（3）供电应满足传输线径要求，线路压降超过5%时，应采用现场设置的消防设备直流电源供电；

（4）消防联动控制器宜能控制现场设置的消防设备直流电源供电。

## 3.2　火灾自动报警系统设计

### 火灾探测报警系统设计

■ 自动喷水灭火系统的联动控制设计

◇ 系统的控制方式

（1）联锁控制方式：湿式、干式等报警阀压力开关的动作信号直接联锁启动消防泵向管网持续供水，这种联锁控制不应受消防联动控制器处于自动或手动状态影响。

（2）联动控制方式：湿式、干式等报警阀压力开关的动作信号应同时传至消防联动控制器，与任一火灾探测器或手动报警按钮的报警信号的"与"逻辑作为系统的联动触发信号，由消防联动控制器通过总线模块冗余控制消防泵的启动。

（3）手动控制方式：由消防联动控制器引出的硬线直接手动控制消防泵、相关阀组的启动、停止。

## 3.2　火灾自动报警系统设计

### 火灾探测报警系统设计

■ 闭式自动喷水灭火系统和火灾自动报警系统的关系

（1）闭式自动喷水灭火系统为自动消防设施，自成独立系统在正常情况下，由压力开关的动作信号直接联锁启动消防泵向管网持续供水。

（2）火灾自动报警系统监管自动喷水灭火系统的运行：

1）火灾自动报警系统监视自动喷水灭火系统的运行状态；

2）系统联锁启泵失效的情况下，由火灾自动报警系统冗余联动控制启动；

3）通过火灾自动报警系统人工手动启泵。

（3）系统的联动反馈信号：

　　水流指示器、信号阀、相关阀组、压力开关、消防泵启动和停止的动作信号应反馈至消防联动控制器。

## 3.2 火灾自动报警系统设计

火灾探测报警系统设计

■ 消火栓系统的联动控制设计

◇ 系统的控制方式

（1）联锁控制方式：出水干管上的低压压力开关、高位消防水箱出水管上设置的流量开关，或报警阀压力开关的动作信号联锁启动消防泵，这种联锁控制不应受消防联动控制器处于自动或手动状态影响。

（2）联动控制方式：消火栓按钮的动作信号与任一火灾探测器或手动报警按钮的报警信号的“与”逻辑作为系统的联动触发信号，由消防联动控制器控制消防泵的启动。

（3）手动控制方式：由消防联动控制器引出的硬线直接手动控制消防泵的启动、停止。

## 3.2 火灾自动报警系统设计

火灾探测报警系统设计

■ 消火栓系统的联动控制设计

◇ 消防火栓按钮的设置要求

（1）设置消火栓的场所必须设置消火栓按钮。

（2）设置火灾自动报警系统时，消火栓按钮可采用二总线制消火栓按钮通过二总线与消防联动控制器连接，传输动作信号、接收反馈信号。

（3）未设置火灾自动报警系统时，消火栓按钮可采用四线制：二线启泵、二线反馈。

（4）稳高压系统也应设置消火栓按钮，用于确认使用消火栓的位置信息。

（5）消火栓按钮不能用手动火灾报警按钮替代。

## 3.2 火灾自动报警系统设计

火灾探测报警系统设计

■ 消防给水系统的监控要求

（1）雨水清水池、中水清水池、水景和游泳池必须作为消防水源时，应有保证在任何情况下均能满足消防给水系统所需的水量和水质的技术措施。

（2）消防用水与其他用水共用的水池，应采取确保消防用水量不作他用的技术措施。

（3）消防水池应设置就地水位显示装置，并应在消防控制中心或值班室等地点设置显示消防水池水位的装置，同时应有最高和最低报警水位。

## 3.2 火灾自动报警系统设计

### 火灾探测报警系统设计

- 消防水泵控制柜应设置在消防水泵房或专用消防水泵控制室内，并应符合下列要求：

（1）消防水泵控制柜在平时应使消防水泵处于自动启泵状态；

（2）当自动水灭火系统为开式系统，且设置自动启动确有困难时，经论证后消防水泵可设置在手动启动状态，并应确保24h有人工值班。

- 消防水泵不应设置自动停泵的控制功能，停泵应由具有管理权限的工作人员根据火灾扑救情况确定。
- 消防水泵应确保从接到启泵信号到水泵正常运转的时间不应大于2min。
- 消防水泵应由水泵出水干管上设置的低压压力开关、高位消防水箱出水管上的流量开关或报警阀压力开关等信号直接自动启动消防水泵。消防水泵房内的压力开关宜引入控制柜内。

## 3.2 火灾自动报警系统设计

### 火灾探测报警系统设计

- 消防水泵应能手动启停和自动启动。
- 稳压泵应由消防给水管网或气压水罐上设置的稳压泵自动启停泵压力开关或压力变送器控制。
- 消防控制室或值班室，应具有下列控制和显示功能：

（1）消防控制柜或控制盘应设置专用线路连接的手动直接启泵的按钮；

（2）消防控制柜或控制盘应有显示消防水泵和稳压泵的运行状态；

（3）消防控制柜或控制盘应有显示消防水池、高位消防水箱等水源的高水位、低水位报警信号，以及正常水位。

## 3.2 火灾自动报警系统设计

### 火灾探测报警系统设计

- 消防水泵、稳压泵应设置就地强制启停泵按钮，并应有保护装置。
- 消防水泵控制柜设置在专用消防水泵控制室时，其防护等级不应低于IP30；与消防水泵设置在同一空间时，其防护等级不应低于IP55。
- 消防水泵控制柜应采取防止被水淹没的措施。在高温潮湿环境下，消防水泵控制柜内应设置自动防潮除湿的装置。
- 当消防给水分区供水采用转输消防水泵时，转输泵宜在消防水泵启动后再启动；当消防给水分区供水采用串联消防水泵时，上区消防水泵宜在下区消防水泵启动后再启动。
- 消防水泵控制柜应设置手动机械启泵功能，并应保证在控制柜内的控制线路发生故障时由有管理权限的人员在紧急时启动消防水泵。机械应急启动时，应确保在消防水泵在报警后5.0min内正常工作。

## 3.2 火灾自动报警系统设计

### 火灾探测报警系统设计

- 消防水泵控制柜的前面板的明显部位应设置紧急时打开柜门的装置。
- 消防时消防水泵应工频运行，消防水泵应工频直接启泵；当功率较大时宜采用星三角和自耦降压变压器启动，不宜采用有源器件启动。
- 消防水泵准工作状态自动巡检时应采用变频运行，定期人工巡检时应工频满负荷运行并出流。
- 当工频启动消防水泵时，从接通电路到水泵达到额定转速的时间不宜大于下表的规定值。

工频泵启动时间

| 配用电机功率 (kW) | ≤ 132 | >132 |
| --- | --- | --- |
| 消防水泵直接启动时间 (s) | <30 | <55 |

## 3.2 火灾自动报警系统设计

### 火灾探测报警系统设计

- 电动驱动消防水泵自动巡检时，巡检功能应符合下列规定：

（1）巡检周期不宜大于7d，且应能按需要任意设定；

（2）以低频交流电源逐台驱动消防水泵，使每台消防水泵低速转动的时间不应少于2min；

（3）对消防水泵控制柜一次回路中的主要低压器件宜有巡检功能，并应检查器件的动作状态；

（4）当有启泵信号时，应立即退出巡检，进入工作状态；

（5）发现故障时，应有声光报警，并应有记录和储存功能；

（6）自动巡检时，应设置电源自动切换功能的检查。

## 3.2 火灾自动报警系统设计

### 火灾探测报警系统设计

- 消防水泵双电源切换时应符合下列规定：

（1）双路电源自动切换时间不应大于2s；

（2）当一路电源与内燃机动力的切换时间不应大于15s。

- 消火栓按钮不宜作为直接启动消防水泵的开关，可作为报警信号的开关或启动干式消火栓系统的快速启闭装置等。
- 消防水泵控制柜应有显示消防水泵工作状态和故障状态的输出端子及远程控制消防水泵启动的输入端子。控制柜应具有自动巡检可调、显示巡检状态和信号等功能，且对话界面应为汉语，图标标准应便于识别和操作。

## 3.2 火灾自动报警系统设计

### 火灾探测报警系统设计

■ 气体灭火系统的联动控制设计

◇ 气体灭火系统应由专用的气体灭火控制器控制，气体灭火系统在实施灭火各个阶段的全部联动控制信号均应由气体灭火控制器发出。

◇ 如何有效解决气体灭火系统的雾喷问题：

（1）设备的选择：选择具有 CCCF 证书的产品。驱动装置须经过各项电磁干扰试验的考核。

（2）做好系统的接地。

（3）采取有效防止人员误操作的措施。

## 3.2 火灾自动报警系统设计

### 火灾探测报警系统设计

■ 气体灭火系统的联动控制设计

◇ 如何有效保障灭火系统的灭火效率

（1）全淹没系统灭火药剂量的计算，是按防护区域完全封闭计算的。

（2）在灭火剂喷放前，应该关闭所有的对外开口。

◇ 如何有效保障防护区域内的人员安全

（1）感烟火灾探测器报警，启动防护区内的声光警报，警示人员撤离防护区域

（2）灭火药剂喷放前，留有不大于 30s 的人员撤离时间。

（3）灭火药剂喷放后，启动防护区门外的声光警报，警示人员不要进入防护区域。

## 3.2 火灾自动报警系统设计

### 火灾探测报警系统设计

■ 防烟系统的联动控制设计

◇ 加压送风口和风机的联动控制

（1）同一防火分区内两个触发器件报警信号的“与”逻辑，作为系统启动的联动触发信号。

（2）启动加压送风口和加压送风机的部位应满足《建筑设计防火规范》GB 50016 的相关要求。

◇ 电动档烟垂壁的联动控制联动触发信号的要求：

（1）同一防烟分区内两只独立的感烟火灾探测器的报警信号的“与”逻辑；

（2）感烟火灾探测器应位于电动档烟垂壁附近。

## 3.2 火灾自动报警系统设计

### 火灾探测报警系统设计

■ 防烟系统的联动控制设计

◇ 排烟口、排烟窗或排烟阀的联动控制

（1）同一防火分区内两个触发器件报警信号的“与”逻辑，作为设备启动的联动触发信号。

（2）排烟口或排烟阀宜由现场设置的消防设备直流电源供电。

（3）控制模块与排烟口或排烟阀的接口参数应匹配。

控制模块的触点容量应满足排烟口或排烟阀启动电流要求。

## 3.2 火灾自动报警系统设计

### 火灾探测报警系统设计

■ 防烟系统的联动控制设计

◇ 排烟风机的联动控制

（1）排烟口、排烟窗或排烟阀开启的动作信号，作为设备启动的联动触发信号。

（2）串接排烟口的反馈信号应并接，作为启动排烟风机的联动触发信号。

（3）排烟风机入口处的总管上设置的280℃排烟防火阀在关闭后应直接联锁控制风机停止。

◇ 排烟口、排烟窗或排烟阀的手动控制

（1）与消防泵、防排烟风机等设备的硬线手动控制不同；

（2）仍是总线联动控制，只是在总线控制盘上对应了一键式操作按键。

## 3.2 火灾自动报警系统设计

### 火灾探测报警系统设计

■ 防火门的联动控制设计

◇ 消防控制室应能监控疏散通道上所有防火门的正常关闭

（1）监视常开、常闭防火门的工作状态；

（2）控制常开防火门的关闭；

（3）防火门的故障状态：闭门器故障、防火门未完全关闭；

（4）宜由专门防火门监控器完成相应的功能。

## 3.2 火灾自动报警系统设计

### 火灾探测报警系统设计

■ 疏散通道上设置的防火卷帘

◇ 在疏散通道上的防火卷帘任一侧，需要设置专门用于联动触发卷帘下降的感烟、感温火灾探测器。在离卷帘纵深 0.5 ~ 5m 内，至少设置一个感烟火灾探测器，不少于 2 只感温火灾探测器。

◇ 疏散通道上设置防火卷帘的联动触发信号

（1）同一防火分区内两只感烟火灾探测器报警信号的“与”逻辑或任一只专门用于联动防火卷帘的感烟火灾探测器的报警信号，作为防火卷帘下降至距楼板面 1.8m 的联动触发信号；

（2）任一只专门用于联动防火卷帘的感温火灾探测器的报警信号，作为防火卷帘下降到楼板面的联动触发信号。

## 3.2 火灾自动报警系统设计

### 火灾探测报警系统设计

■ 大型商场等场所防火卷帘的控制要求

◇ 需同时启动多樘防火卷帘时，宜分时启动。

◇ 应核算同时启动卷帘的启动电流，消防供电的容量应满足启动电流要求。

◇ 尽管目前对卷帘下降的时间没有要求，但对于特殊形式的卷帘，尤其是侧向卷帘的闭合时间应做预测和评估。

## 3.2 火灾自动报警系统设计

### 火灾探测报警系统设计

■ 电梯的联动控制设计

◇ 消防联动控制器应具有发出联动控制信号强制所有电梯停于首层或电梯转换层的功能。电梯运行状态信息和停于首层或转换层的反馈信号应传送给消防控制室显示，轿箱内应设置能直接与消防控制室通话的专用电话。

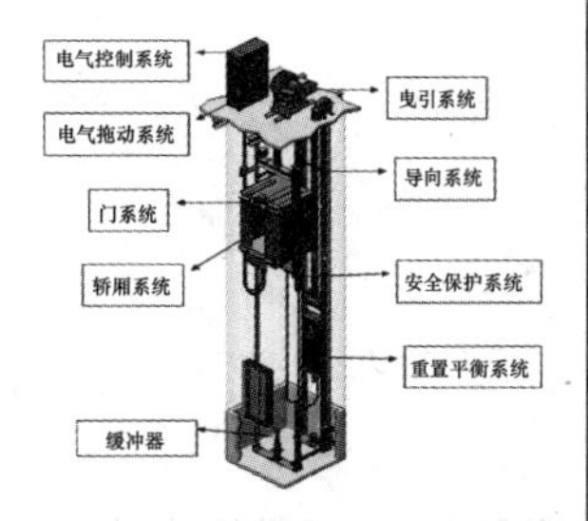

## 3.2 火灾自动报警系统设计

### 火灾探测报警系统设计

■ 火灾警报的联动控制设计

◇ 火灾自动报警系统应设置火灾声光警报器，并应在确认火灾后启动建筑内的所有火灾声光警报器。

（1）火灾警报是第一个通知建筑内人员火灾发生的消防设备，是火灾自动报警系统必须设置的组件之一。

（2）确认火灾后，对全楼发出火灾警报，警示人员同时疏散。

◇ 火灾声警报器设置带有语音提示功能时，应同时设置语音同步器。

◇ 同一建筑内设置多个火灾声警报器时，火灾自动报警系统应能同时启动和停止所有火灾声警报器工作。

## 3.2 火灾自动报警系统设计

### 火灾探测报警系统设计

■ 消防应急广播的联动控制设计

◇ 集中报警系统和控制中心报警系统应设置消防应急广播。

◇ 普通广播或背景音乐广播可以与消防广播合用。消防应急广播与普通广播或背景音乐广播合用时，应具有强制切入消防应急广播的功能。

（1）共用扬声器和馈电线路；

（2）共用扩音机、馈电线路和扬声器；

（3）应具有强制切入消防应急广播的功能：扩音机、扬声器无论处于关闭或播放状态，均能紧急开启消防应急广播；设有开关或音量调节器的扬声器应能强制切换到消防应急广播线路；设备的选型应满足消防产品准入制度的相关要求。

## 3.2 火灾自动报警系统设计

### 火灾探测报警系统设计

■ 切断非消防电源的联动控制设计

◇ 确认火灾发生，切断与人员疏散无关的非消防电源。

◇ 正常照明电源可在消火栓系统和自动喷水灭火系统动作前切断，以维持现场的正常照度。可以用启动消防泵信号或消防泵启动的联动反馈信号，作为切断正常照明电源的联动触发信号。

◇ 切断非消防电源的区域仅限于着火区域及其相关区域，其他区域可以保持现状。

## 3.2 火灾自动报警系统设计

### 火灾探测报警系统设计

■ 消防应急广播的联动控制设计

◇ 集中与控制中心报警系统火灾警报和消防应急广播同时设置；

◇ 确认火灾后，向全楼进行火灾警报、消防应急广播；

◇ 扩音机的功率应满足所有扬声器同时开启的功率要求。

（1）扩音机（功率放大器）宜按楼层或防火分区分布设置。

（2）无需设置备用扩音机。

◇ 火灾警报和消防应急广播的联动控制

（1）火灾警报和消防应急广播交替循环播放；

（2）先发出 1 次火灾警报，警报时长 8 ~ 20s；

（3）再发出 1 ~ 2 次消防应急广播，广播时长 10 ~ 30s。

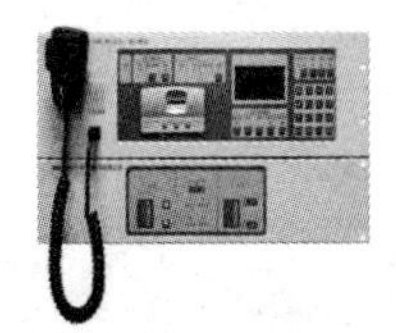

## 3.2 火灾自动报警系统设计

### 火灾探测报警系统设计

■ 火灾探测器的定义

火灾自动报警系统的基本组成部分之一，至少含有一个能够连续或以一定频率周期监视与火灾有关的适宜的物理和 / 或化学现象的传感器，并且至少能够向控制和指示设备提供一个合适的信号，是否报火警或操纵自动消防设备，可由探测器或控制和指示设备做出判断。

## 3.2 火灾自动报警系统设计

### 火灾探测报警系统设计

■ 火灾探测器的分类

火灾探测器根据其探测火灾特征参数的不同，分为以下 5 种基本类型：

◇ 感烟火灾探测器

◇ 感温火灾探测器

◇ 感光火灾探测器

◇ 气体火灾探测器

◇ 复合火灾探测器

## 3.2 火灾自动报警系统设计

### 火灾探测报警系统设计

- ■ 火灾探测器选型时应考虑探测区域以下因素：
- ◇ 可能发生火灾的部位和燃烧材料；
- ◇ 可能发生初期火灾的形成和发展特征；
- ◇ 房间高度；
- ◇ 环境条件；
- ◇ 可能引起误报的因素；
- ◇ 对火灾形成特征不可预料的场所，可根据模拟试验的结果选择火灾探测器。

## 3.2 火灾自动报警系统设计

### 火灾探测报警系统设计

- ■ 点型火灾探测器的选型原则：
- ◇ 点型感温火灾探测器的选型要求

（1）需要联动熄灭"安全出口"标志灯的安全出口内侧，宜选择点型感温火灾探测器。

（2）应根据应用场所的典型应用温度和最高应用温度选择相应的探测器。

| 探测器类别 | 典型应用温度(℃) | 最高应用温度(℃) | 动作温度下限值(℃) | 动作温度上限值(℃) |
|---|---|---|---|---|
| A1 | 25 | 50 | 54 | 65 |
| A2 | 25 | 50 | 54 | 70 |
| B | 40 | 65 | 69 | 85 |
| C | 55 | 80 | 84 | 100 |
| D | 70 | 95 | 99 | 115 |
| E | 85 | 110 | 114 | 130 |
| F | 100 | 125 | 129 | 145 |
| G | 115 | 140 | 144 | 160 |

## 3.2 火灾自动报警系统设计

### 火灾探测报警系统设计

- ■ 线型火灾探测器的选型原则：
- ◇ 光纤线型感温火灾探测器的分类：

（1）分布式光纤线型感温火灾探测器；

（2）光纤光栅线型感温火灾探测器。

- ◇ 光纤线型感温火灾探测器与缆式线型感温火灾探测器在电缆火灾探测方面适用性的差异：

（1）缆式线型感温火灾探测器适用于工矿企业电缆隧道、桥架等场所的电气火灾预警探测；

（2）光纤线型感温火灾探测器适用于市政电缆隧道场所的电气火灾预警探测。

## 3.2 火灾自动报警系统设计

### 火灾探测报警系统设计

■ 吸气式感烟火灾探测器的选型原则：
产品选型应符合产品检验报告中关于产品类型的描述。

| 探测器类型 | 响应阈值 $m$（用减光率表示） |
|---|---|
| 高灵敏 | $m \leqslant$ 0.8%obs/m |
| 灵敏 | 0.8%obs/m < $m \leqslant$ 2%obs/m |
| 普通 | $m$ > 2%obs/m |

## 3.2 火灾自动报警系统设计

### 火灾探测报警系统设计

■ 火灾探测器的设置

◇ 点型感烟火灾探测器和 A1、A2、B 型点型感温火灾探测器的保护面积和保护半径，应按下表确定；C、D、E、F、G 型点型感温火灾探测器的保护面积和保护半径，应根据生产企业设计说明书确定，但不应超过下表规定。

| 火灾探测器的种类 | 地面面积 $S$（m²） | 房间高度 $h$（m） | 一只探测器的保护面积 $A$ 和保护半径 $R$ | | | | | |
|---|---|---|---|---|---|---|---|---|
| | | | 屋顶坡度 $\theta$ | | | | | |
| | | | $\theta \leqslant 15°$ | | $15° < \theta \leqslant 30°$ | | $\theta > 30°$ | |
| | | | $A$（m²） | $R$（m） | $A$（m²） | $R$（m） | $A$（m²） | $R$（m） |
| 感烟火灾探测器 | $S \leqslant 80$ | $h \leqslant 12$ | 80 | 6.7 | 80 | 7.2 | 80 | 8.0 |
| | $S > 80$ | $6 < h \leqslant 12$ | 80 | 6.7 | 100 | 8.0 | 120 | 9.9 |
| | | $h \leqslant 6$ | 60 | 5.8 | 80 | 7.2 | 100 | 9.0 |
| 感温火灾探测器 | $S \leqslant 30$ | $h \leqslant 8$ | 30 | 4.4 | 30 | 4.9 | 30 | 5.5 |
| | $S > 30$ | $h \leqslant 8$ | 20 | 3.6 | 30 | 4.9 | 40 | 6.3 |

## 3.2 火灾自动报警系统设计

### 火灾探测报警系统设计

■ 火灾探测器的设置

◇ 一个探测区域内所需设置的探测器数量，不应小于下式的计算值：

$$N = \frac{S}{K \cdot A}$$

式中 $K$——修正系数，容纳人数超过 10000 人的公共场所宜取 0.7 ~ 0.8；容纳人数为 2000 ~ 10000 人的公共场所宜取 0.8 ~ 0.9，容纳人数为 500 ~ 2000 人的公共场所宜取 0.9~1.0，其他场所可取 1.0；

$S$——探测区总面积；

$A$——一个探测器有效探测面积。

## 3.2 火灾自动报警系统设计

火灾探测报警系统设计

■ 火灾探测器的设置

◇ 火焰探测器和图像型火灾探测器的设置

（1）应计及探测器的探测视角及最大探测距离；

（2）探测器的探测视角内不应存在遮挡物；

（3）应避免光源直接照射在探测器的探测窗口；

（4）单波段的火焰探测器不应设置在平时有阳光、白炽灯等光源直接或间接照射的场所。

## 3.2 火灾自动报警系统设计

火灾探测报警系统设计

■ 火灾探测器的设置

◇ 线型光束感烟火灾探测器的设置

（1）探测器应设置在固定结构上；

（2）探测器的设置应保证其接收端避开日光和人工光源直接照射；

（3）选择反射式探测器时，应保证在反射板与探测器间任何部位进行模拟试验时，探测器均能正确响应。

## 3.2 火灾自动报警系统设计

火灾探测报警系统设计

■ 火灾探测器的设置

◇ 线型感温火灾探测器的设置

（1）光栅光纤感温火灾探测器每个光栅的保护面积和保护半径，应符合点型感温火灾探测器的保护面积和保护半径要求；

（2）设置线型感温火灾探测器的场所有联动要求时，宜采用两只不同火灾探测器的报警信号组合；

（3）与线型感温火灾探测器连接的模块不宜设置在长期潮湿或温度变化较大的场所。

## 3.2 火灾自动报警系统设计

### 火灾探测报警系统设计

■ 火灾探测器的设置

◇ 管路采样式吸气感烟火灾探测器的设置

（1）非高灵敏型探测器的采样管网安装高度不应超过16m；高灵敏型探测器的采样管网安装高度可超过16m；

（2）探测器的每个采样孔的保护面积、保护半径，应符合点型感烟火灾探测器的保护面积、保护半径的要求；

（3）一个探测单元的采样管总长不宜超过200m，单管长度不宜超过100m，同一根采样管不应穿越防火分区；

（4）当采样管道采用毛细管布置方式时，毛细管长度不宜超过4m；

（5）当采样管道布置形式为垂直采样时，每2℃温差间隔或3m间隔（取最小者）应设置一个采样孔，采样孔不应背对气流方向；

（6）采样管网的长度和开孔数量均应小于产品检验报告中关于吸气管路和采样孔数量的描述，并应按经过确认的设计软件或方法进行设计。

## 3.2 火灾自动报警系统设计

### 火灾探测报警系统设计

■ 火灾探测器的设置

◇ 感烟火灾探测器在格栅吊顶场所的设置

（1）镂空面积与总面积的比例不大于15%时，探测器应设置在吊顶下方；

（2）镂空面积与总面积的比例大于30%时，探测器应设置在吊顶上方；

（3）镂空面积与总面积的比例为15%～30%时，探测器的设置部位应根据实际试验结果确定；

（4）探测器设置在吊顶上方且火警确认灯无法观察时，应在吊顶下方设置火警确认灯；

（5）地铁站台等有活塞风影响的场所，镂空面积与总面积的比例为30%～70%时，探测器宜同时设置在吊顶上方和下方。

## 3.2 火灾自动报警系统设计

## 3.2 火灾自动报警系统设计

火灾探测报警系统设计

- 区域显示器的设置
- ◇ 每个报警区域宜设置一台区域显示器（火灾显示盘）；
- ◇ 宾馆、饭店等场所应在每个报警区域设置一台区域显示器；
- ◇ 当一个报警区域包括多个楼层时，宜在每个楼层设置一台仅显示本楼层的区域显示器。

## 3.2 火灾自动报警系统设计

火灾探测报警系统设计

- 火灾警报器的设置
- ◇ 火灾光警报器应设置在每个楼层的楼梯口、消防电梯前室、建筑内部拐角等处的明显部位，且不宜与安全出口指示标志灯具设置在同一面墙上。
- ◇ 每个报警区域内应均匀设置火灾警报器，其声压级不应小于 60dB；在环境噪声大于 60dB 的场所，其声压级应高于背景噪声 15dB。

　　设计人员应根据产品生产厂家提供的声压级不应小于 60dB 安装距离指标，确定火灾声警报器的安装间距。

## 3.2 火灾自动报警系统设计

火灾探测报警系统设计

- 模块的设置
- ◇ 每个报警区域内的模块宜相对集中设置在本报警区域内的金属模块箱中。
- ◇ 模块严禁设置在配电（控制）柜（箱）内。
- ◇ 本报警区域内的模块不应控制其他报警区域的设备。
- ◇ 未集中设置的模块附近应有尺寸不小于 10cm × 10cm 的标识。

## 3.2　火灾自动报警系统设计

火灾探测报警系统设计

- 消防控制室图形显示装置的设置
  - 消防控制室图形显示装置应设置在消防控制室内。
  - 消防控制室图形显示装置与火灾报警控制器、消防联动控制器、电气火灾监控器、可燃气体报警控制器等消防设备之间，应采用专用线路连接。

## 3.2　火灾自动报警系统设计

火灾探测报警系统设计

- 火灾报警传输设备或用户信息传输装置的设置
  - 火灾报警传输设备或用户信息传输装置应设置在消防控制室内；未设置消防控制室时，应设置在火灾报警控制器附近的明显部位。
  - 火灾报警传输设备或用户信息传输装置与火灾报警控制器、消防联动控制器等设备之间，应采用专用线路连接。

## 3.2　火灾自动报警系统设计

火灾探测报警系统设计

- 防火门监控器的设置
  - 防火门监控器应设置在消防控制室内，未设置消防控制室时，应设置在有人值班的场所。
  - 电动开门器的手动控制按钮应设置在防火门内侧墙面上，距门不宜超过 0.5m，底边距地面高度宜为 0.9 ~ 1.3m。

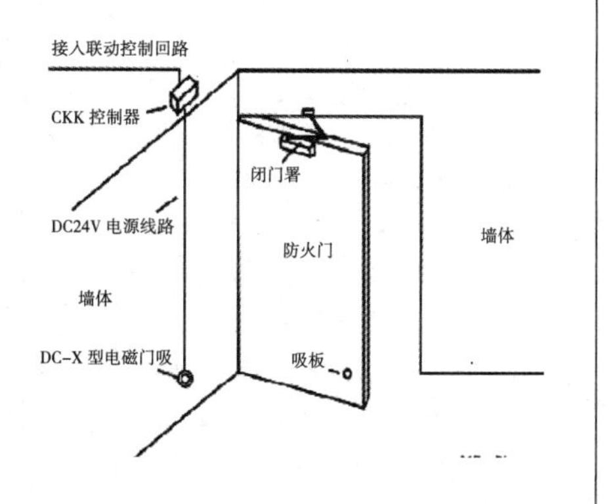

## 3.2 火灾自动报警系统设计

火灾探测报警系统设计

■ 住宅建筑火灾自动报警系统的选择

◇ 有物业集中监控管理且设有需联动控制的消防设施的住宅建筑应选用 A 类系统；

◇ 仅有物业集中监控管理的住宅建筑宜选用 A 类或 B 类系统；

◇ 没有物业集中监控管理的住宅建筑宜选用 C 类系统；

◇ 别墅式住宅和已投入使用的住宅建筑可选用 D 类系统。

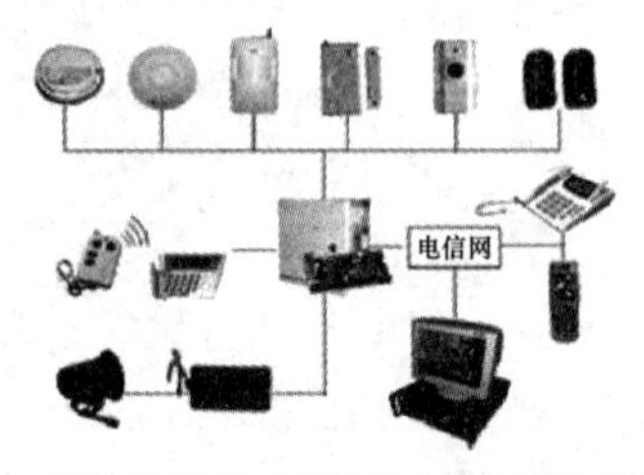


## 3.2 火灾自动报警系统设计

火灾探测报警系统设计

■ 住宅建筑火灾自动报警系统的选择

◇ A 类系统

（1）系统在公共部位的设计应符合《火灾自动报警系统设计规范》GB50116 第 3～6 章的规定；

（2）住户内设置的家用火灾探测器可接入家用火灾报警控制器，也可直接接入火灾报警控制器；

（3）设置的家用火灾报警控制器应将火灾报警信息、故障信息等相关信息传输给相连接的火灾报警控制器；

（4）建筑公共部位设置的火灾探测器应直接接入火灾报警控制器。

## 3.2 火灾自动报警系统设计

火灾探测报警系统设计

■ 住宅建筑火灾自动报警系统的选择

◇ B 类和 C 类系统

（1）住户内设置的家用火灾探测器应接入家用火灾报警控制器；

（2）家用火灾报警控制器应能启动设置在公共部位的火灾声警报器；

（3）B 类系统中，设置在每户住宅内的家用火灾报警控制器应连接到控制中心监控设备，控制中心监控设备应能显示发生火灾的住户。

## 3.2 火灾自动报警系统设计

### 火灾探测报警系统设计

■ 住宅建筑火灾自动报警系统的选择

◇ D 类系统

（1）有多个起居室的住户，宜采用互连型独立式火灾探测报警器；

（2）宜选择电池供电时间不少于 3 年的独立式火灾探测报警器；

（3）独立式火灾探测报警器采用无线组成系统的设计要求。

系统设计应符合 A 类、B 类或 C 类系统之一的设计要求。

## 3.2 火灾自动报警系统设计

### 火灾探测报警系统设计

■ 可燃气体探测报警系统

◇ 可燃气体探测报警系统是一个独立的子系统，属于火灾预警系统，应独立组成。

◇ 可燃气体探测器应接入可燃气体报警控制器，不应接入火灾报警控制器的探测器回路。

（1）可燃气体探测器的工作寿命与常规火灾探测器不同。

（2）可燃气体探测器的工作电流较大，一般需要几十个毫安；

（3）可燃气体探测器一般半年需要重新标定；

（4）可燃气体探测器报警信号与常规探测器报警信号的含义不同：

1）保护区域特定可燃气体的浓度超过设定阈值；

2）是一个预警信号。

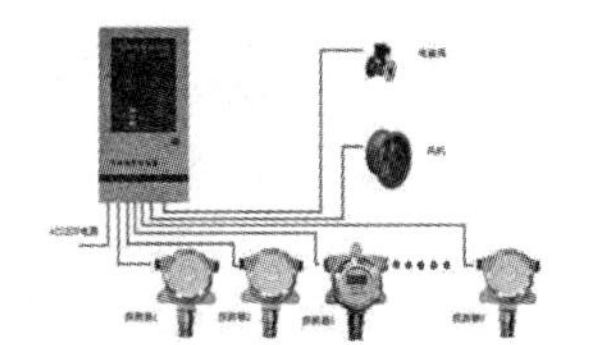

## 3.2 火灾自动报警系统设计

### 火灾探测报警系统设计

■ 可燃气体探测报警系统

◇ 可燃气体探测报警系统如何接入火灾自动报警系统

（1）由可燃气体报警控制器将报警信号传输至消防控制室的图形显示装置或集中火灾报警控制器，但其显示应与火灾报警信息有区别；

（2）石化行业涉及过程控制的可燃气体探测器，可接入 DCS 等生产控制系统，但其报警信号应接入消防控制室。

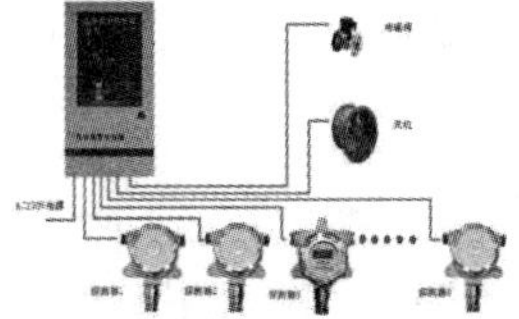

## 3.2 火灾自动报警系统设计

火灾探测报警系统设计

■ 可燃气体探测报警系统

◇ 可燃气体探测器的设置

（1）根据生产工艺特点，设置在可能产生可燃气体泄漏的部位附近；

（2）点型可燃气体探测器的保护半径应符合现行国家标准《石油化工可燃气体和有毒气体检测报警设计规范》GB 50493 的有关规定；

（3）根据探测器可燃气体密度，确定探测器的安装高度。

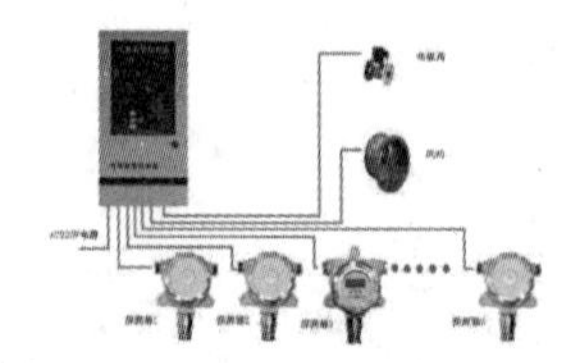

## 3.2 火灾自动报警系统设计

火灾探测报警系统设计

■ 可燃气体探测报警系统

◇ 可燃气体报警控制器的设置

（1）当有消防控制室时，可燃气体报警控制器可设置在保护区域附近；

（2）当无消防控制室时，可燃气体报警控制器应设置在有人值班的场所。

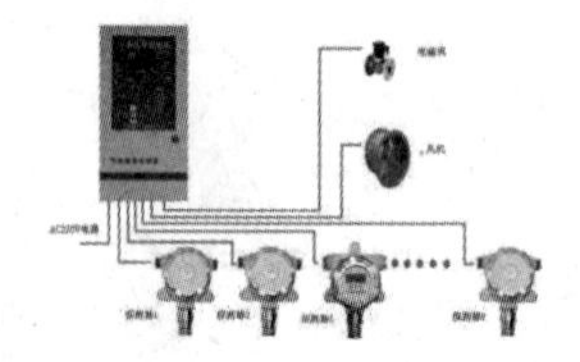

## 3.2 火灾自动报警系统设计

火灾探测报警系统设计

■ 下列建筑或场所的非消防用电负荷宜设置电气火灾监控系统：

◇ 建筑高度大于 50m 的乙、丙类厂房和丙类仓库，室外消防用水量大于 30L/s 的厂房（仓库）；

◇ 一类高层民用建筑；

◇ 座位数超过 1500 个的电影院、剧场，座位数超过 3000 个的体育馆，任一层建筑面积大于 3000$m^2$ 的商店和展览建筑，省（市）级及以上的广播电视、电信和财贸金融建筑，室外消防用水量大于 25L/s 的其他公共建筑；

◇ 国家级文物保护单位的重点砖木或木结构的古建筑。

## 3.2 火灾自动报警系统设计

### 火灾探测报警系统设计

■ 电气火灾的预防

◇ 合理进行供配电线路、用电设备的选型

（1）供配电选用具有防火要求的电线、电缆。

（2）电子信息选用具有阻燃特性的电缆及光缆。

（3）选用具有防火要求的配电柜。

（4）选用具有防火要求的用电设备。

◇ 合理进行供配电系统的设计、规范供配电线路的施工。

◇ 有效监测供电线路及电气设备故障，及时消除电气火灾隐患。

## 3.2 火灾自动报警系统设计

### 火灾探测报警系统设计

■ 电气火灾监控系统的组成

系统由电气火灾监控器、剩余电流式电气火灾监控探测器、测温式电气火灾监控探测器、线型感温火灾探测器（用于电气火灾监控时）、故障电弧探测器、测量热解粒子式电气火灾监控探测器、绝缘探测器、限流式电气火灾保护装置、无电弧开关等组成。

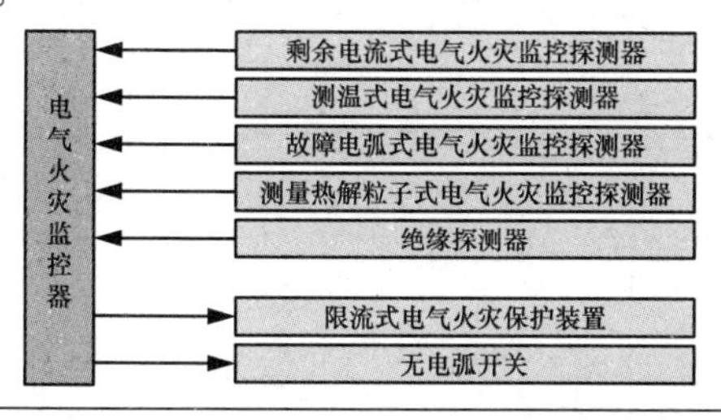


## 3.2 火灾自动报警系统设计

### 火灾探测报警系统设计

■ 电气火灾监控系统设计的一般要求

◇ 非独立的电气火灾监控探测器不能直接接入火灾报警控制器的探测器回路。

◇ 非独立的电气火灾监控探测器应直接接入电气火灾监控器。

◇ 由电气火灾监控器将报警信号传输至消防控制室的图形显示装置或集中火灾报警控制器，但其显示应与火灾报警信息有区别。

◇ 在无消防控制室且电气火灾监控探测器设置数量不超过 8 个时，可采用独立式电气火灾监控探测器。

◇ 电气火灾监控系统的设置不应影响供电系统的正常工作，不宜自动切断供电电源。

## 3.2 火灾自动报警系统设计

### 火灾探测报警系统设计

■ 剩余电流式电气火灾监控探测器

◇ 探测器的报警阈值的设定

探测器的报警阈值一般设定在 300 ~ 500mA 之间。

这个报警值是指在滤掉线路固有泄漏电流（也可称自然泄漏电流）基础上而设置的报警值。其中 300mA 是 IEC 给出的数据，也是在试验室条件下剩余电流产生拉弧引燃脱脂棉的条件，而针对工程现场的可燃或易燃材料的燃点都比脱脂棉高，因此报警阈值可以适当提高。

## 3.2 火灾自动报警系统设计

### 火灾探测报警系统设计

■ 剩余电流式电气火灾监控探测器

◇ 一般不是直接用于探测火灾，而是主要用于规范建筑电气线路的施工与布线，监控线路破损等故障，从而降低电气火灾发生率。

◇ 系统的防护理念：规范布线、减少电气故障隐患，降低电气火灾发生率。

◇ 剩余电流式电气火灾监控探测器的设置原则：探测器应优先设置在一级配电出线端，一般情况下，在一级出线端固有泄漏电流大于 300mA 时，可认为不符合设置条件，这种情况下应考虑设置在二级出线端，依此类推。

◇ 剩余电流的报警阈值是在考虑电气回路自然漏流的基础上设置的，应通过调整探测器的设置来尽量抵消自然漏流对探测器的影响。

◇ 对于 IT 系统的电源不接地或通过阻抗接地，因此无法进行剩余电流的探测。

## 3.2 火灾自动报警系统设计

### 火灾探测报警系统设计

■ 测温式电气火灾监控探测器

◇ 用于线路过负荷、接触不良、线间放电而引发火灾的探测，是探测电气故障引发火灾最有效的手段之一。

◇ 根据对供电线路发生的火灾统计，在供电线路本身发生过负荷时，接头部位反应最强烈，因此保护供电线路过负荷时，应重点监控其接头部位的温度变化。故测温式电气火灾监控探测器应设置在电缆接头、端子、重点发热部件等部位。

◇ 测温式电气火灾监控探测器的探测原理是以监测保护对象的温度变化，因此探测器应采用接触或贴近保护对象的方式设置。

## 3.2 火灾自动报警系统设计

### 火灾探测报警系统设计

■ 测温式电气火灾监控探测器

◇ 保护对象为 1000V 及以下的配电线路，应采用接触式布置。

◇ 保护对象为 1000V 以上的供电线路，宜选择光栅光纤测温式或红外测温式电气火灾监控探测器，光栅光纤测温式电气火灾监控探测器应直接设置在保护对象的表面。

◇ 若采用线型感温火灾探测器，为便于统一管理，宜将其报警信号接入电气火灾监控器。

◇ 根据目前的产品技术，在高压柜中，可采用非接触式测温探测器或采用线路端子上的传感器无需通过布线即可连接到电气火灾监控设备的测温式探测器。这样，既可保证原有线路的电气强度，又实现了对线路故障的提前报警。

## 3.2 火灾自动报警系统设计

### 火灾探测报警系统设计

■ 故障电弧探测器

◇ 不论哪种电气故障引发的火灾，最终引燃可燃物的均是电气设备或线路产生的故障电弧。因此要想有效降低电气火灾的发生几率，最行之有效的手段就是故障电弧的有效探测。

◇ 主要用于末端探测，线路末端是负载变化最大的部分，也是电气火灾发生最多的部分，因此应属于最重点的防护部位。但由于其特性是切断电源式的保护，所以适合用于断电后不会产生损失和危害的场所。

◇ 根据现有技术和产品的使用经验，保护线路长度不宜大于 100m。

## 3.2 火灾自动报警系统设计

### 火灾探测报警系统设计

■ 热解粒子式电气火灾探测器

用于电气故障引发火灾前导线外皮等有机物受热挥发出的热解粒子的探测，该产品对电线电缆、配电盘、开关插座等材质的产品局部异常温升后产生的异味有很好的响应，适用于多端子的电气柜火灾探测；用于柜内所有由于温度升高而产生热解粒子的探测，一般应设置在柜内顶部。

## 3.2 火灾自动报警系统设计

火灾探测报警系统设计

■ 限流式电气火灾保护装置

主要用于快速切断线路由于短路、过载等引发的电气故障；最适用于电动车充电线路、各类当铺式经营摊位、电器经营场所等负荷变化较大且断电后没损失场所的电气线路防护；一般用于末端断电保护，设置在末级配电箱出线端。

## 3.2 火灾自动报警系统设计

火灾探测报警系统设计

■ 电气火灾监控器：

◦ 电气火灾监控器是发出报警信号并对报警信息进行统一管理的设备，因此该设备应设置在有人值班的场所。一般情况下，可设置在保护区域附近或消防控制室。

◦ 在有消防控制室的场所，电气火灾监控器发出的报警信息和故障信息应能在消防控制室内的火灾报警控制器或消防控制室图形显示装置上显示，但应与火灾报警信息和可燃气体报警信息有明显区别。

◦ 设置在保护区域附近主要是因为电气故障时，需要电工处理。信号给消防控制室内有利于整个消防系统的管理和应急预案的实施。

## 3.2 火灾自动报警系统设计

火灾探测报警系统设计

■ 系统供电

◦ 火灾自动报警系统主电源不应设置剩余电流动作保护和过负荷保护装置。

◦ 消防设备应急电源输出功率应大于火灾自动报警及联动控制系统全负荷功率的120%，蓄电池组的容量应保证火灾自动报警及联动控制系统在火灾状态同时工作负荷条件下连续工作3h以上。

◦ 不能确定火灾应急工作时间的消防设备不宜采用消防设备应急电源供电。

◦ 消防用电设备应采用专用的供电回路，其配电设备应设有明显标志，其配电线路和控制回路宜按防火分区划分。

## 3.2　火灾自动报警系统设计

### 火灾探测报警系统设计

■ 布线

◇ 火灾自动报警系统的传输线路和 50V 以下供电的控制线路，应采用电压等级不低于交流 300 / 500V 的铜芯绝缘导线或铜芯电缆。采用交流 220/380V 的供电和控制线路，应采用电压等级不低于交流 450/750V 的铜芯绝缘导线或铜芯电缆。

◇ 火灾自动报警系统的供电线路和传输线路设置在室外时，应埋地敷设。

◇ 火灾自动报警系统的供电线路和传输线路设置在地（水）下隧道或湿度大于 90% 的场所时，线路及接线处应做防水处理。

◇ 采用无线通信方式的系统设计，应符合下列规定：

（1）无线通信模块的设置间距不应大于额定通信距离的 75%；

（2）无线通信模块应设置在明显部位，且应有明显标识。

## 3.2　火灾自动报警系统设计

### 火灾探测报警系统设计

■ 室内布线

◇ 火灾自动报警系统的传输线路应采用金属管、可挠（金属）电气导管、B1 级以上的刚性塑料管或封闭式线槽保护。

◇ 火灾自动报警系统的供电线路、消防联动控制线路应采用耐火铜芯电线电缆，报警总线、消防应急广播和消防专用电话等传输线路应采用阻燃或阻燃耐火电线电缆。

◇ 线路暗敷设时，应采用金属管、可挠（金属）电气导管或 B1 级以上的刚性塑料管保护，并应敷设在不燃烧体的结构层内，且保护层厚度不宜小于 30mm；线路明敷设时，应采用金属管、可挠（金属）电气导管或金属封闭线槽保护。矿物绝缘类不燃性电缆可明敷。

## 3.2　火灾自动报警系统设计

### 火灾探测报警系统设计

■ 室内布线

◇ 火灾自动报警系统用的电缆竖井，宜与电力、照明用的低压配电线路电缆竖井分别设置。如受条件限制必须合用时，应将火灾自动报警系统用的电缆和电力、照明用的低压配电线路电缆两种电缆应分别布置在竖井的两侧。

◇ 不同电压等级的线缆不应穿入同一根保护管内，当合用同一线槽时，线槽内应有隔板分隔。

◇ 采用穿管水平敷设时，除报警总线外，不同防火分区的线路不应穿入同一根管内。

# 3.3 火灾应急照明设计策略

## 3.3 火灾应急照明设计策略

火灾时人员的安全疏散

疏散条件（ < $t_d$ ）：可见路线、毒气指标、温度指标

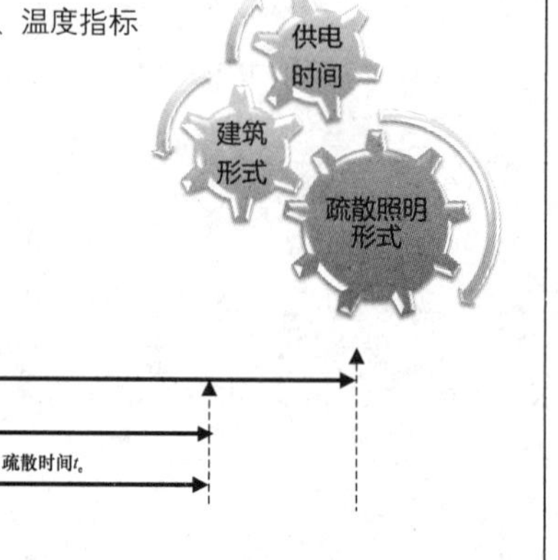


人员疏散完毕时间$t_f$

探测报警时间$t_a$　疏散准备时间$t_p$　疏散时间$t_e$

## 3.3 火灾应急照明设计策略

应急照明和灯光疏散指示标志

消防应急照明和灯光疏散指示标志的备用电源的连续供电时间：

- 建筑高度大于 100m 的民用建筑，不应小于 1.5h。
- 医疗建筑、老年人建筑、总建筑面积大于 100000m$^2$ 的公共建筑和总建筑面积大于 20000m$^2$ 的地下、半地下建筑，不应少于 1.0h。
- 其他建筑，不应少于 0.5h。
- 建筑内设置的消防疏散指示标志和消防应急照明灯具，除应符合本规范的规定外，还应符合现行国家标准《消防安全标志》GB 13495 和《消防应急照明和疏散指示系统》GB 17945 的规定。

## 3.3 火灾应急照明设计策略

### 应急照明和灯光疏散指示标志

- 除建筑高度小于 27m 的住宅建筑外，民用建筑、厂房和丙类仓库的下列部位应设置疏散照明：
  - 封闭楼梯间、防烟楼梯间及其前室、消防电梯间的前室或合用前室、避难走道、避难层（间）；
  - 观众厅、展览厅、多功能厅和建筑面积大于 $200m^2$ 的营业厅、餐厅、演播室等人员密集的场所；
  - 建筑面积大于 $100m^2$ 的地下或半地下公共活动场所；
  - 公共建筑内的疏散走道；
  - 人员密集的厂房内的生产场所及疏散走道。

## 3.3 火灾应急照明设计策略

### 应急照明和灯光疏散指示标志

- 建筑内疏散照明的地面最低水平照度
  - 对于疏散走道，不应低于 1.0lx；
  - 对于人员密集场所、避难层（间），不应低于 3.0lx；对于病房楼或手术部的避难间，不应低于 10.0lx；
  - 对于楼梯间、前室或合用前室、避难走道，不应低于 5.0lx。
- 消防控制室、消防水泵房、自备发电机房、配电室、防排烟机房以及发生火灾时仍需正常工作的消防设备房应设置备用照明，其作业面的最低照度不应低于正常照明的照度。

## 3.3 火灾应急照明设计策略

### 应急照明和灯光疏散指示标志

- 疏散照明灯具应设置在出口的顶部、墙面的上部或顶棚上；备用照明灯具应设置在墙面的上部或顶棚上。
- 公共建筑、建筑高度大于 54m 的住宅建筑、高层厂房（库房）和甲、乙、丙类单、多层厂房，应设置灯光疏散指示标志，并应符合下列规定：
  - 应设置在安全出口和人员密集的场所的疏散门的正上方；
  - 应设置在疏散走道及其转角处距地面高度 1.0m 以下的墙面或地面上。灯光疏散指示标志的间距不应大于 20m；对于袋形走道，不应大于 10m；在走道转角区，不应大于 1.0m。

## 3.3 火灾应急照明设计策略

### 应急照明和灯光疏散指示标志

- 下列建筑或场所应在疏散走道和主要疏散路径的地面上增设能保持视觉连续的灯光疏散指示标志或蓄光疏散指示标志：
  - 总建筑面积大于 8000m$^2$ 的展览建筑；
  - 总建筑面积大于 5000m$^2$ 的地上商店；
  - 总建筑面积大于 500m$^2$ 的地下或半地下商店；
  - 歌舞娱乐放映游艺场所；
  - 座位数超过 1500 个的电影院、剧场，座位数超过 3000 个的体育馆、会堂或礼堂；
  - 车站、码头建筑和民用机场航站楼中建筑面积大于 3000m$^2$ 的候车、候船厅和航站楼的公共区。

## 3.3 火灾应急照明设计策略

### 应急照明及疏散指示系统

- 应急照明：为人员疏散提供必要的照度条件。低照度情况下，照度影响人员的疏散速度，但是在达到一定的照度后，疏散的速度不再增加，即人员能够看清疏散路线的情况下，就可以达到最大疏散速度。
- 疏散指示：为人员疏散提供正确的导引路线。标志灯的正确指示，可以有效的导引人员按预定路线疏散，同时可以增强人员在紧急情况下安全疏散的信心，从而加大疏散的效率。

## 3.3 火灾应急照明设计策略

### 消防应急照明及疏散指示系统的联动控制设计

- 设计提示
  - 系统的控制要求

（1）在设有消防控制室时，所有形式的系统，在消防控制室均应能控制其投入应急状态。

（2）当确认火灾后，由发生火灾的报警区域开始，顺序启动全楼疏散通道的消防应急照明和疏散指示系统，系统全部投入应急状态的启动时间不应大于 5s。

（3）应对“智能诱导系统”的控制算法的合理性和有效性进行评估。

## 3.3　火灾应急照明设计策略

消防应急照明及疏散指示系统的联动控制设计

■ 设计提示

◇ 产品选型要求

（1）疏散区域设置的消防应急照明和疏散指示灯具均应采用安全电压供电。

（2）根据现场的使用环境，提出灯具的防护等级要求（尤其是地埋式疏散指示灯具）

（3）EPS 的初装容量应满足所有灯具工作 90min(正常工作时间的 3 倍)。

## 3.4　消防电力系统设计策略

3.4　消防电力系统设计策略

供电电源设计

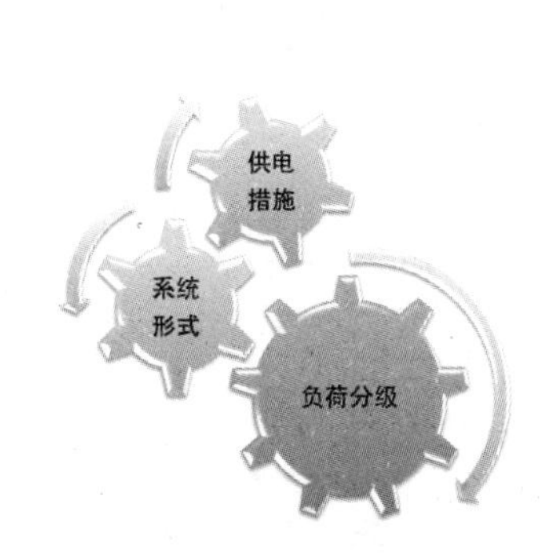


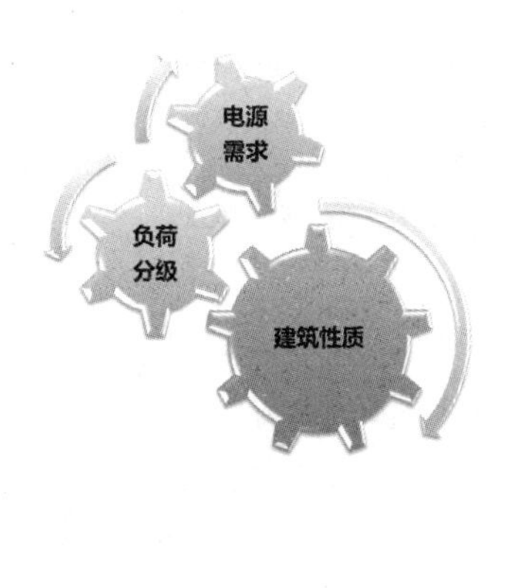

## 3.4 消防电力系统设计策略

### 消防设备负荷分级

- 下列建筑物的消防用电应按一级负荷供电：
  - 建筑高度大于 50m 的乙、丙类厂房和丙类仓库；
  - 一类高层民用建筑。
- 下列建筑物、储罐（区）和堆场的消防用电应按二级负荷供电：[10.1.2]

（1）室外消防用水量大于 30L/s 的厂房（仓库）；

（2）室外消防用水量大于 35L/s 的可燃材料堆场、可燃气体储罐（区）和甲、乙类液体储罐（区）；

（3）粮食仓库及粮食筒仓；

（4）二类高层民用建筑；

（5）座位数超过 1500 个的电影院、剧场，座位数超过 3000 个的体育馆，任一层建筑面积大于 $3000m^2$ 的商店和展览建筑，省（市）级及以上的广播电视、电信和财贸金融建筑，室外消防用水量大于 25L/s 的其他公共建筑。除上述外的建筑物、储罐（区）和堆场等的消防用电，可按三级负荷供电。

## 3.4 消防电力系统设计策略

### 消防设备负荷分级

- 消防用电按一、二级负荷供电的建筑，当采用自备发电设备作备用电源时，自备发电设备应设置自动和手动启动装置。当采用自动启动方式时，应能保证在 30s 内供电。不同级别负荷的供电电源应符合现行国家标准《供配电系统设计规范》GB 50052 的规定。
- 备用消防电源的供电时间和容量，应满足该建筑火灾延续时间内各消防用电设备的要求。

## 3.4 消防电力系统设计策略

### 消防设备供电要求

- 消防控制室、消防水泵房、防烟和排烟风机房的消防用电设备及消防电梯等的供电，应在其配电线路的最末一级配电箱处设置自动切换装置。
- 消防控制室、消防水泵房、防烟和排烟风机房的消防用电设备及消防电梯等的供电，应在其配电线路的最末一级配电箱处设置自动切换装置。

## 3.4 消防电力系统设计策略

消防设备配电系统示意

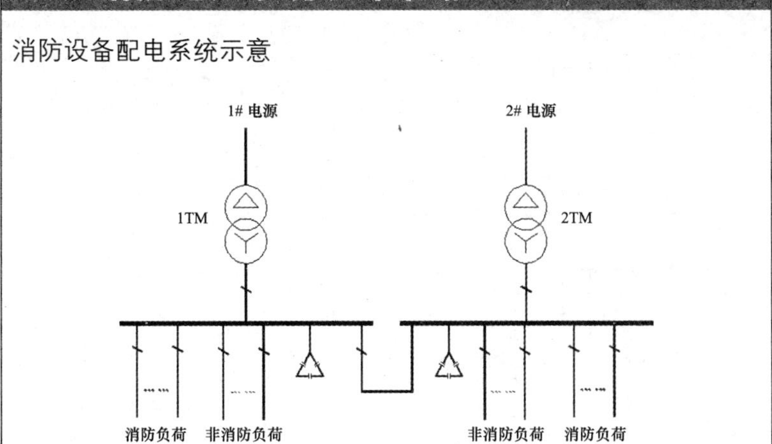


## 3.4 消防电力系统设计策略

消防设备配电系统示意

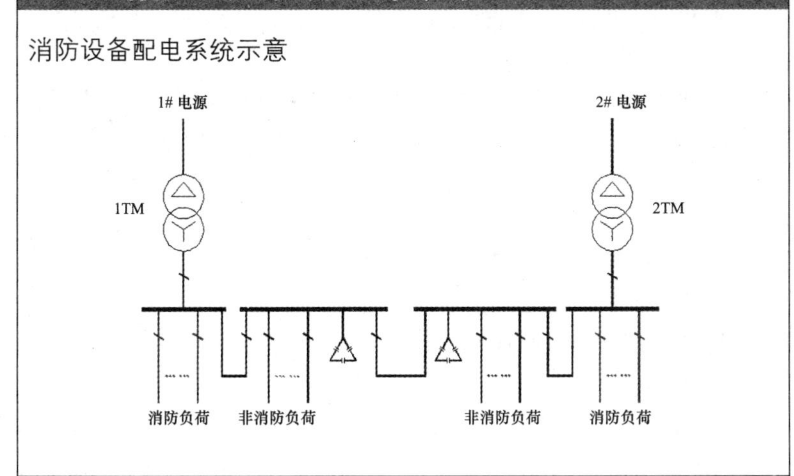


## 3.4 消防电力系统设计策略

消防设备配电系统示意

1# 电源
2# 电源
1TM
2TM
非消防负荷
消防负荷
消防负荷
非消防负荷

## 3.4 消防电力系统设计策略

消防设备配电系统示意

1# 电源
2# 电源
1TM
2TM
消防负荷
（备用）
非消防负荷
非消防负荷
重要负荷
（备用）
自备电源

## 3.4 消防电力系统设计策略

消防设备配电系统示意

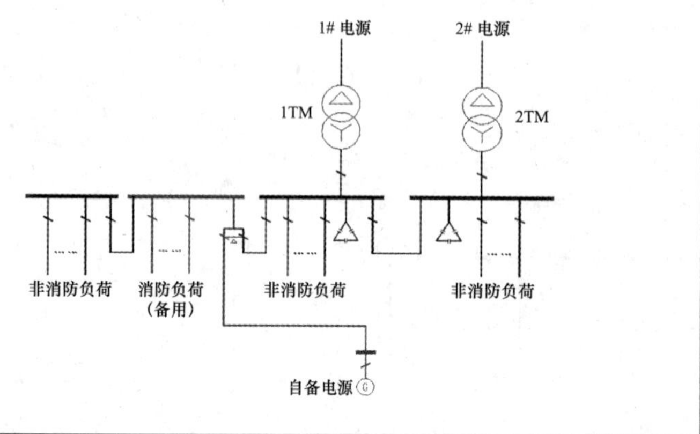


## 3.4 消防电力系统设计策略

消防设备配电系统示意

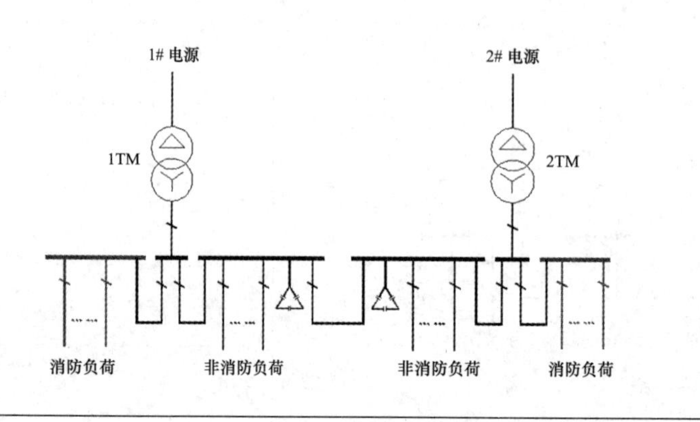

## 3.4　消防电力系统设计策略

消防设备配电系统示意

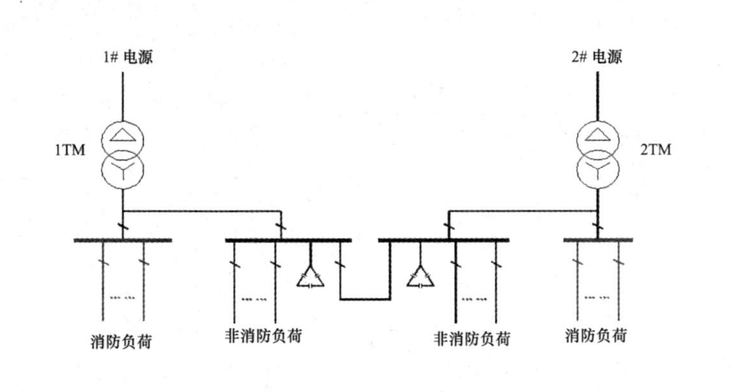


## 3.4　消防电力系统设计策略

消防设备配电系统示意

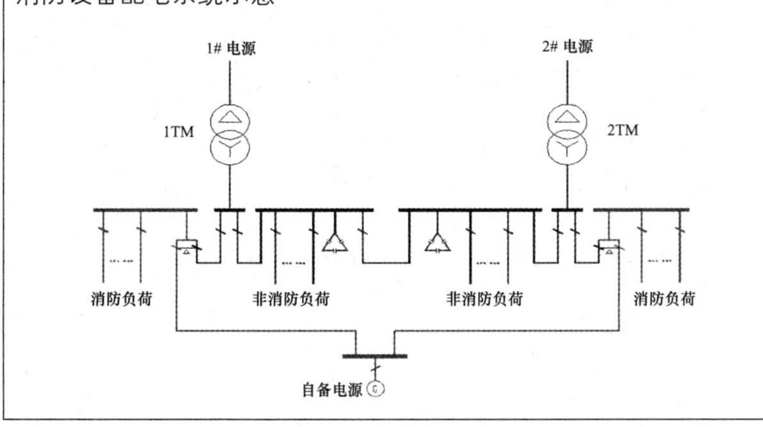


## 3.4　消防电力系统设计策略

消防设备配电系统示意

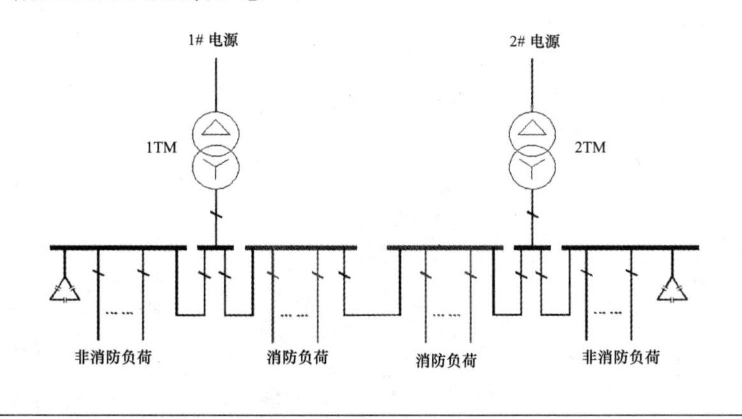

## 3.4 消防电力系统设计策略

消防设备配电系统示意

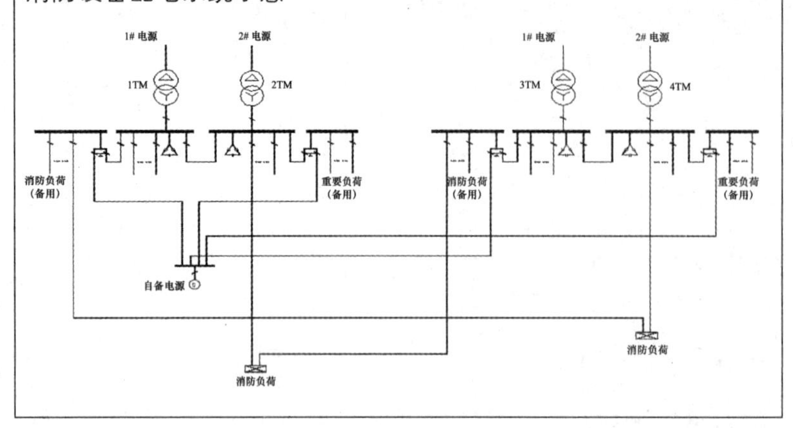


## 3.4 消防电力系统设计策略

消防配电线路敷设

- 消防配电干线宜按防火分区划分，消防配电支线不宜穿越防火分区。
- 消防用电设备应采用专用的供电回路，当建筑内的生产、生活用电被切断时，应仍能保证消防用电。
- 可燃材料仓库内宜使用低温照明灯具，并应对灯具的发热部件采取隔热等防火措施，不应使用卤钨灯等高温照明灯具。配电箱及开关应设置在仓库外。
- 配电线路敷设在有可燃物的闷顶、吊顶内时，应采取穿金属导管、采用封闭式金属槽盒等防火保护措施。
- 爆炸危险环境电力装置的设计应符合现行国家标准《爆炸危险环境电力装置设计规范》GB 50058 的规定。

## 3.4 消防电力系统设计策略

消防配电线路敷设

- 消防配电线路应满足火灾时连续供电的需要，其敷设应符合下列规定：
  - 明敷时（包括敷设在吊顶内），应穿金属导管或采用封闭式金属槽盒保护，金属导管或封闭式金属槽盒应采取防火保护措施；当采用阻燃或耐火电缆并敷设在电缆井、沟内时，可不穿金属导管或采用封闭式金属槽盒保护；当采用矿物绝缘类不燃性电缆时，可直接明敷；
  - 暗敷时，应穿管并应敷设在不燃性结构内且保护层厚度不应小于 30mm；
  - 消防配电线路宜与其他配电线路分开敷设在不同的电缆井、沟内；确有困难需敷设在同一电缆井、沟内时，应分别布置在电缆井、沟的两侧，且消防配电线路应采用矿物绝缘类不燃性电缆。

## 3.4 消防电力系统设计策略

消防配电线路敷设

- 架空电力线与甲、乙类厂房（仓库），可燃材料堆垛，甲、乙、丙类液体储罐，液化石油气储罐，可燃、助燃气体储罐的最近水平距离应符合下表的规定：

　　35kV 及以上架空电力线与单罐容积大于 $200m^3$ 或总容积大于 $1000m^3$ 液化石油气储罐（区）的最近水平距离不应小于 40m。

| 名　称 | 架空电力线 |
|---|---|
| 甲、乙类厂房（仓库），可燃材料堆垛，甲、乙类液体储罐，液化石油气储罐，可燃、助燃气体储罐 | 电杆（塔）高度的1.5倍 |
| 直埋地下的甲、乙类液体储罐和可燃气体储罐 | 电杆（塔）高度的0.75倍 |
| 丙类液体储罐 | 电杆（塔）高度的1.2倍 |
| 直埋地下的丙类液体储罐 | 电杆（塔）高度的0.6倍 |

## 3.4 消防电力系统设计策略

消防配电线路敷设

- 电力电缆不应和输送甲、乙、丙类液体管道、可燃气体管道、热力管道敷设在同一管沟内。
- 配电线路不得穿越通风管道内腔或直接敷设在通风管道外壁上，穿金属导管保护的配电线路可紧贴通风管道外壁敷设。
- 开关、插座和照明灯具靠近可燃物时，应采取隔热、散热等防火措施。卤钨灯和额定功率不小于 100W 的白炽灯泡的吸顶灯、槽灯、嵌入式灯，其引入线应采用瓷管、矿棉等不燃材料作隔热保护。额定功率不小于 60W 的白炽灯、卤钨灯、高压钠灯、金属卤化物灯、荧光高压汞灯（包括电感镇流器）等，不应直接安装在可燃物体上或采取其他防火措施。

## 结束语

- 建筑电气防火设计应始终贯彻预防为主，防消结合的方针
- 建筑电气防火设计需要不断总结实践经验，完善消防措施
- 建筑电气防火设计最终目的是保障人身安全和建筑物安全

*The End*

# 第四章

## 民用建筑工程电气节能设计

## Electrical Energy Saving Design of Civil Buildings

【摘要】建设资源节约型、环境友好型社会众所皆知，节能的概念更是深入人心，如何在供配电系统、照明、可再生能源利用、计量与管理和电气设备及监控等环节实现节能，是人们非常关注的问题。同时人们应要注意到要在充分满足、完善建筑物功能要求的前提下实现节能，减少能源消耗，提高能源利用率，而不是简化建筑物的功能要求，降低其功能标准，要关注多个专业的工程设计与系统配置，在细节上下功夫，要考虑投资和回收成本并对其进行有效、科学的控制与管理。

目录 CONTENTS

# 4.1 节能相关概念

## 4.1 节能相关概念

电能源类型

| | | | |
|---|---|---|---|
| 一次能源 | 常规能源 | 再生性能源 | 水力 |
| | | 非再生性能源 | 煤，石油，天然气，核裂变物质 |
| | 新能源 | 再生性能源 | 太阳能、风能、海洋能、地热能 |
| | | 非再生性能源 | 核聚变物质 |
| 二次能源 | 电力、焦炭、煤气、汽油、煤油、柴油<br>重油、氢能、沼气、酒精、蒸汽、热水等 | | |

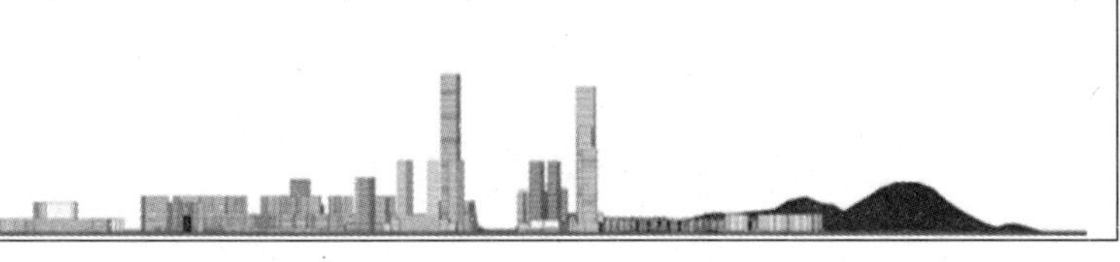

## 4.1 节能相关概念

能源概况及节能的重要性：

- 全球化石能源已面临枯竭
- 化石能源大量使用严重恶化生态环境
- 我国人均能源拥有量远低于世界平均水平
- 我国要实现经济持续发展和保护环境必须实现节能

## 4.1 节能相关概念

能源概况及节能的重要性：

- 在我国，由于建筑能耗约占全国总能耗的 26.7%，位居能耗首位，因此建筑节能刻不容缓。
- 电气能耗是建筑能耗的主要组成部分，建筑节能的关键在于电气节能，尽可能减少能源消耗，提高能源利用率。

## 4.1 节能相关概念

我国建筑节能的形势和目标

- 我国现有房屋建筑面积 400 多亿 $m^2$，99% 为高耗能建筑，建筑能耗约为全国能耗的 25%~30%，能源利用率只有发达国家的 30%。
- 2020 年建筑面积将增至 700 亿 $m^2$，所以必须进行建筑节能。
- 住房和城乡建设部要求到 2020 年应在 1981 年基础上节能 65%，但与发达国家建筑相比，能耗仍较大，所以建筑节能任重而道远。
- 建筑节能——在满足居住舒适性前提下，采用新型保温围护结构、高效采暖空调、节能照明设备及利用可再生能源以达到节能的目的。

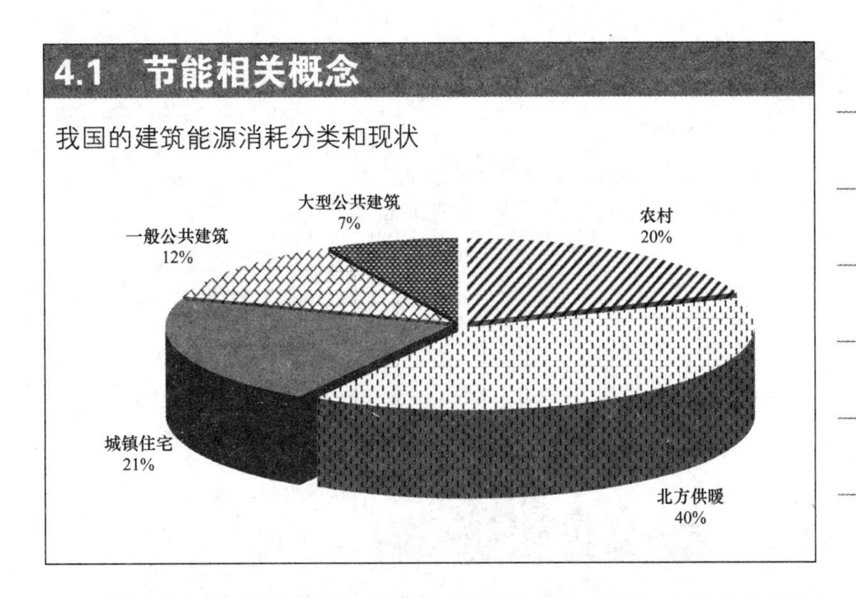


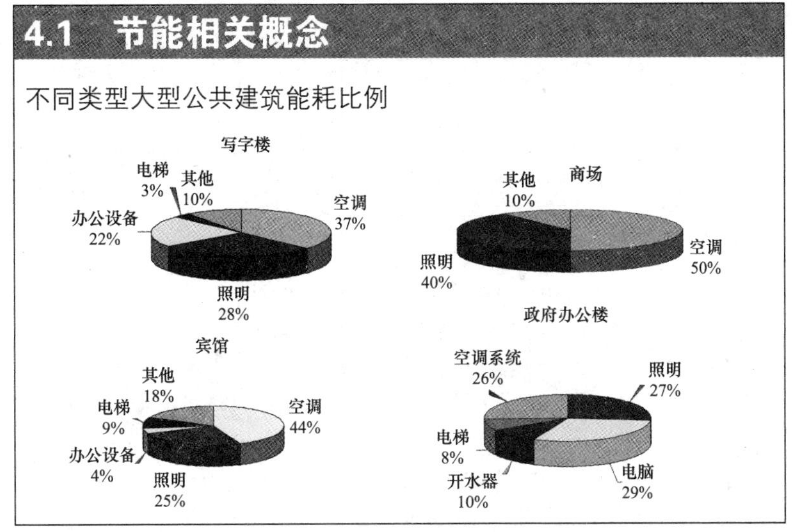


## 4.1　节能相关概念

节耗不合理存在问题

- 配电系统不合理
- 照明系统存在着能耗高的现象
- 不合理的设计导致空调能耗高
- 不合理的系统等原因造成空调能耗高
- 不合理的运行制度导致空调能耗高

## 4.1 节能相关概念

### 建筑电气节能的原则

在充分满足、完善建筑物功能要求的前提下，减少能源消耗，提高能源利用率，而不是简化建筑物的功能要求，降低其功能标准。节能的途径之一是合理配置建筑设备，并对其进行有效、科学的控制与管理。

## 4.1 节能相关概念

### 大型公建电气能耗模型

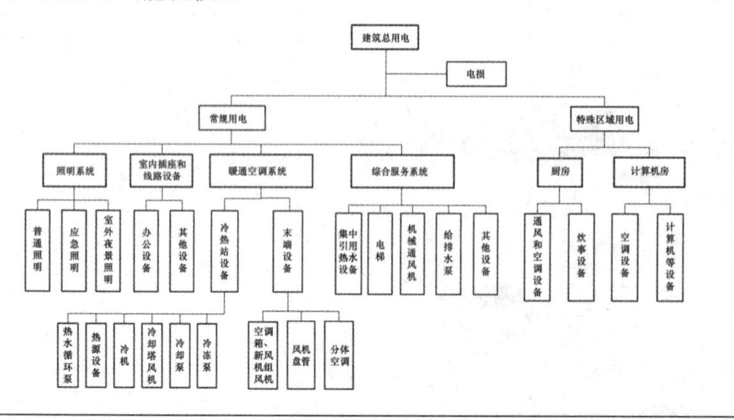


## 4.1 节能相关概念

### 建筑电气节能的计量与分析控制

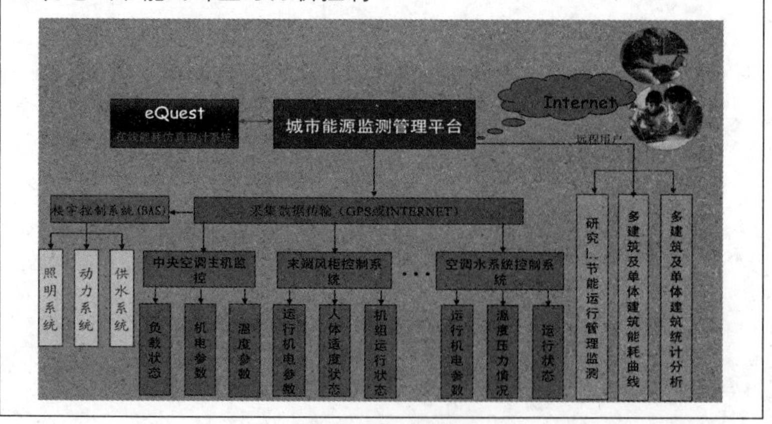

## 4.1　节能相关概念

什么是谐波?

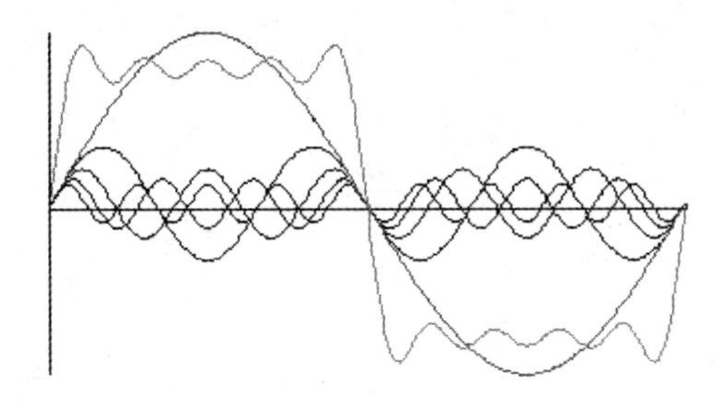

- 非正弦波 = 基波 + 谐波
- 对周期性非正弦电量进行傅立叶级数分解，除了得到与电网基波频率相同的分量，还得到一系列大于电网基波频率的分量，这部分电量称为谐波。

## 4.1　节能相关概念

谐波的产生

- 整流装置、调压装置……
- 现代化的控制系统：变频、调节器……
- 实例：一汽礼堂舞台灯光控制系统
- 办公生活中的谐波源：
- – 各种节能灯、日光灯
- – 高压气体放电灯
- – 计算机、复印机……
- – 电视机、洗衣机、空调机……
- 公共电网的流入

## 4.1　节能相关概念

谐波出现的规律

- 正序组、负序组、零序组。
- 规律：
- – 非对称性负载：3、5、7 都比较高
- – 对称性负载：3 次很低，5、7 次较高
- – 高次谐波迅速衰减

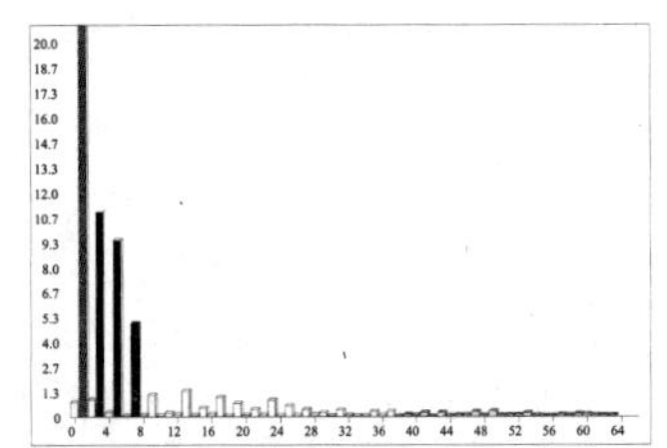

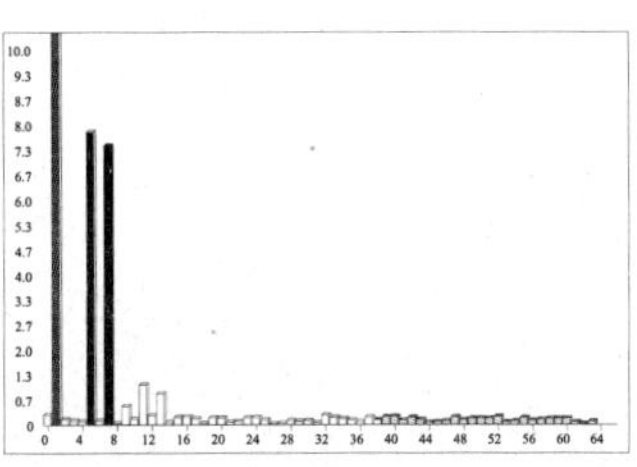

## 4.1 节能相关概念

正弦波形畸变率

（1）$n$ 次谐波电压、电流含有率

$$HRU_n = \frac{U_n}{U_1} \times 100\%$$

$$HRI_n = \frac{I_n}{I_1} \times 100\%$$

## 4.1 节能相关概念

（2）电压、电流总谐波畸变率

$$THD_u = \sqrt{\sum_{n=2}^{\infty}\left(\frac{U_n}{U_1}\right)^2} \times 100\% = \frac{\sqrt{\sum_{n=2}^{\infty} U_n^2}}{U_1} \times 100\%$$

$$THD_i = \sqrt{\sum_{n=2}^{\infty}\left(\frac{I_n}{I_1}\right)^2} \times 100\% = \frac{\sqrt{\sum_{n=2}^{\infty} I_n^2}}{I_1} \times 100\%$$

式中　$U_n\ I_n$——$n$ 次谐波电压、电流的方均根值，kV、A

　　　$U_1\ I_1$——基波电压、电流的方均根值， kV、A

## 4.1 节能相关概念

（3）谐波电压的总平均畸变系数

$$\tau = \sqrt{\frac{1}{\Delta t} \int_{t}^{t+\Delta t} \sum_{n=2}^{\infty} U_n^{2(t)} dt}$$

式中　$\tau$ ——谐波电压的总平均畸变系数

　　　$\Delta t$——变化时间，$\Delta t = 3s$

　　　$U_n$——$n$ 次谐波电压的方均根值，kV

## 4.1 节能相关概念

### 谐波的危害

- 使电动机、变压器等电气设备产生附加损耗，引起发热，导致绝缘损坏。
- 引起电容器组谐振和谐波电流放大，导致电容器组和电缆线路过负荷、过电压。
- 由于集肤效应和邻近效应存在，使输电线路过热。
- 电流和电压波形的畸变改变了电压或电流的变化率，影响断路器的断流容量。
- 对继电保护和自动装置产生干扰和造成误动或拒动。
- 对测量仪表，特别是感应式仪表产生计量误差。
- 造成通信干扰。

## 4.1 节能相关概念

### 绿色建筑定义

绿色建筑是在建筑的全寿命周期内，最大限度地节约资源（节能、节地、节水、节材）、保护环境和减少污染，为人们提供健康、适用和高效的使用空间，与自然和谐共生的建筑。

## 4.1 节能相关概念

### 住宅建筑绿色建筑评价

| 建筑类别 | 控制项 | 一般项 | 优选项 |
|---|---|---|---|
| 住宅建筑 | 住宅水、电、燃气分户、分类计量与收费 | 公共场所和部位的照明采用高效光源和高效灯具，和低损耗镇流器等附件，并采取其他节能控制措施，在有自然采光的区域设定时或光电控制 | 可再生能源的使用量占建筑总能耗的比例大于 10% |
| | | 根据当地气候和自然资源条件，充分利用太阳能、地热能等可再生能源。可再生能源的使用占建筑总能耗的比例大于 5% | |
| | | 智能化系统定位正确，采用的技术先进、实用、可靠，达到安全防范子系统、管理与设备监控子系统与信息网络子系统的基本配置要求 | |

# 4.1 节能相关概念

公共建筑绿色建筑评价

| | | | |
|---|---|---|---|
| 公共建筑 | 不采用电热锅炉、电热水器作为直接采暖和空气调节系统的热源 | 改建和扩建的公共建筑，冷热源、输配系统和照明等各部分能耗进行独立分项计量 | 采用分布式热电冷联供技术，提高能源的综合利用率 |
| | 各房间或场所的照明功率密度值不高于现行国家标准《建筑照明设计标准》GB 50034 规定的现行值 | 建筑智能化系统定位合理，信息网络系统功能完善 | 根据当地气候和自然资源条件，充分利用太阳能、地热能等可再生能源，可再生能源产生的热水量不低于建筑生活热水消耗量的 10%，或可再生能源发电量不低于建筑用电量的 2% |
| | 新建的公共建筑，冷热源、输配系统和照明等各部分能耗进行独立分项计量 | 建筑通风、空调、照明等设备自动监控系统技术合理，系统高效运营 | 各房间或场所的照明功率密度值不高于现行国家标准《建筑照明设计标准》GB 50034 规定的目标值 |
| | 建筑室内照度、统一眩光值、一般显色指数等指标满足现行国家标准《建筑照明设计标准》GB 50034 中的有关要求 | 办公、商场类建筑耗电、冷热量等实行计量收费 | |

# 4.2 节能技术措施

4.2 节能技术措施

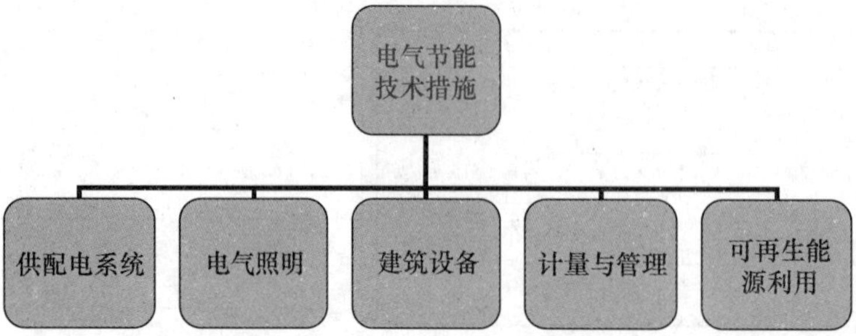

电气节能技术措施

- 供配电系统
- 电气照明
- 建筑设备
- 计量与管理
- 可再生能源利用

## 4.2　节能技术措施

供配电系统的节能

- 变电所宜设在负荷中心或大功率的用电设备处
- 变压器负荷率：当变压器负荷率较低时轮换使用变压器
- 正确合理确定供配电系统，调整负荷使其尽可能三相平衡
- 提高供电系统的功率因数、治理谐波和提高供电质量
- 选择节能设备，导线截面、线路的敷设方案，以利于降低配电线路的损耗

## 4.2　节能技术措施

各类建筑物的单位建筑面积用电指标

| 建筑类别 | 用电指标（W/m²） | 变压器装置指标（VA/m²） | 建筑类别 | 用电指标（W/m²） | 变压器装置指标（VA/m²） |
|---|---|---|---|---|---|
| 住宅 | 15～40 | 20～50 | 剧场 | 50～80 | 80～120 |
| 公寓 | 30～50 | 40～70 | 医院 | 40～70 | 60～100 |
| 酒店 | 40～70 | 60～100 | 高等院校 | 20～40 | 30～60 |
| 办公 | 30～70 | 50～100 | 中小学 | 12～20 | 20～30 |
| 商业 | 一般：40～80 | 60～120 | 展览馆 | 50～80 | 80～120 |
| | 大中型：60～120 | 90～180 | 演播室 | 250～500 | 500～800 |
| 体育 | 40～70 | 60～100 | 汽车库 | 8～15 | 12～34 |

## 4.2　节能技术措施

典型建筑物变压器容量指标参考值

| 建筑类型 | 限定值（VA/m²） | 节能值（VA/m²） | 备注 |
|---|---|---|---|
| 办公 | 125 | 75 | 对应一类和二类办公建筑 |
| 商业 | 190 | 115 | 对应大型商场 |
| 旅馆 | 140 | 85 | 对应三星级及以上旅馆 |

## 4.2 节能技术措施

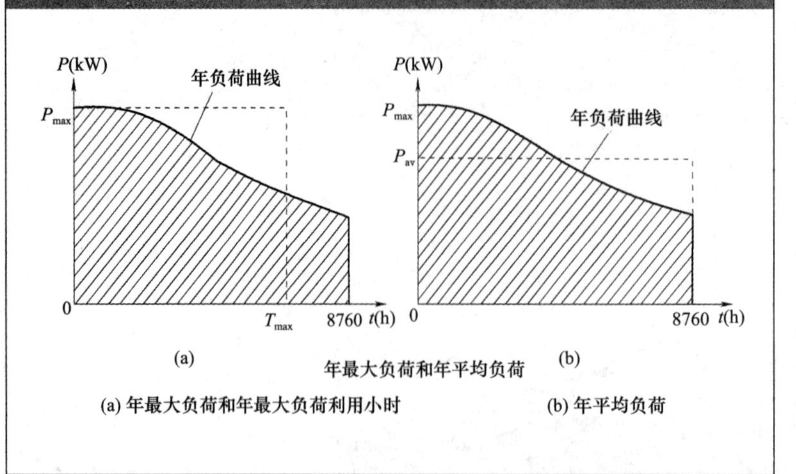


年最大负荷和年平均负荷

(a) 年最大负荷和年最大负荷利用小时　　(b) 年平均负荷

## 4.2 节能技术措施

变压器的功率损耗

$$\Delta P_{\mathrm{T}}=\Delta P_{\mathrm{Fe}}+\Delta P_{\mathrm{cu}}\left(\frac{S_{\mathrm{c}}}{S_{\mathrm{N}}}\right)^{2}$$

$$\Delta P_{\mathrm{T}}\approx\Delta P_{0}+\Delta P_{\mathrm{k}}\left(\frac{S_{\mathrm{c}}}{S_{\mathrm{N}}}\right)^{2}$$

式中　$\Delta P_{\mathrm{Fe}}$——铁心损耗（铁耗）

$\Delta P_{\mathrm{Cu}}$——绕组损耗（铜耗）

$\Delta P_{0}$——空载损耗

$\Delta P_{\mathrm{k}}$——短路损耗

## 4.2 节能技术措施

供电线路的功率损耗

$$\Delta P_{1}=3I_{\mathrm{c}}^{2}R\times10^{-3}\quad(\mathrm{kw})$$
$$\Delta Q_{1}=3I_{\mathrm{c}}^{2}X\times10^{-3}\quad(\mathrm{kvar})$$

式中　$R$——线路每相电阻

$X$——线路每相电抗

## 4.2 节能技术措施

### 提高功率因数

功率因数低造成的危害

（1）降低了供电设备（电源）的供电能力；

（2）增加供电系统的有功损耗；

（3）供电线路的电压降增大；

（4）发电机效率降低。

## 4.2 节能技术措施

### 提高功率因数的方法

1. 提高自然功率因数的方法

（1）合理选择电动机的容量，接近满载运转。

（2）负载率小于 40% 的电动机，换电动机。

（3）限制感应电动机空载运转。

（4）正确选择变压器容量，提高变压器的负载率（75% ~80% 合适）。

（5）负荷率在 0.6~0.9 的绕线式电动机，可使其同步化，向电力系统输送出无功功率。

## 4.2 节能技术措施

2. 人工补偿改善功率因数

（1）同步电动机在过激磁方式呈现容性时运转，功率因数超前 0.8~0.9 时，向供电系统输出无功功率。

（2）利用同步调相机作为无功功率电源。

（3）采用静电电容器补偿。

## 4.2 节能技术措施

功率因数的计算

最大功率因数是最大计算负荷与最大计算容量的比值确定的，即

$$\cos\varphi = \frac{P_{\text{cmax}}}{S_{\text{cmax}}}$$

平均功率因数有月平均和年平均功率因数。

$$\cos\varphi_{\text{nv}} = \frac{P_{\text{av}}}{S_{\text{av}}} = \frac{\alpha P_{\text{c}}}{\sqrt{(\alpha P_{\text{c}})^2 + (\beta Q_{\text{c}})^2}}$$

$$= \frac{W_{\text{P}}}{\sqrt{W_{\text{P}}^2 + W_{\text{Q}}^2}} = \frac{1}{\sqrt{1+\left(\frac{W_{\text{Q}}}{W_{\text{P}}}\right)^2}}$$

## 4.2 节能技术措施

补偿容量的计算

$$Q_{\text{cc}} = P_{\text{av}}(tg\varphi_1 - tg\varphi_2) = \alpha P_{\text{c}} q_{\text{c}}$$
$$q_{\text{c}} = tg\varphi_1 - tg\varphi_2$$

式中 $P_c$——有功计算负荷，kW；

$tg\varphi_1$——补偿前计算负荷的功率因数角的正切值；

$tg\varphi_2$——补偿后功率因数角的正切值；

$q_c$——无功功率补偿率。

## 4.2 节能技术措施

民用及一般工业建筑的功率因数指标应达到下列规定：

（1）高压供电，功率因数 0.9 以上；

（2）其他用户，功率因数 0.85 以上。

补偿方式：

（1）就地补偿：在设备附近。

（2）集中补偿：变电所内集中补偿。电容器组应采用循环自动投切运行方式。

## 4.2 节能技术措施

抑制谐波的措施

- 由短路容量较大的电网供电。
- 大功率静止整流器。
- 按谐波次数装设分流滤波器。
- 装设有源滤波装置。
- 在补偿电容器回路中串联一组电抗器。
- 选用 D，yn11 结线组别的三相配电变压器。

## 4.2 节能技术措施

谐波电抗器工作的原理

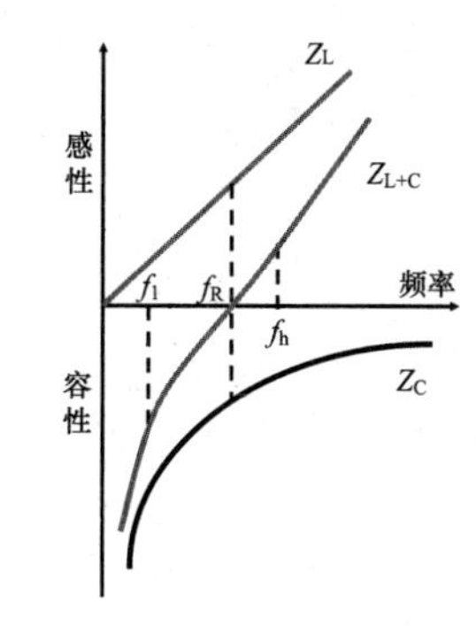


- 电抗率
  $p\% = Z_L / Z_C$
- 谐振频率
  $f_R$=50Hz $/\sqrt{p}$
  5%：223Hz
  5.67%：210Hz
  7%：189Hz
  8%：177Hz
  14%：134Hz
- 电容器端电压
  $U_C = U_N / (1-p)$

## 4.2 节能技术措施

误解

✘ 安装无源滤波器来滤除谐波而保留原补偿装置：
无法避免电容器对谐波的放大。
无法避免危险的谐振。
导致无源滤波器严重过电流！

✘ 电容器已经串联了电抗器：
电抗率多少？ 1%的电抗率只是为了抑制合闸涌流；非但不能抑制谐波，相反在一定程度上放大谐波。

## 4.2 节能技术措施

电力线路合理输送功率和距离

| 标称电压 (kV) | 线路结构 | 输送功率 (kW) | 送电距离 (km) |
|---|---|---|---|
| 0.22<br>0.38 | 电缆线<br>电缆线 | 100 以下<br>175 以下 | 0.2 以下<br>0.35 以下 |
| 10 | 电缆线 | 5000 以下 | 10 以下 |
| 35 | 架空线 | 2000~10000 | 50~20 |

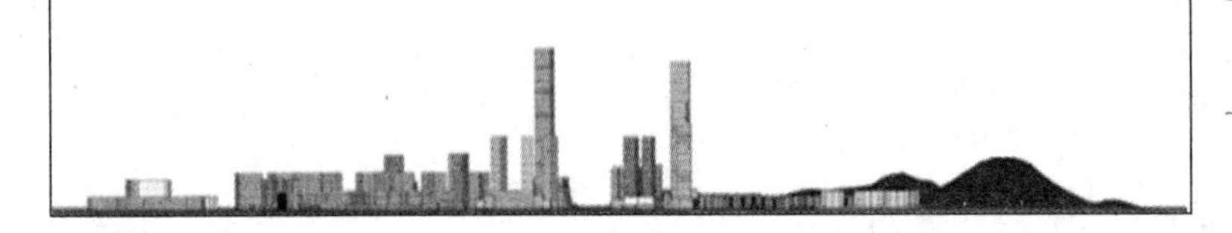

## 4.2 节能技术措施

电气照明的节能

- 正确合理确定光源、灯具，附件
- 合理的照度标准
- 采用智能化控制
- 充分考虑自然光、太阳能等新型能源的应用

## 4.2 节能技术措施

光源选择的原则

- 推广节能光源的应用；
- 推荐 Φ26mm、Φ16mm 细管荧光灯；
- 推荐采用钠灯和金属卤化物灯；
- 利用高效节能的灯具和灯具附件；
- 采用各种照明节能的控制设备和器件。

## 4.2 节能技术措施

### 照明功率密度值

- 照明功率密度是强制性标准，采用照明功率密度值用来评价一个照明系统设计的合理性，在国际上也是一种较为先进的节能措施；
- 在照明设计时应结合照明场所的使用性质和条件确定适宜的照度标准；
- 采用高效光源和灯具、合理的照明方式和适当的距高比；
- 避免过度使用装饰性灯光效果；
- 非固定安装的照明器具不计入场所的照明功率密度值；
- 可按照照明计算值核算场所的照明功率密度值。

## 4.2 节能技术措施

### 照度计算

根据照明系统计算被照面上的照度，根据所需照度及照明器布置计算照明器的数量及光源功率。

| 分类 | 计算方法 | 适用范围 | 特点 |
|---|---|---|---|
| 点照度计算 | 点光源点照度计算法 | 直射照度计算 | 使用基本公式 |
| | 方位系数法 | 线光源直射照度计算 | 将线光源纵向平面的配光分为五类，推算方位系数 |
| | 面光源点照度计算法 | 发光天棚照度计算 | 将面光源归算成立体角投影率 |
| 平均照度计算 | 利用系数法 | 被照面平均照度计算 | 充分考虑反射光的作用，准确简便 |
| | 单位容量法 | 初步设计估算 | 将灯具按光通量的比例分类 |
| | 球面和柱面照度计算法 | 用于对空间进行照明效果评价 | 计算空间内任意点的平均照度 |
| | 投光灯计算法 | 被照面平均照度估算 | 充分考虑光效率和灯具的利用系数等因素 |

## 4.2 节能技术措施

### 点照度计算：平方反比法（适用于点光源点照度计算）

1. 距离平方反比定律

$$E_n = \frac{I_\theta}{R^2}$$

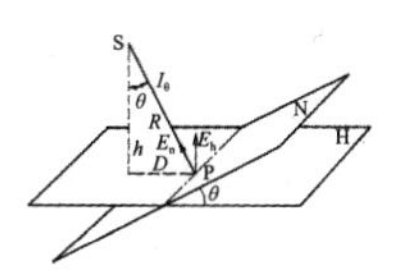

式中 $E_n$——点光源在与照射方向垂直面上产生的照度，lx；

$I_\theta$——照射方向的光强，cd；

$R$——点光源至被照面的计算点的距离，m。

2. 水平面照度

$$E_h = \frac{I_\theta \cos\theta}{R^2} = \frac{I_\theta \cos^3\theta}{h^2}$$

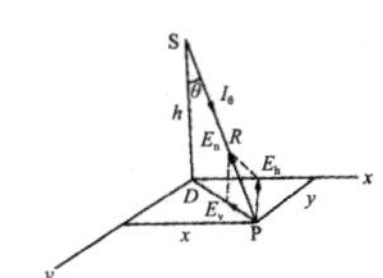

垂直面照度

$$E_v = \frac{I_\theta \sin\theta}{R^2} = \frac{I_\theta \cos^2\theta \sin\theta}{h^2}$$

式中 $h$——光源至水平面的垂直高度，m。

## 4.2 节能技术措施

照明控制

- 合理选择照明控制方式，充分利用天然光并根据天然光的照度变化，决定电气照明点亮的范围。单侧采光窗的教室、办公室等的照明宜平行外窗分组控制，依次设置灯开关。
- 根据照明使用特点，可采用分区控制灯光或适当增加照明开关点。大型多功能宴会厅、体育馆、场等宜设置专用照明控制台，并可预设多个照明方案。
- 采用各类接点开关和管理措施，如延时开关、调光开关、光电自动控制器、节点控制器、限电器、电控门锁节电器以及照明自控系统等。住宅的门厅、楼梯间、走道宜采用声控或延时开关（安全疏散通道除外）。

## 4.2 节能技术措施

照明控制

- 有电子显示、电视或幻灯的房间，一般照明宜采用调光方式或集中控制方式；
- 道路、庭院及景观照明宜采用集中遥控管理方式并考虑设置深夜减光控制方案；
- 低压照明配电系统的设计，应便于按经济核算单位装表计量；
- 其他详见《建筑照明设计标准》GB 50034-2013 的照明配电及控制。

## 4.2 节能技术措施

照明监控管理系统

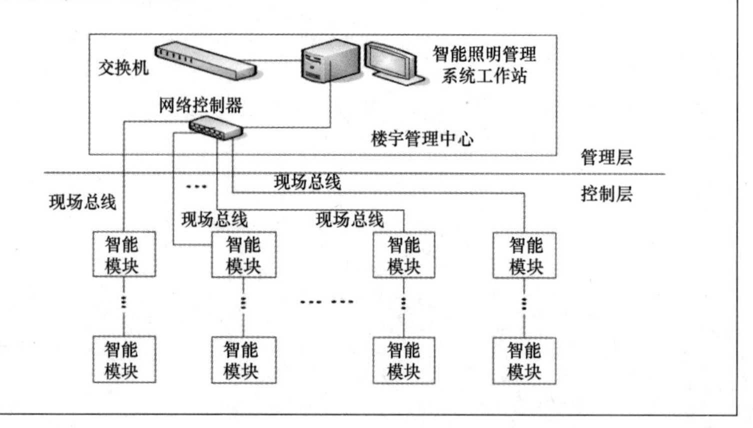

## 4.2 节能技术措施

系统架构

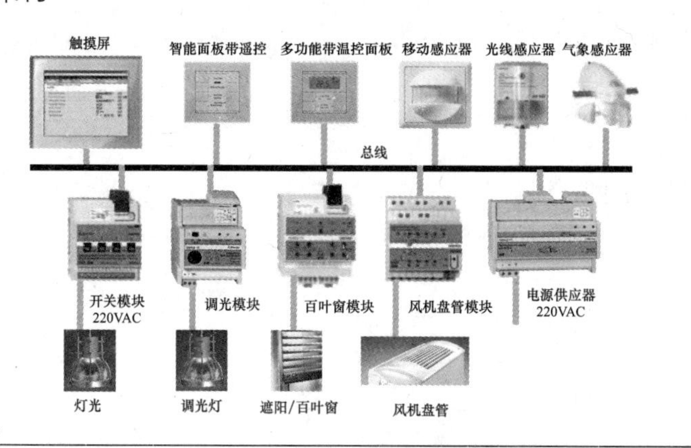


## 4.2 节能技术措施

系统构成

系统设备：总线电源、轭流器、线路耦合器、数据导轨、总线连接器、总线耦合器。

通讯设备：RS232 接口、ISDN 接口、UDP/IP 接口、Profibus 接口、LOGO 接口、DALI 照明设备接口和电话遥控接口。

传感器：单联、双联、四联触摸面板，单联、双联、四联带红外线接收触摸面板，红外线移动感应面板，温度控制面板，中文液晶显示 / 控制面板，温度传感器，光线传感器，风力传感器，雨水传感器，开关量传感器，模拟量传感器，烟雾传感器。

## 4.2 节能技术措施

执行器：开关量输出执行器，电动窗帘输出执行器，调光输出执行器，阀执行器。

控制器：场景控制器，逻辑控制器，时间控制器，事件控制器，照度补偿控制器，现场模拟控制器，复杂逻辑控制器，中央气候控制器，最大功率需求监测控制器。

中央监控设备：可视化软件，液晶触摸屏，显示 / 控制面板。

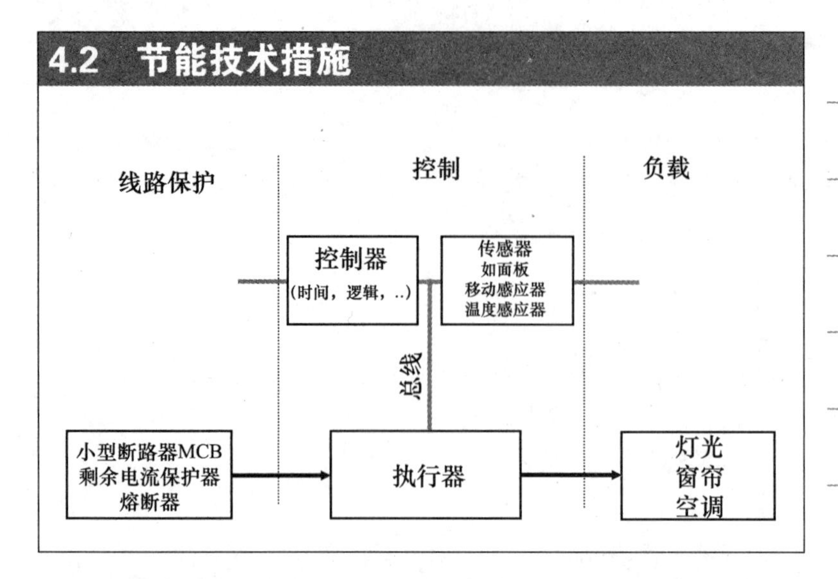
4.2 节能技术措施
线路保护
控制
负载
控制器
(时间，逻辑，..)
传感器
如面板
移动感应器
温度感应器
总线
小型断路器MCB
剩余电流保护器
熔断器
执行器
灯光
窗帘
空调

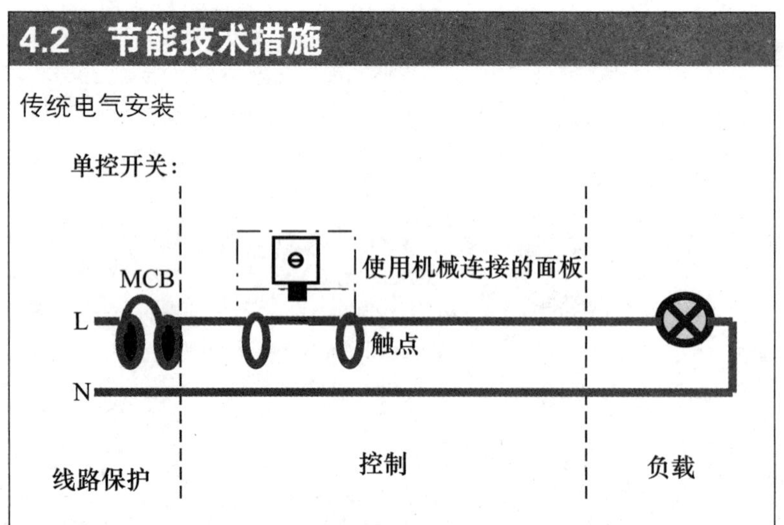
4.2 节能技术措施
传统电气安装
单控开关：
MCB
使用机械连接的面板
L
触点
N
线路保护
控制
负载

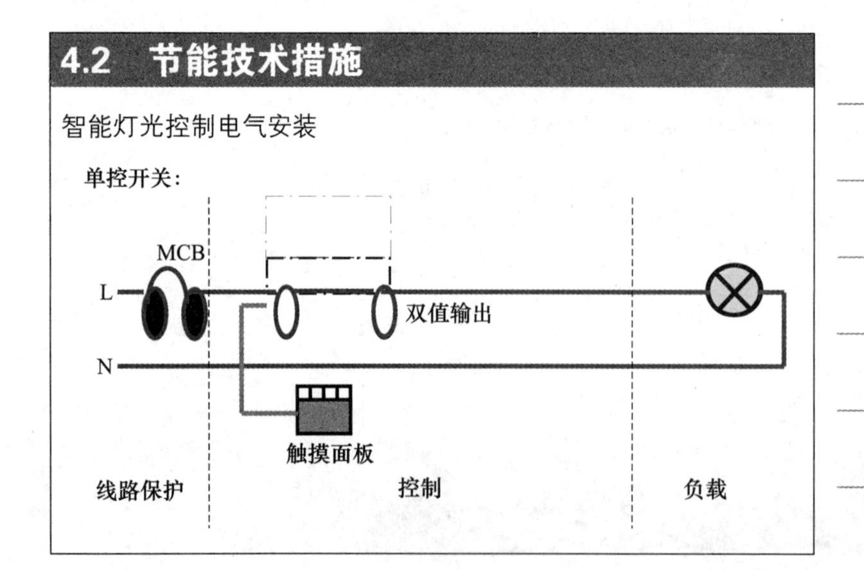
4.2 节能技术措施
智能灯光控制电气安装
单控开关：
MCB
L
双值输出
N
触摸面板
线路保护
控制
负载

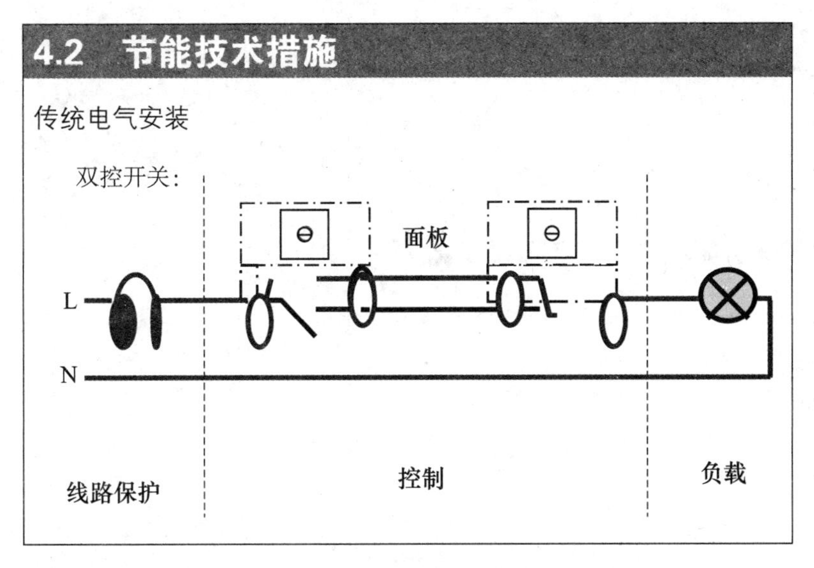
4.2　节能技术措施
传统电气安装
双控开关：
面板
L
N
线路保护
控制
负载

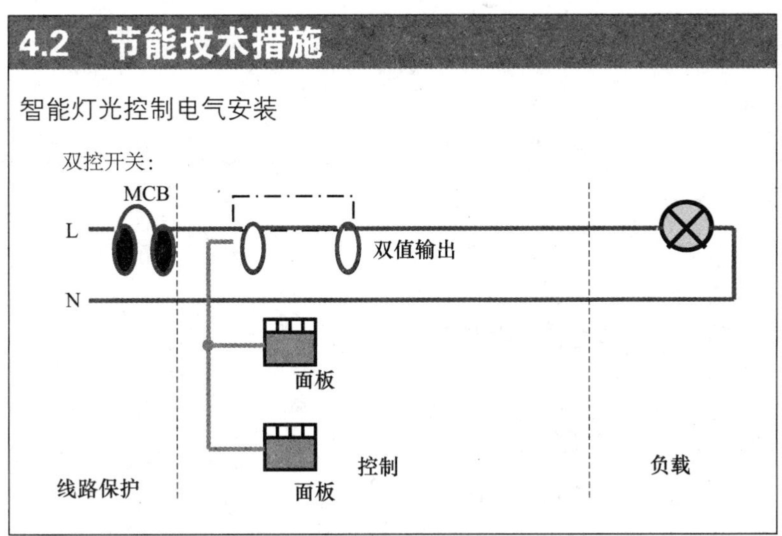
4.2　节能技术措施
智能灯光控制电气安装
双控开关：
MCB
L
N
双值输出
面板
面板
线路保护
控制
负载

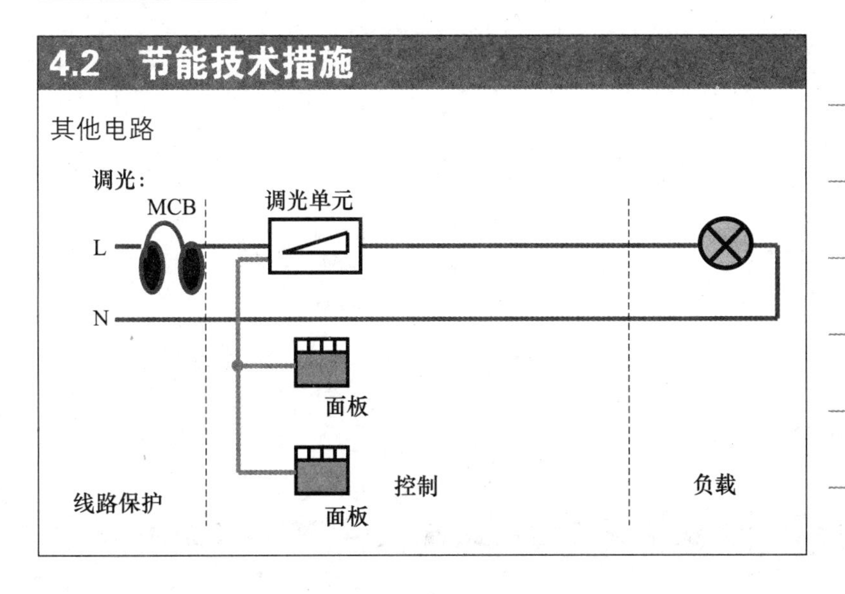
4.2　节能技术措施
其他电路
调光：
MCB
调光单元
L
N
面板
面板
线路保护
控制
负载

## 4.2 节能技术措施

智能灯光控制如何工作

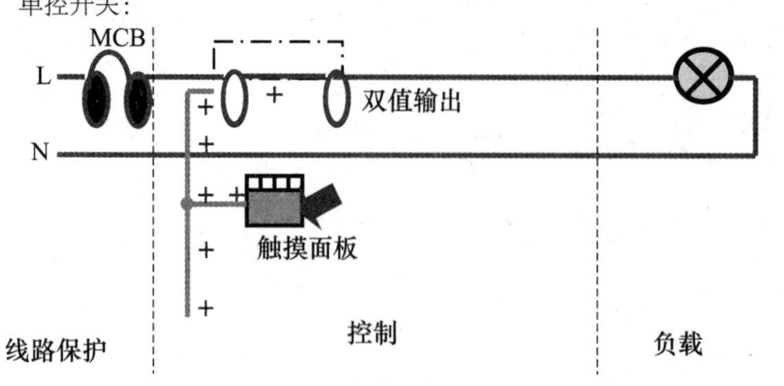


## 4.2 节能技术措施

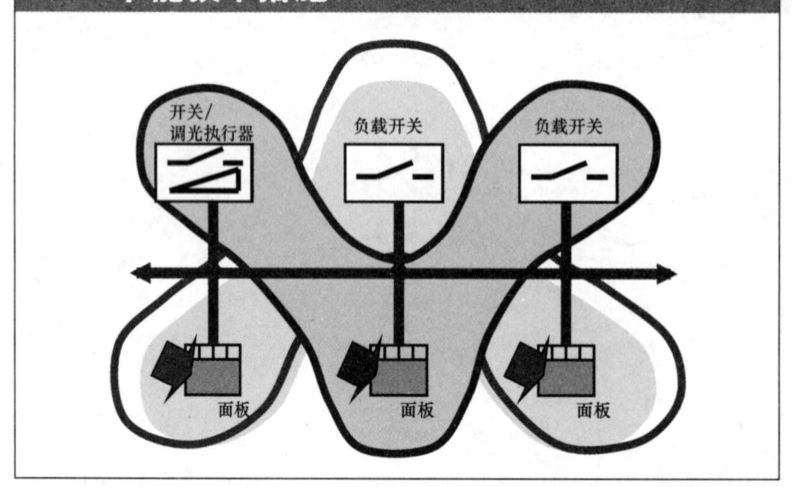


## 4.2 节能技术措施

智能灯光控制系统特点

- 分布式控制总线
- 开放式系统，易于扩展
- 两根线传送信号并同时提供电源
- 低能耗的总线装置
- 自由方式的拓扑结构
- 分布式总线存取

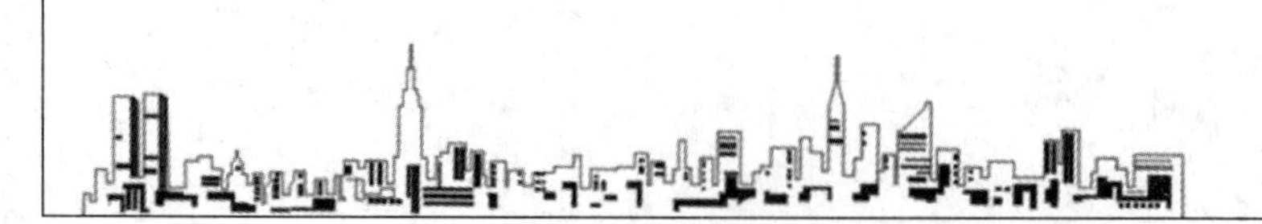

## 4.2 节能技术措施

灯光控制功能

- 总开、总关
- 调光
- 场景
- 恒照度和亮度控制
- 红外线移动感应灯光开关
- 定时控制
- 中央集中控制和远程控制
- 应急控制

## 4.2 节能技术措施

智能灯光控制系统控制内容

| 智能灯光控制系统实现功能 | 具体内容 | 应用场合 |
|---|---|---|
| 灯光开关控制功能 | 区域或整幢大楼灯光的总开总关，各区域灯光的单独控制，走道延时开关功能 | 所有使用该系统的场合 |
| 灯光调光控制功能 | 对白炽灯，卤素灯和日光灯调光 | 首层培训教室，灯光试验室 |
| 窗帘和投影幕控制功能 | 可控制百叶窗的升降和百页调角度 | 首层培训教室 |
| 时钟控制功能 | 定时开关泛光照明和启动场景 | 大厅，室外泛光和装饰照明 |
| 应急照明控制 | 应急情况开关量输入单元从应急照明箱强切继电器取通断信号 | 大厅 |
| 场景设置变换 | 可预设场景 | 首层培训教室，灯光试验室 |
| 红外移动感应功能 | 当人移动时，灯光自动点亮 | 灯光试验室 |

## 4.2 节能技术措施

智能灯光控制系统控制内容

| 音响控制功能 | 控制音响的开关 | 隔声试验室 |
|---|---|---|
| 光线感应功能 | 根据控制区域光线亮暗来自动开启、关闭灯具、调节照度 | 大厅 |
| 空间区域灯光分割控制 | 系统能根据实际空间的需要，当使用空间进行分割使用时，相应的灯光进行联动交换和分割控制 | 首层培训教室 |
| 面板控制功能 | 控制灯光的开关，调光，场景的调用和设置 | 所有使用该系统的场合 |
| 遥控操作 | 可通过手持红外遥控器对灯光进行远距离控制 | 大厅，首层培训教室，隔声实验室，灯光试验室，董事长办公室 |

## 4.2 节能技术措施

节能计划

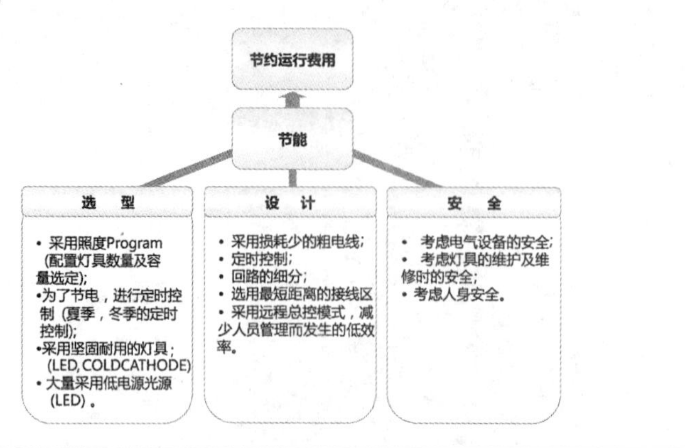


## 4.2 节能技术措施

建筑设备的电气节能

➢ 建筑设备主要包括：空调设备、给水排水设备及电动机、电梯以及门窗类等；
➢ 节能措施应根据建筑功能、系统类型、运行数据等通过技术经济比较确定；
➢ 监测、控制建筑设备挖掘潜能，提高节能效果；
➢ 合理选择电动机，减少能耗；
➢ 控制建筑门、窗，对自然光、室外冷热量的有效应用，实现节能效果；
➢ 合理选择电梯和控制方式。

## 4.2 节能技术措施

建筑设备监控系统

系统构成（不限于以下）：
冷源及制冷系统监控；
热源及热交换系统监控；
采暖通风及空气调节系统（环境检测系统）监控；
给水及排水系统监控；
供配电系统及应急电源系统监控；
公共照明系统监控；
电梯、自动扶梯和步道系统监控；
停车场（库）收费管理系统；
物业管理系统。

## 4.2　节能技术措施

系统构成及功能要求

- 集散分布式控制系统，“集中管理，分散控制”；
- 选用先进、成熟和实用的技术和设备，符合技术发展的方向，并容易扩展、维护和升级；
- 选择的第三方子系统或产品具备开放性和互操作性；
- 从硬件和软件两方面充分确定系统的可集成性；
- 采取必要的防范措施，确保系统和信息的安全性；
- 根据建筑功能、重要性等确定采取冗余、容错等技术；
- 根据监控功能设置监控点，且服务功能应与管理模式相适应；
- 具备系统自我诊断和故障报警功能；
- 当有建筑智能化集成要求，且主管部门允许时，提供与火灾自动报警及联动控制系统、安全防范系统和物业管理系统等的通信接口，构成建筑设备管理系统。

## 4.2　节能技术措施

系统架构及功能要求

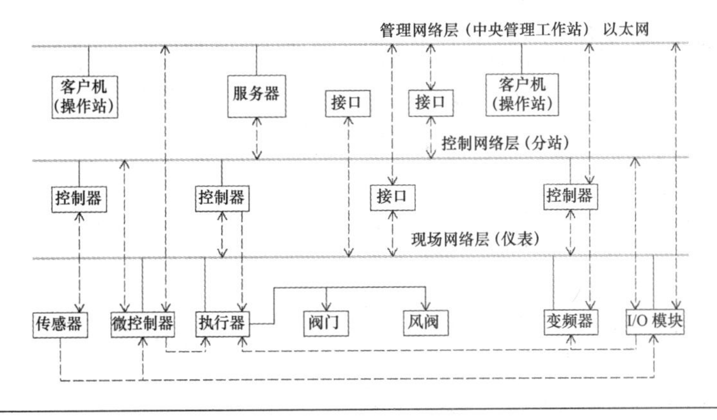


## 4.2　节能技术措施

系统架构

- 多层网络架构；
- 网络管理层应完成系统集中监控和各种系统的集成；
- 控制网络层应完成建筑设备的自动控制；
- 现场设备网络层应完成末端设备控制和现场仪表设备的信息采集和处理。

## 4.2 节能技术措施

系统架构

TCP/IP

DDC DDC DDC DDC

DDC DDC DDC DDC

## 4.2 节能技术措施

电力监控管理系统

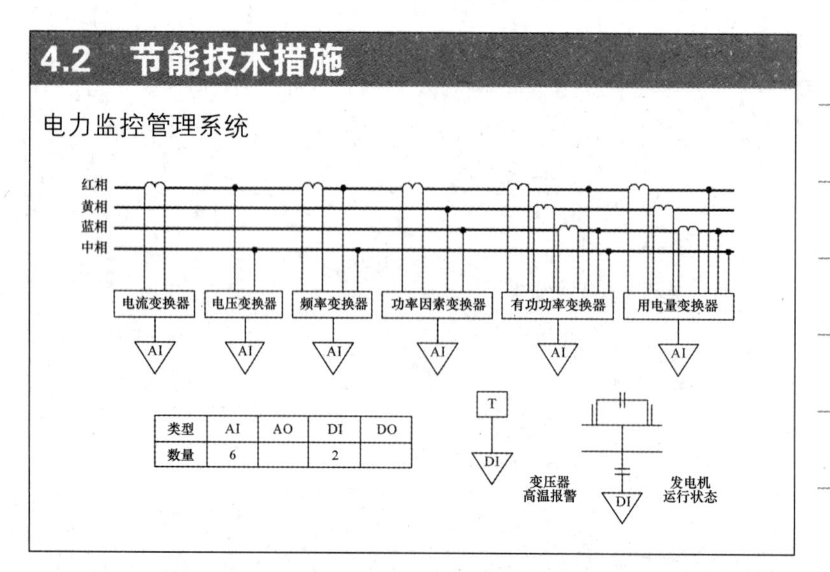


| 类型 | AI | AO | DI | DO |
|---|---|---|---|---|
| 数量 | 6 | | 2 | |

## 4.2 节能技术措施

典型系统架构

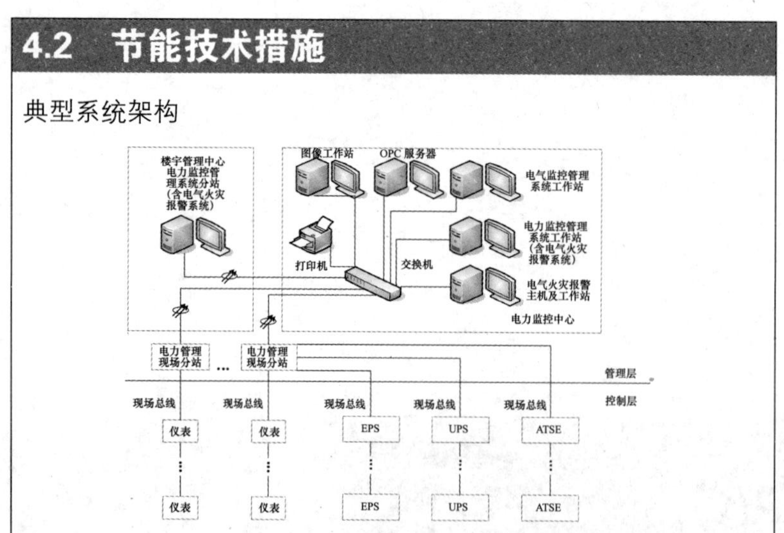

## 4.2　节能技术措施

### 计量与管理

- 计量装置的设置是为了有效进行能量计量、管理，并保证计量量值的准确、统一和计量装置运行的安全可靠。
- 计量装置的设置和管理包括计量方案的确定、计量器具的选用、订货验收、检定、检修、保管、安装、竣工验收、运行维护，现场检验、周期检定（轮换）、抽检、故障处理、报废的全过程管理，以及与能量计量有关的能量计费系统、远端集中抄表系统等相关内容 。

## 4.2　节能技术措施

物业及设施管理系统可以根据工程中的水、电、气，以及空调分室计量等的收费管理模式，在工程内建立自动计量管理体系。工程中办公人员可以通过工程办公系统，查询使用水、电、气，以及空调的收费数额，以及申请节假日提供空调、电梯、照明使用时间的等。

针对各能源分室计量使用后的收费管理方式，系统自动更新分室的能源各类费用，并自动建立能源账单日志提示管理者追踪各分室使用单位的收费机制。

## 4.2　节能技术措施

### 可再生能源利用

为了促进可再生能源的开发利用，增加能源供应，改善能源结构，保护环境，应做好可再生能源利用的工程设计，提高总体性价比。

# 4.3 节能文件编制

## 4.3 节能文件编制

项目基本情况介绍

- 项目名称
- 建设地点
- 项目性质
- 项目类型
- 建设规模

## 4.3 节能文件编制

项目能源消耗种类、数量及能源使用分布情况

- 电能源消耗数量
- 电能源使用分布情况
- 单项工程电能源消耗种类、来源及年消耗量

## 4.3 节能文件编制

节能措施及效果分析

- 电气节能设计与节能措施
- 电气能耗指标
- 电气节能效果分析

## 4.3 节能文件编制

节能计算书

- 变压器选型计算
- 功率因数计算
- 照明密度计算
- 电压损失计算
- 谐波相关计算
- 建筑电耗计算

## 4.4 节能注意事项

## 4.4 节能注意事项

- 应充分满足、完善建筑物功能要求的前提下实现节能
- 节能应考虑投资和回收成本
- 关注多个专业的工程设计与系统配置
- 节能是在细节上下功夫

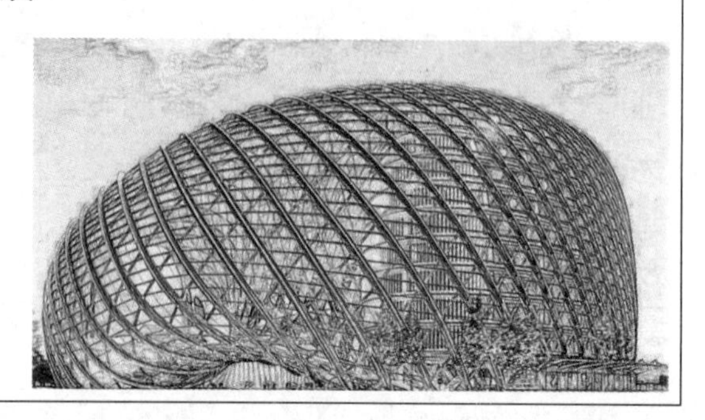

## 4.4 节能注意事项

设备选型

- 变压器选型
- 照明光源和灯具的选择
- 节能型电气设备的选择

## 4.4 节能注意事项

电气设备的控制

- 电机控制
- 照明控制
- 电热设备控制
- 计量及电气用能管理

## 4.4　节能注意事项

### 智能灯光控制系统

（1）合理配置智能灯光控制系统功能。
（2）系统根据区域的功能、不同时间的用途和室外光亮度自动控制照明。并可进行场景预设。
（3）正确选择智能照明常用控制方式。

一般有场景控制、集中控制、群组组合控制、定时控制、光感探头控制、就地控制、远程控制、图示化监控、应急处理、日程计划安排等。

## 4.4　节能注意事项

### 智能灯光控制系统

（4）智能照明系统应有 10% 以上冗余。
（5）应急照明应与消防系统联动，保安照明应与安防系统联动。
（6）联网系统具有标准的串行端口，可以容易地集成到 BA 系统的中央控制器，或与其他控制系统组网。
（7）传感器位置应避免误发出指令。
（8）控制器执行器位置的安装应考虑维护。
（9）调光的功率范围应与负载适配。

## 4.4　节能注意事项

### 智能灯光控制系统选型要求

**系统总体要求**

（1）控制系统是一个相对独立的子系统。
（2）公共区域照明主要以基于 EIB 总线通讯的智能照明控制系统。通过 EIB 总线组成的数字智能照明控制系统，来完成分散控制。
（3）控制系统协议应符合开放性总线标准，系统应具有适度的兼容性，不同品牌的元件在此协议下可以无缝兼容，以保障系统运行的稳定性和维护保养的便利性。
（4）系统采用集中、分散式控制模式，系统结构是分布总线式结构，系统内各智能模块不依赖于其他模块而能够独立工作，模块之间应是对等的分布关系。在系统总线完好无损状态下，系统的网络拓扑的任一节点的损坏，都不会影响到整个系统的正常运行；系统内任一模块的损坏不会影响到系统其他模块和功能的运行。

## 4.4 节能注意事项

智能灯光控制系统选型要求

**系统总体要求**

（5）系统可在线维护。系统维护方便。维修、更换或升级系统的元件时，整个系统仍能照常运行，而无需停止系统运行。

（6）系统具有强大的可扩展性，针对功能的增加或控制回路、电器的增加，只需增加挂接相应的模块，系统内原有的硬件、接线（即系统的网络拓扑）不用改动，便能达到要求。

（7）采用完全分布式集散控制系统，分区控制，分区模块化结构，场景组合控制功能由就地控制面板完成。

（8）本工程控制系统主要包括管理单元控制器（开闭模块等）、就地控制面板等设备。单元控制器采用现场总线连接；控制面板通过可编址控制总线接入单元控制器或直接就近接入单元控制器，控制面板与建筑装修相协调。

（9）基于可靠性方面的考虑，不宜采用带中央主机性质的控制元件。

## 4.4 节能注意事项

智能灯光控制系统选型要求

**系统硬件选型要求**

（1）所选择的硬件设备应完全符合本工程的使用、管理及环境要求，并充分考虑方便日常维修，可做到使用接插件方式进行检测或维护，零部件、易损部件容易拆卸、更换。

（2）硬件设备取得 CE 或 UL、CMC、CQC 等相关认证，优先选用高标准产品。硬件设备应该是成熟、可靠的产品。列举近 2 年不少于三个类似本工程的典型案例。

（3）电子元器件应能长期稳定、正常地工作，抗电磁干扰能力强，满足设备电磁兼容。

（4）硬件设备的防护等级应适应安装环境的要求，防止由于意外接触、沙尘和生物的侵害而造成设备故障，最低 IP20。

（5）系统内的元件应具备编程插口，便于在系统总线中任意点接入系统进行编程调试及维护。

## 结束语

- 节能是未来世界可持续发展的主题
- 电气节能设计应关注节能效果
- 电气节能技术需要不断总结
- 节能也是我们的社会责任

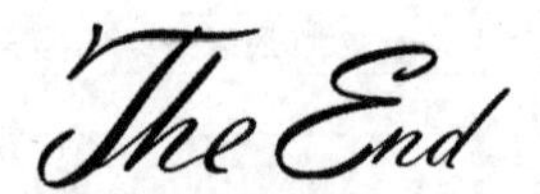

# 第五章

# 民用建筑防雷与接地设计

## Lightning Protection and Grounding Design of Civil Buildings

【摘要】雷电放电是由带电荷的雷云引起的，自然界的雷击分为直击雷和雷电感应高电压及雷电电磁脉冲辐射。雷电以强大的冲击电流、炽热的高温、猛烈的冲击波、强烈的电磁辐射损坏放电通道上的建筑物、输电线、室外设备，击死击伤人、畜造成局部财产和人、畜伤亡，雷电会使建筑物上的金属部件，如管道、钢筋、电源线、信号传输线、天馈线等感应出雷电高电压，通过这些线路进入室内的管道、电缆等引入室内造成放电，雷电会使雷电感应高电压及雷电电磁脉冲入侵概率大大提高，损坏相应的电子、电气设备，因此必须对其进行防范。

## 目录 CONTENTS



# 5.1 雷电基础知识

## 5.1 雷电基础知识

### 雷电

雷电是发生在因强对流天气而形成的雷雨云间和雷雨云与大地之间强烈瞬间放电现象。

### 雷电形成的三个条件

空气中有足够的水汽；有使潮湿水气强烈上升的气流；有使潮湿空气上升凝结成水珠或冰晶的气象、地理条件。

### 雷电的危害

自然界的雷击分为直击雷和雷电感应高电压及雷电电磁脉冲辐射（LEMP）两大类。

## 5.1　雷电基础知识

### 直击雷

闪电直接击在建筑物、其他物体、大地或防雷装置上，产生电效应、热效应和机械力者。

### 感应雷

静电感应：由于雷云作用，使附近导体上感应出与雷云符号相反的电荷，雷云主放电时，先导通道中电荷迅速中和，在导体上的感应电荷得到释放，如不就近泄入地中就会产生很高的电位。

电磁感应：由于雷电流迅速变化在其周围产生瞬变的强电磁场，使附近导体上感应出很高的电动势。

### 雷电波侵入

由于雷电对架空线路或金属管道的作用，雷电波可能沿着这些管线侵入屋内。

## 5.1　雷电基础知识

### 积雨云的形成

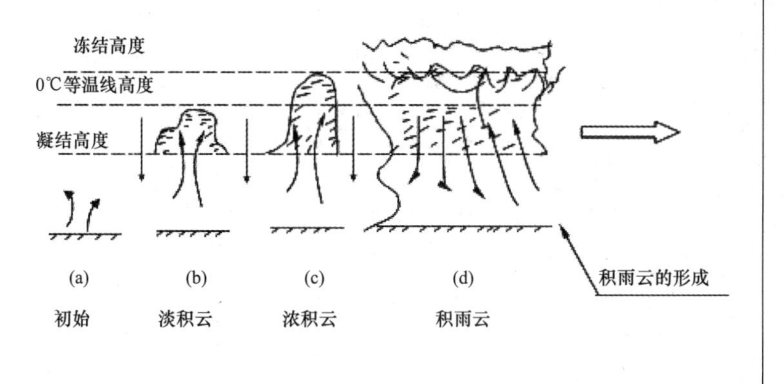


## 5.1　雷电基础知识

雷云带有大量电荷，由于静电感应作用，在雷云下方的地面或地面上的物体将带上与雷云相反极性的电荷。当雷云中的电荷逐渐聚积达到一定的电荷密度时，其表面附近的电场强度足够大，于是就开始发生局部放电。

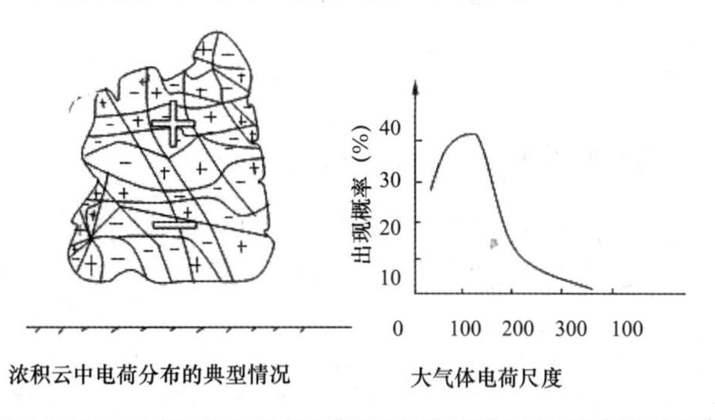


浓积云中电荷分布的典型情况　　大气体电荷尺度

## 5.1 雷电基础知识

大多数雷电放电是在雷云与雷云之间进行的，只有少数是对地进行的，相对于云间放电而言，对地放电对地面物体具有更大的危害性。

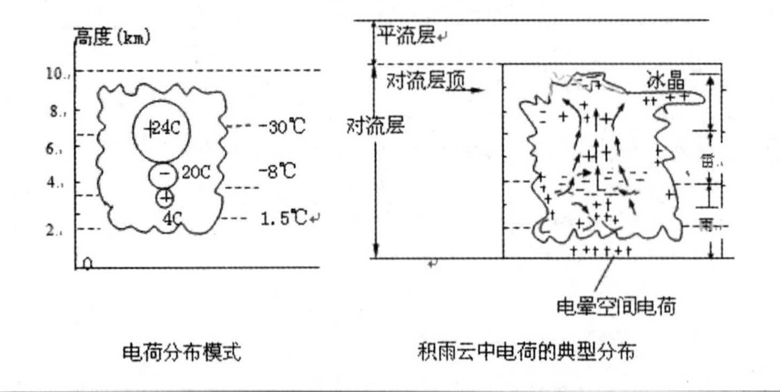


电荷分布模式　　积雨云中电荷的典型分布

## 5.1 雷电基础知识

放电开始时，微弱发光通道以 $10^7$ ~ $10^8$cm/s 的平均速度以断续脉冲形式向地面伸长，这一阶段称为先导放电。

当先导到达地面或与迎面先导会合后，就开始从地面向雷云发展的主放电阶段。在主放电阶段中，雷云与大地之间所聚焦的大量电荷发生强烈“中和”，放出能量，发出强烈的闪光和震耳的雷鸣。主放电持续时间约为 50 ~ 100μs。

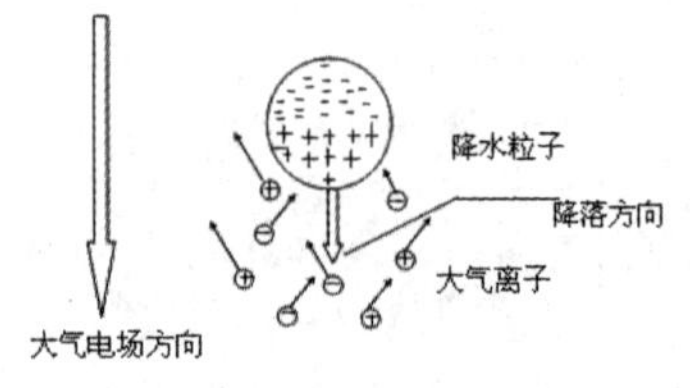


降水粒子选择捕俘大气离子的起电机制

## 5.1 雷电基础知识

在对地放电中，雷电的极性是指雷云下行到达大地的电荷极性，根据大量的实测统计，80% ~ 90%的雷电具有负极性。

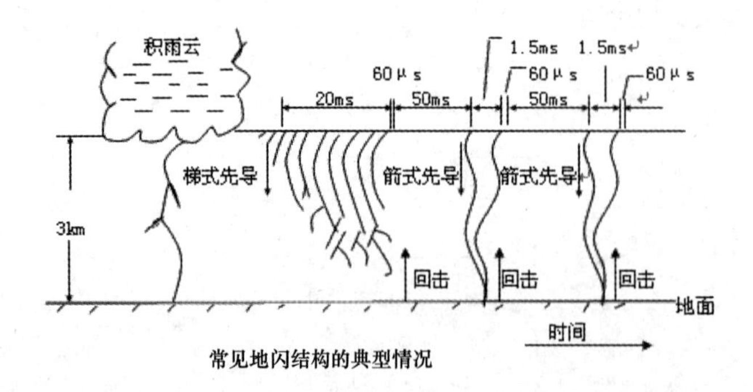


常见地闪结构的典型情况

## 5.1　雷电基础知识

开阔地带地闪的全过程

## 5.1　雷电基础知识

### 雷电危害

**直击雷：**当雷云通过线路或电气设备放电时，放电瞬间线路或电气设备将流过数十万安的巨大雷电流，此电流以光速向线路两端涌去，大量电荷将使线路发生很高的过电压，势必将绝缘薄弱处击穿而将雷电流导入大地，这种过电压为直击雷过电压。

直击雷电流（在短时间内以脉冲的形式通过）的峰值有几十千安，甚至上百千安。雷电流的峰值时间（从雷电流上升到1/2峰值开始，到下降到1/2峰值为止的时间间隔）通常有几微秒到几十微秒。

## 5.1　雷电基础知识

### 雷电危害

**感应过电压（静电感应）：**当线路或设备附近发生雷云放电时，虽然雷电流没有直接击中线路或设备，但在导线上会感应出大量的和雷云极性相反的束缚电荷，当雷云对大地上其他目标放电后，雷云中所带电荷迅速消失，导线上的感应电荷就会失去雷云电荷的束缚而成为自由电荷，并以光速向导线两端急速涌去，从而出现过电压。

一般由雷电引起局部地区感应过电压，在架空线路可达300 ~ 400kV，在低压架空线路上可达100kV，在通信线路上可达40 ~ 60kV。

## 5.1 雷电基础知识

### 雷电危害

**感应过电压（电磁感应）**：由于雷电流有极大的峰值和陡度，在它周围有强大的变化电磁场，处在此电磁场中的导体会感应出极大的电动势，使有气隙的导体之间放电，产生火花，引起火灾。

**球雷（即球状闪电）**：球雷常由建筑物的孔洞、烟囱或开着的门窗进入室内，有时也通过不接地的门窗铁丝网进入室内。最常见的是沿大树滚下进入建筑物并伴有嘶嘶声。球雷有时自然爆炸，有时遇到金属管线而爆炸。球雷遇到易燃物质（如木材、纸张、衣物、被褥等）则造成燃烧，遇到可爆炸的气体或液体则造成更大的爆炸。有的球雷会不留痕迹地无声消失，但大多数均伴有爆炸声且响声震耳。爆炸后偶尔有硫黄、臭氧或二氧化碳气味。球雷火球可辐射出大量的热能，因此它的烧伤力比破坏力要大。

## 5.1 雷电基础知识

### 雷电危害

**雷电波的侵入**：雷电波的侵入主要是直击雷或感应雷从输电线路、通信电缆、无线天线等金属的引入线引入建筑物内，发生闪击和雷击事故，危及人身安全或损坏设备。

由于直击雷在建筑物或建筑物附近入地，通过接地网入地时，接地网上会有数十千伏到数百千伏的高电位，这些高电位可以通过系统中的 N 线、保护接地线或通信系统的地线，以波的形式传入室内，沿着导线的传播方向扩大范围。

## 5.1 雷电基础知识

### 雷电流

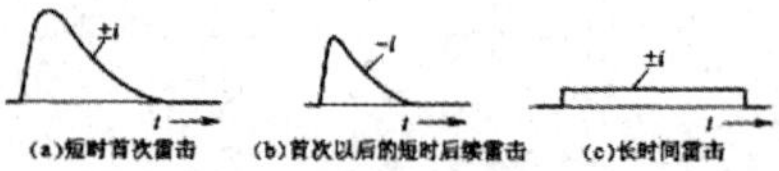

(a)短时首次雷击　(b)首次以后的短时后续雷击　(c)长时间雷击

闪电中可能出现的三种雷击

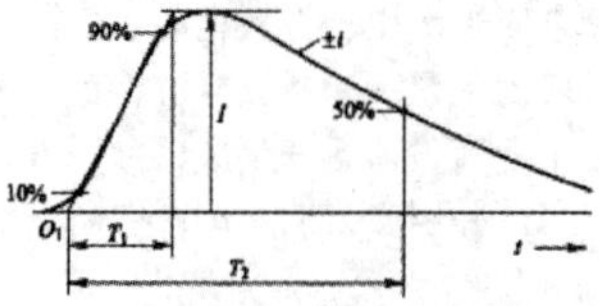

(a)短时雷击(典型值$T_2$<2ms)

$I$—峰值电流（幅值）；$T_1$—波头时间；$T_2$—半值时间

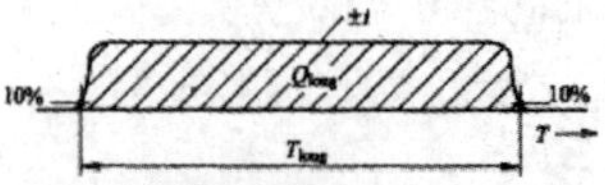

(b)长时间雷击(典型值2ms<$T_{long}$<1s)

$T_{long}$—波头及波尾幅值为峰值10%两点之间的时间间隔；

$Q_{long}$—长时间雷击的电荷量

雷击参数定义

## 5.1　雷电基础知识

**首次正极性雷击的雷电流参量**

| 雷电流参数 | 防雷建筑物类别 | | |
|---|---|---|---|
| | 一类 | 二类 | 三类 |
| 幅值 $I$（kA） | 200 | 150 | 100 |
| 波头时间 $T_1$（μs） | 10 | 10 | 10 |
| 半值时间 $T_2$（μs） | 350 | 350 | 350 |
| 电荷量 $Q_s$（C） | 100 | 75 | 50 |
| 单位能量 $W/R$（MJ/Ω） | 10 | 5.6 | 2.5 |

**首次负极性以后雷击的雷电流参量**

| 雷电流参数 | 防雷建筑物类别 | | |
|---|---|---|---|
| | 一类 | 二类 | 三类 |
| 幅值 $I$（kA） | 50 | 37.5 | 25 |
| 波头时间 $T_1$（μs） | 0.25 | 0.25 | 0.25 |
| 半值时间 $T_2$（μs） | 100 | 100 | 100 |
| 平均陡度 $I/T_1$（kA/μs） | 200 | 150 | 100 |

**首次负极性雷击的雷电流参量**

| 雷电流参数 | 防雷建筑物类别 | | |
|---|---|---|---|
| | 一类 | 二类 | 三类 |
| 幅值 $I$（kA） | 100 | 75 | 50 |
| 波头时间 $T_1$（μs） | 1 | 1 | 1 |
| 半值时间 $T_2$（μs） | 200 | 200 | 200 |
| 平均陡度 $I/T_1$（kA/μs） | 100 | 75 | 50 |

注：本波形仅供计算用，不供作试验用。

**长时间雷击的雷电流参量**

| 雷电流参数 | 防雷建筑物类别 | | |
|---|---|---|---|
| | 一类 | 二类 | 三类 |
| 电荷量 $Q_1$（C） | 200 | 150 | 100 |
| 时间 $T$（s） | 0.5 | 0.5 | 0.5 |

注：平均电流 $I \approx Q_1/T$。

## 5.1　雷电基础知识

### 易遭雷击的地点

- 土壤电阻率较小的地方，如有金属矿床的地区、河岸、地下水出口处、湖沼、低洼地区和地下水位高的地方；
- 山坡与稻田接壤处；
- 具有不同电阻率土壤的交界地段。

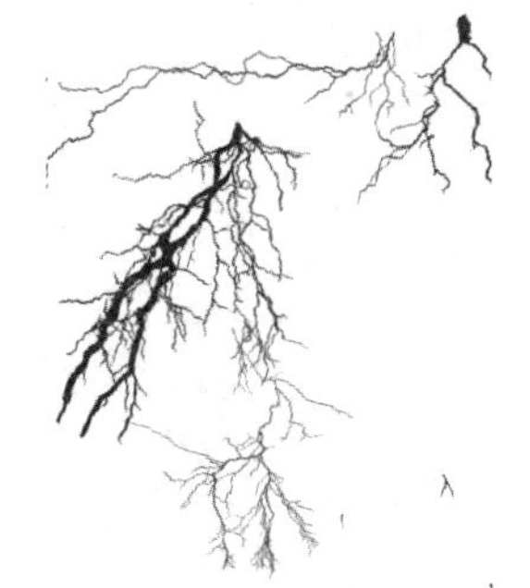

## 5.1　雷电基础知识

### 易遭受雷击的建（构）筑物

- 高耸突出的建筑物，如水塔、电视塔、高楼等；
- 排出导电尘埃、废气热气柱的厂房、管道等；
- 内部有大量金属设备的厂房；
- 地下水位高或有金属矿床等地区的建（构）筑物；
- 孤立、突出在旷野的建（构）筑物。

## 5.1 雷电基础知识

### 同一建（构）筑物易遭受雷击的部位

- 平屋面和坡度≤ 1/10 的屋面，檐角、女儿墙和屋檐；
- 坡屋度 > 1/10 且 < 1/2 的屋面；屋角、屋脊、檐角和屋檐；
- 坡度 > 1/2 的屋面、屋角、屋脊和檐角；
- 建（构）筑物屋面突出部位，如烟囱、管道、广告牌等。

## 5.1 雷电基础知识

### 根据雷击点位置划分的损害来源

### 损害类型

- D1：接触和跨步电压导致的人员伤亡（人和牲畜）；
- D2：实体损害；
- D3：过电压导致的电气和电子系统的失效。

### 损失类型

- L1：生命损失；
- L2：向大众服务的公共设施的损失；
- L3：文化遗产损失；
- L4：经济损失。

## 5.1 雷电基础知识

**雷击类型、损害和损失类型**

| 雷击点 | 损害来源 | 建筑物 | | 公共设施 | |
|---|---|---|---|---|---|
| | | 损害类型 | 损失类型 | 损害类型 | 损失类型 |
| | S1 | D1<br>D2<br>D3 | L1，L4b<br>L1，L2，L3，L4<br>L1，L2，L4 | D2<br>D3 | |
| | S2 | D3 | L1a，L2，L4 | | |
| | S3 | D1<br>D2<br>D3 | L1，L4a<br>L1，L2，L3，L4<br>L1a，L2，L4 | D2<br>D3 | L2，L4<br>L2，L4 |
| | S4 | D3 | L1a，L2，L4 | D3 | L2，L4 |

## 5.1　雷电基础知识

雷击损害源与建筑物雷电防护区关系

| | |
|---|---|
| 1 建筑物（LPZ1 的屏蔽体） | S1 雷击建筑物 |
| 2 接闪器 | S2 雷击建筑物附近 |
| 3 引下线 | S3 雷击连接到建筑物的服务设施 |
| 4 接地体 | S4 雷击连接到建筑物的服务设施附近 |
| 5 房间（LPZ2 的屏蔽体） | $r$ 滚球半径 |
| 6 连接到建筑物的服务设施 | $d_s$ 防过高磁场的安全距离 |
| 7 建筑物屋顶电气设备 | |
| ▽ 地面 | ○ 用 SPD 进行的等电位连接 |

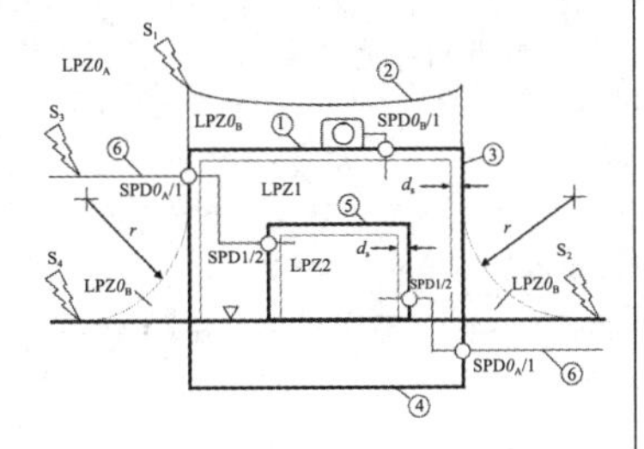


## 5.1　雷电基础知识

雷击点的过电压一般表达为：

$$U_{\mathrm{d}} = iR_{\mathrm{ch}} + L\frac{di}{dt}$$

式中　$U_{\mathrm{d}}$——直击雷冲击过电压，kV；

$i$——雷电流，kA；

$R_{\mathrm{ch}}$——防雷装置的冲击接地电阻，Ω；

$\frac{di}{dt}$——雷电流的陡度，kA/μs；

$L$——雷电流通路的电感，μH。

雷电流有两部分组成，前一部分取决于雷电流的大小，后一部分取决于雷电流的陡度。

## 5.2　建筑物防雷

## 5.2 建筑物防雷

防雷设计的基本原则

- 建筑物防雷设计应按国家标准《建筑物防雷设计规范》GB 50057 的要求，根据建筑物的重要性、使用性质和发生雷击的可能性及后果，确定建筑物的防雷分类。建筑物电子信息系统应按《建筑物电子信息系统防雷技术规范》GB 50343 的要求，确定雷电防护等级。
- 建筑物防雷设计，应认真根据地质、地貌、气象、环境等条件和雷电活动规律以及被保护物的特点等，因地制宜采取防雷措施，对所采用的防雷装置应作技术经济比较，使其符合建筑形式和其内部存放设备和物质的性质，做到安全可靠、技术先进、经济合理以及施工维护方便。

## 5.2 建筑物防雷

防雷设计的基本原则

- 在大量使用信息设备的建筑物内，防雷设计应充分考虑接闪功能、分流影响、等电位联结，屏蔽作用、合理布线、接地措施等重要因素。
- 建筑物防雷设计时宜明确建筑物防雷分类和保护措施及相应的防雷做法，使建筑物防雷与建筑的形式和艺术造型相协调，避免对建筑物外观形象的破坏，影响建筑物美观。
- 装有防雷装置的建筑物，在防雷装置与其他设施和建筑物内人员无法隔离的情况下，应采取等电位联结。

## 5.2 建筑物防雷

防雷设计的基本原则

- 在防雷设计时，建筑物应根据其建筑及结构形式与有关专业配合，充分利用建筑物金属结构及钢筋混凝土结构中的钢筋等导体作为防雷装置。
- 民用建筑中无第一类防雷建筑物；建筑物应根据其使用性质，发生雷击事故的可能性和后果划分为第二类及第三类防雷建筑物。
- 第二、三类防雷建筑物应采取防直击雷、防侧击雷和防雷电波侵入的措施。

## 5.2　建筑物防雷

第二类防雷建筑物

- 国家级重点文物保护的建筑物。
- 国家级的会堂、办公建筑物、大型展览和博览建筑物、大型火车站和飞机场、国宾馆，国家级档案馆、大型城市的重要给水泵房等特别重要的建筑物。
  注：飞机场不含停放飞机的露天场所和跑道。
- 国家级计算中心、国际通信枢纽等对国民经济有重要意义的建筑物。
- 国家特级和甲级大型体育馆。
- 制造、使用或贮存火炸药及其制品的危险建筑物，且电火花不易引起爆炸或不致造成巨大破坏和人身伤亡者。

## 5.2　建筑物防雷

第二类防雷建筑物

- 具有 1 区或 21 区爆炸危险场所的建筑物，且电火花不易引起爆炸或不致造成巨大破坏和人身伤亡者。
- 具有 2 区或 22 区爆炸危险场所的建筑物。
- 有爆炸危险的露天钢质封闭气罐。
- 预计雷击次数大于 0.05 次 / a 的部、省级办公建筑物和其他重要或人员密集的公共建筑物以及火灾危险场所。
- 预计雷击次数大于 0.25 次 / a 的住宅、办公楼等一般性民用建筑物或一般性工业建筑物。

## 5.2　建筑物防雷

第三类防雷建筑物

- 省级重点文物保护的建筑物及省级档案馆。
- 预计雷击次数大于或等于 0.01 次 /a，且小于或等于 0.05 次 /a 的部、省级办公建筑物和其他重要或人员密集的公共建筑物，以及火灾危险场所。
- 预计雷击次数大于或等于 0.05 次 /a，且小于或等于 0.25 次 /a 的住宅、办公楼等一般性民用建筑物或一般性工业建筑物。
- 在平均雷暴日大于 15d/a 的地区，高度在 15m 及以上的烟囱、水塔等孤立的高耸建筑物；在平均雷暴日小于或等于 15d/a 的地区，高度在 20m 及以上的烟囱、水塔等孤立的高耸建筑物。

## 5.2 建筑物防雷

### 建筑物防雷装置的组成

- 外部防雷装置：由接闪器、引下线和接地装置组成。
- 内部防雷装置：由防雷等电位连接和与外部防雷装置的间隔距离组成。

### 外部防雷装置的设置

- 接闪器的设置：进行预计年雷击次数计算，应用滚球法确定需要设置外部防雷装置的部位。

## 5.2 建筑物防雷

当防雷建筑物中兼有第二、三类防雷建筑物时，防雷分类和防雷措施宜符合下列规定：

（1）当第一类防雷建筑物部分的面积占建筑物总面积的30%以下，第二类防雷建筑物部分的面积占建筑物总面积的30%及以上时，或当这两部分防雷建筑物的面积均小于建筑物总面积的30%，但其面积之和又大于30%时，该建筑物宜确定为第二类防雷建筑物。但对第一类防雷建筑物部分的防雷电感应和防雷电波侵入，应采取第一类防雷建筑物的保护措施。

（2）当第一、二类防雷建筑物部分的面积之和小于建筑物总面积的30%，不可能遭直接雷击时，该建筑物可确定为第三类防雷建筑物；但对第一、二类防雷建筑物部分的防雷电感应和防雷电波侵入，应采取各自类别的保护措施，当可能遭直接雷击时，宜按各自类别采取防雷措施。

## 5.2 建筑物防雷

（3）首先应沿屋顶周边敷设接闪带。

（4）接闪带应设在外墙外表面或屋檐边垂直线上或其外。

（5）当位于女儿墙以内的屋顶上的防水和混凝土层允许不保护时，宜利用屋顶钢筋网作为接闪器。

（6）除第一类防雷建筑物外，金属屋面的建筑物宜利用其屋面作为接闪器，其厚度应该符合规范要求并应注意：板的连接应是持久的电气贯通，金属板上无绝缘被覆层。

（7）施工方法可采用铜锌合金焊、熔焊、卷边压接、缝接、螺钉或螺栓连接。

（8）外部金属物，如金属覆盖物、金属幕墙，当其最小尺寸符合防雷规范关于接闪器材质、厚度等规定时，可利用其作为接闪器，还可利用布置在建筑物垂直边缘处的外部引下线作为接闪器。

## 5.2　建筑物防雷

➢ **防雷引下线的设置：**

（1）考虑到建筑物外形的多变和差异，引下线的设置要考虑不同情况：引下线应沿建筑物四周和内庭院四周均匀对称布置。

（2）当建筑物的跨度较大，无法在跨距中间设引下线时，应在跨距两端设引下线并减少其他引下线之间的跨距，引下线平均间距不大于《建筑物防雷设计规范》GB50057 的规定。

（3）建筑底层扩大或缩小时，此种情况下若利用建筑物自身金属体作引下线，引下线会延伸至建筑物内，在建筑物楼板内钢筋与引下线多点作等电位连接的情况下，接触电压及跨步电压的影响极小。但此时要考虑引下线附近的电磁环境对敏感电子设备的影响。

## 5.2　建筑物防雷

➢ **外部防雷装置的接地：**

（1）外部防雷装置的接地应和防雷电感应、内部防雷装置、电气和电子系统等接地共用接地装置，并应与引入建筑物的金属管线做等电位连接。

（2）外部防雷装置的专设接地装置宜围绕建筑物敷设成环形接地极。人工接地体在土壤中的埋设深度不应小于 0.5 m，并宜敷设在当地冻土层以下，其距墙或基础不宜小于 1 m。

（3）当基础采用硅酸盐水泥和周围土壤的含水量不低于 4% 及基础的外表面无防腐层或有沥青质防腐层时，宜利用基础内的钢筋作为接地装置。

## 5.2　建筑物防雷

**利用基础内的钢筋作为接地装置方法为：**

桩基：利用桩基础内主筋作为垂直接地体，利用承台内主筋作为水平接地体。桩内主筋至少两根分别与承台上下层主筋相连，宜采用焊接，当土建要求不允许焊接时，可采用螺栓紧固的卡夹器连接。构造柱内做防雷引下线的主筋应分别与桩基础内主筋、承台上下层配筋，地梁内主筋做电气贯通。（桩基利用系数不应小于 0.25）

板式或箱型基础：利用做引下线的构造柱内或墙内主筋（至少 2 根）应分别与底板内上下层内主筋电气贯通。（所有做引下线的构造柱均应做连接）

## 5.2 建筑物防雷

宜利用建筑物底板内靠外圈的2根直径不小于10mm的圆钢作为环形接地连接线，环形接地连接线必须与所有经过的做防雷引下线的构造柱相连。

钢柱型钢筋混凝土基础：每个基础通过地脚螺栓与钢筋混凝土基础内的钢筋网相连，钢柱就位后将螺母与钢柱、地脚螺栓焊接在一起，当不能利用地脚螺栓时，应从基础钢筋网上焊接出连接导体（直径不小于10mm的镀锌圆钢）并在钢柱就位后焊接到钢柱底板上。

## 5.2 建筑物防雷

当基础的外表面有其他类的防腐层且无桩基可利用时，宜在基础防腐层之外敷设人工接地体。

人工接地体的敷设方法为：在室外地坪1m以下处，从防雷引下线上预留出接地连接线，通过接地连接线将护坡桩连通并与建筑物基础钢筋相连，当实测电阻值达不到要求时，应增设人工接地极。人工接地极宜在建筑物1m之外四周埋设成闭合环形，并通过接地连接线与建筑物基础内钢筋相连。接地连接线破坏防水层处应采用加防水膏等补救措施。

## 5.2 建筑物防雷

➢ 利用基础内钢筋接地时对其表面积的要求：

当基础采用硅酸盐水泥、周围土壤的含水量不小于4.5%，基础的外表面无防腐层或有沥青防腐层时，宜利用基础内的钢筋做接地装置。

利用基础内钢筋网做接地体时，在周围地面0.5m以下，每根引下线所连接的钢筋表面积总和应按下式计算：

$$S \geqslant 4.24K_C^2$$（二类防雷建筑）

$$S \geqslant 1.89K_C^2$$（三类防雷建筑）

式中：$S$—— 钢筋表面积总和（$m^2$）。

$K_C$—— 分流系数。

## 5.2　建筑物防雷

### 防侧击措施

➢ 第二类防雷建筑当建筑物高度大于 45m 时，应防侧击措施

（1）建筑物内钢构架和钢筋混凝土的钢筋应相互连接；

（2）应利用钢柱或钢筋混凝土柱子内钢筋作为防雷装置引下线。结构圈梁中的钢筋应每三层连成闭合环路，并应同防雷装置引下线连接；

（3）应将 45m 及以上外墙上的栏杆、门窗等较大金属物直接或通过预埋件与防雷装置相连，水平突出的墙体应设置接闪器并与防雷装置相连；

（4）垂直敷设的金属管道及类似金属物应在顶端和底端与防雷装置连接。

➢ 第三类防雷建筑物当建筑物高度超过 60m 时应采取防侧击措施

（1）建筑物内钢构架和钢筋混凝土中的钢筋及金属管道等的连接措施；

（2）应将 60m 及以上外墙上的栏杆、门窗等较大的金属物直接或通过预埋件与防雷装置相连。

## 5.2　建筑物防雷

### 其他防雷措施

➢ 建筑物的防雷类别采取相应的防止雷电波侵入的措施，在建筑物室外安装的电气设备安装应符合下列规定：

（1）金属外壳或保护网罩的用电设备应处在接闪器的保护范围内。

（2）从配电箱引出的配电线路应穿钢管。钢管的一端应与配电箱和 PE 线相连；另一端应与用电设备外壳、保护罩相连，并应就近与屋顶防雷装置相连。当钢管因连接设备而中间断开时应设跨接线。

（3）在配电箱内应在开关的电源侧装设电涌保护器，其 $U_p$ 应不大于 2.5kV，$I_n$ 值应根据具体情况确定。

➢ 对于古建筑物防雷设计要考虑对其外观的影响，在正面敷设引下线有困难时，可在仅在两侧敷设，而增加在背面引下线的数量以达到较好的分流效果。

## 5.2　建筑物防雷

防雷装置的材料及使用条件

| 材料 | 使用于大气中 | 使用于地中 | 使用于混凝土中 | 耐腐蚀情况 | | |
|---|---|---|---|---|---|---|
| | | | | 在下列环境中能耐腐蚀 | 在下列环境中增加腐蚀 | 与下列材料接触形成直流电耦合可能受到严重腐蚀 |
| 铜 | 单根导体，绞线 | 单根导体，有镀层的绞线，铜管 | 单根导体，有镀层的绞线 | 在许多环境中良好 | 硫化物有机材料 | — |
| 热浸镀锌钢 | 单根导体，绞线 | 单根导体，钢管 | 单根导体，绞线 | 敷设于大气、混凝土和无腐蚀性的一般土壤中受到的腐蚀是可接受的 | 高氯化物含量 | 铜 |
| 电镀铜钢 | 单根导体 | 单根导体 | 单根导体 | 在许多环境中良好 | 硫化物 | — |
| 不锈钢 | 单根导体，绞线 | 单根导体，绞线 | 单根导体，绞线 | 在许多环境中良好 | 高氯化物含量 | — |
| 铝 | 单根导体，绞线 | 不适合 | 不适合 | 在含有低浓度硫和氯化物的大气中良好 | 碱性溶液 | 铜 |
| 铅 | 有镀铅层的单根导体 | 禁止 | 不适合 | 在含有高浓度硫酸化合物的大气中良好 | — | 铜、不锈钢 |

## 5.2 建筑物防雷

### 防雷装置各连接部件的最小截面

| 等电位连接部件 | | | 材料 | 截面 ($mm^2$) |
|---|---|---|---|---|
| 等电位连接带（铜、外表面镀铜的钢或热浸镀锌钢） | | | Cu(铜)、Fe(铁) | 50 |
| 从等电位连接带至接地装置或各等电位连接带之间的连接导体 | | | Cu(铜) | 16 |
| | | | Al(铝) | 25 |
| | | | Fe(铁) | 50 |
| 从屋内金属装置至等电位连接带的连接导体 | | | Cu(铜) | 6 |
| | | | Al(铝) | 10 |
| | | | Fe(铁) | 16 |
| 连接电涌保护器的导体 | 电气系统 | Ⅰ级试验的电涌保护器 | Cu(铜) | 6 |
| | | Ⅱ级试验的电涌保护器 | | 2.5 |
| | | Ⅲ级试验的电涌保护器 | | 1.5 |
| | 电子系统 | D1 类电涌保护器 | | 1.2 |
| | | 其他类的电涌保护器 | | 连接导体的截面可小于 $1.2mm^2$、根据具体情况确定 |

## 5.2 建筑物防雷

### 接闪线（带）、接闪杆和引下线的材料、结构与最小截面

| 材料 | 结构 | 最小截面 ($mm^2$) | 备注⑩ |
|---|---|---|---|
| 铜，镀锡铜① | 单根扁铜 | 50 | 厚度 2 mm |
| | 单根圆铜⑦ | 50 | 直径 8 mm |
| | 铜绞线 | 50 | 每股线直径 1.7mm |
| | 单根圆铜③④ | 176 | 直径 15 mm |
| 铝 | 单根扁铝 | 70 | 厚度 3mm |
| | 单根圆铝 | 50 | 直径 8mm |
| | 铝绞线 | 50 | 每股线直径 1.7mm |
| 铝合金 | 单根扁形导体 | 50 | 厚度 2.5mm |
| | 单根圆形导体③ | 50 | 直径 8mm |
| | 绞线 | 50 | 每股线直径 1.7mm |
| | 单根圆形导体 | 176 | 直径 15 mm |
| | 外表面镀铜的单根圆形导体 | 50 | 直径 8mm，径向镀铜厚度至少 70μm，铜纯度 99.9% |
| 热浸镀锌钢 | 单根扁钢 | 50 | 厚度 2.5mm |
| | 单根圆钢⑨ | 50 | 直径 8mm |
| | 绞线 | 50 | 每股线直径 1.7mm |
| | 单根圆钢③④ | 176 | 直径 15 mm |
| 不锈钢⑤ | 单根扁钢⑥ | 50⑧ | 厚度 2mm |
| | 单根圆钢⑥ | 50⑧ | 直径 8mm |
| | 绞线 | 70 | 每股线直径 1.7mm |
| | 单根圆钢③④ | 176 | 直径 15 mm |
| 外表面镀铜的钢 | 单根圆钢（直径 8mm） | 50 | 镀铜厚度至少 70μm，铜纯度 99.9% |
| | 单根扁钢（厚 2.5mm） | | |

注：

①热浸或电镀锡的锡层最小厚度为 1μm;

②镀锌层宜光滑连贯、无焊剂斑点，镀锌层圆钢至少 $22.7g/m^2$、扁钢至少 $32.4g/m^2$;

③仅应用于接闪杆。当应用于机械应力没达到临界值之处，可采用直径 10 mm、最长 1 m 的接闪杆，并增加固定;

④仅应用于入地之处;

⑤不锈钢中，铬的含量等于或大于 16 %，镍的含量等于或大于 8 %，碳的含量等于或小于 0 .08%;

⑥对埋于混凝土中以及与可燃材料直接接触的不锈钢，其最小尺寸宜增大至直径 10 mm 的 $78mm^2$（单根圆钢）和最小厚度 3mm 的 $75mm^2$（单根扁钢）;

⑦在机械强度没有重要要求之处，$50mm^2$（直径 8mm）可减为 $28mm^2$(直径 6mm)。并应减小固定支架间的间距

⑧当温升和机械受力是重点考虑之处，$50mm^2$ 加大至 $75mm^2$;

⑨避免在单位能量 10 MJ/Ω 下熔化的最小截面是铜为 $16mm^2$、铝为 $25mm^2$、钢为 $50mm^2$、不锈钢为 $50mm^2$。

⑩截面积允许误差为 −3%。

## 5.2 建筑物防雷

### 接地体的材料、结构和最小尺寸

| 材料 | 结构 | 最小尺寸 | | | 备注 |
|---|---|---|---|---|---|
| | | 垂直接地体直径 (mm) | 水平接地体 ($mm^2$) | 接地板 (mm) | |
| 铜、镀锡铜 | 铜绞线 | – | 50 | – | 每股直径 1.7mm |
| | 单根圆铜 | 15 | 50 | – | – |
| | 单根扁铜 | – | 50 | – | 厚度 2mm |
| | 铜管 | 25 | – | – | 壁厚 2mm |
| | 整块铜板 | – | – | 500×500 | 厚度 2mm |
| | 网格铜板 | – | – | 600×600 | 各网格边截面 25mm×2mm，网格网边总长度不少于 4.8m |
| 热镀锌钢 | 圆钢 | 14 | 78 | – | – |
| | 钢管 | 20 | – | – | 壁厚 2mm |
| | 扁钢 | – | 90 | – | 厚度 3mm |
| | 钢板 | – | – | 500×500 | 厚度 3mm |
| | 网格钢板 | – | – | 600×600 | 各网格边截面 30mm×3mm，网格网边总长度不少于 4.8m |
| | 型钢 | | – | – | – |
| 裸钢 | 钢绞线 | – | 70 | – | 每股直径 1.7mm |
| | 圆钢 | – | 78 | – | – |
| | 扁钢 | – | 75 | – | 厚度 3mm |
| 外表面镀铜的钢 | 圆钢 | 14 | 50 | – | 镀铜厚度至少 250μm，铜纯度 99.9% |
| | 扁钢 | – | 90（厚） | – | |
| 不锈钢 | 圆形导体 | 15 | 78 | – | – |
| | 扁形导体 | – | 100 | – | 厚度 2mm |

## 5.2　建筑物防雷

### 雷电防护分区

$LPZ0_A$ 区：本区内的各物体都可能遭到直接雷击和导走全部雷电流，本区内的电磁场强度没有衰减。

$LPZ0_B$ 区：本区内的各物体不可能遭到大于所选滚球半径对应的雷电流直接雷击，但本区内的电磁场强度没有衰减。

$LPZ_1$ 区：本区内的各物体不可能遭到直接雷击，流经各导体的电流比 LPZ0B 区更小，本区内的电磁场强度可能衰减，这取决于屏蔽措施。

$LPZ_{n+1}$ 后续防雷区：当需要进一步减小流入的电流和电磁场强度时，应增设后续防雷区，并按照需要保护的对象所要求的环境区选择后续防雷区的要求条件。

注：$n$=1、2……。

## 5.2　建筑物防雷

### 电涌保护器 (SPD) 的选用原则

在 $LPZ0_A$ 与 LPZ1 区的界面处做等电位连接用的接线夹和电涌保护器，应估算通过它们的分流值。

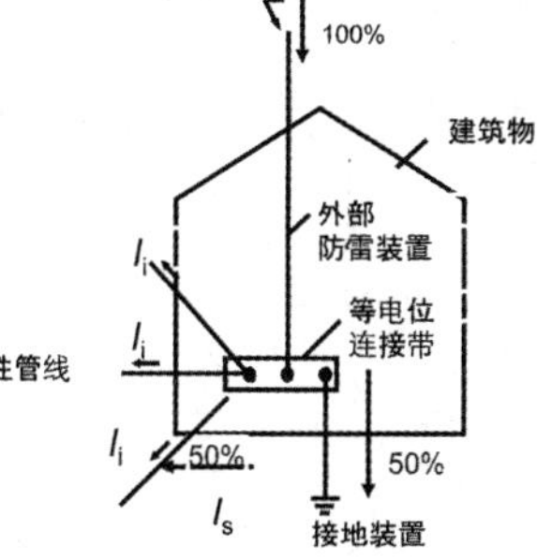


进入建筑物的各种设施之间的雷电流分配

## 5.2　建筑物防雷

220V/380V 三相配电系统的各种设备绝缘耐冲击过电压 $U_w$ 额定值

| 设备位置 | 电源处的设备 | 配电线路和最后分支线路的设备 | 用电设备 | 特殊需要保护的设备 |
|---|---|---|---|---|
| 耐冲击过电压类别 | Ⅳ类 | Ⅲ类 | Ⅱ类 | Ⅰ类 |
| 耐冲击电压额定值 | 6kV | 4kV | 2.5kV | 1.5kV |

注：

Ⅰ类——需要将瞬态电压限制到特定水平的设备；

Ⅱ类——如家用电器、手提工具及类似负荷；

Ⅲ类——如配电盘、断路器、布线系统（包括电缆、母线、分线盒、开关、插座）及应用于工业设备和一些其他设备如永久接至固定装置的固定安装的电动机。

Ⅳ类——如电气计量仪表、一次线过流保护设备、波纹控制设备。

## 5.2 建筑物防雷

**Up 的选择**

| 电气装置标称电压（V） | | 各种设备额定耐冲击电压值（kV） | | | |
|---|---|---|---|---|---|
| 三相系统 | 带中性点的单相系统 | 电气装置电源进线端的设备 | 配电装置和末级电路设备 | 用电器具 | 特殊需要保护设备 |
| 耐冲击过电压类别 | | IV | III | II | I |
| | 120 ~ 240 | 4 | 2.5 | 1.5 | 0.8 |
| 220/380 | | 6 | 4 | 2.5 | 1.5 |

注：I 类 —— 需要将瞬态过电压限制到特定水平的设备；
II 类 —— 如家用电器、手提电工工具或类似负荷；
Ⅲ 类—— 如配电盘、断路器、包括电缆、母线、分线盒、开关、插座等的布线系统，以及应用于工业的设备和永久接至固定装置的固定安装的电动机等的一些其他设备；
IV 类 —— 如电气计量仪表、一次线过流保护设备、波纹控制设备。

## 5.2 建筑物防雷

### 电涌保护器 (SPD) 的安装位置

- 户外线路进入建筑物处，即 $LPZ0_A$ 或 $LPZ0_B$ 进入 LPZ1 区，在配电线路的总配电箱 MB 处。当 Yyn0 型或 Dyn11 型接线的配电变压器设在本建筑物内或附设于外墙处时，应在变压器高压侧装设避雷器；在低压侧的总配电屏上，当有线路引出本建筑物至其他有自己接地装置的配电装置时。应在母线装设 I 级试验的电涌保护器，当无线路引出本建筑物时可在母线上装设 II 级试验的电涌保护器。
- 靠近需要保护的设备处，即 LPZ2 和更高区的界面处。

## 5.2 建筑物防雷

**按系统特征确定的电涌保护器的连接形式**

| 电涌保护器接于 | 电涌保护器安装点的系统型式 | | | | | | | |
|---|---|---|---|---|---|---|---|---|
| | TT 系统 | | TN-C 系统 | TN-S 系统 | | 引出中性线的 IT 系统 | | 不引出中性线的 IT 系统 |
| | 装设依据 | | | 装设依据 | | 装设依据 | | |
| | 接线形式 1 | 接线形式 2 | | 接线形式 1 | 接线形式 2 | 接线形式 1 | 接线形式 2 | |
| 每一相线和中性线间 | + | • | 不适用 | + | • | + | • | 不适用 |
| 每一相线和 PE 线间 | • | 不适用 | 不适用 | • | 不适用 | • | 不适用 | • |
| 中性线和 PE 线间 | • | • | 不适用 | • | • | • | • | 不适用 |
| 每一相线和 PEN 线间 | 不适用 | 不适用 | • | 不适用 | 不适用 | 不适用 | 不适用 | 不适用 |
| 相线间（L-L 间） | + | + | + | + | + | + | + | + |

## 5.2　建筑物防雷

### 区分供电系统的不同形式进行接线 –TT 系统

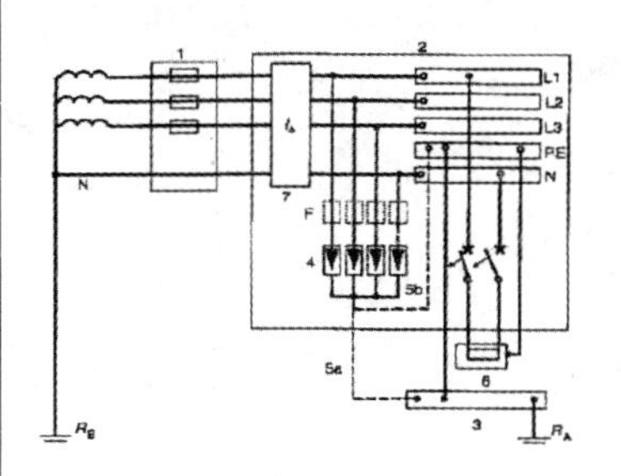


1 —装置的电源；2 —配电盘；3 —总接地端或总接地连接带；4 —电涌保护器（SPD）；4a —电涌保护器或放电间隙；5 —电涌保护器的接地连接，5a 或 5b；6 —需要保护的设备；7 —剩余电流保护器，可位于母线的上方或下方；F —保护电涌保护器推荐的熔丝、断路器或剩余电流保护器；$R_A$ —本装置的接地电阻；$R_B$ —供电系统的接地电阻；

TT 系统中浪涌保护器安装在剩余电流保护器的负荷侧

## 5.2　建筑物防雷

### 区分供电系统的不同形式进行接线 –TT 系统

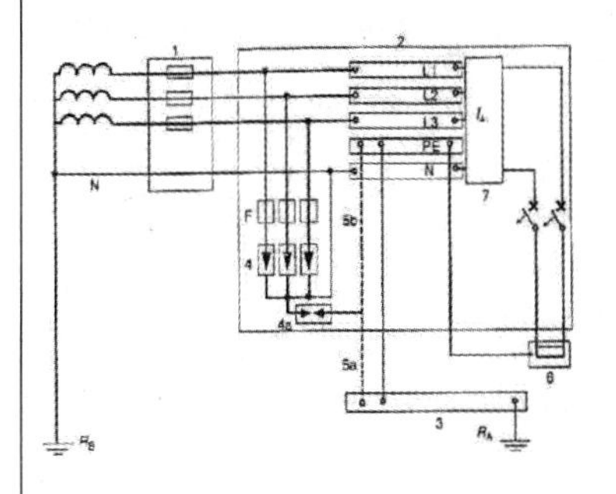


1 —装置的电源；2 —配电盘；3 —总接地端或总接地连接带；4 —电涌保护器（SPD）；4a —电涌保护器或放电间隙；5 —电涌保护器的接地连接，5a 或 5b；6 —需要保护的设备；7 —剩余电流保护器，可位于母线的上方或下方；F —保护电涌保护器推荐的熔丝、断路器或剩余电流保护器；$R_A$ —本装置的接地电阻；$R_B$ —供电系统的接地电阻

TT 系统中浪涌保护器安装在剩余电流保护器的电源侧

## 5.2　建筑物防雷

### TT 系统设计中应注意的问题

当电源变压器高压侧碰外壳短路产生的过电压加于设备时不应动作。在高压系统采用低电阻接地和供电变压器外壳、低压系统中性点合用同一接地装置以及切断短路的时间小于或等于 5s 时，该过电压可按 1200V 考虑。在 TT 系统中因为 N 线（中线）只在变压器的中性点接地，它与设备的保护接地是严格分开的，因此在选用浪涌保护器时需要在相线与 N 线，N 线与地线之间进行保护。对于三相电源系统优先选择 3+1 保护模式的 SPD；对于单相电源系统应优先选择 2+1 保护模式的 SPD。

## 5.2 建筑物防雷

区分供电系统的不同形式进行接线 –TN 系统

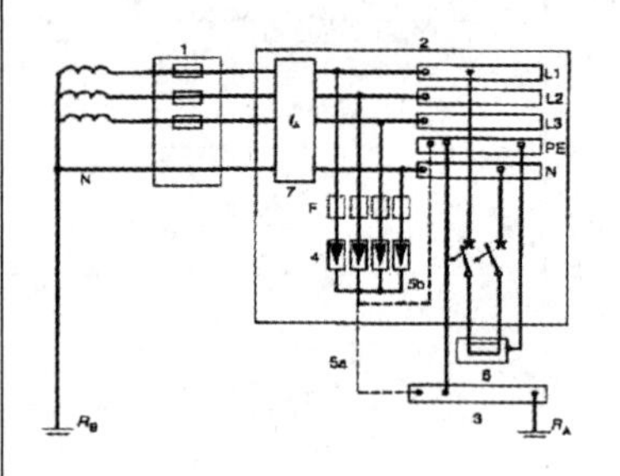


1 —装置的电源；2 —配电盘；3 —总接地端或总接地连接带；4 —电涌保护器（SPD）；4a —电涌保护器或放电间隙；5 —电涌保护器的接地连接，5a 或 5b；6 —需要保护的设备；7 —剩余电流保护器，可位于母线的上方或下方；F —保护电涌保护器推荐的熔丝、断路器或剩余电流保护器；$R_A$ —本装置的接地电阻；$R_B$ —供电系统的接地电阻

TN 系统中的浪涌保护器

## 5.2 建筑物防雷

TN 系统设计中应注意的问题

（1）当采用 TN–C–S 或 TN–S 系统时，在 N 与 PE 线连接处电涌保护器用三个，在其以后 N 与 PE 线分开处安装电涌保护器时用四个，即在 N 与 PE 线间增加一个。TN–C–S 系统的 N 线（中线），PE 线（地线）是从变压器低压侧就合为一条 PEN 线，此位置只需在相线与 PEN 线之间加装浪涌保护器，在进入建筑物总配电屏后，PEN 线分 N 线和 PE 线两条进行独立布线，PEN 线接于建筑物内总等电位接地母排并入地。因此进入配电屏以后，N 线对 PE 线就需要安装浪涌保护器。

（2）TN–S 系统中浪涌保护器的选型在 TN–S 系统中因为 PE 线（地线）与 N 线（中线）在变压器低压侧出线端相连并与大地连接。在后面的供电电路中 PE 线与 N 线分开敷设，因此在选用和安装浪涌保护器时需要分别在相线与 PE 线，N 线和 PE 线之间进行保护。

## 5.2 建筑物防雷

TN–C–S 系统连接方式

## 5.2　建筑物防雷

区分供电系统的不同形式进行接线 –IT 系统

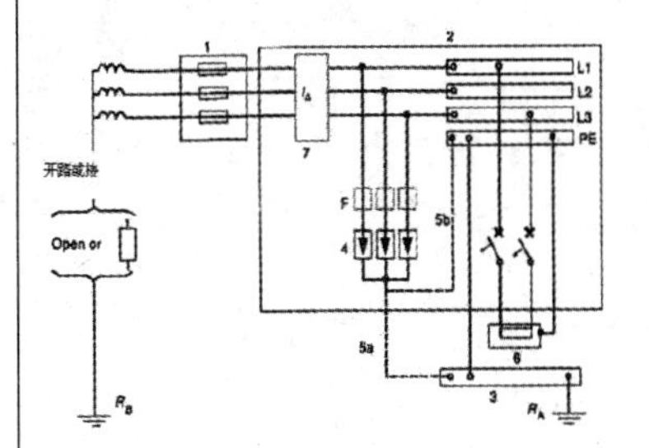


1 —装置的电源；2 —配电盘；3 —总接地端或总接地连接带；4 —电涌保护器（SPD）；4a —电涌保护器或放电间隙；5 —电涌保护器的接地连接，5a 或 5b；6 —需要保护的设备；7 —剩余电流保护器，可位于母线的上方或下方；F —保护电涌保护器推荐的熔丝、断路器或剩余电流保护器；$R_A$ —本装置的接地电阻；$R_B$ —供电系统的接地电阻；

IT 系统中电涌保护器安装在剩余电流保护器的负荷侧

## 5.2　建筑物防雷

等电位连接和接地

- 一栋建筑物宜采用一个共用接地系统。
- 当互相邻近的建筑物之间有电气和电子系统的线路连通时，宜将其接地装置互相连接，可通过接地线、PE 线、屏蔽层、穿线钢管、电缆沟的钢筋、金属管道等连接。
- 穿过各防雷区界面的金属物和建筑物内系统及一个防雷区内部的金属物和建筑物内系统均应在界面处附近做符合下列要求的等电位连接。

## 5.2　建筑物防雷

- 电子系统的各种箱体、壳体、机架等金属组件与建筑物接地系统的等电位连接网络做功能性等电位连接有两种形式：S 型星形结构或 M 型网形结构。
- 电子系统为 300kHz 以下的模拟线路时，可采用 S 型等电位连接，而且所有设施管线和电缆宜从 ERP 处附近进入该电子系统。S 型等电位连接应仅通过唯一的一点， 即接地基准点 ERP。在这种情况下，设备之间的所有线路和电缆当无屏蔽时宜与成星形连接的等电位连接线平行敷设以免产生大的感应环路。
- M 形的等电位连接适用于工作频率为 MHz 级的数字电路，电子系统的所有金属组件，不应与接地系统的各组件绝缘。采用多点连接组合到等电位连接网中，每台设备的等电位连接线长度不大于 0.5m，并宜设 2 条连接线，安装于设备的对角处。

## 5.2 建筑物防雷

- 进入建筑物的外来导电物均应在 $LPZ0_A$ 或 $LPZ0_B$ 与 LPZ1 区的界面处做等电位联结。当外来导电物、电力线、通信线在不同地点进入建筑物时，宜设若干等电位连接带，并应就近连到环形接地体、内部环形导体或此类钢筋上。它们在电气上是贯通的并连通到接地体，含基础接地体。
- 接地体和内部环形导体应连到钢筋或金属立面等其他屏蔽构件上，宜每隔 5m 连接一次。

## 5.2 建筑物防雷

各种连接导体的最小截面 （单位：$mm^2$）

| 材料 | 等电位连接带之间和等电位连接带与接地装置之间的连接导体，流过大于或等于 25% 总雷电流的等电位连接导体 | 内部金属装置与等电位连接带之间的连接导体，流过小于 25% 总雷电流的等电位连接导体 |
|---|---|---|
| 铜 | 16 | 6 |
| 铝 | 25 | 10 |
| 铁 | 50 | 16 |

铜或镀锌钢等电位连接带的截面不应小于 $50mm^2$。

## 5.3 电子信息系统防雷

## 5.3　电子信息系统防雷

### 建筑物电子信息系统防雷原则

（1）应坚持预防为主、安全第一的原则。
（2）应根据建筑物电子信息系统的特点，按工程整体要求，进行全面规划，协调统一外部防雷措施和内部防雷措施。
（3）应采用外部防雷和内部防雷措施进行综合防护。
（4）应根据环境因素、雷电活动规律、设备所在雷电防护区和系统对雷电电磁脉冲的抗扰度、雷击事故受损程度以及系统设备的重要性，采取相应的防护措施。
（5）需要保护的电子信息系统必须采取等电位连接与接地保护措施。

## 5.3　电子信息系统防雷

### 建筑物电子信息系统综合防雷框图

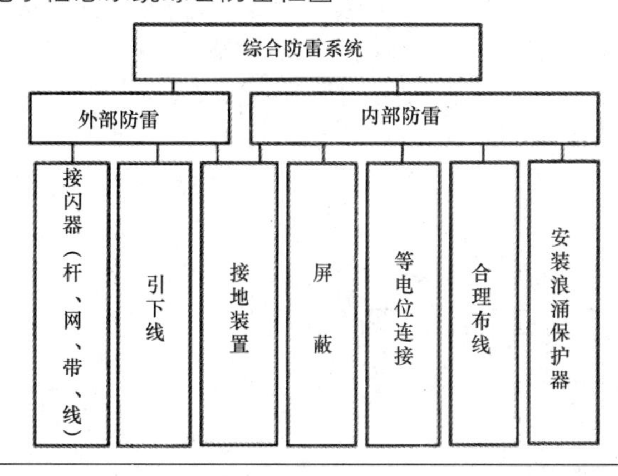


## 5.3　电子信息系统防雷

### 建筑物电子信息系统雷电防护等级

**A 级**　1. 国家级计算中心、国家级通信枢纽、特级和一级金融设施、大中型机场、国家级和省级广播电视中心、枢纽港口、火车枢纽站、省级城市水、电、气、热等城市重要公用设施的电子信息系统；
2. 一级安全防范单位，如国家文物、档案库的闭路电视监控和报警系统；
3. 三级医院电子医疗设备。

**B 级**　1. 中型计算中心、二级金融设施、中型通信枢纽、移动通信基站、大型体育场（馆）、小型机场、大型港口、大型火车站的电子信息系统；
2. 二级安全防范单位，如省级文物、档案库的闭路电视监控和报警系统；
3. 雷达站、微波站电子信息系统，高速公路监控和收费系统；
4. 二级医院电子医疗设备；
5. 五星及更高星级宾馆电子信息系统。

## 5.3 电子信息系统防雷

### 建筑物电子信息系统雷电防护等级

C 级 1. 三级金融设施、小型通信枢纽电子信息系统；
2. 大中型有线电视系统；
3. 四星及以下级宾馆电子信息系统。

D 级 除上述 A、B、C 级以外的一般用途的需防护电子信息设备。

## 5.3 电子信息系统防雷

### 按防雷装置拦截效率 E 确定其雷电防护等级

- 当 $E > 0.98$ 时， 定为 A 级；
- 当 $0.90 < E \leqslant 0.98$ 时， 定为 B 级；
- 当 $0.80 < E \leqslant 0.90$ 时， 定为 C 级；
- 当 $E \leqslant 0.80$ 时， 定为 D 级。

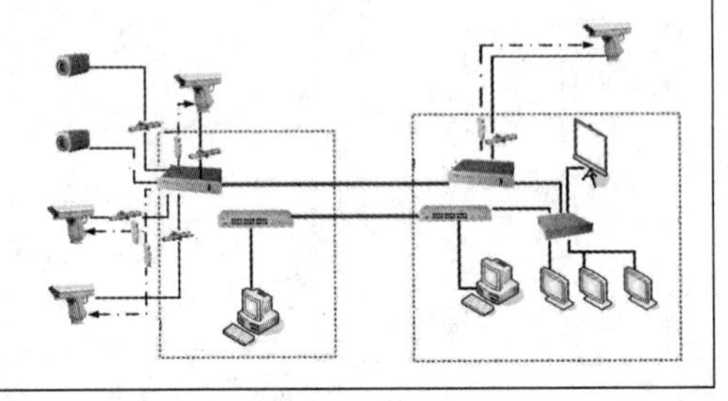

## 5.3 电子信息系统防雷

### 电子信息系统的防雷设计——等电位与共用接地系统

机房内电气和电子设备应作等电位连接。等电位连接的结构形式应采用 S 型、M 型或它们的组合。电气和电子设备的金属外壳、机柜、机架、金属管、槽、屏蔽线缆金属外层、电子设备防静电接地、安全保护接地、功能性接地、浪涌保护器接地端等均应以最短的距离与 S 型结构的接地基准点（ERP）或 M 型结构的网格连接。

| | S 型 星形结构 | M 型 网格形结构 |
| --- | --- | --- |
| 基本的等电位连接网 | S | M |
| 接至共用接地系统的等电位连接网络 | $S_s$<br>ERP | $M_m$ |

## 5.3 电子信息系统防雷

### 电子信息系统的防雷设计——等电位与共用接地系统

等电位连接网络应利用建筑物内部或其上的金属部件多重互连，组成网格状低阻抗等电位连接网络，并与接地装置构成一个接地系统。电子信息设备机房的等电位连接网络可直接利用机房内楼柱主钢筋引出的预留接地端子多点接地。

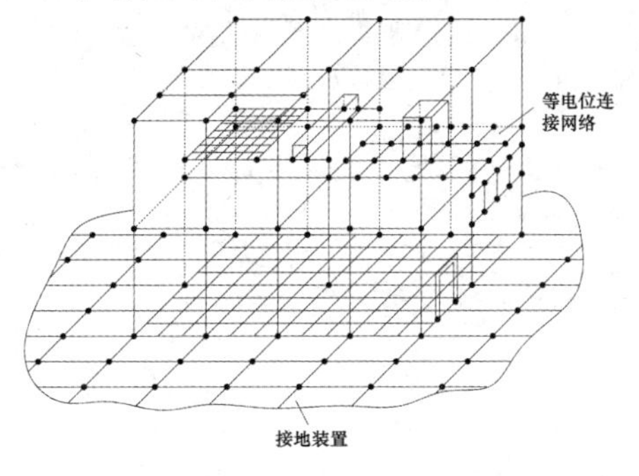


## 5.3 电子信息系统防雷

### 电子信息系统的防雷设计——等电位与共用接地系统

- 防雷接地与交流工作接地、直流工作接地、安全保护接地共用一组接地装置时，接地装置的接地电阻值必须按接入设备中要求的最小值确定。
- 接地装置应优先利用建筑物的自然接地体，当自然接地体的接地电阻达不到要求时应增加人工接地体。
- 进入建筑物的所有金属管线（例如金属管、电力线、信号线）宜从同一位置进入 LPZ1 区域内，并就近连接到等电位连接端子板上。在 LPZ1 入口处应设置适配的电源和信号 SPD 使电子信息系统的带电导体实现等电位连接。
- 建筑物电子信息系统宜设专用垂直接地干线。垂直接地干线由总等电位接地端子板引出，同时与建筑物各层钢筋或均压带连通。各楼层设置的接地端子板应与垂直接地干线连接。垂直接地干线宜在竖井内敷设，通过连接导体引入设备机房与机房局部等电位接地端子板连接。

## 5.3 电子信息系统防雷

### 电子信息系统的防雷设计——等电位与共用接地系统

- 设置人工接地体时，人工接地体宜在建筑物四周散水坡外或与外墙距离约 1m 处埋设成环形接地体。环形接地体应与建筑物基础钢筋网相互连接。
- 电子信息系统涉及多个相邻建筑物时，至少应采用两根水平接地体将各建筑物的接地装置相互连通。
- 电子信息系统设备由 TN 交流配电系统供电时，从建筑物内总配电箱开始引出的配电线路必须采用 TN-S 系统的接地型式。
- 新建建筑物的电子信息系统在设计、施工时，宜在各楼层、机房内墙结构柱主钢筋处引出和预留等电位接地端子。

## 5.3 电子信息系统防雷

### 电子信息系统的防雷设计——屏蔽及布线

- 建筑物的屏蔽宜利用建筑物的自然部件，例如金属框架、混凝土中的钢筋、金属墙面、金属屋顶、天花板、墙和地板的钢筋等，这些部件应与防雷装置连接构成格栅型大空间屏蔽。
- 当建筑物自然金属部件构成的大空间屏蔽不能满足机房内电子信息系统电磁环境要求时，应增加机房屏蔽措施。
- 电子信息系统设备主机房宜选择在建筑物低层中心部位，其设备应安置在序数较大的雷电防护区内，并与 LPZ 屏蔽层及结构柱留有一定的安全距离。
- 线缆敷设应符合下列规定：

（1）电子信息系统线缆宜敷设在密闭的金属线槽或金属管道内。电子信息系统线路宜靠近等电位连接网络的金属部件敷设，不宜贴近LPZ(特别是LPZ1)的屏蔽层。
（2）布置电子信息系统线缆路由走向时，应尽量减小由线缆自身形成的感应环路面积。

## 5.3 电子信息系统防雷

### 电子信息系统的防雷设计——屏蔽及布线

**电子信息系统信号线缆与电力电缆的间距**

| 其他管线类别 | 电子信息系统线缆与其他管线的净距 | |
|---|---|---|
| | 最小平行净距（mm） | 最小交叉净距（mm） |
| 防雷引下线 | 1000 | 300 |
| 保护地线 | 50 | 20 |
| 给水管 | 150 | 20 |
| 压缩空气管 | 150 | 20 |
| 热力管（不包封） | 500 | 500 |
| 热力管（包封） | 300 | 300 |
| 燃气管 | 300 | 20 |

注：如线缆敷设高度超过时，与防雷引下线的交叉净距应按下式计算：

$$S \geqslant 0.05H$$

式中：$H$—交叉处防雷引下线距地面的高度（mm）；$S$—交叉净距（mm）。

## 5.3 电子信息系统防雷

### 电子信息系统的防雷设计——屏蔽及布线

**电子信息系统信号线缆与电力电缆的间距**

| 类别 | 与电子信息系统信号线缆接近状况 | 最小间距（mm） |
|---|---|---|
| 380V 电力电缆容量小于 2kVA | 与信号线缆平行敷设 | 130 |
| | 有一方在接地的金属线槽或钢管中 | 70 |
| | 双方都在接地的金属线槽或钢管中[2] | 10[1] |
| 380V 电力电缆容量 2 ~ 5kVA | 与信号线缆平行敷设 | 300 |
| | 有一方在接地的金属线槽或钢管中 | 150 |
| | 双方都在接地的金属线槽或钢管中[2] | 80 |
| 380V 电力电缆容量大于 5kVA | 与信号线缆平行敷设 | 600 |
| | 有一方在接地的金属线槽或钢管中 | 300 |
| | 双方都在接地的金属线槽或钢管中[2] | 150 |

注：1. 当 380V 电力电缆的容量小于 2kVA，双方都在接地的线槽中，且平行长度≤ 10m 时，最小间距可为 10mm。
2. 双方都在接地的线槽中，系指两个不同的线槽，也可在同一线槽中用金属板隔开。

## 5.3　电子信息系统防雷

### 电子信息系统的防雷设计——浪涌保护器

**230/400V 三相配电系统中各种设备耐冲击电压额定值 $U_w$**

| 设备位置 | 电源进线端设备 | 配电线路和分支线路设备 | 用电设备 | 需要保护的电子信息设备 |
|---|---|---|---|---|
| 耐冲击电压类别 | IV 类 | III 类 | II 类 | I 类 |
| 耐冲击电压额定值 Uw | 6kV | 4kV | 2.5kV | 1.5kV |

**电子信息系统线缆与电气设备的最小净距**

| 名称 | 最小净距（m） | 名 称 | 最小净距（m） |
|---|---|---|---|
| 配 电 箱 | 1.00 | 电 梯 机 房 | 2.00 |
| 变 电 室 | 2.00 | 空 调 机 房 | 2.00 |

## 5.3　电子信息系统防雷

### 电子信息系统的防雷设计——浪涌保护器

**浪涌保护器的最小 $U_c$ 值**

| 浪涌保护器安装位置 | 配电网络的系统特征 | | | | |
|---|---|---|---|---|---|
| | TT 系统 | TN–C 系统 | TN–S 系统 | 引出中性线的 IT 系统 | 无中性线引出的 IT 系统 |
| 每一相线与中性线间 | $1.15U_0$ | 不适用 | $1.15U_0$ | $1.15U_0$ | 不适用 |
| 每一相线与 PE 线间 | $1.15U_0$ | 不适用 | $1.15U_0$ | $1.73U_0$* | 相间电压 * |
| 中性线与 PE 线间 | $U_0$* | 不适用 | $U_0$* | $U_0$* | 不适用 |
| 每一相线与 PEN 线间 | 不适用 | $1.15U_0$ | 不适用 | 不适用 | 不适用 |

注：1. 标有 * 的值是故障下最坏的情况，所以不需计及 15% 的允许误差。
2. $U_0$ 是低压系统相线对中性线的标称电压，即相电压 220V。
3. 此表适用于符合《低压电涌保护器》GB18802.1 标准的浪涌保护器产品。

## 5.3　电子信息系统防雷

### 电子信息系统的防雷设计——浪涌保护器

进入建筑物的供电线路，在 $LPZ0_A$ 或 $LPZ0_B$ 与 LPZ1 区交界处，在线路的总配电箱处，应设置 I 级试验的开关型浪涌保护器或Ⅱ级试验的限压型浪涌保护器作为第一级保护。在 LPZ1 区之后更高级别防护区的交界处，配电线路分配电箱、电子设备机房配电箱、被保护的设备处应设置Ⅱ级或Ⅲ级试验的限压型浪涌保护器作为后级保护。特殊重要的电子信息设备电源端口宜安装Ⅱ级或Ⅲ级试验的限压型浪涌保护器作为精细保护。各级浪涌保护器的 $U_p$ 值应小于相应类别设备的耐冲击电压额定值 $U_w$。

## 5.3 电子信息系统防雷

### 电子信息系统的防雷设计——浪涌保护器

当电压开关型浪涌保护器至限压型浪涌保护器之间的线路长度小于 10m、限压型浪涌保护器之间的线路长度小于 5m 时，在两级浪涌保护器之间应加装退耦装置。当浪涌保护器具有能量自动配合功能时，浪涌保护器之间的线路长度不受限制。浪涌保护器应有过电流保护装置和劣化显示功能。

电源线路浪涌保护器在各个位置安装时，浪涌保护器的连接导线应短直，其总长度不宜大于 0.5m。有效保护水平 $U_{P/f}$（连接导线的感应电压降 $\Delta U$ 与 SPD 的 $U_P$ 之和）应小于或等于设备耐冲击电压额定值 $U_w$。

## 5.3 电子信息系统防雷

### 电子信息系统的防雷设计——浪涌保护器

**配电线路电涌保护器冲击电流和标称放电电流参数推荐值**

| 防护等级 | 总配电箱 | | 分配电箱 | 设备机房配电箱和需要特殊保护的电子信息设备端口处 | |
|---|---|---|---|---|---|
| | LPZ0 与 LPZ1 边界 | | LPZ1 与 LPZ2 边界 | 后续防护区的边界 | |
| | （10/350μs）I 类试验 | （8/20μs）II 类试验 | （8/20μs）II 类试验 | （8/20μs）II 类试验 | 1.2/20μs 和 8/20μs 复合波 III 类试验 |
| | $I_{imp}$(kA) | $I_n$(kA) | $I_n$(kA) | $I_n$(kA) | $U_{OC}$(kV)/ $I_{SC}$(kA) |
| A 级 | ≥ 20 | ≥ 80 | ≥ 40 | ≥ 5 | ≥ 10/ ≥ 5 |
| B 级 | ≥ 15 | ≥ 60 | ≥ 30 | ≥ 5 | ≥ 10/ ≥ 5 |
| C 级 | ≥ 12.5 | ≥ 50 | ≥ 20 | ≥ 3 | ≥ 6/ ≥ 3 |
| D 级 | ≥ 12.5 | ≥ 50 | ≥ 10 | ≥ 3 | ≥ 6 ≥ 3 |

## 5.3 电子信息系统防雷

### 电子信息系统的防雷设计——浪涌保护器

**浪涌保护器连接导线最小截面积**

| 防护级别 | SPD 的类型 | 导线截面积（$mm^2$） | |
|---|---|---|---|
| | | SPD 连接相线铜导线 | SPD 接地端连接铜导线 |
| 第一级 | 开关型或限压型 | 6 | 10 |
| 第二级 | 限压型 | 4 | 6 |
| 第三级 | 限压型 | 2.5 | 4 |
| 第四级 | 限压型 | 2.5 | 4 |

注：组合型 SPD 参照相应保护级别的截面积选择。

## 5.3　电子信息系统防雷

### 电子信息系统的防雷设计——浪涌保护器

电子信息系统信号线路浪涌保护器应根据线路的工作频率、传输速率、传输带宽、工作电压、接口形式和特性阻抗等参数选择插入损耗小，分布电容小和纵向平衡、近端串扰指标适配的浪涌保护器。$U_c$ 应大于线路上的最大工作电压 1.2 倍。$U_p$ 应低于被保护设备的耐冲击电压额定值 $U_w$。

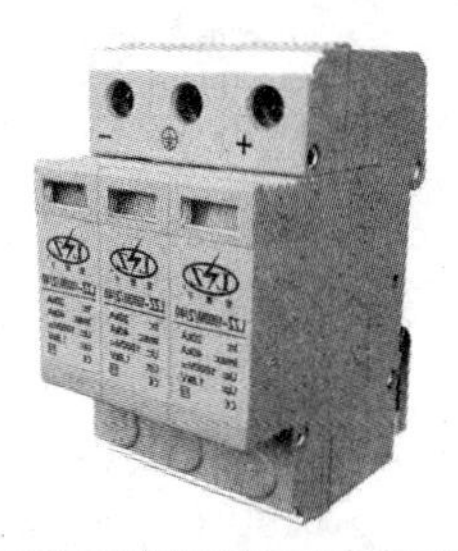

## 5.3　电子信息系统防雷

### 电子信息系统的防雷设计——浪涌保护器

**信号线路电涌保护器性能参数**

| 参数要求＼缆线类型 | 非屏蔽双绞线 | 屏蔽双绞线 | 同轴电缆 |
|---|---|---|---|
| 标称导通电压 | ≥ $1.2U_n$ | ≥ $1.2U_n$ | ≥ $1.2U_n$ |
| 测试波形 | （1.2/50μs、8/20μs）混合波 | （1.2/50μs、8/20μs）混合波 | （1.2/50μs、8/20μs）混合波 |
| 标称放电电流（kA） | ≥ 1.0 | ≥ 0.5 | ≥ 3.0 |

注：$U_n$——额定工作电压。

**信号线路、天馈线路电涌保护器性能参数**

| 名称 | 插入损耗 ≤（dB） | 电压驻波比 | 响应时间（ns） | 用于收发通信系统的电涌保护器平均功率（kW） | 特性阻抗（Ω） | 传输速率（bit/s） | 工作频率（MHz） | 接口型式 |
|---|---|---|---|---|---|---|---|---|
| 数值 | 0.5 | ≤ 1.3 | ≤ 10 | ≥ 1.5 倍系统平均功率 | 应满足系统要求 | | | |

注：信号线用电涌保护器应满足信号传输速率及带宽的需要，其接口应与被保护设备兼容。

## 5.3　电子信息系统防雷

### 电子信息系统的防雷设计——浪涌保护器

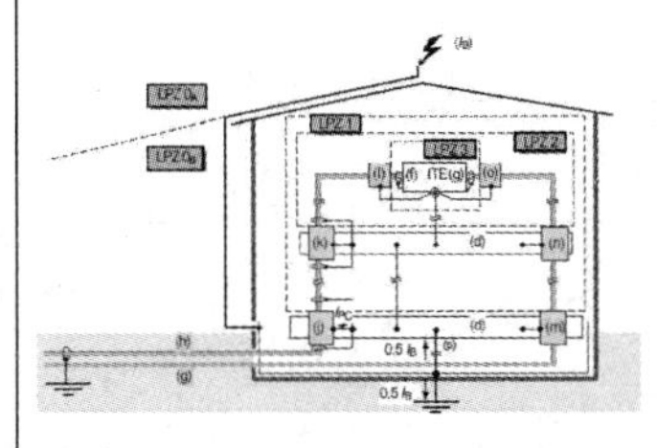

**信号线路浪涌保护器的参数推荐值**

| 雷电防护区 | | LPZ0/1 | LPZ1/2 | LPZ2/3 |
|---|---|---|---|---|
| 浪涌范围 | 10/350μs | 0.5 ~ 2.5kA | — | — |
| | 1.2/50、8/20μs | — | 0.5 ~ 10kV<br>0.25 ~ 5kA | 0.5 ~ 1kV<br>0.25 ~ 0.5kA |
| | 10/700、5/300μs | 4kV | 0.5 ~ 4kV<br>25 | — |
| SPD的要求 | SPD（j）* | $D_1$、$D_2$、$B_2$ | — | — |
| | SPD（k）* | — | $C_2$、$B_2$ | — |
| | SPD（l）* | — | — | $C_1$ |

* SPD(j,k,l)，见左图

注：1. 浪涌范围为最小的耐受要求，可能设备本身具备 LPZ2/3 栏标注的耐受能力。

2. $B_2$、$C_1$、$C_2$、$D_1$、$D_2$ 等是信号线路浪涌保护器冲击试验类型。

## 5.3 电子信息系统防雷

### 电子信息系统的防雷设计——通信接入和电话交换系统

- 有线电话通信用户交换机及其他通信设备信号线路，应根据总配线架所连接的中继线及用户线的接口形式选择适配的信号线路浪涌保护器。
- 浪涌保护器的接地端应与配线架接地端相连，配线架的接地线应采用截面积不小于 16mm$^2$ 的多股铜线接至等电位接地端子板上。
- 程控数字交换机及其他通信设备、机房电源配电箱等的接地应就近接至机房的局部等电位接地端子板上。
- 有线宽带接入建筑物的室外铜缆宜穿钢管敷设，钢管两端应接地。

## 5.3 电子信息系统防雷

### 电子信息系统的防雷设计——信息网络系统

- 进、出建筑物的传输线路上，在 LPZOA 或 LPZOB 与 LPZ1 的边界处应设置信号线路浪涌保护器。在被保护设备的端口处（LPZ2 或更高级别的防护区边界处）应设置信号浪涌保护器。网络交换机、HUB、光电端机的配电箱内，应加装电源 SPD。
- 入户处浪涌保护器的接地线，应就近接至等电位接地端子板；设备处信号浪涌保护器的接地线宜采用截面积不小于 1.5mm$^2$ 的多股绝缘铜导线连接到机架或机房等电位连接网络上。计算机网络的安全保护接地、信号工作地、屏蔽接地、防静电接地和浪涌保护器的接地等均应连接到局部等电位连接网络。

## 5.3 电子信息系统防雷

### 电子信息系统的防雷设计——有线电视系统

- 进、出有线电视系统前端机房的金属信号传输线，宜在入、出口处安装适配的浪涌保护器。
- 有线电视网络前端机房内应设置局部等电位接地端子板，并采用截面积不小于 16mm$^2$ 的铜芯导线与楼层接地端子板相连。机房内电子设备的金属外壳、线缆金属屏蔽层、电源 SPD 的接地以及 PE 线都应接至局部等电位接地端子板上。
- 有线电视信号传输线路，宜根据其干线放大器的工作频率范围、接口形式以及是否需要供电电源等要求，选用电压驻波比和插入损耗小的适配的浪涌保护器。地处多雷区、强雷区的用户端的终端放大器应设置浪涌保护器。
- 有线电视信号传输网络的光缆、同轴电缆的承重钢绞线在建筑物入户处应进行等电位连接并接地。光缆内的金属加强芯及金属护层均应良好接地。

## 5.3 电子信息系统防雷

### 电子信息系统的防雷设计——建筑设备管理系统

- 系统的各种线路，在建筑物 $LPZ0_A$ 或 $LPZ0_B$ 与 LPZ1 边界处应安装适配的浪涌保护器。
- 系统中央控制室内，应设等电位连接网络。室内所有设备金属机架（壳）、金属线槽、保护接地和浪涌保护器的接地端等均应做等电位连接并接地。
- 系统的接地应采用共用接地系统，其接地干线应采用铜芯绝缘导线穿管敷设，并就近接至等电位接地端子板。

## 5.3 电子信息系统防雷

### 电子信息系统的防雷设计——安全防范系统

- 置于户外摄像机的输出视频接口应设置视频信号线路浪涌保护器。在摄像机控制信号线接口（如 RS485、RS424 等）应设置信号线路浪涌保护器。解码箱处供电线路应设置电源线路浪涌保护器。
- 主控机、分控机的信号控制线、通信线、各监控器的报警信号线，宜在线路进出建筑物 $LPZ0_A$ 或 $LPZ0_B$ 与 LPZ1 边界处设置适配的线路浪涌保护器。
- 系统视频、控制信号线路及供电线路的浪涌保护器，应分别根据视频信号线路、解码控制信号线路及摄像机供电线路的性能参数来选择，SPD 应满足设备传输速率、带宽要求，并与被保护设备接口兼容。
- 系统的户外供电线路、视频信号线路、控制信号线路应有金属屏蔽层并穿钢管埋地敷设，屏蔽层及钢管两端应接地。视频信号线屏蔽层应单端接地，钢管应两端接地。信号线与供电线路应分开敷设。
- 系统的接地宜采用共用接地系统。主机房应设置等电位连接网络，系统接地干线宜采用多股铜芯绝缘导线。

## 5.3 电子信息系统防雷

### 电子信息系统的防雷设计——火灾自动报警系统

- 火灾报警控制系统的报警主机、联动控制盘、火警广播、对讲通信等系统的信号传输线缆宜在线路进出建筑物 $LPZ0_A$ 或 $LPZ0_B$ 与 LPZ1 边界处设置适配的信号线路浪涌保护器。
- 消防控制中心与本地区或城市“119”报警指挥中心之间联网的进出线路端口应装设适配的信号线路浪涌保护器。
- 消防控制室内，应设置等电位连接网络，室内所有的机架（壳）、金属线槽、设备保护接地、安全保护接地、浪涌保护器接地端均应就近接至等电位接地端子板。
- 区域报警控制器的金属机架（壳）、金属线槽（或钢管）、电气竖井内的接地干线、接线箱的保护接地端等，应就近接至等电位接地端子板。
- 火灾自动报警及联动控制系统的接地应采用共用接地系统。接地干线应采用铜芯绝缘线，并宜穿管敷设接至本楼层（或就近）的等电位接地端子板。

# 5.4　接地与安全

## 5.4　接地与安全

### 接地的分类

➢ 一般分为保护性接地和功能性接地两种。

（1）保护性接地

①防电击接地：为了防止电气设备绝缘损坏或产生漏电流时，使平时不带电的外露导电部分带电而导致电击，将设备的外露导电部分接地，称为防电击接地。这种接地还可以限制线路涌流或低压线路及设备由于高压窜入而引起的高电压；当产生电器故障时，有利于过电流保护装置动作而切断电源。这种接地，也是狭义的“保护接地”。

②防雷接地：将雷电导入大地，防止雷电流使人身受到电击或财产受到破坏。

③防静电接地：将静电荷引入大地，防止由于静电积聚对人体和设备造成危害。特别是电子设备中集成电路用得很多，而集成电路容易受到静电作用产生故障，接地后可防止集成电路的损坏。

④防电蚀接地：地下埋设金属体作为牺牲阳极或阴极，防止电缆、金属管道等受到电蚀。

## 5.4　接地与安全

### 接地的分类

➢ 一般分为保护性接地和功能性接地两种。

（2）功能性接地

①工作接地：为了保证电力系统运行，防止系统振荡，保证继电保护的可靠性，在交直流电力系统的适当地方进行接地，交流一般为中性点，直流一般为中点，在电子设备系统中，则称除电子设备系统以外的交直流接地为功率地。

②逻辑接地：为了确保稳定的参考电位，将电子设备中的适当金属件作为“逻辑地”，一般采用金属底板作逻辑地。常将逻辑接地及其他模拟信号系统的接地统称为直流地。

③屏蔽接地：将电气干扰源引入大地，抑制外来电磁干扰对电子设备的影响，也可减少电子设备产生的干扰影响其他电子设备。

④信号接地：为保证信号具有稳定的基准电位而设置的接地，例如检测漏电流的接地，阻抗测量电桥和电晕放电损耗测量等电气参数测量的接地。

## 5.4 接地与安全

### 交流电气装置或设备的外露可导电部分下列部分应进行保护接地

- 有效接地系统中配电变压器的中性点和变压器、低电阻接地系统的中性点所接设备的外露可导电部分；
- 电机、变压器和高压电器等的底座和外壳；
- 发电机中性点柜的外壳、发电机出线柜、封闭母线的外壳和变压器、开关柜等（配套）的金属母线槽等；
- 配电、控制和保护用的屏（柜、箱）等的金属框架；
- 预装式变电站、干式变压器和环网柜的金属箱体等；
- 电缆沟和电缆隧道内，以及地上各种电缆金属支架等；
- 电缆接线盒、终端盒的外壳，电力电缆的金属护套或屏蔽层，穿线的钢管和电缆桥架等；
- 高压电气装置以及传动装置的外露导可电部分；
- 附属于高压电气装置的互感器的二次绕组和控制电缆的金属外皮。

## 5.4 接地与安全

### 交流电气装置的接地

- 当配电变压器高压侧为直接接地或经小电阻接地系统时，保护接地接地网的接地电阻应符合下式要求：

$$R \leqslant 2000/I$$

式中 $R$—考虑到季节变化的最大接地电阻（Ω）；

$I$—计算用的流经接地网的入地短路电流 (A)。

- 当配电变压器高压侧工作于不接地系统时，电气装置的接地电阻应符合下列要求：

（1）高压与低压电气装置共用的接地网的接地电阻应符合下式要求，且不宜超过 4Ω：

$$R \leqslant 120/I$$

（2）仅用于高压电气装置的接地网的接地电阻应符合下式要求，且不宜超过 10Ω：

$$R \leqslant 250/I$$

式中 $R$—考虑到季节变化的最大接地电阻（Ω）：

$I$—计算用的流经接地网的入地短路电流 (A)。

## 5.4 接地与安全

### 交流电气装置的接地

- 当向建筑物供电的配电变压器安装在该建筑物外时，配电装置的接地电阻应符合下列规定：

（1）低压电缆和架空线路在引入建筑物处，对于 TN-S 或 TN-C-S 系统，保护导体（PE）或保护接地中性导体（PEN）应重复接地，接地电阻不宜超过 10Ω；

（2）对于 TT 系统，保护导体（PE）应单独接地，接地电阻不宜超过 4Ω。

- 向建筑物供电的配电变压器安装在该建筑物内时，配电装置的接地电阻应符合下列规定：

（1）对于配电变压器高压侧工作于不接地系统，当该变压器保护接地的接地网的接地电阻不大于 4Ω 时，低压系统电源接地点可与该变压器保护接地共用接地网；

（2）配电变压器高压侧工作于小电阻接地系统，当该变压器的保护接地网接地电阻符合要求时，且建筑物内采用总等电位联结时，低压系统电源接地点可与该变压器保护接地共用接地网。

- 低压系统中，配电变压器低压侧中性点的接地电阻不宜超过 4Ω。高土壤电阻率地区，当达到上述接地电阻值困难时，可采用网格式接地网或深井加物理降阻剂等措施。

## 5.4 接地与安全

低压配电系统的接地形式

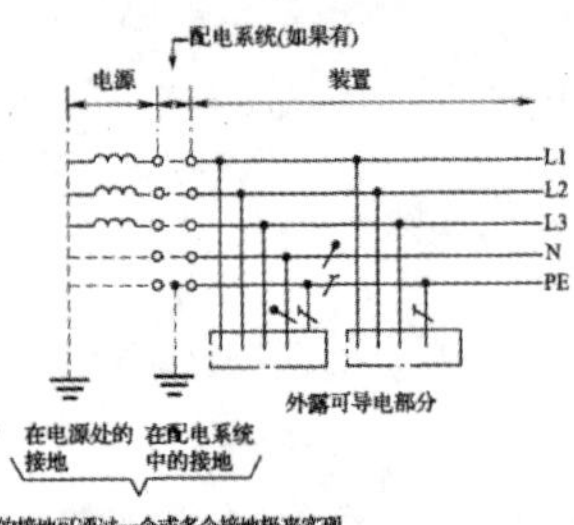


全系统将 N 与 PE 分开 TN-S 系统

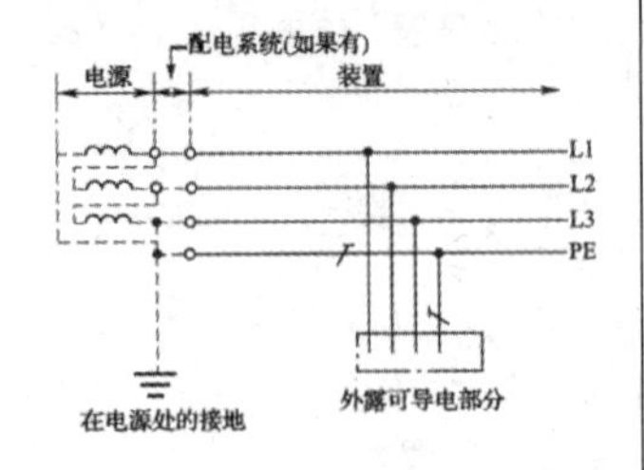


全系统将被接地的相导体与 PE 分开 TN-S 系统

## 5.4 接地与安全

低压配电系统的接地形式

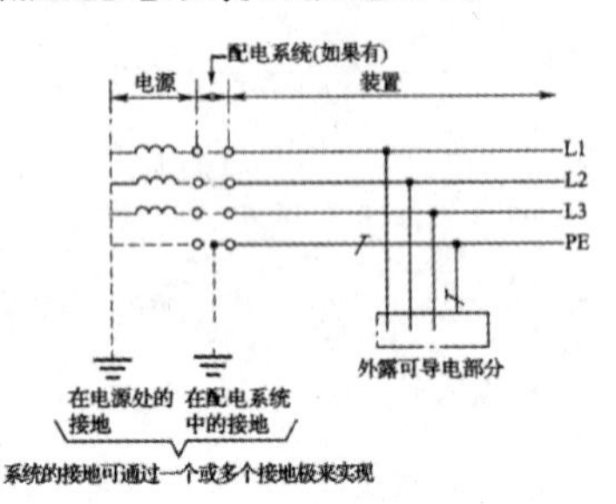


全系统采用接地的 PE 和未配出 N 的分开

TN—S 系统

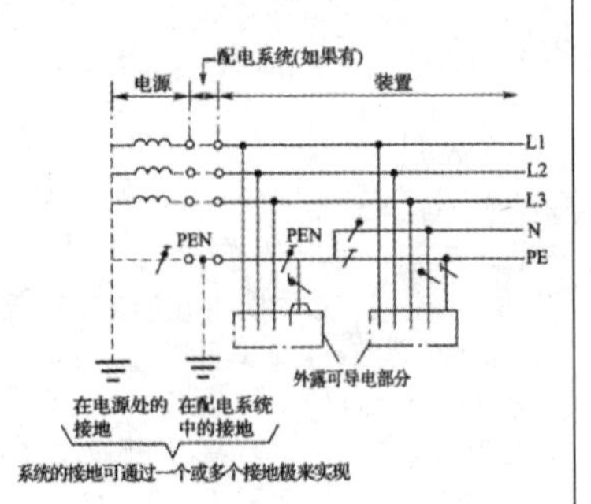


在电气装置非受电点的某处将 PEN 分离成 PE

和 N 的 TN-C-S 系统

## 5.4 接地与安全

低压配电系统的接地形式

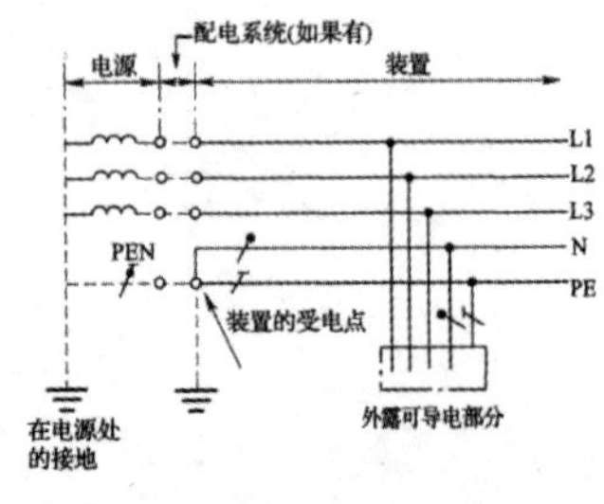


在电气装置受电点将 PEN 分离成 PE 和 N 的

TN-C-S 系统

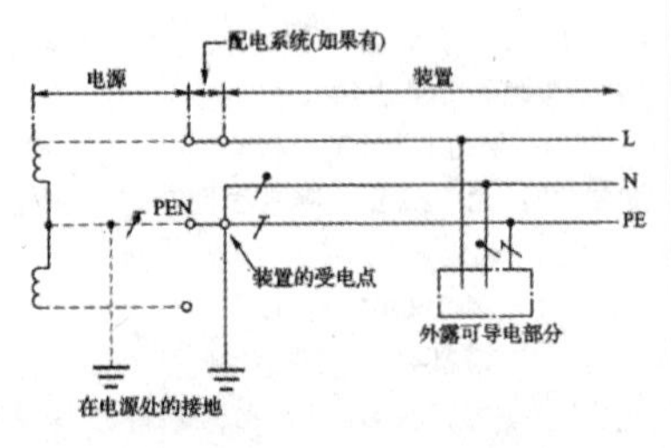


在电气装置受电点将 PEN 分离成 PE 和 N 的

单相 TN-C-S 系统

## 5.4 接地与安全

低压配电系统的接地形式

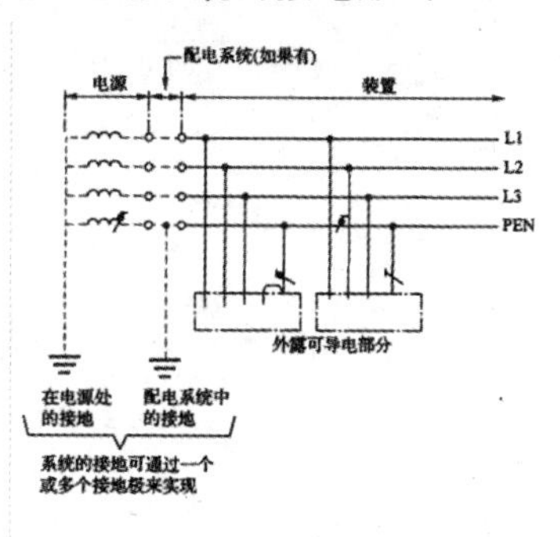


全系统采用N的功能和PE的功能合并在一根导体中的TN-C系统

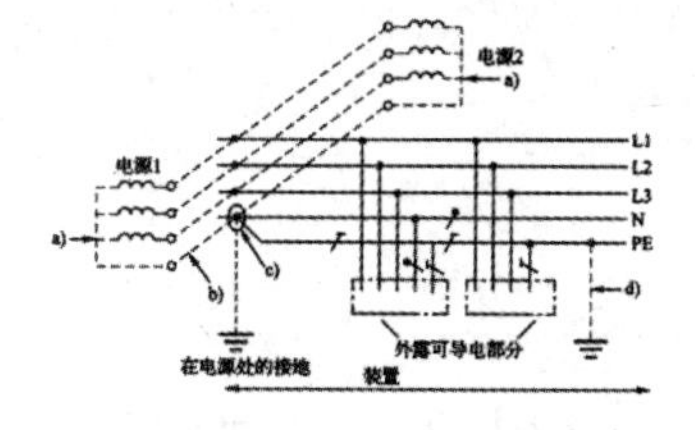


a) 不应在变压器的中性点或发电机的星形点直接对地连接。

b) 变压器的中性点或发电机的星形点之间连接的导体应是绝缘的，这种导体的功能类似于PEN；然而，不得将其与用电设备连接。

c) 在诸电源中性点间相互连接的导体与PE之间，应只连接一次。这一连接应设置在总配电屏内。

d) 对装置的PE导体可另外增设接地。

对用电设备采用单独的PE和N的多电源TN—C—S系统

## 5.4 接地与安全

低压配电系统的接地形式

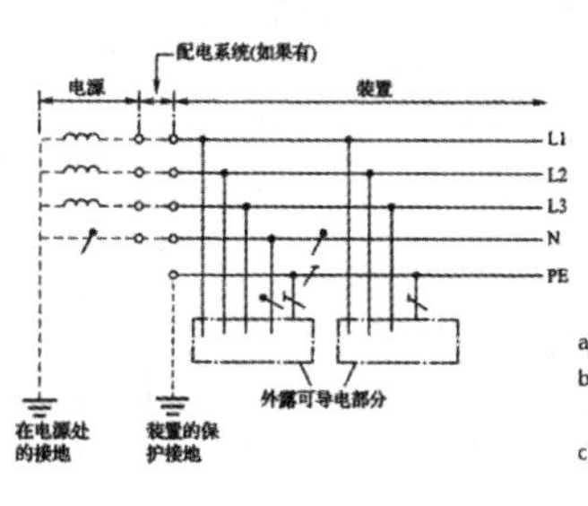


全部电气装置都采用分开的中性导体和保护导体的TT系统

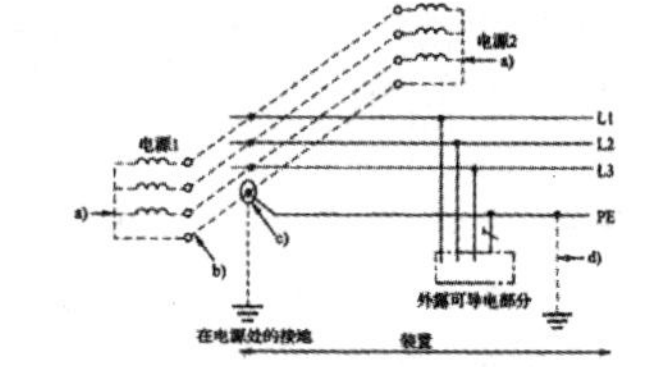


a) 不应在变压器的中性点或发电机的星形点直接对地连接。

b) 变压器的中性点或发电机的星形点之间连接的导体应是绝缘的，这种导体的功能类似于PEN；然而，不得将其与用电设备连接。

c) 在诸电源中性点间相互连接的导体与PE之间，应只连接一次。这一连接应设置在总配电屏内。

d) 对装置的PE导体可另外增设接地。

给两相或三相负荷供电的全系统内只有PE没有N的多电源TN系统

## 5.4 接地与安全

低压配电系统的接地形式

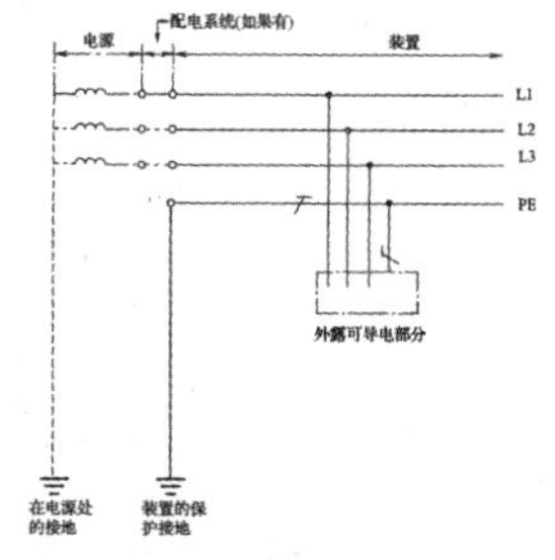


全部电气装置都具有接地的保护导体，但不配出中性线的TT系统

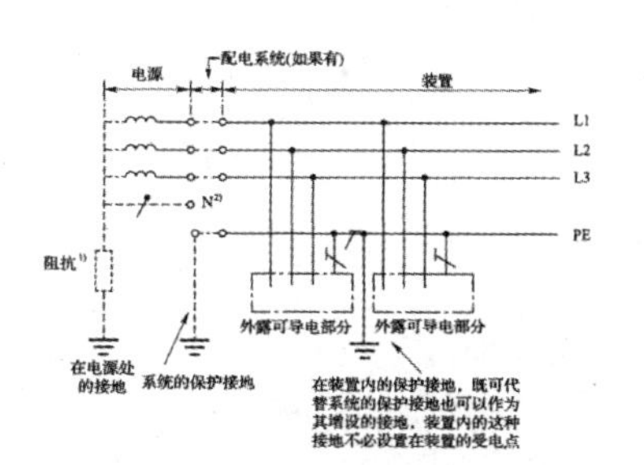


将所有外露可导电部分采用PE相连后集中接地的IT系统

## 5.4 接地与安全

低压配电系统的接地形式

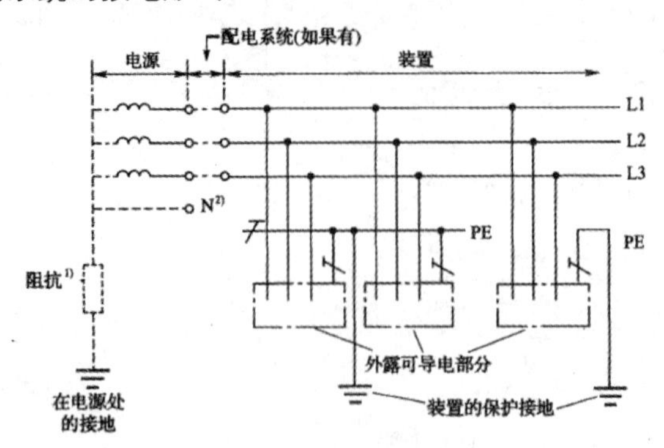


将外露可导电部分分组接地或独立接地的 IT 系统

## 5.4 接地与安全

低压配电系统的基本要求

➢ 为保证保护接地导体良好的电气连续性，保护接地导体（PE）应符合下列要求：

（1）保护接地导体（PE）对机械损伤、化学或电化学损伤、电动力和热效应等应具有适当的防护。

（2）不得在保护接地导体（PE）回路中装设保护电器和开关器件，但允许设置只有用工具才能断开的连接点。

（3）当采用电气监测仪器进行接地检测时，不应将工作的传感器、线圈、电流互感器等专用部件串接在保护接地导体中。

（4）当铜导体与铝导体相连接时，应采取铜铝专用连接器件。

➢ 当保护接地和功能接地共用接地导体时，应首先满足保护接地导体的相关要求。

➢ 电气装置的外露可导电部分不得用作保护接地导体（PE）的串联过渡接点。

➢ 保护接地导体（PE）的截面积应满足发生短路后自动切断电源的条件，且能承受保护电器切断时间内预期故障电流引起的机械应力和热效应。

## 5.4 接地与安全

低压配电系统的基本要求

➢ 单独敷设的保护接地导体（PE）最小截面积应满足下列要求：

（1）在有机械损伤防护时，铜导体不应小于 $2.5mm^2$，铝/铝合金导体不应小于 $16mm^2$；

（2）无机械损伤防护时，铜导体不应小于 $4mm^2$，铝/铝合金导体不应小于 $16mm^2$。

➢ 保护接地导体（PE）可由下列的一种或多种导体组成：

（1）多芯电缆中的导体；

（2）与带电导体共用的外护物绝缘的或裸露的导体；

（3）固定安装的裸露的或绝缘的导体；

（4）满足动、热稳定电气连续性的金属电缆护套和同心导体电力电缆。

➢ 采用 TN—C—S 系统时，当 PEN 导体从某点分开后不应再合并或相互接触，且中性导体不应再接地。

## 5.4 接地与安全

### 低压配电系统的基本要求

下列金属部分不应用作保护接地导体（PE）：

（1）金属水管；

（2）含有可能引燃的气体、液体、粉末等物质的金属管道；

（3）正常使用中承受机械应力的结构部分；

（4）柔性或可弯曲的金属导管；

（5）柔性的金属部件；

（6）支撑线、电缆托盘、电缆梯架。

## 5.4 接地与安全

### 低压配电系统的基本要求

下列部分严禁接地：

（1）采用设置非导电场所保护方式的电气设备外露可导电部分；

（2）采用不接地的等电位联结保护方式的电气设备外露可导电部分；

（3）采用电气分隔保护方式的单台电气设备外露可导电部分；

（4）在采用双重绝缘及加强绝缘保护方式中的绝缘外护物里面的外露可导电部分。

## 5.4 接地与安全

### 低压配电系统的基本要求

TN 接地系统接地应符合下列基本要求：

（1）在 TN 接地系统中，PEN 或 PE 导体对地应有效可靠连接。

（2）当配电回路中过电流保护电器不能满足《民用建筑电气设计规范》JGJ16 第七章的要求时，则应采用总等电位联结或辅助等电位联结措施，也可增设剩余电流动作保护装置（RCD），或结合采用等电位联结措施和增设剩余电流动作保护装置（RCD）等间接接触防护措施来满足要求。

（3）TN 接地系统中的 PEN 导体，应在建筑物的入口处作重复接地。

（4）TN 接地系统中，变电所变压器 0.4kV 低压侧中性点，除需要对供电可靠性有特殊要求的场合外，均采用直接接地方式。

## 5.4 接地与安全

### 低压配电系统的基本要求

TN 接地系统接地应符合下列基本要求：

（5）TN—C 及 TN—C—S 接地系统中的 PEN 导体应满足以下要求：

除成套开关设备和控制设备内部的 PEN 导体外，PEN 导体必须按可遭受的最高电压设置绝缘；电气装置外露可导电部分，包括配线用的钢导管及金属槽盒在内的外露可导电部分以及外界可导电部分，不得用来替代 PEN 导体；TN—C—S 系统中的 PEN 导体从某点起分为中性导体和保护接地导体后，保护接地导体和中性导体必须各自设有端子或母线，PEN 导体必须接在供保护接地导体用的端子或母线上。

（6）TN 接地系统中，低压柴油发电机中性点接地方式，应与变电所内变压器 0.4kV 侧中性点接地方式一致，并应满足以下要求：

当变电所内变压器 0.4kV 侧中性点，在变压器中性点处接地时，低压柴油发电机中性点也应在其中性点处接地；当变电所内变压器 0.4kV 侧中性点，在低压配电柜处接地时，低压柴油发电机中性点不能在其中性点处接地，应在低压配电柜处接地。

## 5.4 接地与安全

### 低压配电系统的基本要求

TT 接地系统的接地应符合下列基本要求：

（1）TT 接地系统中所装设的用于间接接触防护的保护电器的特性和电气装置外露可导电部分与大地间的电阻值应满足要求。

（2）TT 接地系统宜采用剩余电流动作保护装置（RCD）作为电击保护，只有在电气装置的外露可导电部分与大地间的电阻值非常小的条件下，才有可能以过电流保护电器兼作电击保护。

（3）TT 接地系统的电气设备外露可导电部分所连接的接地装置不应与变压器中性点的接地装置相连接，其保护接地导体的最大截面积为铜导体 $25mm^2$，铝导体 $35mm^2$。

IT 接地系统中包括中性导体在内的任何带电部分严禁直接接地。IT 系统中的电源系统对地应保持良好的绝缘状态。IT 系统可在外露可导电部分单独或成组地与电气上独立的接地极连接。

## 5.4 接地与安全

### 接地装置

因高压系统接地故障引起的低压装置暂时过电压的防护应满足以下要求：

（1）低压装置的外露可导电部分与地之间产生故障电压的幅值及持续时间不应超过规定值。

（2）由于高压系统接地故障，在低压装置中的低压设备工频应力电压的量值与持续时间不应超过规定值。

（3）当不满足上述要求时，应采取以下措施：

①高压和低压接地配置之间分隔；

②改变低压系统接地形式；

③降低接地电阻 $R_E$。

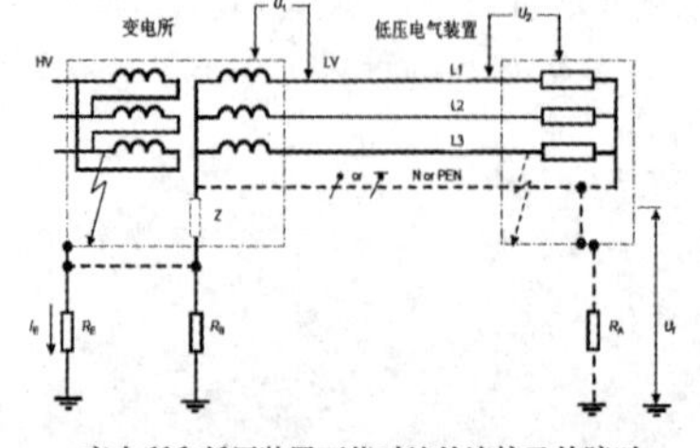


变电所和低压装置可能对地的连接及故障时出现过电压的典型示意图

## 5.4　接地与安全

不同类型低压接地系统的工频应力电压和工频故障电压

| 系统接地类型 | 对地连接类型 | $U_1$ | $U_2$ | $U_f$ |
|---|---|---|---|---|
| TT | $R_E$与$R_B$连接 | $U_0^*$ | $R_E \times I_E + U_0$ | $0^*$ |
| | $R_E$与$R_B$分隔 | $R_E \times I_E + U_0$ | $U_0^*$ | $0^*$ |
| TN | $R_E$与$R_B$连接 | $U_0^*$ | $U_0^*$ | $R_E \times I_E^{**}$ |
| | $R_E$与$R_B$分隔 | $R_E \times I_E + U_0$ | $U_0^*$ | $0^*$ |
| IT | $R_E$与$Z$连接<br>$R_E$与$R_A$分隔 | $U_0^*$ | $R_E \times I_E + U_0$ | $0^*$ |
| | | $U_0 \times \sqrt{3}$ | $R_E \times I_E + U_0 \times \sqrt{3}$ | $R_A \times I_h$ |
| | $R_E$与$Z$连接<br>$R_E$与$R_A$互连 | $U_0^*$ | $U_0^*$ | $R_E \times I_E$ |
| | | $U_0 \times \sqrt{3}$ | $U_0 \times \sqrt{3}$ | $R_E \times I_E$ |
| | $R_E$与$Z$分隔<br>$R_E$与$R_A$分隔 | $R_E \times I_E + U_0$ | $U_0^*$ | $0^*$ |
| | | $R_E \times I_E + U_0 \times \sqrt{3}$ | $U_0 \times \sqrt{3}$ | $R_A \times I_d$ |

* 不需考虑。

** 通常，低压系统的PEN导体对地多点接地，在这种情况下，总并联接地电阻值降低。对于多点接地PEN导体，$U_f$按下式计算：$U_f = 0.5R_F \times I_F$

（灰底）装置内有接地故障。

## 5.4　接地与安全

由于高压系统接地故障允许的故障电压值

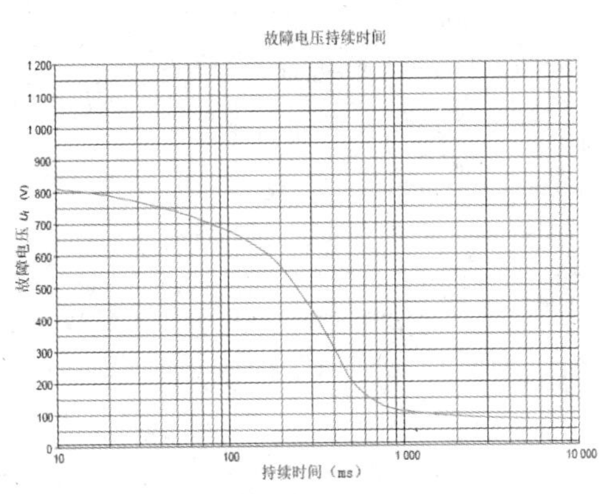


## 5.4　接地与安全

允许的工频应力电压

| 高压系统接地故障持续时间（s） | 低压装置中的设备允许的工频应力电压（V） |
|---|---|
| >5<br>≤5 | $U_0$+250<br>$U_0$+1200 |
| 注：无中性导体的系统，$U_0$应是相对相的电压。 | |

注：1. 表中第1行数值适用于接地故障切断时间较长的高压系统，例如中性点绝缘和谐振接地的高压系统；第2行数值适用于接地故障切断时间较短的高压系统，例如中性点低阻抗接地的高压系统。两行数值是低压设备对于暂时工频过电压绝缘的相关设计准则（见IEC60664-1）。

2. 对于中性点与变电所接地装置连接的系统，此暂时工频过电压也出现在处于建筑物外的设备外壳的不接地绝缘上。

## 5.4 接地与安全

### 接地装置

接地极与接地网可采取下列设施：
（1）嵌入建筑物基础的地下金属结构网（基础接地）；
（2） 金属板；
（3）除预应力混凝土外，埋在地下混凝土中非预应力焊接的钢筋；
（4）金属棒或管子；
（5）金属带或线；
（6）根据当地条件或要求所设置的电缆的金属护套和其他电缆的金属护套层；
（7）根据当地条件或要求设置的其他适用的地下金属网；
（8）用于输送可燃液体或气体的金属管道、供暖管道及自来水管道，不应用作接地极。

## 5.4 接地与安全

### 接地装置

接地网的防腐蚀设计，应符合下列规定：
（1）计及腐蚀的影响，接地装置的设计使用年限宜与整个工程的设计使用年限一致；
（2）接地装置的防腐蚀设计，宜按当地的腐蚀数据进行；
（3）接地网可采用钢材，但应采用热镀锌，镀锌层应有一定厚度，接地导体（线）与接地极或接地极之间的焊接点，应涂防腐材料；
（4）应考虑在接地配置中采用不同材料时的电解腐蚀，当自埋入混凝土基础内的接地极引出接地导体时，埋在土壤内的外接导体不应采用热浸镀锌钢材。
（5）在腐蚀性较强的场所，应适当加大截面。

## 5.4 接地与安全

### 接地装置

接地导体（线）应符合下列要求：
（1）接地导体与接地极的连接应牢固，且有良好的导电性能，并应采用热熔焊、压力连接器、夹板或其他的适合的机械连接器连接。若采用夹板，则不得损伤接地极或接地导体。
（2）连接件与固定件不应单独采用锡焊连接。
（3）埋入土壤中的接地导体（线）的最小截面积应符合下表的要求。

| 防腐蚀保护 | 有机械损伤防护 | 无机械损伤防护 |
|---|---|---|
| 有 | 铜：$2.5mm^2$<br>钢：$10mm^2$ | 钢：$16mm^2$<br>铜：$16mm^2$ |
| 无 | 铜：$25mm^2$；钢：$50mm^2$ | |

## 5.4　接地与安全

### 接地装置

- 铝导体不应作为埋设于土壤中的接地极和连接导体。
- 接地极的类型、材料和尺寸选择，应使其在预期的使用寿命内满足耐腐蚀和机械强度的要求。建筑物的各电气系统的接地，除另有规定外应采用同一接地网，接地网的接地电阻应符合其中最小值的要求。各系统不能确定接地电阻值时，接地电阻不应大于 1Ω。
- 保护配电变压器的避雷器其接地应与变压器保护接地共用接地装置。保护配电柱上断路器、负荷开关和电容器组等的避雷器的接地导体（线），应与设备外壳相连。
- 当利用自然接地极和引外接地装置时，应采用不少于两根导体在不同地点与接地网连接。
- 接地网的连接与敷设应符合下列规定：对于需进行保护接地的用电设备，应采用单独的保护接地导体与保护接地干线或接地极相连；电梯轨道应做等电位联结，但不应作为接地干线；变压器和柴油发电机的中性点接地与接地极或接地干线连接时，应采用单独接地导体（线）接地。

## 5.4　接地与安全

### 通用用电设备接地

- 插座应选择带有接地插孔的产品。当安装插座的接线盒为金属材质时，插座的接地插孔端子和金属接线盒应有可靠的电气连接。
- 移动式用电设备接地应符合下列规定：

（1）由固定式电源或移动式发电机以 TN 系统供电时，移动式用电设备的外露可导电部分应与电源的接地系统有可靠的电气连接；

（2）移动式用电设备的接地应符合固定式电气设备的接地要求；

（3）移动式用电设备在下列情况下可不接地：

①移动式用电设备的自用发电设备直接放在同一金属支架上，发电机和用电设备的外露可导电部分之间有可靠的电气连接，且不供其他设备用电时；

②不超过两台用电设备由专用的移动发电机供电，用电设备距移动式发电机不超过 50m，且发电机和用电设备的外露可导电部分之间有可靠的电气连接时。

## 5.4　接地与安全

### 保护等电位联结

- 建筑物内所有的保护和功能接地导体宜连接到同一个总接地端子，与建筑物有关的所有接地极，即保护、功能和雷电防护的接地极应相互连接。
- 低压电气装置采用接地故障保护时，建筑物内的电气装置应采用保护总等电位联结系统。
- 从建筑物外进入的供应设施管道可导电部分，宜在靠近入户处进行等电位联结。建筑物内的接地导体、总接地端子和下列导电部分应实施保护等电位联结：

（1）进入建筑物的供应设施的金属管道；

（2）在正常使用时可触及的装置外可导电结构、集中供热和空调系统的金属部分；

（3）便于利用的钢筋混凝土结构中的钢筋。

- 接到总接地端子上的每根导体，应连接牢固可靠，并可被单独拆开。

## 5.4 接地与安全

### 保护等电位联结

接到总接地端子的保护联结导体的截面积不应小于电气装置内的最大保护接地导体截面的一半，保护联结导体截面积的最大值和最小值应符合下表的规定。

| 导体材料 | 最大值 | 最小值 |
|---|---|---|
| 铜 | $25mm^2$ | $6mm^2$ |
| 铝 / 铝合金 | 按载流量与 $25mm^2$ 铜导体的载流量相同确定 | $16mm^2$ |
| 钢 | | $50mm^2$ |

## 5.4 接地与安全

### 保护等电位联结

➢ 在下列情况下应实施辅助等电位联结。

（1）在局部区域，当自动切断供电时不能满足防电击要求；

（2）在特定场所，需要有更低接触电压要求的防电击措施；

（3）具有防雷和信息系统抗干扰要求。

➢ 辅助等电位联结导体应与区域内的下列可导电部分相连接：

（1）固定设备的所有能同时触及的外露可导电部分；

（2）保护导体（包括设备的和插座内的）；

（3）电气装置外的可导电部分，如果可行，还应包括钢筋混凝土结构的主钢筋。

➢ 辅助等电位联结应符合下列规定：连接两个外露可导电部分的保护联结导体，其电导不应小于接到外露可导电部分的较小的保护接地导体的电导；连接外露可导电部分和装置外可导电部分的保护联结导体，其电导不应小于相应保护接地导体一半截面积所具有的电导。作辅助联结用单独敷设的保护联结导体最小截面积应要求。

## 5.4 接地与安全

### 屏蔽及防静电接地

➢ 屏蔽接地系统应符合下列规定：

（1）屏蔽接地可分为静电屏蔽体接地、电磁屏蔽体接地、磁屏蔽体接地三种系统。三种系统的接地电阻值不宜大于 4Ω；

（2）屏蔽室的接地应使屏蔽体在电源滤波器处，即在电源进线处一点接地；

（3）当电子设备之间采用多芯线缆连接时，屏蔽线缆的接地应符合下列规定：

①当电子设备工作频率 $f \leqslant 1MHz$ 时，其长度 $L$ 与波长 $\lambda$ 之比，即 $L/\lambda \leqslant 0.15$ 时，其屏蔽层应采用一点接地；

②当电子设备工作频率 $f > 1MHz$ 时，其长度 $L$ 与波长 $\lambda$ 之比，即 $L/\lambda > 0.15$ 时，其屏蔽层应采用多点接地，并应使接地点间距离不大于 $0.2\lambda$。

➢ 对于在使用过程中产生静电并对正常工作造成影响的场所，应采取防静电接地措施。

## 5.4 接地与安全

### 屏蔽及防静电接地

➢ 防静电接地应满足以下要求：

（1）凡是运输各种可燃气体、易燃液体的金属工艺设备、容器和管道都应接地；

（2）注油设备的所有金属体都应接地；

（3）移动时可能产生静电危害的器具应接地；

（4）防静电接地的接地线一般采用绝缘铜导线，对移动设备则采用可挠导线，其截面应按机械强度选择，最小截面为 $6mm^2$；

（5）固定设备防静电接地的接地线连接应采用焊接，对于移动设备防静电接地的接地线应与其可靠连接，并应防止松动或断线；

（6）防静电接地宜选择联合接地方式，当选择单独接地方式时，接地电阻不宜大于 10Ω。

## 5.4 接地与安全

### 电子信息技术装置接地

电子信息技术装置接地系统应符合下列规定：

（1）电子信息技术装置一般具有直流电源回路接地（直流地）、信号回路接地（信号地）和保护接地（PE）、防雷接地、屏蔽接地与防静电接地等；

（2）电子信息系统机房内的电子设备应进行等电位联结并接地；

（3）电子信息技术装置信号回路接地系统的形式，应根据电子设备的工作频率和接地导体长度，确定采用 S 型接地、M 型或 SM 混合型接地；

（4）电子信息技术装置可根据需要采取屏蔽措施；

（5）功能接地导体的应采用截面积不小于 $10mm^2$ 铜材，或相同电导的其他材质尺寸；

（6）除另有规定外，电子信息技术装置接地宜与防雷接地系统共用接地网，接地电阻不应大于 1Ω。

## 5.4 接地与安全

### 电子信息系统机房的接地

电子信息系统机房的接地应符合下列规定：

（1）信息系统机房一般具有直流电源回路接地（直流地）、信号回路接地（信号地）、和保护接地（PE）、防雷接地、屏蔽接地与防静电接地等。可以统一通过筑物保护接地（PE）进行接地，当不满足要求时，再按照信息系统机房有关技术要求及有关设计规范进行接地系统设计。

（2）信息系统机房接地系统宜采用共用接地网；当采用共用接地网时，共用接地网的接地

电阻应以诸种接地系统中要求接地电阻最小的接地电阻值来决定。

（3）信息系统机房接地导体的处理应满足下列要求：

①信息技术装置信号电路接地不得与交流电源的功能接地导体相短接或混接；

②交流线路配线不得与信号电路接地导体紧贴或近距离地平行敷设。

（4）信息系统机房可根据需要采取防静电措施。

## 5.4 接地与安全

### 浴盆或淋浴场所的安全防护

- 装有浴盆或淋浴器的房间，除下列回路外，应对电气配电回路采用额定剩余动作电流不超过 30mA 的剩余电流保护器（RCD）进行保护：
（1）采用电气分隔的保护措施，且一个回路只供给一个用电设备；
（2）采用 SELV 或 PELV 保护措施的回路。
- 装有浴盆或淋浴器的房间，应按规定设置局部的辅助保护等电位联结，将保护导体与外露可导电部分和可接近的外界可导电部分相连接。
- 在装有浴盆或淋浴器的房间，0 区用电设备应满足下列全部要求：
（1）采用固定永久性的连接用电设备；
（2）采用额定电压不超过交流 12V 的或直流 30V 的 SELV 保护措施；
（3）符合相关的产品标准，而且采用生产厂商使用安装说明中所适用的用电设备。

## 5.4 接地与安全

### 浴室安全防护区域范围划分

所有尺寸单位为厘米 (cm)

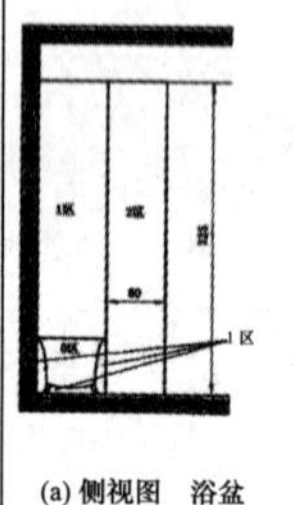


(a) 侧视图 浴盆

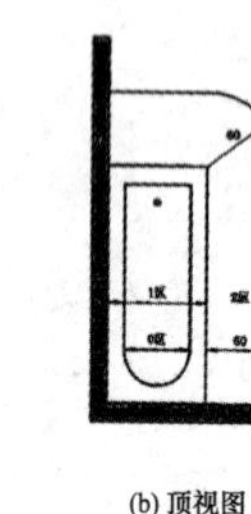

(b) 顶视图

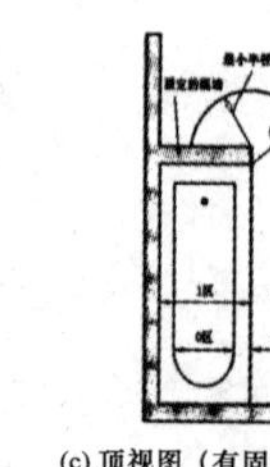

(c) 顶视图（有固定隔墙和围绕隔墙的最小半径距离）

所有尺寸单位为厘米 (cm)

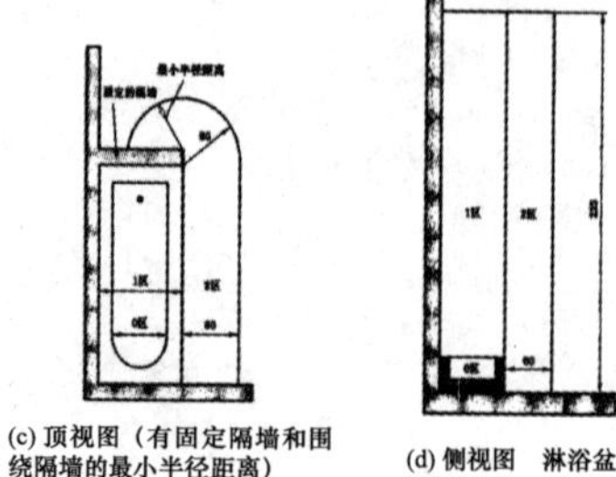

(d) 侧视图 淋浴盆

装有浴盆或淋浴场所各区域范围 (cm)

## 5.4 接地与安全

### 浴室安全防护区域范围划分

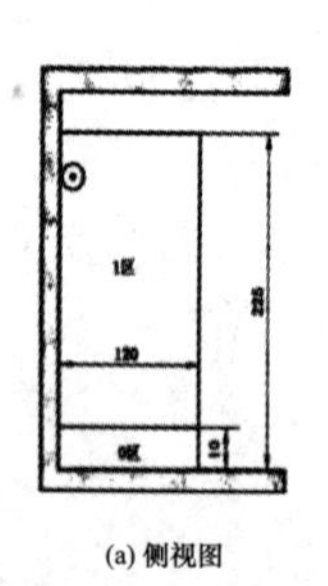

(a) 侧视图

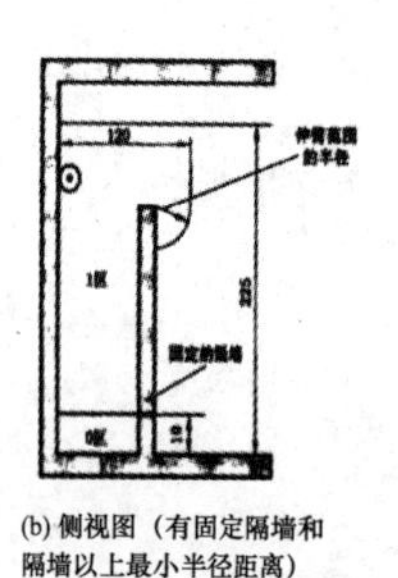

(b) 侧视图（有固定隔墙和隔墙以上最小半径距离）

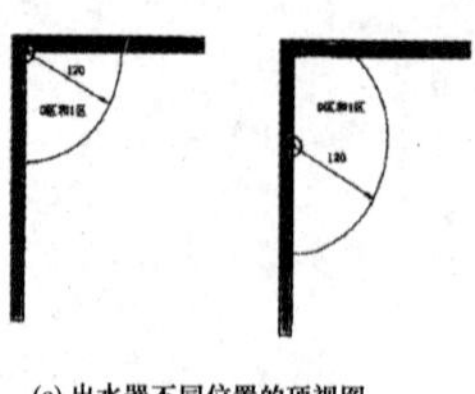

(c) 出水器不同位置的顶视图

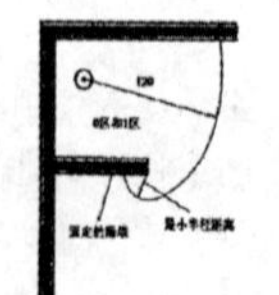

装有无淋浴盆或淋浴器场所中各区域 0 区和 1 区的范围 (cm)

## 5.4 接地与安全

### 浴盆或淋浴场所的安全防护

- 在装有浴盆或淋浴器的房间，在 1 区只能采用固定永久性的连接用电设备，并且采用生产厂商使用安装说明中所适用的用电设备。
- 在装有浴盆或淋浴器的房间，0 区内不应装设开关设备、控制设备和附件。
- 在装有浴盆或淋浴器的房间，1 区内开关设备、控制设备和附件安装应满足下列要求：

（1）按相关规定，允许在 0 区和 1 区采用用电设备的电源回路所用接线盒和附件；

（2）可装设标称电压不超过交流25V或直流60V的SELV或PELV作保护措施的回路的附件，其供电电源应设置在 0 区或 1 区以外；

- 在装有浴盆或淋浴器的房间，2 区内开关设备、控制设备和附件安装应满足下列要求：

（1）插座以外的附件；

（2）SELV 或 PELV 保护回路的附件，供电电源应设置在 0 区或 1 区以外；

（3）剃须刀电源器件；

（4）采用 SELV 或 PELV 保护电源插座、用于信号和通信设备的附件。

## 5.4 接地与安全

### 浴盆或淋浴场所的安全防护

在装有浴盆或淋浴器的房间，布线应满足下列要求：

（1）向 0 区、1 区和 2 区的电气设备供电的布线系统，而且安装在划分区域的墙上时，应安装在墙的表面，也可暗敷在墙内，其深度至少为 5cm，1 区的用电设备布线系统应满足下列要求：

①固定安装在浴盆上方的设备，其线路穿过设备后面的墙，需自上垂直向下或水平敷设；

②设置在浴盆下面空间的设备，其线路穿过相邻的墙，自下垂直向上或水平敷设；

（2）所有其他暗敷在 0 区、1 区和 2 区的墙或隔墙部分的布线系统，包括他们的附件在内，其埋设的深度，自划分区域的墙或隔墙表面起至少为 5cm；

（3）在上述不满足的情况下，其布线系统可按下列要求设置：

①采用 SELV、PELV 或电气分隔保护措施；

②采用额定剩余动作电流不超过 30mA 的剩余电流保护器（RCD）的附加保护；

③暗敷电缆或导体具有符合该回路保护导体要求的接地金属护套；

④具有机械防护的暗敷电缆或导体。

（4）在 0、1 及 2 区内宜选用加强绝缘的铜芯电线或电缆。

## 5.4 接地与安全

### 游泳池的安全防护区域范围划分

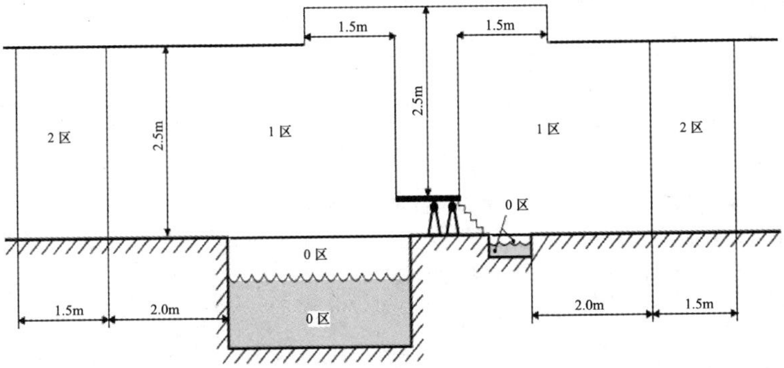

2 区 1 区 1 区 2 区 0 区 1.5m 2.5m 2.0m

游泳池和戏水池的区域尺寸（侧视图）

## 5.4 接地与安全

游泳池的安全防护区域范围划分

地面上游泳池和戏水池的区域尺寸（侧视图）

## 5.4 接地与安全

游泳池的安全防护区域范围划分

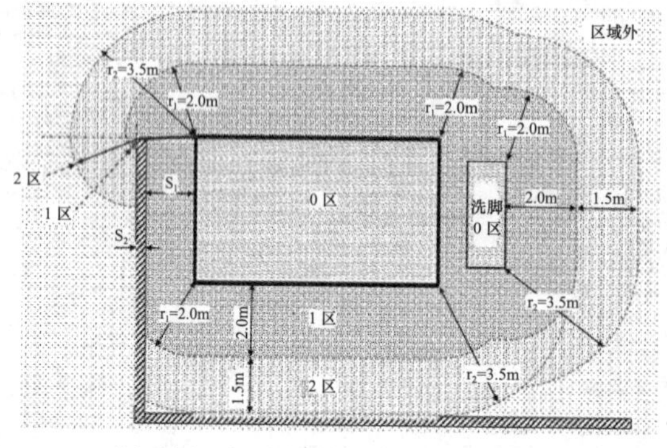


具有至少高 2.5 m 固定隔板的区域尺寸示例（俯视图）

## 5.4 接地与安全

游泳池的安全防护

➢ 游泳池各区的电气设备最低防护等级。

| 区域 | 户外采用喷水进行清洗 | 户外不用喷水进行清洗 | 户内采用喷水进行清洗 | 户内不用喷水进行清洗 |
|---|---|---|---|---|
| 0 | IPX5/IPXS | IPX8 | IPX5/IPX8 | IPX8 |
| 1 | IPX5 | IPX4 | IPX5 | IPX4 |
| 2 | IPX5 | IPX4 | IPX5 | IPX2 |

➢ 游泳池在 0 区、1 区和 2 区内的所有装置外可导电部分，应以等电位联结导体和这些区域内的设备外露可导电部分的保护导体相连接。

➢ 游泳池 0 区内不应安装接线盒，在 1 区内只允许为 SELV 回路安装接线盒。

## 5.4　接地与安全

### 游泳池的安全防护

游泳池水下或与水接触的灯具应符合《灯具　第 2–18 部分：特殊要求　游泳池和类似场所用灯具》GB7000.218 的规定。位于符合水密要求的观察窗后面并从其后照射的水下灯具的安装，应做到水下灯具的任何外露可导电部分和观察窗的任何可导电部分之间不存在有意或无意的导电连通 。

游泳池布线应满足下列要求：

（1）在 0 及 1 区内，非本区的配电线路不得通过，也不得在该区内装设接线盒；

（2）安装在 2 区内或在界定 0、1 或 2 区的墙、顶棚或地面内且向这些区域外的设备供电的回路，应满足下列要求：

①至少埋设的深度为 5 cm；

②采用额定剩余动作电流不大于 30mA 的剩余电流保护器（RCD）；

③采用 SELV 安全特低电压供电；

④采用电气分隔保护。

（3）在 0、1 及 2 区内宜选用加强绝缘的铜芯电线或电缆。

## 5.4　接地与安全

### 游泳池的安全防护

游泳池开关设备和控制设备应符合下列要求：

（1）在 0 区内不应安装开关设备或控制设备以及电源插座。

（2）在 1 区内只允许为 SELV 回路安装开关设备或控制设备以及电源插座，其供电电源安装在 0 区和 1 区之外，当在 2 区安装 SELV 的电源时，电源设备前的供电回路应采用额定剩余动作电流不超过 30 mA 的剩余电流保护器（RCD）。

（3）在 2 区内不允许安装开关设备、控制设备和电源插座，除非采用下列保护措施之一：

①由 SELV 供电，其供电电源装在 0 区和 1 区之外。当 SELV 的电源装在 2 区时，电源设备前的供电回路应采用额定剩余动作电流不大于 30mA 的剩余电流保护器（RCD）；

②采用额定剩余动作电流不大于 30mA 的剩余电流保护器（RCD）作为自动切断电源保护的附加保护；

③采用电气分隔，由装在 0 区和 1 区之外单独的分隔电源供电，当电气分隔的电源装在 2 区时，电源设备前的供电回路应采用额定剩余动作电流不大于 30mA 的剩余电流保护器。

## 5.4　接地与安全

### 游泳池的安全防护

游泳池的用电设备满足以下要求：

（1）在 0 区内和 1 区内的固定连接的游泳池清洗设备，应采用不超过交流 12V 或直流 30V 的 SELV 供电，其安全电源应设在 0 区内和 1 区以外的地方，当在 2 区内装设 SELV 的电源时，电源设备前的供电回路应采用额定剩余动作电流不超过 30mA 的剩余电流保护器。

（2）如果游泳池专用的供水泵或其他特殊电气设备安装在游泳池近旁的房间或位于 1 区和 2 区以外某些场所内，人体通过人孔或门可以触及的电气设备应采用下列之一的保护措施：

①不大于交流 12 V 或直流 30 V 的 SELV，其供电电源安装在 0 区和 1 区之外，当在 2 区内装设 SELV 的电源时，电源设备前的供电回路应采用额定剩余动作电流不超过 30mA 的剩余电流保护器（RCD）。

②采用电气分隔的措施，并同时满足下列条件：

a. 当泵或其他设备连接到游泳池内时，应采用非导电材料的连接水管；

b. 只能用钥匙或工具才能打开人孔盖或门；

c. 装在上述房间或某一场所内的所有电气设备，应具有至少 IPX5 防护等级或采用外护物（外壳）来达到该防护等级的保护要求。

## 5.4 接地与安全

### 游泳池的安全防护

游泳池的用电设备满足以下要求:

③采用自动切断供电电源措施，并同时满足下列条件:

a. 当泵或其他设备连接到游泳池内时，应采用电气绝缘材料制成的水管或将金属水管纳入水池等电位联结系统内;

b. 只能用钥匙或工具才能打开人孔盖或门;

c. 装在 1 区和 2 区之外或水池周围场所的所有电气设备应具有至少为 IPX5 防护等级或采用外护物（外壳）来达到该防护等级的保护要求;

d. 设置附加等电位联结;

e. 电气设备应装设额定剩余动作电流不大于 30mA 的剩余电流保护器。

（3）以低压供电的专用于游泳池的固定设备允许安装在 1 区内，但应满足以下所有要求:

①这些设备应设在具有相当于附加绝缘的外护物（外壳）内，该外护物应能耐受 AG2 级的机械撞击;

②当开启人孔盖（门）时，应同时切断在外护物内设备的所有带电导体电源，供电电缆和切断电源的电器设置应按 II 类设备防电击要求或与之等效绝缘。

## 5.4 接地与安全

### 游泳池的安全防护

游泳池的用电设备满足以下要求:

（4）游泳池的 2 区应采用下列一种或多种保护方式:

①由 SELV 供电，其供电电源应装在 0 区和 1 区之外，当其供电电源安装在 2 区时，电源设备前的供电回路应采用额定剩余动作电流不超过 30 mA 的剩余电流保护器（RCD）;

②采用额定剩余动作电流不大于 30 mA 的剩余电流保护器（RCD）自动切断电源;

③电气分隔的分隔电源仅向一台设备供电，其供电电源应安装在 0 区和 1 区之外；当其供电电源安装在 2 区时，电源设备前的供电回路应采用额定剩余动作电流不超过 30 mA 的剩余电流保护器（RCD）。

（5）对于没有 2 区的游泳池，在照明设备采用不大于交流 12V 或直流 30V 由 SELV 供电情况下，可安装在满足下列要求的 1 区的墙或顶棚上:

①应采取自动切断电源保护措施，并装额定剩余动作电流不大于 30mA 的剩余电流保护器（RCD）作为附加保护;

②照明设备底部的高度至少比 1 区的地面高出 2m。

## 5.4 接地与安全

### 游泳池的安全防护

游泳池的用电设备满足以下要求:

（6）埋设在地面下和安装在天花板上的电气加热单元的安装，应采用满足下列条件中之一的保护方式:

①由 SELV 供电，其供电电源安装在 0 区和 1 区之外，当在 2 区内装设 SELV 的电源时，电源设备前的供电回路应采用额定剩余动作电流不超过 30mA 的剩余电流保护器。

②加热单元上面覆盖埋设并接地的金属网格或金属护套，且连接到辅助等电位联结系统内，供电回路应采用额定剩余动作电流不大于 30mA 的剩余电流保护器作为附加保护措施。

## 5.4　接地与安全

喷水池的安全防护区域范围划分

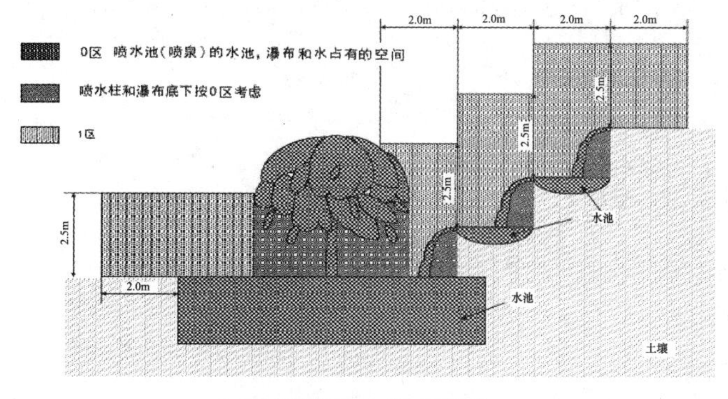


喷水池区域的确定示例（侧视图）

## 5.4　接地与安全

喷水池的安全防护

允许人进入的喷水池应执行游泳池的规定。
不让人进入的喷水池在 0 区和 1 区内应采用下列保护措施之一：
(1) 由 SELV 供电，其供电电源装在 0 区和 1 区之外；
(2)采用额定剩余动作电流不大于30 mA的剩余电流保护器(RCD)自动切断电源；
(3) 电气分隔的分隔电源仅向一台设备供电，其供电电源装在 0 区和 1 区之外。
喷水池的 0 区和 1 区的电气设备应是不可能被触及的。
喷水池应采用符合《额定电压 450/750V 以下橡皮绝缘电缆》GB5013 规定的 66 型电缆，并且其保护导管应符合《电缆管理用导管系统》GB/T20041 规定防撞击性能。不允许人进入的喷水池，布线还应满足以下要求：
(1) 0 区内电气设备的敷设在非金属导管的电缆或绝缘导体，应尽量远离水池的外边缘，在水池内的线路应尽量以最短路径接至设备。
(2) 0 区和 1 区内敷设在非金属导管的电缆或绝缘导体，应有合适的机械防护。

## 结束语

- 雷电是一种自然现象，雷击是一种自然灾害
- 防雷与接地涉及建筑物、用电与人身安全
- 防雷接地工程设计需要不断总结和积累经验

*The End*

# 第六章

## 超高层建筑电气设计与研究

## Electrical Design & Research of high-rise Building

【摘要】超高层建筑是随着社会生产的发展和人们生活的需要而发展起来的，是商业化、工业化和城市化的结果。超高层建筑具有建筑规模大，建筑高度高、功能复杂的建筑特点。电气方面具有用电负荷大，输配电距离长，变配电系统架构复杂，供电安全性要求高，防雷、智能化及消防等方面都有鲜明特点，在设计时，应充分予以考虑，必须有着和普通建筑不同的设计理念和特殊的关键性设计处理，针对系统优化问题进行探讨和研究，以保证安全性和高品质。

目录　CONTENTS

# 6.1　设计理念

## 6.1　设计理念

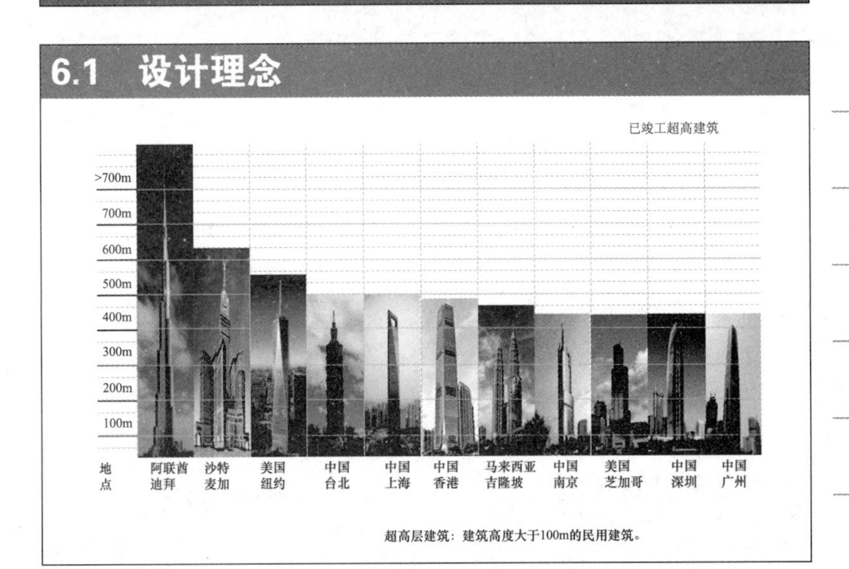


超高层建筑：建筑高度大于100m的民用建筑。

## 6.1 设计理念

在建超高建筑

>700m
700m
600m
500m
400m
300m
200m
100m

地点 | 沙特利雅得 | 中国长沙 | 中国深圳 | 中国上海 | 韩国仁川 | 俄国莫斯科 | 美国芝加哥 | 中国武汉 | 中国天津 | 中国广州 | 中国天津 | 中国北京 | 中国大连

## 6.1 设计理念

超高层的建筑特征

- 高度高、面积大、造价高；
- 总体建筑功能复杂；
- 塔楼部分每层建筑功能单一，面积不大；
- 竖向交通占用空间很大，且有竖向通道的转换；
- 设备层、转换层相关专业设备及管道多而密集；
- 设备竖井多，布置集中、密集；
- 避难层设置多，常以避难层作为功能分区；
- 防灾要求高。

## 6.1 设计理念

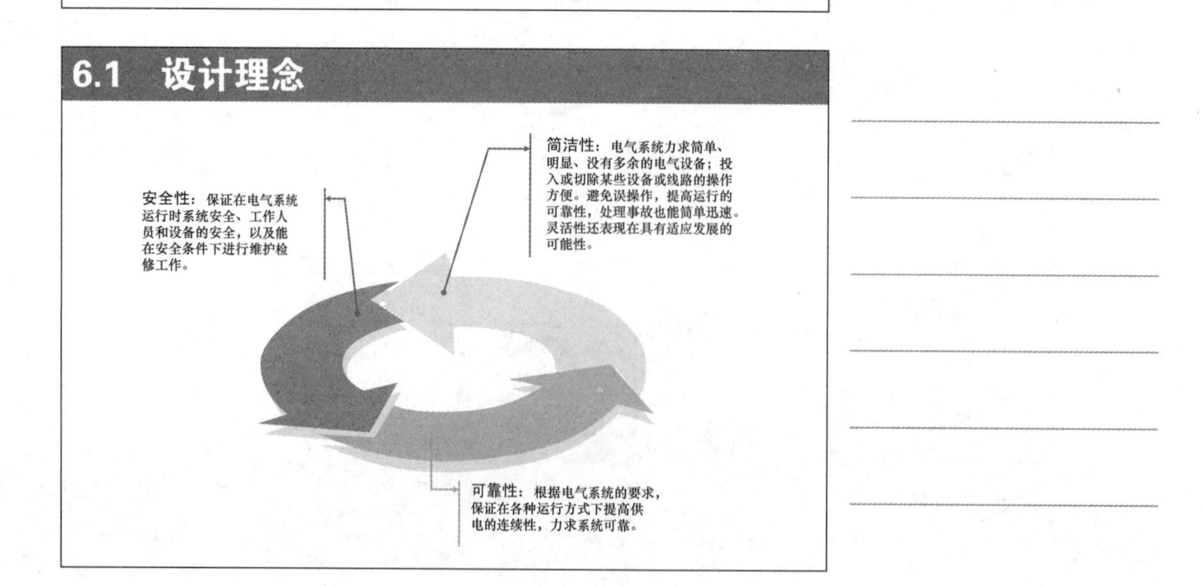

## 6.1 设计理念

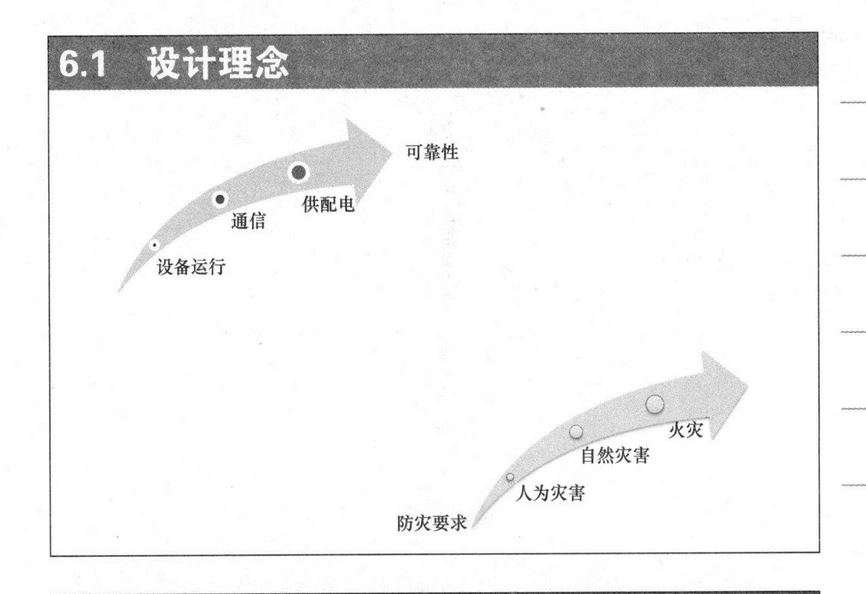


## 6.2 强电设计

6.2 强电设计

负荷等级

| 负荷等级 | 供电区域或负荷名称 | 供配电措施 |
|---|---|---|
| 一级负荷 | 特别重要负荷：消防系统（含消防值班室内消防控制设备、火灾自动报警系统、消防泵、消防电梯、疏散电梯、防火卷帘、防排烟风机、阀门等）、保安监控系统、建筑设备监控系统、卫星通信系统、电话交换机、计算机主机房设备、应急及疏散照明、警卫照明、值班照明、安全照明航空障碍灯等 | 双电源供电，末端切换，另设柴油发电机作为备用电源 |
| | 银行营业厅照明、会议室照明、厨房、电梯、生活水泵、排水泵、制冷机组、热力站、多功能中心等 | 双电源供电 |
| 二级负荷 | 自动扶梯、主要办公室等 | 双电源供电 |
| 三级负荷 | 一般照明及电力设备等 | 单电源供电 |

## 6.2 强电设计

### 举例

由2个110kV变电站分别引来3路10kV电源（共6路）。外线由工程地块南侧B4层分两处引入。6路10kV电源分为3组，每组两路高压电源同时工作，互为备用，当一路高压出现故障，另外一路高压进线能承担故障电源供电的全部一、二级负荷。

装机容量：56511kVA

负荷密度：129VA/m$^2$

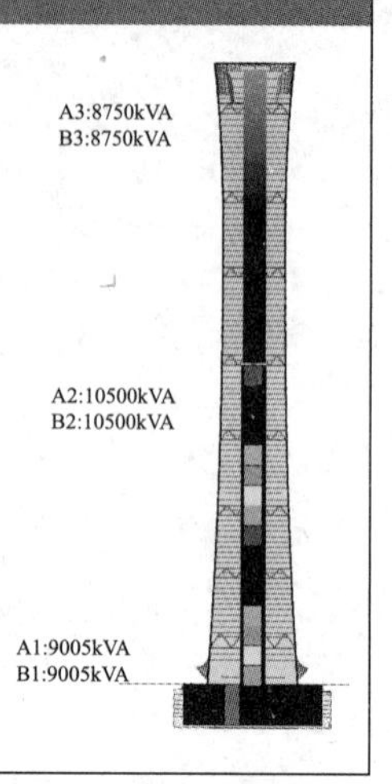


## 6.2 强电设计

### 举例

配电室设置表

| 市政电源 10kV 编号 | 变配电室位置 | 供电范围 | 变压器装机明细及容量（kVA） | |
|---|---|---|---|---|
| A3,B3 | M8 设备层 | Z8 区用电 | 1250 | 2 |
| | | Z7 区公区 | 1250 | 2 |
| | M7 设备层 | Z7 区用户 | 1250x | 2 |
| | | Z6 区公区 | 1250 | 2 |
| | M6 设备层 | Z6 区用户 | 1250 | 2 |
| | | Z5 区公区 | 1250 | 2 |
| | M5 设备层 | Z5 区用户 | 1250 | 2 |
| A2,B2 | M4 设备层 | Z4 区公区 | 1250 | 2 |
| | | Z4 区用户 | 1250 | 2 |
| | M3 设备层 | Z3 区公区 | 1250 | 2 |
| | | Z3 区用户 | 1250 | 2 |
| | M2 设备层 | Z2 区公区 | 1000 | 2 |
| | | Z2 区用户 | 1250 | 2 |
| | B2 层 | Z1 区公区 | 1250 | 2 |
| | B5 层 | Z1 区用户 | 2000 | 2 |
| A1,B1 | B2 层 | B2 ~ B1M | 1600 | 2 |
| | B5 层 | 地下停车场 | 1250 | 2 |
| | B5 层 | 制冷机房辅机 1 | 2x1600 | |
| | | 10kV 高压制冷机组 | 5111 | |
| | B5 层 | 制冷机房辅机 2 | 2x2000 | 2 |

## 6.2 强电设计

### 柴油发电机组设置

- 在供电距离为400m及以上时，柴油发电机组电压等级应选择高压柴油发电机组。
- 在供电距离为250 ~ 400m之间时，柴油发电机组电压等级选择应进行技术经济分析确定。
- 在供电距离为250m及以下时，柴油发电机组电压等级应选择低压柴油发电机组。

## 6.2　强电设计

举例

| 自备电源 – 柴油发电机组设置表 | | | | | | |
|---|---|---|---|---|---|---|
| 机组编号 | 供电范围 | 用途 | 供电电压（kV） | 装机容量（kVA） | 台数 | 备注 |
| EG6 | Z1 ~ Z4 | 用户备用 | 0.38 | 2500 | 1 | |
| EG5 | Z5 ~ Z8 | 消防及重要负荷 | 10 | 2500 | 1 | 并机运行 |
| EG4 | | | 10 | 2500 | 1 | |
| EG3 | Z1 ~ Z4 | 消防及重要负荷 | 0.38 | 1500 | 1 | 并机运行 |
| EG2 | | | 0.38 | 1500 | 1 | |
| EG1 | 地下室 | 消防及重要负荷 | 0.38 | 1500 | 1 | |
| 总计 | | | | 11500 | | |
| 室外设置 1 个 $15m^3$ 的油罐。室内柴油发电机组设置 $1m^3$ 的日用油箱。 | | | | | | |

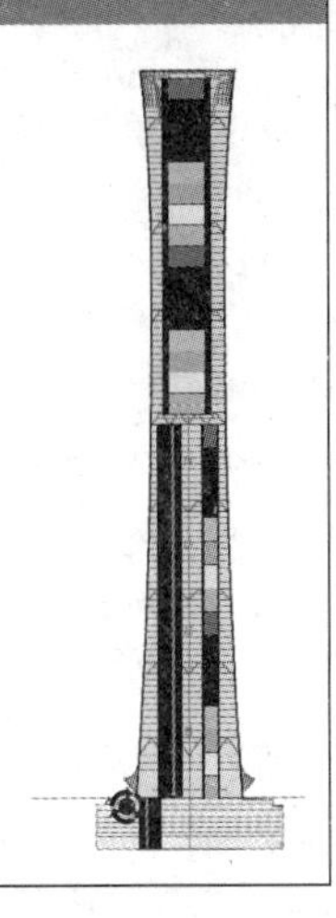

## 6.2　强电设计

举例

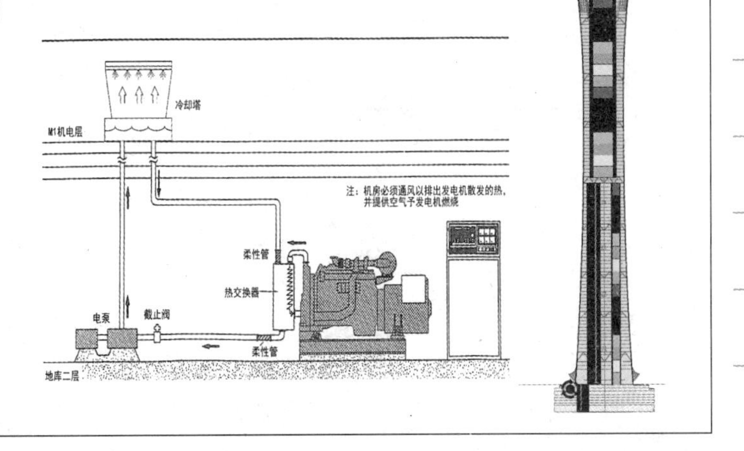


## 6.2　强电设计

举例

| 场所 | UPS 容量（kVA） |
|---|---|
| 地下智能化中心 | 50 |
| 消防中心 | 30 |
| 地下智能化机房 | 80 |
| 地下弱电竖井 | 60 |
| Z1–Z2 弱电竖井 | 60 |
| Z3 ~ Z5 区消防控制室 | 10 |
| Z3 ~ Z5 区安防电信机房 | 20 |
| Z3–Z5 弱电竖井 | 80 |
| Z6–Z8 弱电竖井 | 80 |
| Z6 ~ Z8 区消防控制室 | 10 |
| Z6 ~ Z8 区安防电信机房 | 20 |

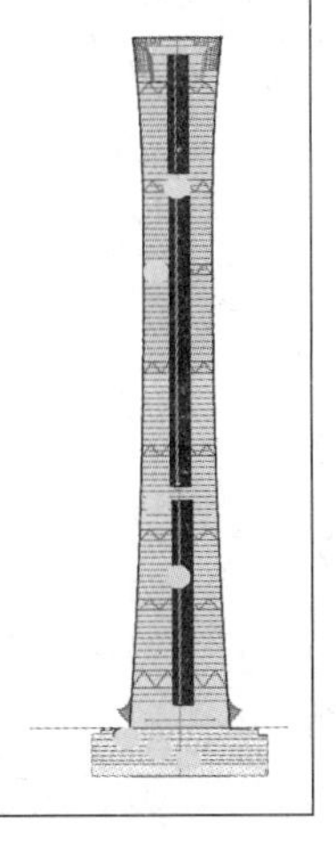

## 6.2 强电设计

举例

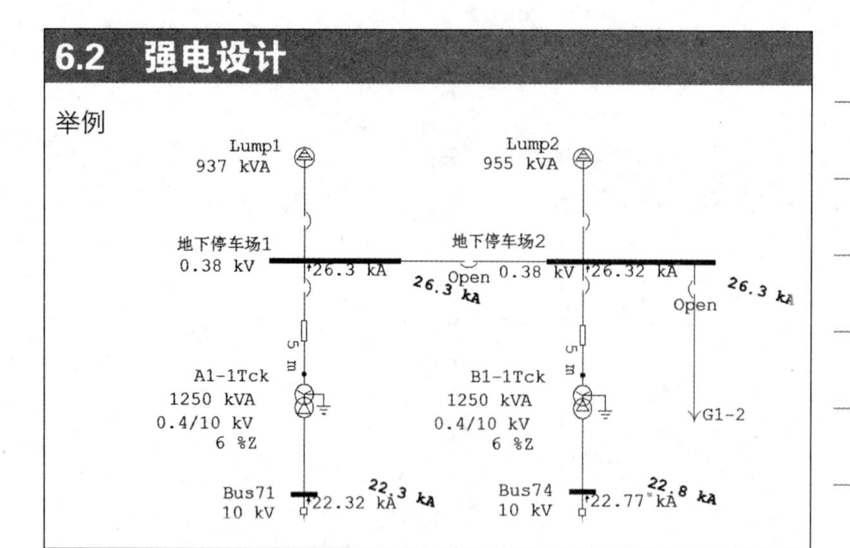


## 6.2 强电设计

举例

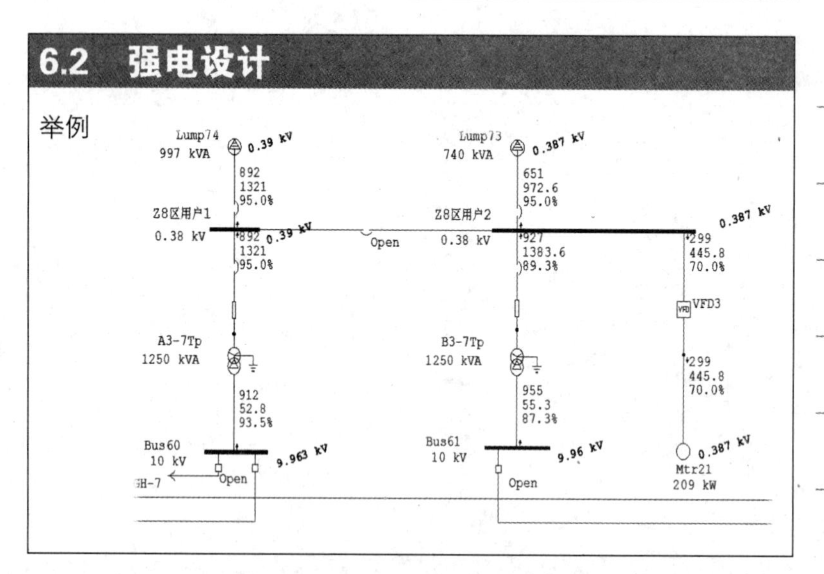


## 6.2 强电设计

举例

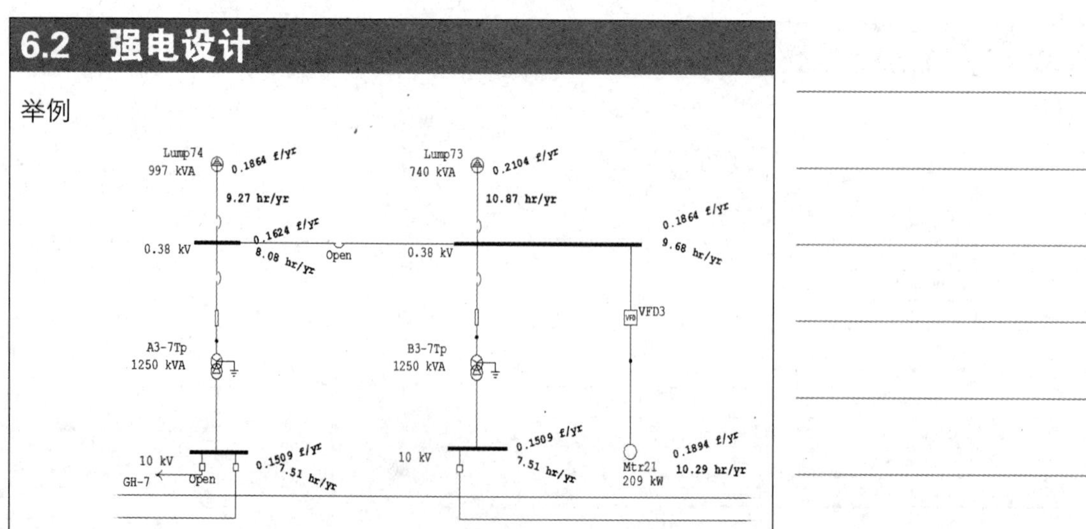

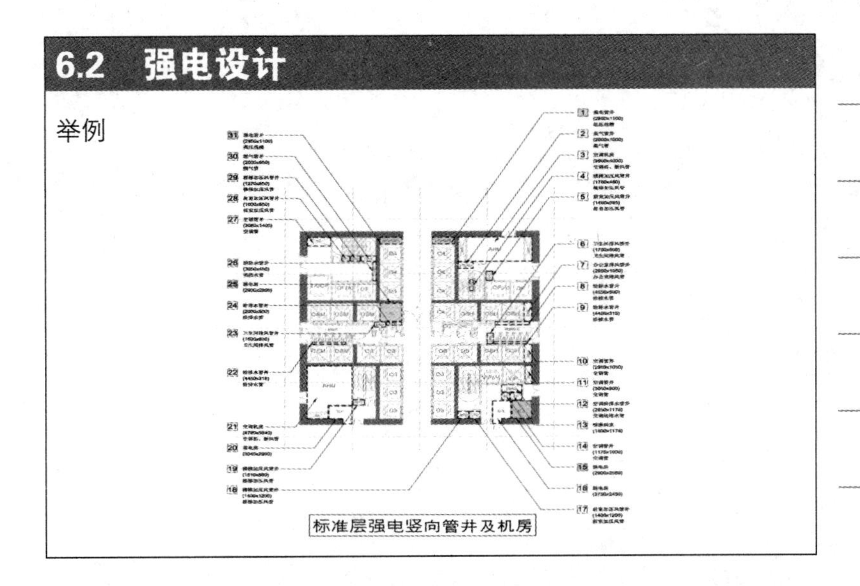


## 6.2 强电设计

举例

| 房间或场所 | 参考平面及其高度 | 照度标准值（lx） | UGR | Ra | 照明功率密度（W/m²） |
|---|---|---|---|---|---|
| 办公大堂 | 地面 | 300 | – | 80 | 9 |
| 电梯厅 | 地面 | 150 | – | 80 | 7 |
| 办公室 | 0.75m 水平面 | 500 | 19 | 80 | 12 |
| 地下车道 | 地面 | 75 | 28 | 80 | 4 |
| 走廊及楼梯 | 地面 | 50 | – | 80 | 3 |
| 地下停车位 | 地面 | 50 | 28 | 80 | 3 |
| 厨房 | 台面 | 200 | – | 80 | 7 |
| 消防监控室、弱电机房 | 0.75m 水平面 | 500 | 19 | 80 | 12 |
| 变配电室、柴油机房 | 0.75m 水平面 | 200 | 25 | 80 | 7 |
| 冷冻站、换热站、中水机房 | 0.75m 水平面 | 150 | – | 60 | 7 |
| 风机房、空调机房 | 0.75m 水平面 | 100 | – | 60 | 4 |

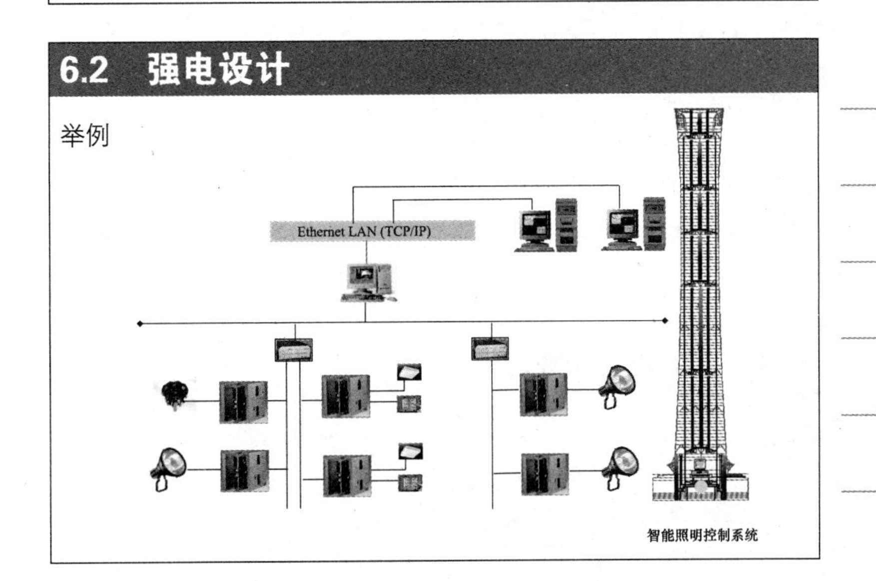

## 6.2 强电设计

举例

| 范围 | 照明控制方案 |
| --- | --- |
| 停车场 | 普通照明由智能灯光控制系统控制，配电回路满足在非繁忙时间能关掉约一半照明。应急灯长明 |
| 机电机房 | 由就地照明开关控制 |
| 地下大堂 | 普通照明由智能灯光控制系统控制，配电回路满足在非繁忙时间能关掉约一半照明。应急灯长明 |
| 标准层电梯大堂 | 普通照明由智能灯光控制系统控制，配电回路满足在非繁忙时间能关掉约一半照明。应急灯有就地与消防相结合的控制方式 |
| 楼梯 | 设红外微波复合双鉴入侵探测器使照明在有人进入时自动开启，应急照明在火灾时或电源故障时自动开启 |
| 后勤走道 | 设红外微波复合双鉴入侵探测器使照明在有人进入时自动开启，应急照明在火灾时或电源故障时自动开启 |
| 用户办公单元 | 就地照明开关控制 |
| 外墙照明 | 由时间控制器及智能灯光控制系统控制 |
| 园林照明 | 由时间控制器及智能灯光控制系统控制 |

## 6.2 强电设计

举例

| 编号 | 区域 | 应急照明比率 |
| --- | --- | --- |
| (1) | 疏散、防烟楼梯间及其前室、消防电梯前室、值班室 | 100% |
| (2) | 电缆分界室、10kV配电室、变配电室、配电间、弱电间、柴油发电机房、电信机房、电梯机房等重要机房 | 100% |
| (3) | 消防控制室、消防水泵房、排烟机房等与消防有关的机房 | 100% |
| (4) | 门厅、大堂、疏散走廊 | 30% |
| (5) | 停车库及后勤区 | 15% |
| (6) | 其他人员密集的场所 | 10% |

## 6.2 强电设计

举例

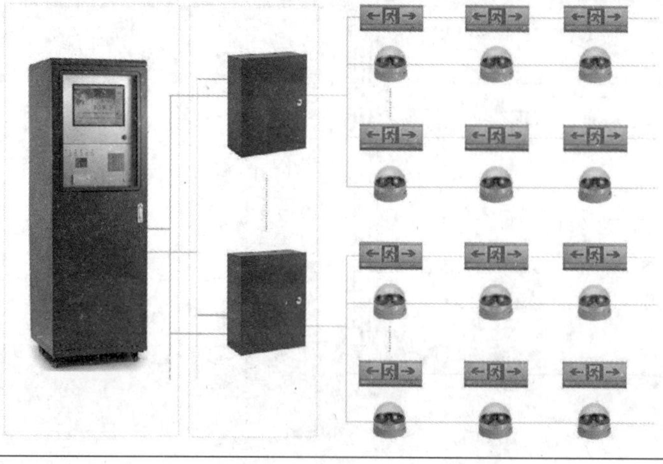

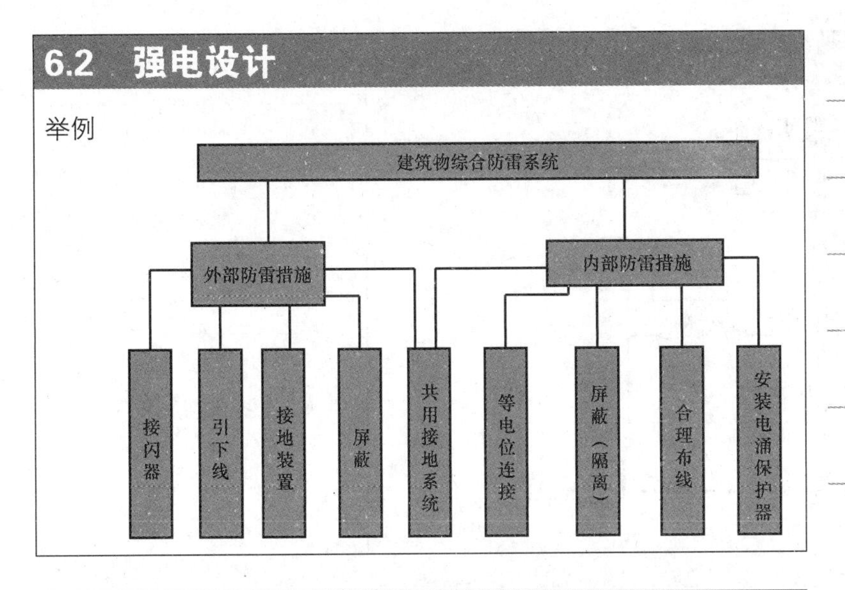


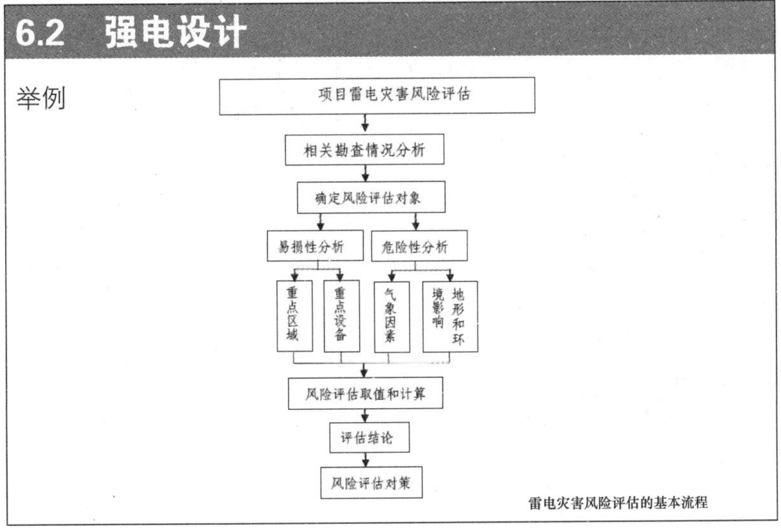

雷电灾害风险评估的基本流程

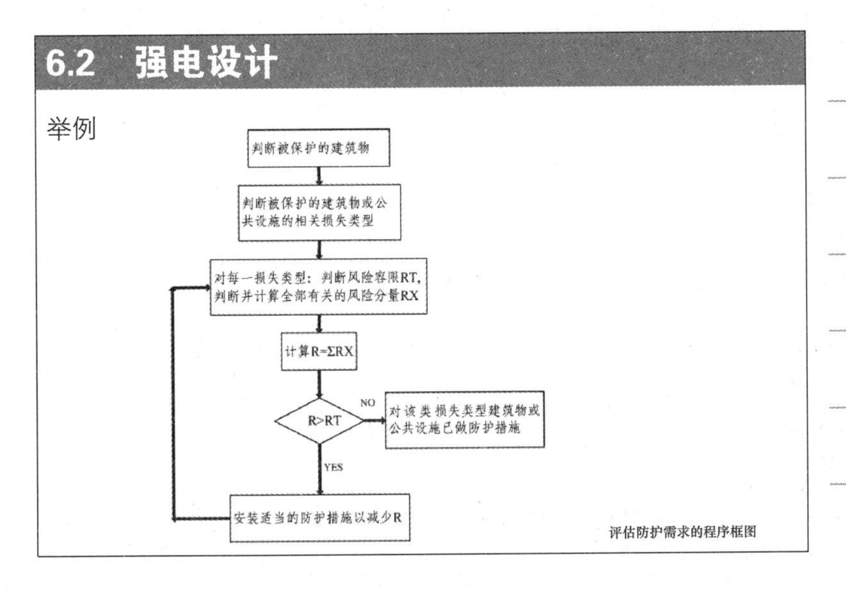

评估防护需求的程序框图

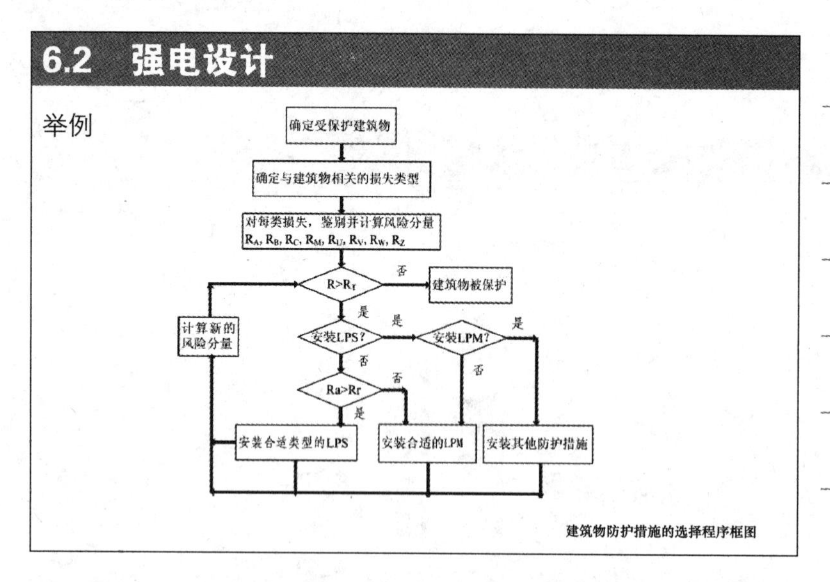
6.2 强电设计
举例
确定受保护建筑物
确定与建筑物相关的损失类型
对每类损失，鉴别并计算风险分量
$R_A$, $R_B$, $R_C$, $R_M$, $R_U$, $R_V$, $R_W$, $R_Z$
R>Rт
否
建筑物被保护
是
计算新的风险分量
安装LPS?
是
安装LPM?
是
否
否
Ra>Rr
否
是
安装合适类型的LPS
安装合适的LPM
安装其他防护措施
建筑物防护措施的选择程序框图

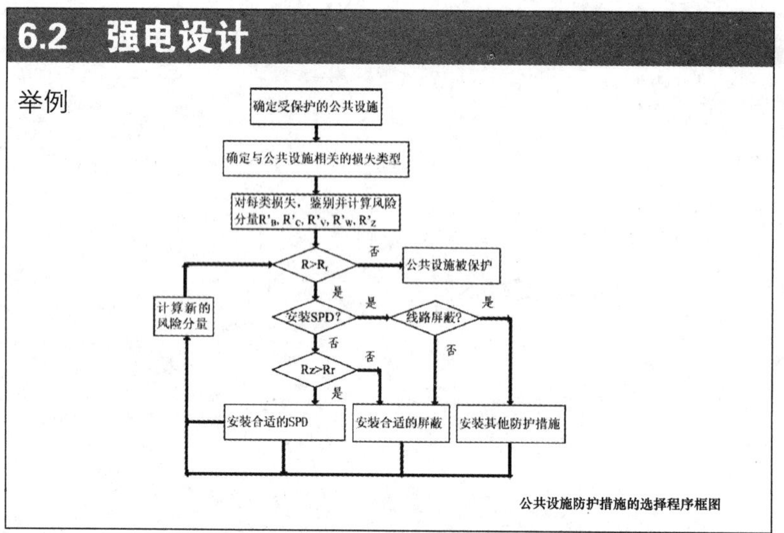
6.2 强电设计
举例
确定受保护的公共设施
确定与公共设施相关的损失类型
对每类损失，鉴别并计算风险分量R'B，R'C，R'V，R'W，R'Z
R>Rт
否
公共设施被保护
是
计算新的风险分量
安装SPD?
是
线路屏蔽?
是
否
否
Rz>Rr
否
是
安装合适的SPD
安装合适的屏蔽
安装其他防护措施
公共设施防护措施的选择程序框图

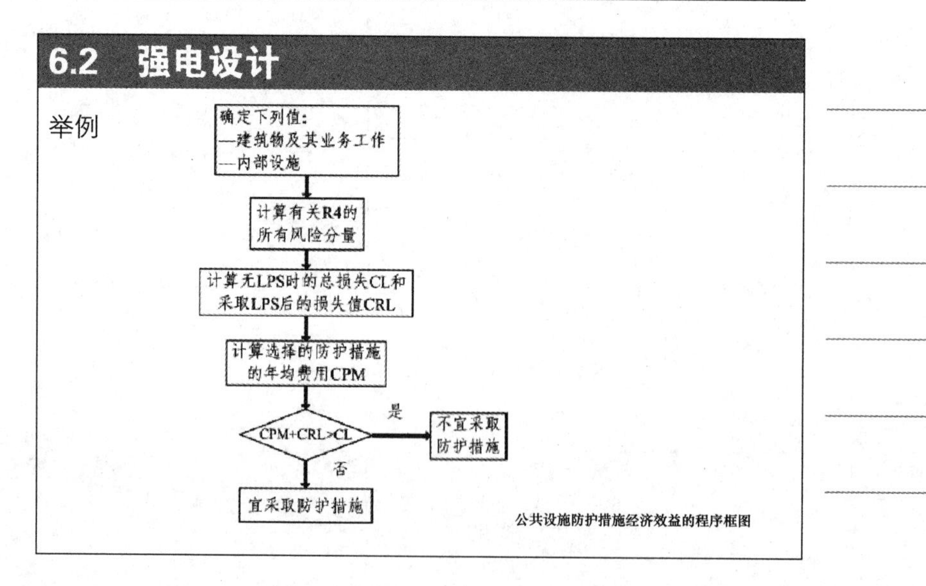
6.2 强电设计
举例
确定下列值:
—建筑物及其业务工作
—内部设施
计算有关R4的所有风险分量
计算无LPS时的总损失CL和采取LPS后的损失值CRL
计算选择的防护措施的年均费用CPM
CPM+CRL>CL
是
不宜采取防护措施
否
宜采取防护措施
公共设施防护措施经济效益的程序框图

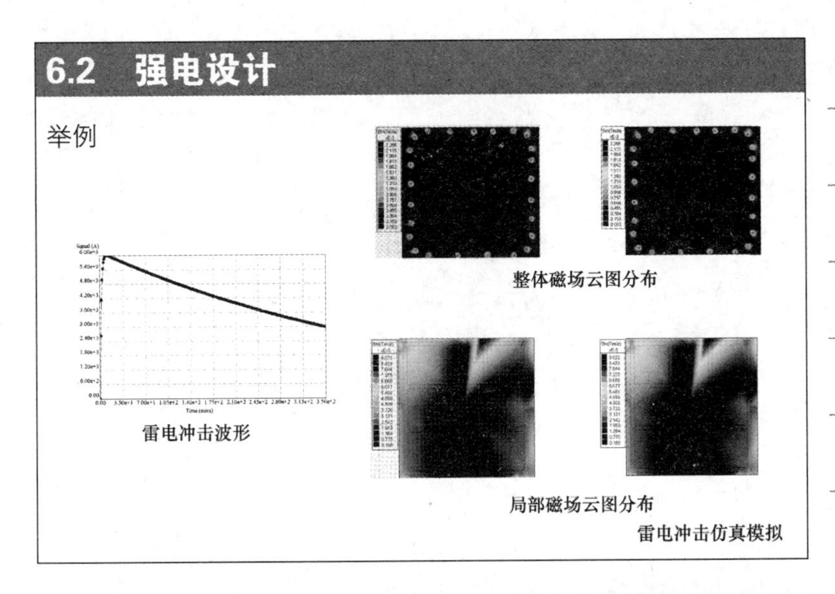
6.2 强电设计
举例
整体磁场云图分布
雷电冲击波形
局部磁场云图分布
雷电冲击仿真模拟

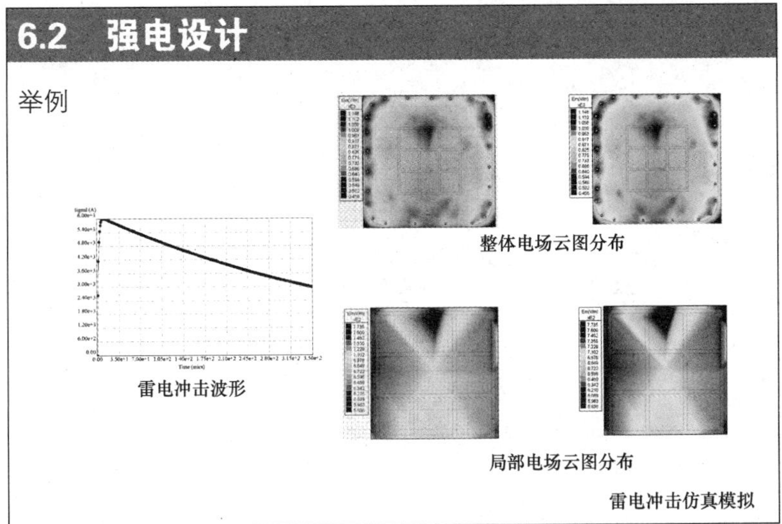
6.2 强电设计
举例
整体电场云图分布
雷电冲击波形
局部电场云图分布
雷电冲击仿真模拟

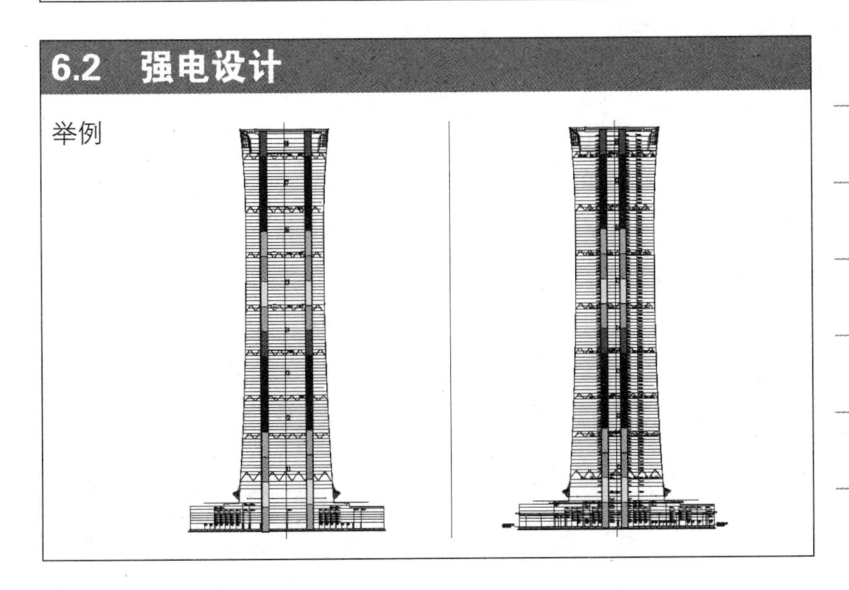
6.2 强电设计
举例

## 6.2 强电设计

举例

抗震设计

1 变压器的安装。
2 柴油发电机组的安装。
3 配电箱（柜）的安装。
4 蓄电池、电力电容器的安装。
5 母线的安装。
6 屋顶上的共用天线的安装。
7 广播系统预置地震广播模式。
8 通信设备的安装。

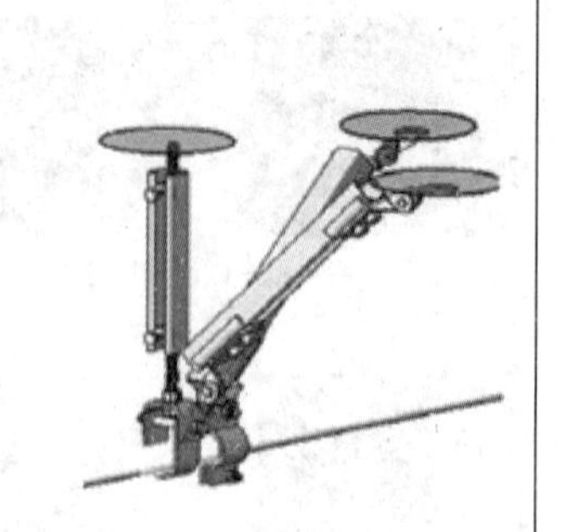

## 6.2 强电设计

举例

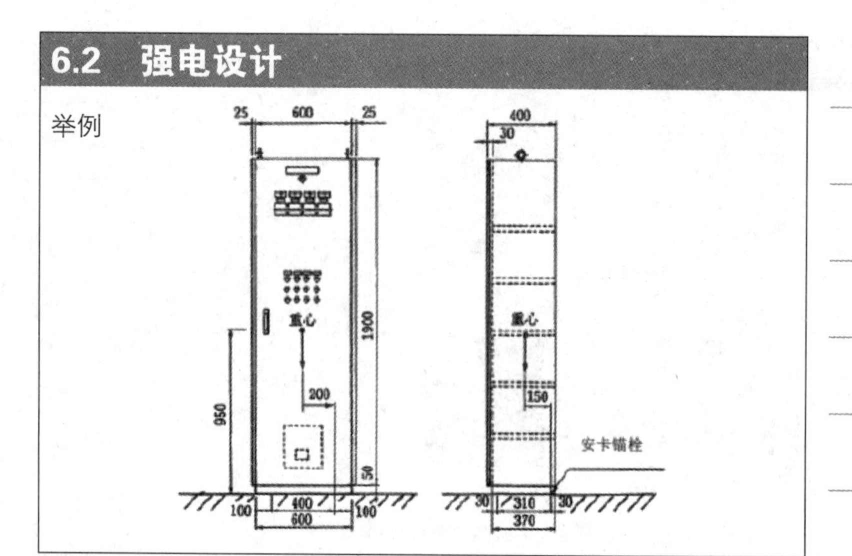


## 6.2 强电设计

举例

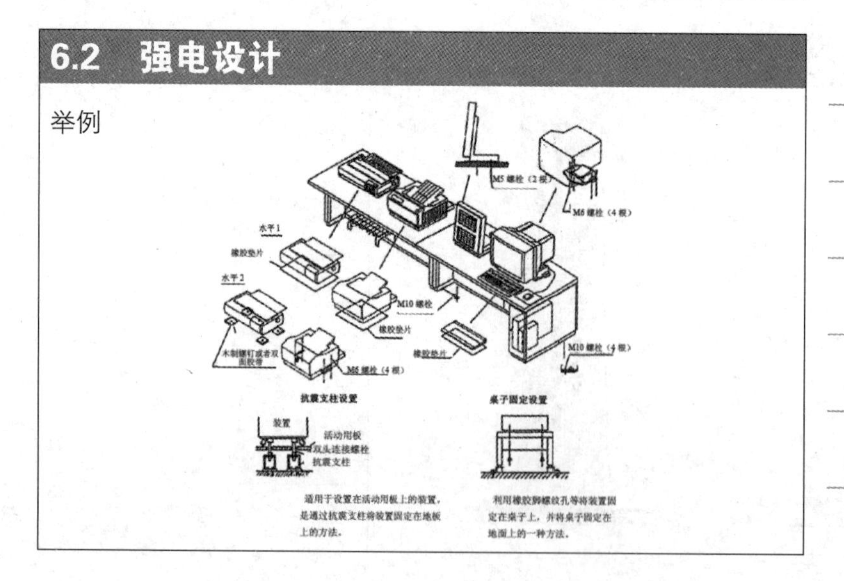

## 6.2　强电设计

举例

电气消防设计要点

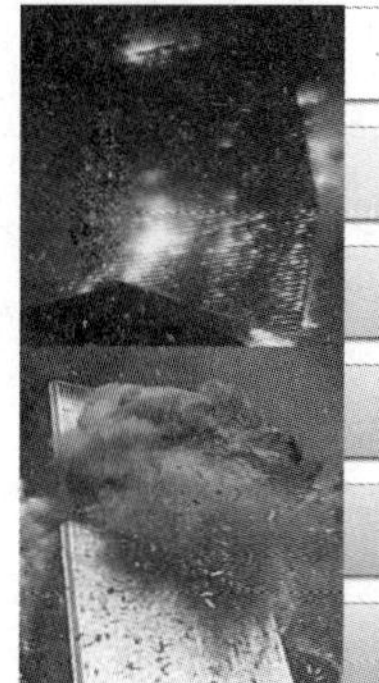

- 应密切结合建筑体系而设计
- 疏散楼梯和消防电梯应精确计算，保证人员疏散
- 疏散楼梯及竖向管井、电梯井道，应确保疏散要求
- 控制逃生要道的火灾负荷
- 形成以避难层划分的建筑分区，可以自成系统
- 考虑百米消防车及直升机救援

## 6.2　强电设计

举例

| | 功能 | 高度 | | 层数 | | 面积 | | |
|---|---|---|---|---|---|---|---|---|
| Z8 | 观光 | 41.8 | 117.4 | 6 | 22 | 1.87 | 6.56 | 模块五（功能模块） |
| Z7 | 集团 | 75.6 | | 16 | | 4.69 | | |
| Z6 | 办公 | 63.5 | 138.6 | 14 | 30 | 3.76 | 8.13 | 模块四（功能模块） |
| Z5 | 办公 | 75.1 | | 16 | | 4.37 | | |
| Z4 | 银行 | 62.5 | 126.6 | 14 | 28 | 4.09 | 8.61 | 模块三（功能模块） |
| Z3 | | 64.1 | | 14 | | 4.52 | | |
| Z2 | | 53.5 | 115 | 12 | 24 | 4.58 | 10.14 | 模块二（功能模块） |
| Z1 | | 61.5 | | 12 | | 5.56 | | |
| Z0 | 大堂 | 30.1 | 65.1 | 4 | 11 | 1.66 | 10.36 | 模块一（中枢模块） |
| ZB | 配套车库 | 35 | | 7 | | 8.7 | | |

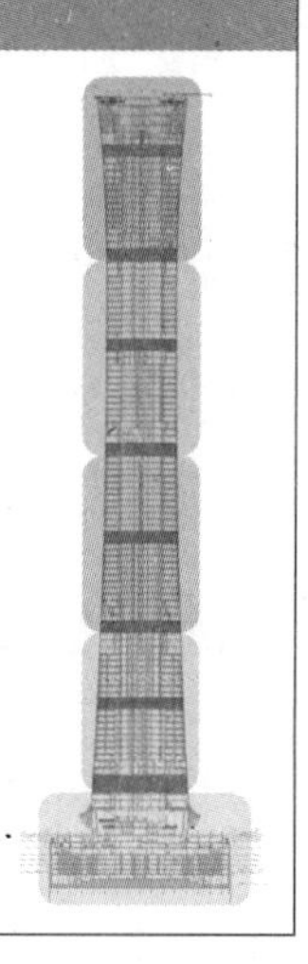

## 6.2　强电设计

举例

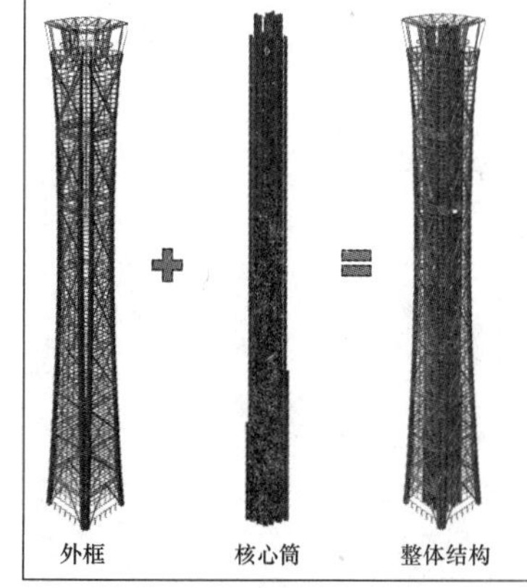


结构体系

项目为世界第一个在抗震设防烈度8度区设计建造的500m以上超高层，采用内筒和外筒的双重抗侧力体系。

内外筒共同对结构起到支撑作用，当某一系统丧失局部承载力时，另一系统仍可支撑塔楼、避免倒塌。

项目塔楼采用领先高效的安全结构体系。设计中使用高新技术进行分析，通过采用抗震性能化分析，做到小震不坏、中震可修、大震不倒。

## 6.2 强电设计

举例

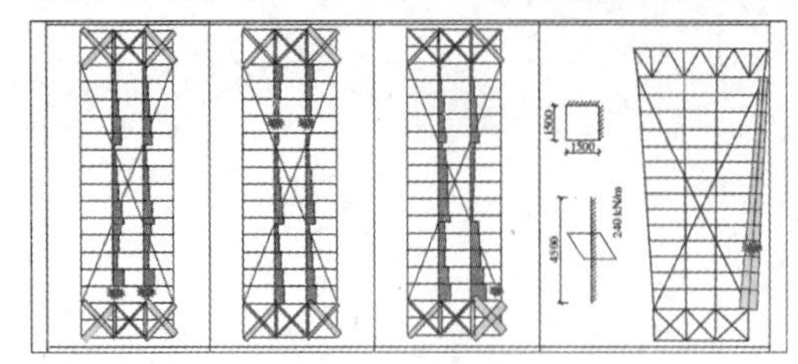

考虑到建筑的重要性，结构设计中考虑了充足的冗余度。并分别就以下方面进行验算：

(1) 底部重力柱破坏；

(2) 中间重力柱破坏；

(3) 巨型斜撑破坏；

(4) 作用在巨型柱上 80kPa 的偶然侧向荷载。

经验算，结构在以上情况下均满足承载力要求，不会出现连续倒塌。

抗倒塌分析

## 6.2 强电设计

举例

疏散策略：

总项目高 528m，疏散时间长，人员集中，需要制定特殊的策略，提高疏散效率。

(1) 塔楼地上疏散策略：局部疏散、分区疏散、全楼疏散。

(2) 难层间距 / 面积，疏散楼梯宽度按规范设计，并有充足余量。

(3) 配合各功能分区设置相对独立的消防控制、送排风和应急供电系统。

(4) 必要时，利用穿梭电梯辅助疏散。

其中：位于高区模块人员优先使用，老弱病残孕等特殊人群优先使用。

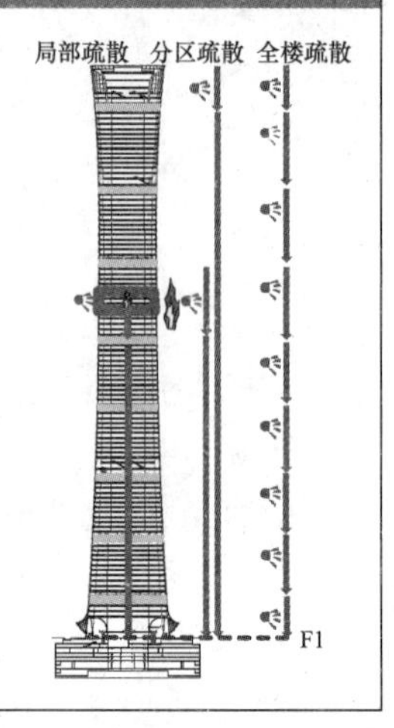


## 6.2 强电设计

举例

消防电梯与穿梭梯辅助疏散：

消防电梯数量按规范设计。

消防电梯设置在不同的防火分区内，每层停靠。

消防电梯在 F104 层转换。转换后，从首层至顶层约 119.5s。

利用穿梭电梯辅助高区（Z4–Z8）人员及老弱病残孕等特殊人群疏散。

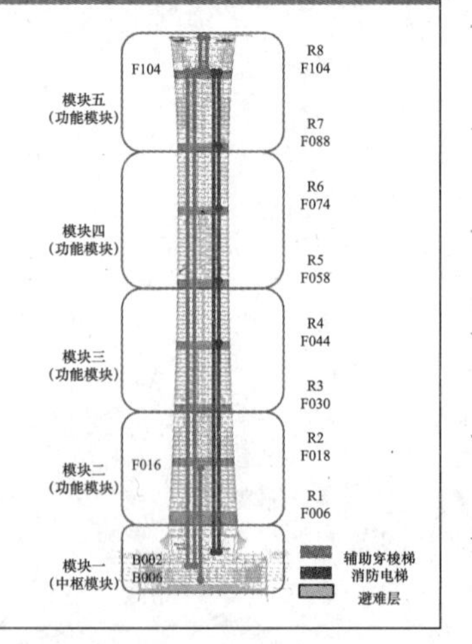

## 6.2 强电设计

举例

消防水箱：

在最高设备层 M8 设消防专用贮水池，水池贮存全部室内消防用水量 690m$^3$（分两格）；在 B1、M2、M4、M6 层各设有 60m$^3$（两个 30m$^3$）转输水箱；在 M2、M4、M6 层各设有 36m$^3$（两个 18m$^3$）减压水箱。

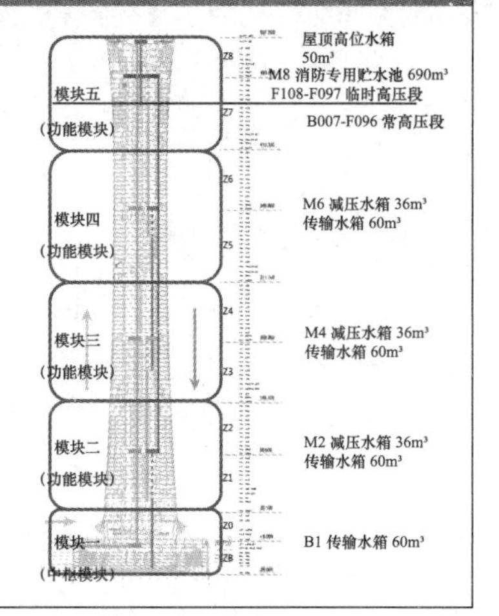


## 6.2 强电设计

举例

| 系统名称 | 用水量（L/s） | 火灾延续时间（h） | 用水总量（m$^3$） | 供水方式 |
|---|---|---|---|---|
| 室外消火栓 | 30 | 3 | 324 | 市政管网直供 |
| 室内消火栓 | 40 | 3 | 432 | B7 ~ F96 层为常高压给水系统；F98 层以上为临时高压系统 |
| 闭式自动喷水灭火 | 40 | 1 | 144 | B7 ~ F96 层为常高压给水系统；F97 层以上为临时高压系统 |
| 大空间智能型主动喷水灭火（自动跟踪定位射流灭火系统） | 30 | 1 | 108 | B7 ~ F96 层为常高压给水系统；F97 以上为临时高压系统 |
| 水喷雾灭火 | 30 | 0.5 | 54 | 常高压给水系统 |
| 最大用水量 | 684 | | | |

## 6.2 强电设计

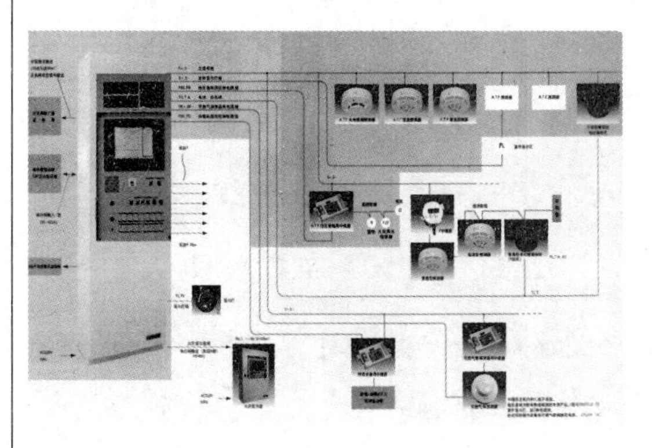

1 火灾自动报警系统
2 消防联动控制系统
3 应急广播系统
4 消防直通对讲电话系统
5 电梯监视控制系统
6 电气火灾监控系统
7 消防设备电源监控系统
8 智能疏散指示系统

## 6.2 强电设计

### 举例

消防控制中心：

消防控制中心设置于地下一层夹层，实现对全楼的火灾自动报警及联动设备进行集中监测及控制。火灾自动报警系统用电由两路市电及应急柴油发电机和 UPS 供应。

为了及时发现并处理报警信息，M3,M8 层设有消防分控室，实现对本区域的火灾自动报警及联动设备进行监测及控制，并与消防控制中心通信。

消防控制中心主机具有消防联动控制，应急广播控制优先权。

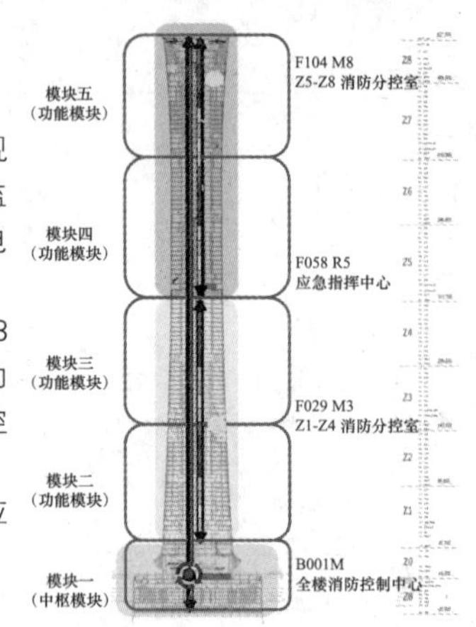


## 6.2 强电设计

### 举例

- 火灾自动报警系统采用二总线环形结构智能网络形式设计。
- 消防控制室可接收任何末端探测器的火灾报警信号。
- 系统具有自动和手动两种联动控制方式，并能方便地实现工作方式的转换。
- 由相关设备和软件组成高智能消防报警控制系统。系统报警响应周期短、误报率低、维修简便、自动化程度高、故障自动检测，配置调试方便。
- 电气设计方面，系统设计保证了电子元器件的长期稳定正常工作，能清除内部、外部各种干扰信号带来的不良影响，并保证系统有足够的过载保护能力。
- 系统有防雷措施和良好的接地。

## 6.2 强电设计

（1）火灾探测器的设置原则：

- 办公室、餐厅、会议室、走道、楼梯等处设置感烟探测器。
- 燃气表间、厨房等处设置感温探测器和可燃气体探测器。
- 观光、首层入口大堂、空中大堂等超过 12m 的高大空间采用红外火焰、红外光束对射探测器和吸气式烟雾报警探测器。

（2）手动报警按钮，消火栓报警按钮，声光报警器的设置原则：

- 每个防火分区应至少设置一个手动火灾报警按钮。从一个防火分区内的任何位置到最邻近的一个手动火灾报警按钮的距离，不大于 30m。手动火灾报警按钮设置在公共活动场所的出入口处。所有手动报警按钮都应有报警地址，并应有动作指示灯。在所有手动报警按钮上或旁边设电话插孔。
- 在消火栓箱内设消火栓报警按钮。当按动消火栓报警按钮时，火灾自动报警系统可显示按钮的位置。
- 各层楼梯间和所有公共区和后勤区设有火灾声光器，当某一楼层发生火灾时，该楼层的显示灯点亮并闪烁。

（3）在消防控制室设置联动控制台，控制方式分为自动控制和手动控制两种。通过联动控制台，可以实现对消防水系统、防烟、排烟、加压送风系统的监视和控制。

## 6.2　强电设计

举例

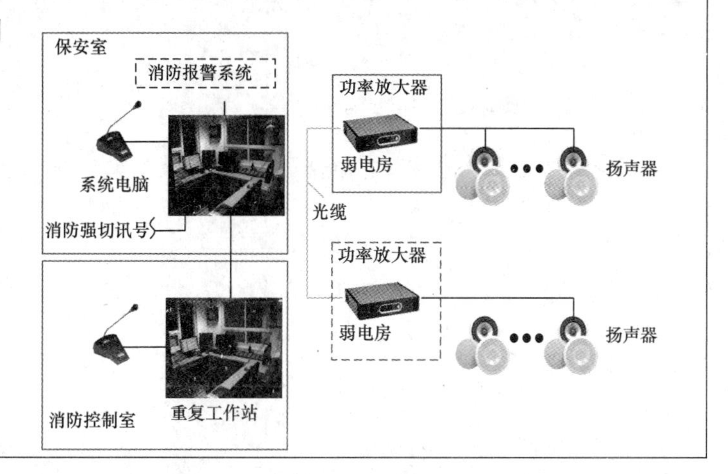


## 6.2　强电设计

举例

**消防泵的控制**

➢ 消火栓系统全楼共分为 9 个区。1 区～7 区（B7～F96 层）为常高压给水系统，在 B1、M2、M4、M6 层设转输水泵（一用一备，备用泵与自喷系统合用），8 区～9 区（F97 层及以上）为临时高压系统，在 M8 设备层设有 2 台消防水泵（一用一备），供 8、9 区消防给水，消火栓泵、稳压泵均可由压力开关联动消防控制台自动和手动启动，也可在泵房手动启动。

➢ 自动喷洒系统全楼共分为 9 个区。1 区～8 区（B7～F96 层）为常高压给水系统，在 B1、M2、M4、M6 层设转输水泵（一用一备，备用泵与消火栓系统合用），9 区（F97 层及以上）为临时高压系统，在 M8 设备层设有 2 台喷洒泵（一用一备），供 9 区消防给水。喷洒泵、稳压泵均可由压力开关联动消防控制台自动和手动启动，也可在泵房手动启动。

## 6.2　强电设计

举例

**水喷雾灭火系统的控制**

➢ 柴油发电机房采用水喷雾灭火系统保护，为常高压给水系统，水喷雾雨淋报警阀设于 B1 层发电机房临近的报警阀间，采用联动控制台自动控制、手动控制与就地应急操作三种方式控制。

**消防风机的控制**

➢ 专用排烟风机：当发生火灾时，消防控制室根据火灾情况控制相关层的排烟阀（平时常闭），同时联动启动相应的排烟风机。当火灾温度超过 280℃时，排烟阀熔丝熔断，关闭阀门，同时自动关闭相应的排烟风机。

➢ 排风兼排烟风机：正常情况下为通风换气使用，火灾时则作为排烟风机使用。正常时为就地手动控制及 DDC 系统控制，当发生火灾时由消防控制室控制，其控制方式与专用排烟风机相同。

➢ 消防补风机：由消防控制室自动或手动控制消防补风机的启、停。

➢ 正压送风机：由消防控制室自动或手动控制正压送风机的启、停。

## 6.2 强电设计

举例

**防火门、防火卷帘门的控制**

- 疏散通道上各防火门的开启，关闭及故障状态信号应反馈至防火门监控器。
- 疏散通道上的防火卷帘：当相关报警探测器报警，防火卷帘分两步落下。
- 非疏散通道上的防火卷帘：当相关报警探测器报警，防火卷帘直接落下至地面。
- 防火卷帘可由两侧设置的控制按钮控制升降，也可由联动控制器控制。并接受相关反馈信号。

**气体灭火系统的控制**

当火灾探测器报警，需30s可调延时，在延时时间内系统自动关闭防火门，停止空调系统。在报警、喷射各阶段应有声光报警信号。待灭火后，打开阀门及风机进行排风。所有的步骤信号均反馈至消防控制室。

## 6.2 强电设计

举例

**其他联动功能**

- 消防控制室可对消防水泵、正压送风机、排烟风机等通过模块进行自动控制，还可在联动控制台上通过硬线手动控制，并接收其反馈信号。
- 电源管理：部分低压出线回路及各层主开关均设有分励脱扣器。当发生火灾时，可根据火灾情况自动切断火灾区的正常照明及空调机组、无关的风机电源。
- 当发生火灾时，自动关闭总煤气进气阀门。
- 联动控制器与安全防范系统联动，自动打开涉及疏散的电动栅杆，并联动相关区域摄像机监视火灾现场。同时联动开启疏散通道上由门禁系统控制的门，并联动打开车库档杆。

## 6.2 强电设计

举例

- 采用公共广播兼消防广播系统。
- 在消防控制室设置公共（消防）广播机柜，并设置火灾应急广播备用扩音机，干线采用光纤，区域采用定压式输出。
- 设置声光警报器，警报器应带有中英文语音提示，并设置语音同步器。火灾自动报警系统能同时启停所有声光警报器的工作。
- 消防控制室可手动或按预设控制逻辑联动控制广播分区，启停应急广播系统，能监听消防应急广播。
- 消防控制室内可显示消防应急广播的广播分区工作状态。
- 当火灾状态下，公共广播强制切入消防应急广播。

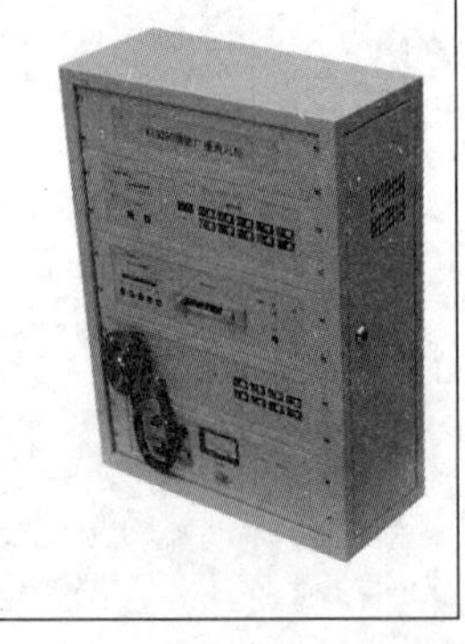

## 6.2 强电设计

举例

- 消防专用电话网络为独立的消防通信系统。
- 在消防控制室内设置消防直通对讲电话总机，除在各层的手动报警按钮处设置消防对讲电话插孔外，在消防分控制室、变配电室、水泵房、电梯机房、冷冻机房、防排烟机房、建筑设备监控室等处设置消防直通对讲电话分机。
- 消防控制室还设置 119 专用报警电话。

## 6.2 强电设计

举例

- 在消防控制室设置电梯监控盘，显示各电梯运行状态。
- 火灾发生时，根据火灾情况及场所，由消防控制室电梯监控盘发出指令，指挥电梯按消防程序运行：可对全部或任意一台电梯进行对讲，说明改变运行程序的原因。除消防电梯保持运行外，其余电梯均强制停靠至相关楼层。
- 用于消防疏散的穿梭电梯，其配电及控制同消防电梯。

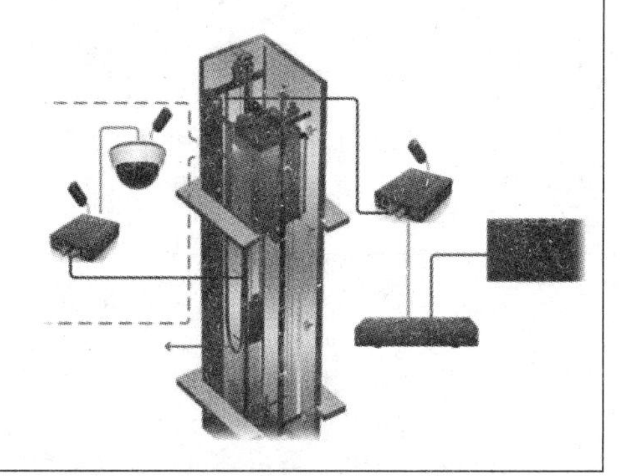

## 6.2 强电设计

举例

- 为能准确监控电气线路的故障和异常状态，能发现电气火灾的隐患，并及时报警，本工程设置电气火灾监视与控制系统，对建筑中易发生火灾的电气线路进行全面监视，系统由电气火灾探测器、测温式电气火灾监控探测器和电气火灾监控设备组成。
- 消防控制室设有电气火灾监控系统主机，在配电柜（箱）内设有监控模块，对配电线路的剩余电流和线缆温度进行监视。

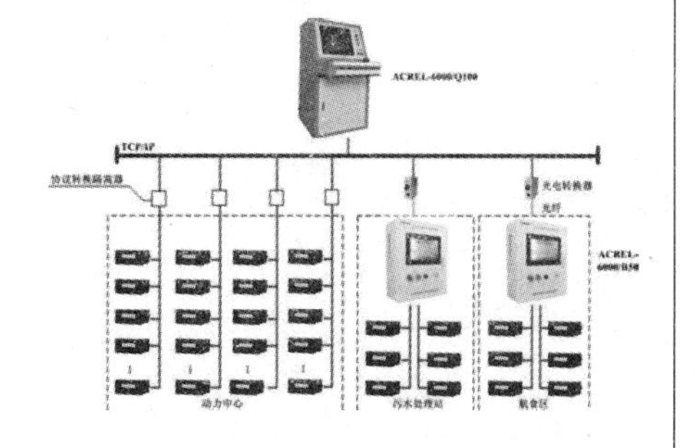

## 6.2 强电设计

举例

- 设置消防设备电源监控系统，实现对消防设备电源的实时监测。
- 消防设备电源监控器独立安装在消防控制室，不与其他消防系统共用设备，通过软件远程设置现场传感器的地址编码及故障参数，方便系统调试及后期维护使用。
- 当为消防设备供电的交流或直流电源（包括主、备用电源），发生过压、欠压、缺相、过流、中断供电故障时，消防电源监控器进行声光报警、记录；显示被监测电源的电压、电流值及故障点位置。
- 系统传感器采集电压和电流信号时，采用不破坏被监测回路的方式，同时监测开关状态。

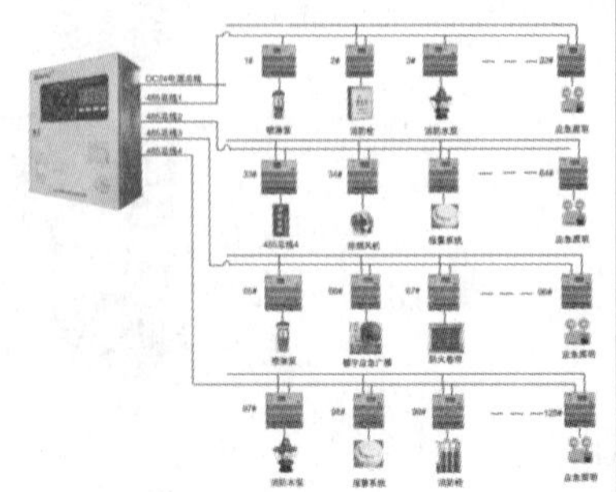

## 6.3 智能化设计

6.3 智能化设计

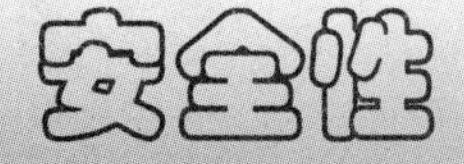


通过系统对各个设备的运行情况进行实时监视，可使值班人员及时准确地发现故障、问题与意外；消灭故障和隐患，使事故消除在萌芽之中，确保建筑物与人身的安全

系统应具备在规定的条件下和规定的时间内完成技术功能要求的能力，具备长期和稳定工作的能力，良好的数据备份和恢复能力

## 6.3　智能化设计

**实用性**

系统应具备完成工程中所要求功能的能力，符合本工程实际需要的国内外有关规范的要求，并且实现容易，操作方便，并应采用被实践证明为成熟和适用的国际知名品牌和设备

**开放性**

系统遵循开放性原则，提供符合国际标准并满足国家及行业最新规范的软件，硬件、通信、网络，操作系统和数据库管理系统等诸方面的接口与工具

## 6.3　智能化设计

**经济性**

通过系统对楼宇设备的监控管理，使楼宇设备一般的操作、维护、保养均自动完成，或者优化维护保养程序，从而节省人力物力，提高工作效率

**舒适性**

通过对机电设备进行统一监控管理，从而使各级设备处于最佳运行状态，并及时报告设备故障；能按照设备的运行状况维护、保养，能够统计设备的累计运行时间，避免超前或延误维护，从而延长设备使用寿命

## 6.3　智能化设计

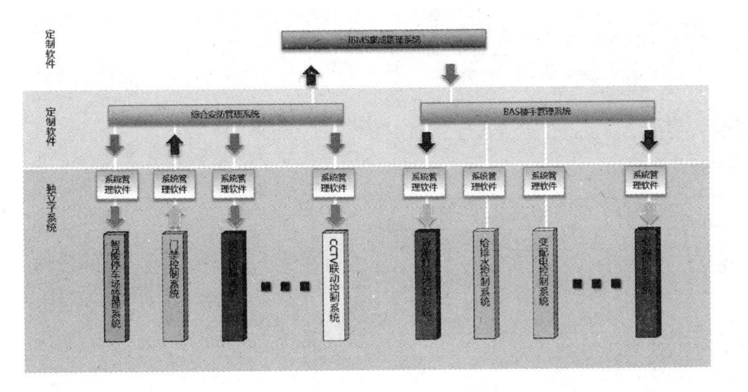


传统智能化集成技术架构

## 6.3 智能化设计

传统智能化集成技术所面临的问题

- 盲目的集成、简单的集中、界面的堆砌，无法适应实际运营的的需要
- 各子系统孤岛设计、整合困难，难以实现真正的智慧化
- 软件临时定制，不可靠、不稳定、难实时
- 需求难锁定，实施中反复变更，难以满足未来应用需要
- 综合造价高、运维成本高
- 无法对人的行为进行有效管理，节能效果差

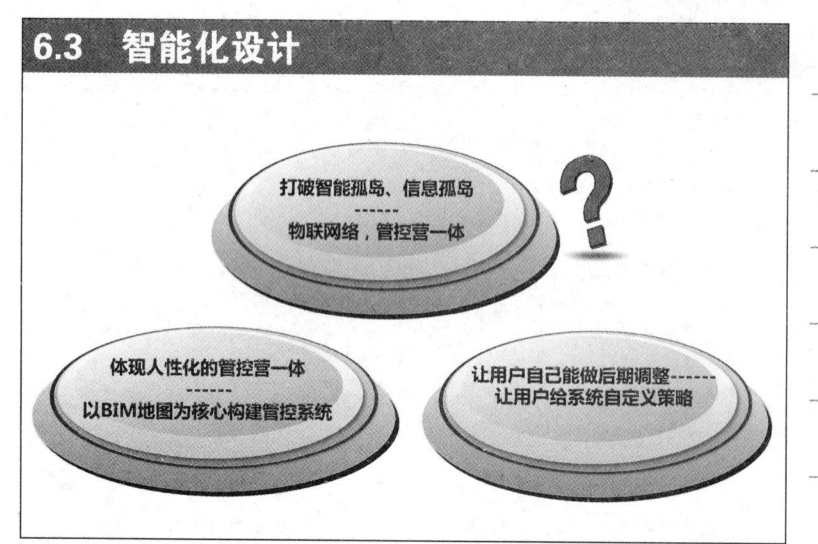


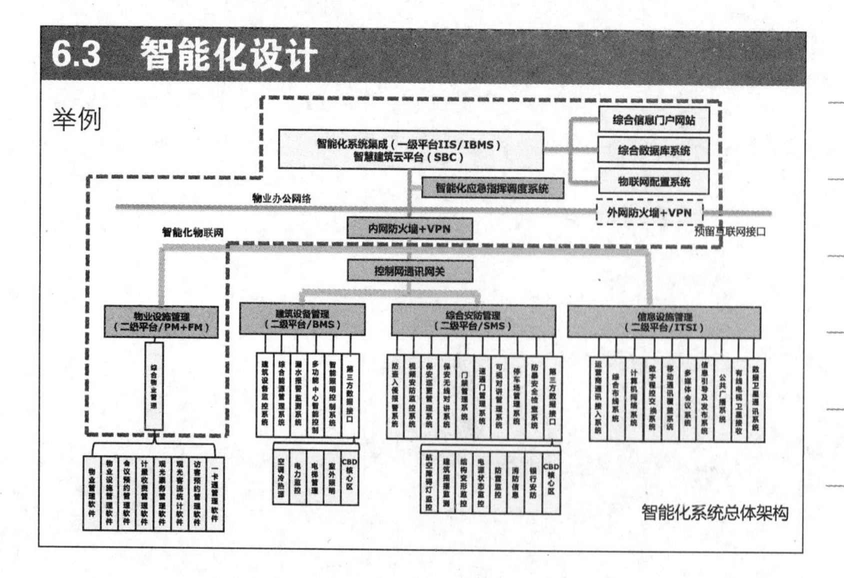

## 6.3 智能化设计

举例——智能化系统建设目标

- 缩短系统建设周期、降低 IT 投资成本
- 节省空间环境、降低运维管理成本
- 提高 IT 设备利用率、降低总体拥有成本
- 保障业务连续性和数据安全性，平滑过渡
- 加快业务部署时间，灵活配置
- 统一资源管理
- 自动化管理，简化后期运维

## 6.3 智能化设计

举例

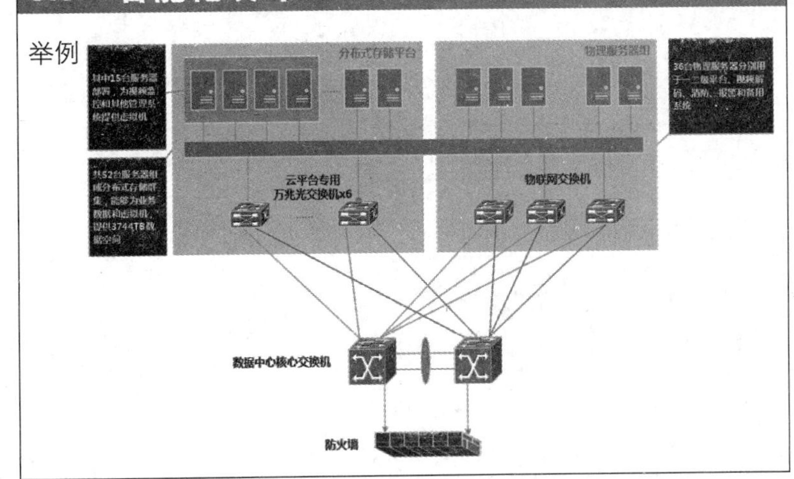


## 6.3 智能化设计

举例

- ➢ 平台分为一级平台和二级平台。
- ➢ 一级平台选用云平台。
- ➢ 一级平台包括：云平台、智慧建筑云平台的综合数据库、物联网配置系统、应急指挥调度系统、门户网站的 Web 服务，包括对内外的门户和对内 OA。
- ➢ 二级平台包括：物业及设施管理平台、BMS 建筑设备管理平台、综合安防管理平台、信息设施管理平台。

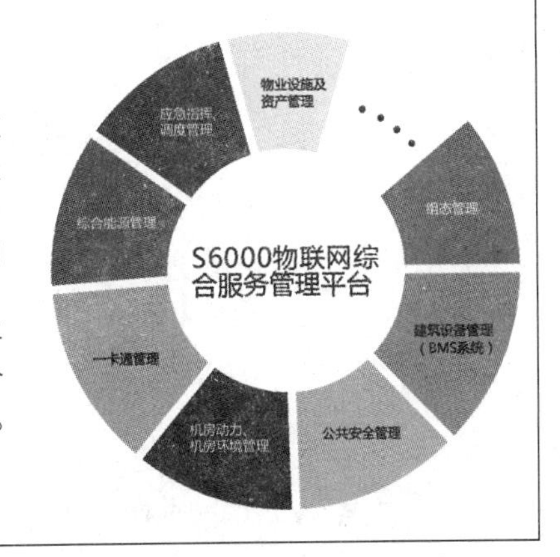

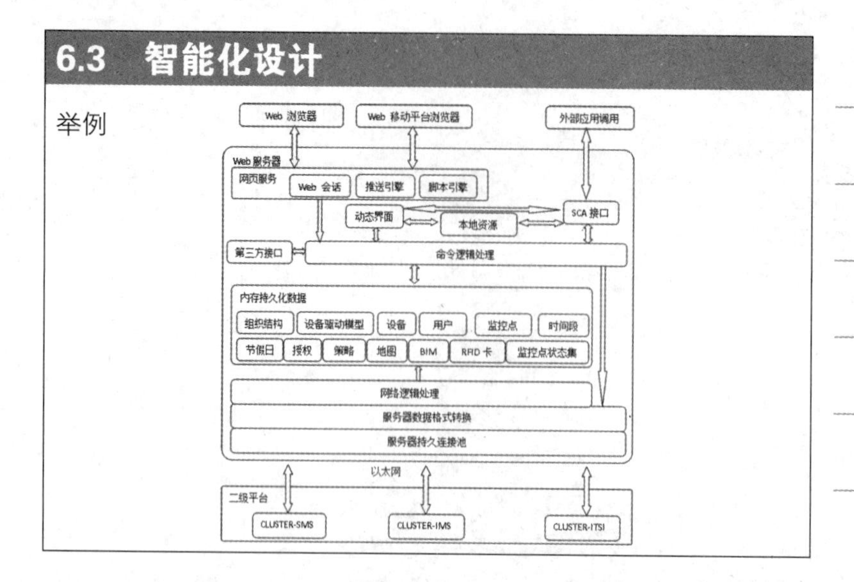
6.3 智能化设计
举例
Web 浏览器
Web 移动平台浏览器
外部应用调用
Web 服务器
网页服务
Web 会话
推送引擎
脚本引擎
动态界面
本地资源
SCA 接口
第三方接口
命令逻辑处理
内存持久化数据
组织结构
设备驱动模型
设备
用户
监控点
时间段
节假日
授权
策略
地图
BIM
RFID 卡
监控点状态集
网络逻辑处理
服务器数据格式转换
服务器持久连接池
以太网
二级平台
CLUSTER-SMS
CLUSTER-IMS
CLUSTER-ITSI

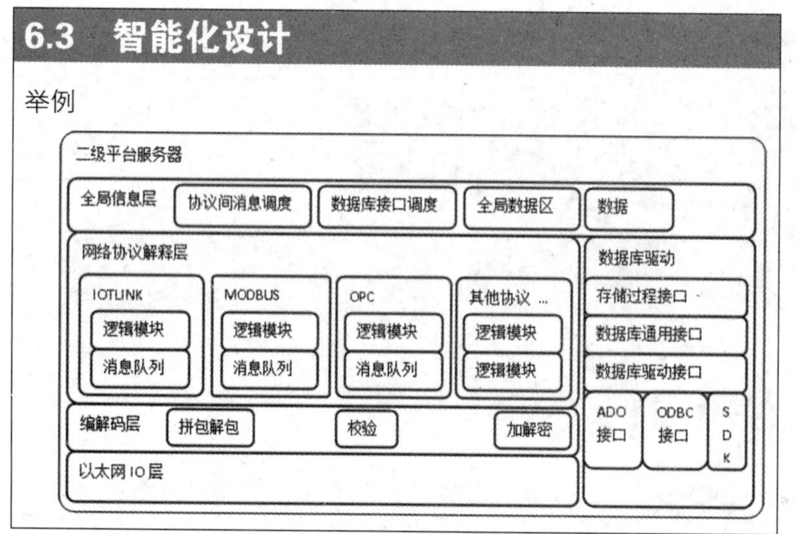
6.3 智能化设计
举例
二级平台服务器
全局信息层
协议间消息调度
数据库接口调度
全局数据区
数据
网络协议解释层
IOTLINK
逻辑模块
消息队列
MODBUS
逻辑模块
消息队列
OPC
逻辑模块
消息队列
其他协议 ...
逻辑模块
逻辑模块
数据库驱动
存储过程接口
数据库通用接口
数据库驱动接口
ADO 接口
ODBC 接口
SDK
编解码层
拼包解包
校验
加解密
以太网 IO 层

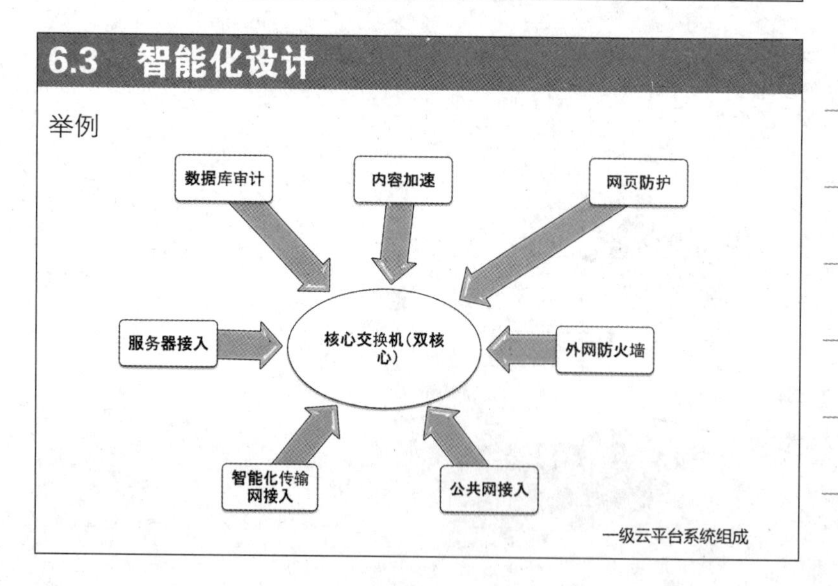
6.3 智能化设计
举例
数据库审计
内容加速
网页防护
服务器接入
核心交换机（双核心）
外网防火墙
智能化传输网接入
公共网接入
一级云平台系统组成

## 6.3　智能化设计

举例

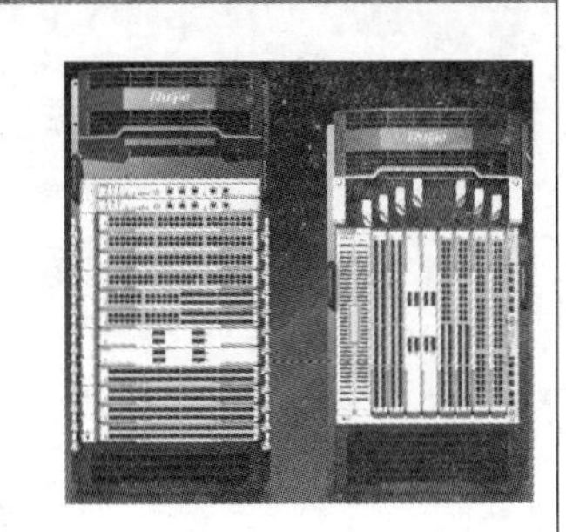

**基本面：**

硬件：单槽 2T 线速

单板 10G/40G 密度

网板分离，超大缓存

软件：4 虚 1、1 虚 12

模块化操作系统，不中断升级

支持 SDN

**正交背板：**CLOS 架构

- 支持独立交换网板与主控引擎硬件分离，提高转发性能更灵活
- 实现真正意义上在交换机内部的无阻塞交换
- 提高了转发平面的可靠性，避免控制平面出现故障时对转发平面的影响

一级云平台核心交换机技术参数

## 6.3　智能化设计

举例

核心层　汇聚层　接入层

核心交换机（智能专网）

安防管理网（汇聚交换机）

建筑设备管理网（汇聚交换机）

安防管理网（接入交换机）

建筑设备管理网（接入交换机）

双核心冗余

一级云平台智能化传输网组成

## 6.3　智能化设计

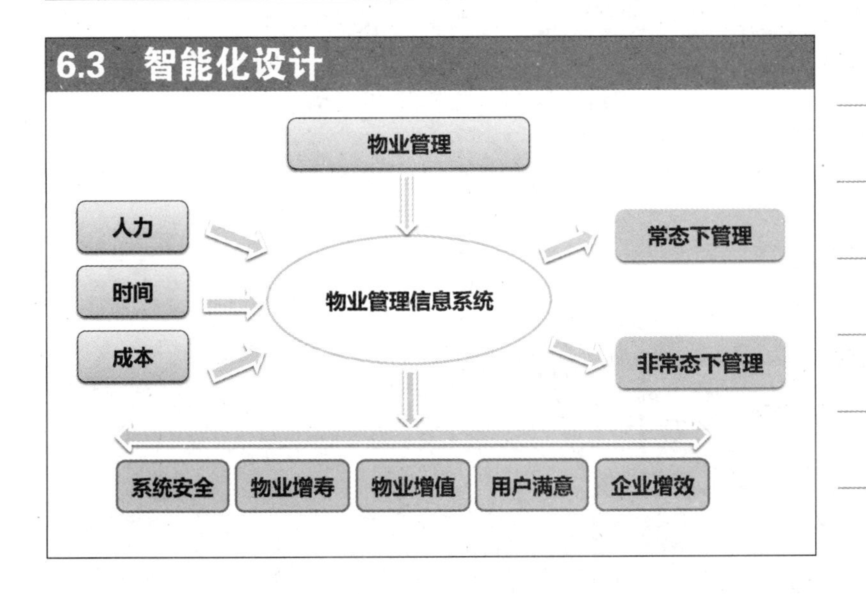

## 6.3 智能化设计

举例

**常态下管理（平时）**

- 风险及隐患的动态监控
- 专业预警和公众舆论的联合预警
- 应急资源的空间管理
- 预案精细化管理
- 多层次多角色的模拟演练

**非常态下管理（战时）**

- 灾情的快速传递
- 及时的预案启动
- 多维的辅助决策
- 一体化的指挥调度
- 科学的善后评估

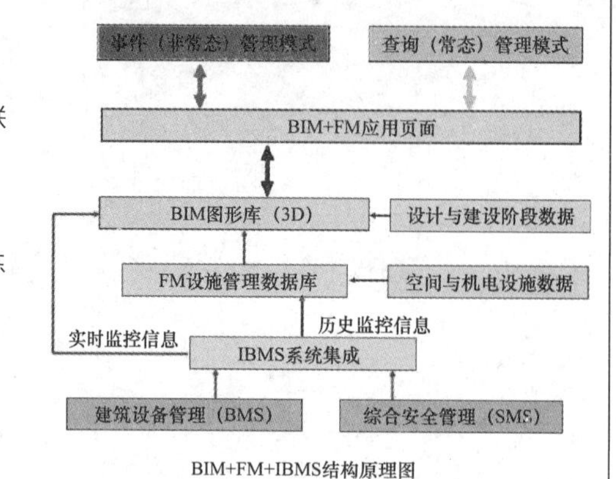


BIM+FM+IBMS结构原理图

## 6.3 智能化设计

举例

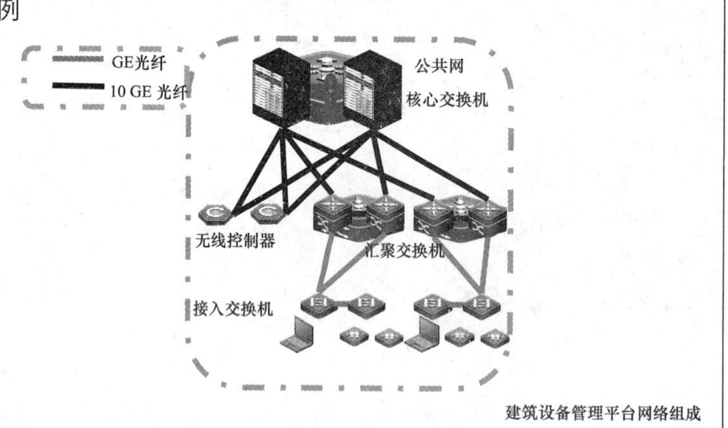


建筑设备管理平台网络组成

## 6.3 智能化设计

举例

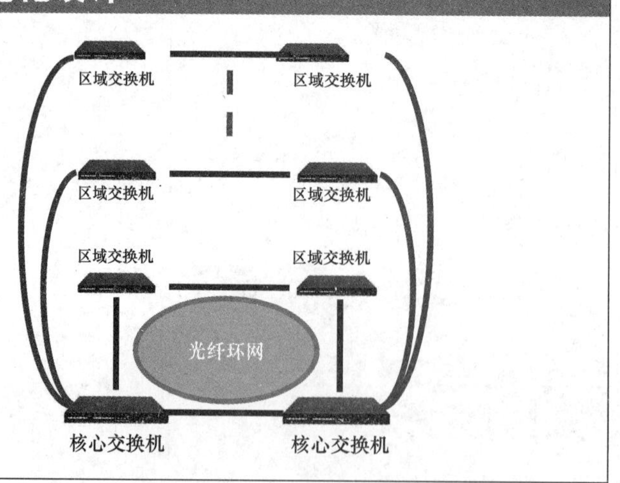

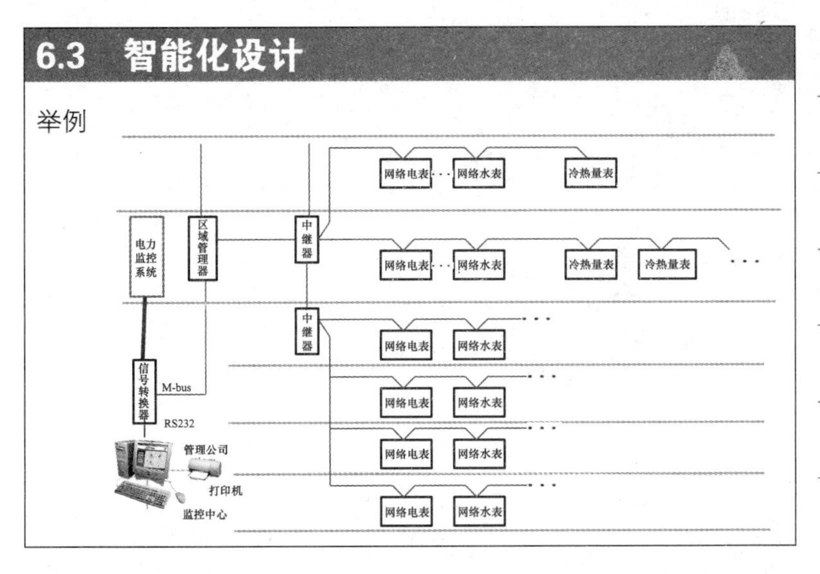
6.3 智能化设计
举例
电力监控系统
区域管理器
中继器
中继器
网络电表
网络水表
冷热量表
信号转换器
M-bus
RS232
管理公司
打印机
监控中心

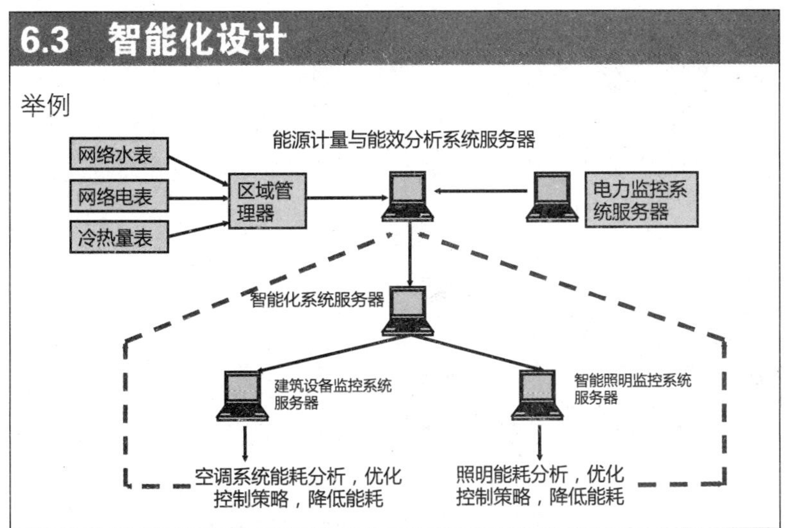
6.3 智能化设计
举例
能源计量与能效分析系统服务器
网络水表
网络电表
冷热量表
区域管理器
电力监控系统服务器
智能化系统服务器
建筑设备监控系统服务器
智能照明监控系统服务器
空调系统能耗分析，优化控制策略，降低能耗
照明能耗分析，优化控制策略，降低能耗

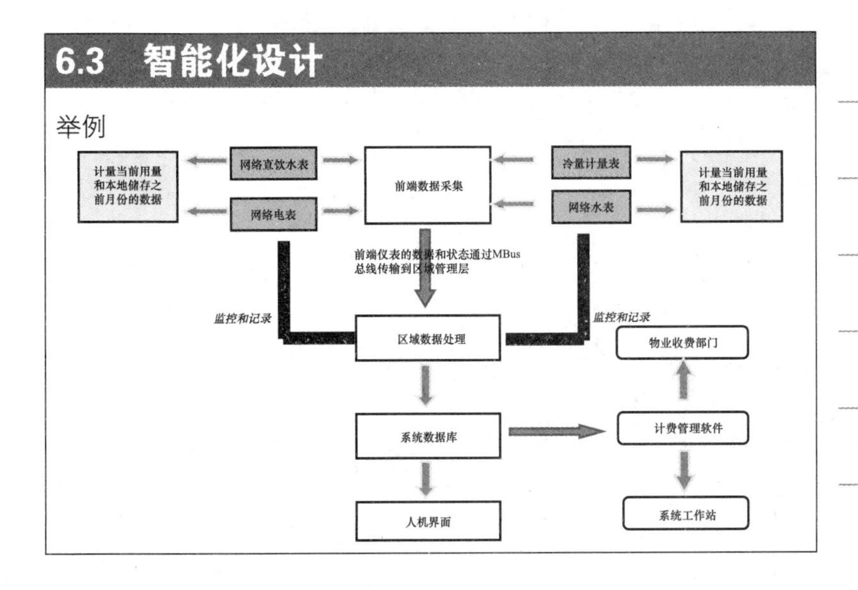
6.3 智能化设计
举例
计量当前用量和本地储存之前月份的数据
网络直饮水表
网络电表
前端数据采集
冷量计量表
网络水表
计量当前用量和本地储存之前月份的数据
前端仪表的数据和状态通过MBus总线传输到区域管理层
监控和记录
监控和记录
区域数据处理
物业收费部门
系统数据库
计费管理软件
人机界面
系统工作站

## 6.3 智能化设计

举例

1、能耗数据采集、存储
2、实时能耗数据监测
3、空调系统综合能效分析
4、对空调能效的综合分析与优化建议
5、进行空调能耗收费管理
6、系统流量平衡分析与优化建议

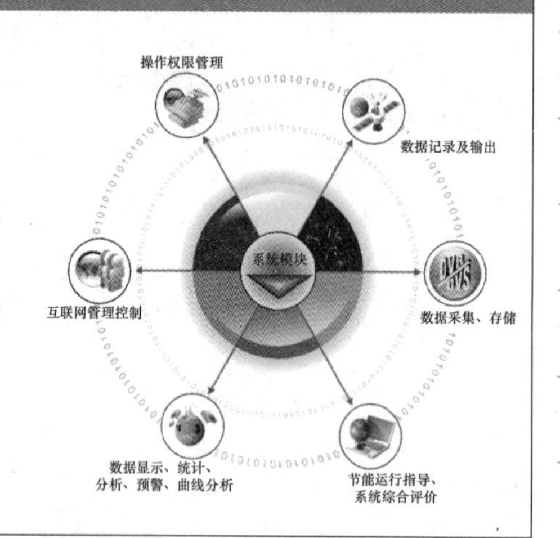


## 6.3 智能化设计

举例

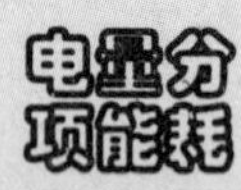


整个系统分项电耗的日/月/年对比柱图

同一区域分项电耗的日/月/年对比柱图

不同区域同一子项的日/月/年对比柱图

- 照明插座用电
  - 照明和插座用电
  - 走廊和应急照明
  - 室外景观照明
- 空调用
  - 冷热站用—冷水机组水机组、冷冻却泵、冷却塔风机
  - 空调末端用—全空气机组、空调区域的排风、风机盘管、分体式空调器等
- 动力用电
  - 电梯用电—所有电梯及其附属房专用空调等设备
  - 水泵用—除空调采暖系统和系统以外的所有水泵
  - 通风机用—除空调采暖系统和系统以外的所有风机
- 特殊用电

## 6.3 智能化设计

举例

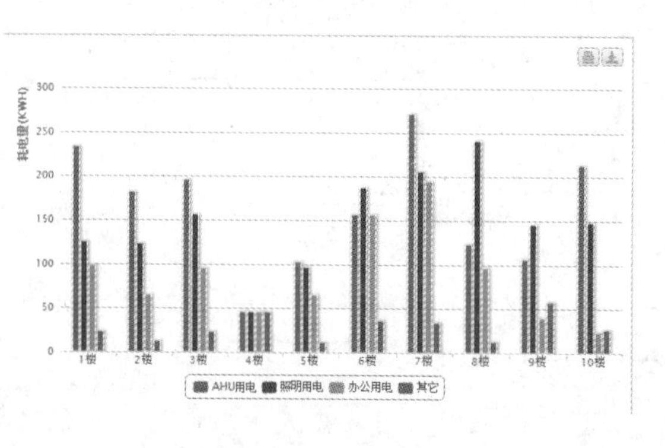

## 6.3　智能化设计

| 情况感知 | 事件受理 | 决策支持 | 资源管理 | 通信调度 |
| --- | --- | --- | --- | --- |

报警　控制　信息　调度

| 报警电话 | 消防系统 | 访问控制 | 视频监控 | 视频分析 | 其它安全系统 | 建筑设备控制 | 通信调度 |
| --- | --- | --- | --- | --- | --- | --- | --- |
| 报警呼叫系统 | 烟雾探测<br>温度探测<br>紧急疏散<br>灭火系统 | 门禁<br>周界探测<br>入侵检测 | CCTV<br>视频存储<br>编解码器<br>矩阵 | 探测<br>跟踪<br>识别 | IT安全 | 智能楼宇<br>能源管理<br>照明控制 | 有线通信<br>无线通信<br>广播系统 |

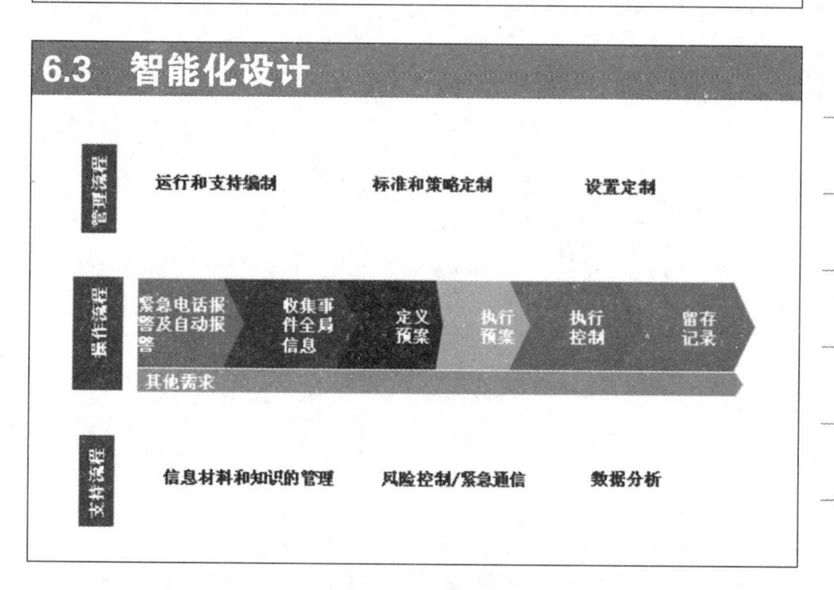

## 6.3 智能化设计

举例

总控中心

Z1-Z3 分控中心

Z1-Z3 分控中心

1GE
10GE
20GE

存储阵列

安防服务器区

Z0、ZB区　Z1、Z2区　Z3区　Z8区

物联网路由器　物联网路由器　物联网路由器　IP摄像机等

安防管理平台网络组成

## 6.3 智能化设计

举例

B1M总控中心　4x8 55寸LCD拼接

Z1-Z3分控中心　4x6 46寸LCD拼接

Z4-Z8分控中心　4x6 46寸LCD拼接

解码器　客户端　电视墙管理工作站

安防网

IPSAN 存储系统　视频管理服务器

Z0、ZB区：枪机　半球　球机

Z1-Z3区：枪机　半球

Z4-Z8区：枪机　半球

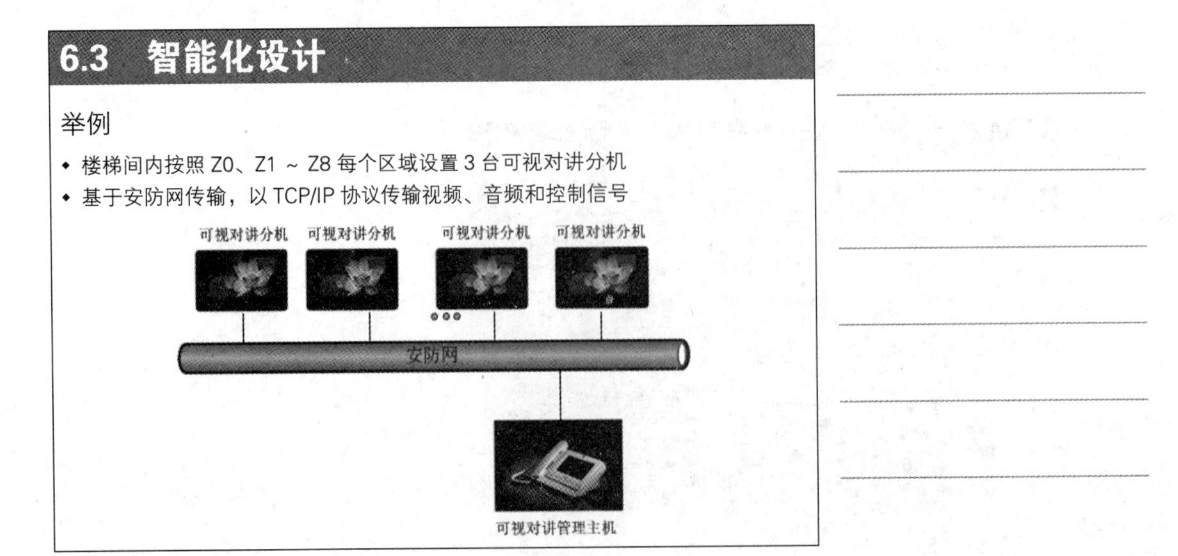

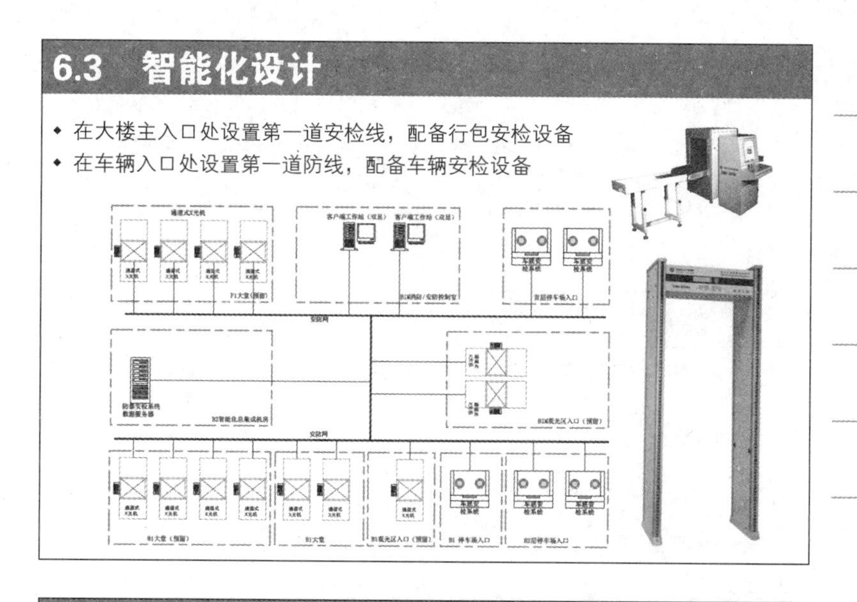


## 6.3 智能化设计

综合布线系统组成

（1）工作区子系统
（2）水平子系统
（3）管理子系统
（4）垂直干线子系统
（5）设备间子系统

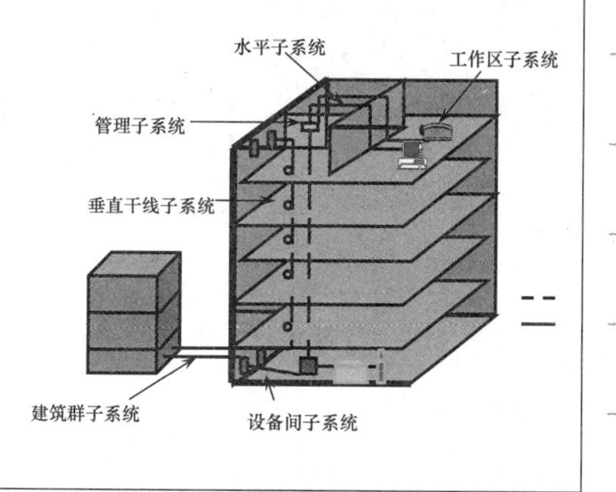


## 6.3 智能化设计

举例

系统中心主机
数字信号
直播服务器
模拟信号
编辑工作站
内部局域网
播放控制器
播放控制器
播放控制器
分屏显示放大器
分屏显示放大器
发送器
接收器
显示器

信息发布系统结构图

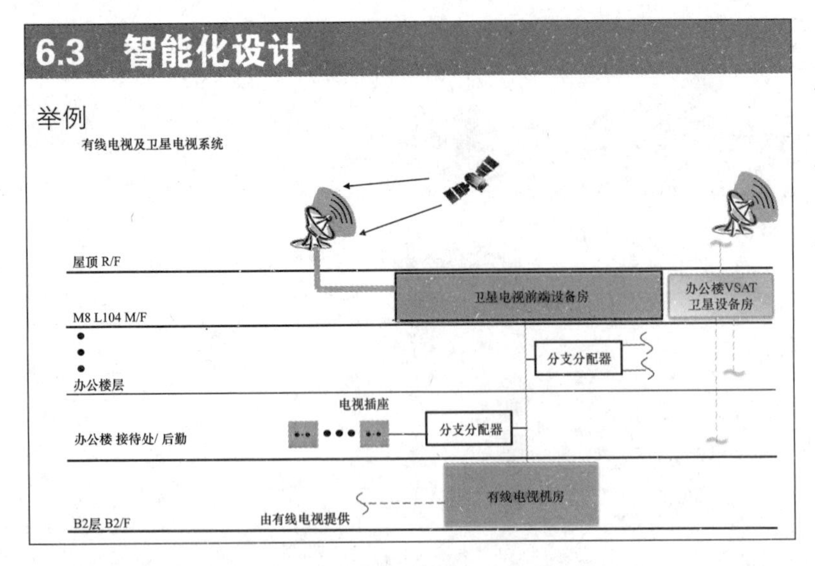


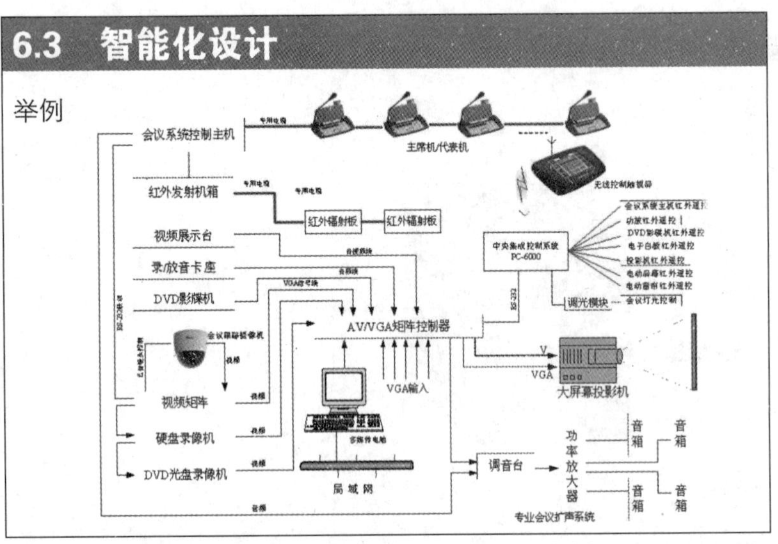


## 6.3 智能化设计

举例

1. 变配电所深入负荷中心，合理选择电缆、导线截面，减少电能损耗。

2. 选用高效率、低能耗电气产品。变压器应采用低损耗、低噪音的产品。柴油发电机采用低油耗、高效率的产品。

3. 容量大冷水机组采用高压冷水机组。

4. 低压配电系统采用集中自动补偿方式，并配备谐波电抗器组合，作为谐波抑制措施，避免高次谐波电流与电力电容发生谐振，影响系统设备可靠运行，治理后的谐波水平满足《电能质量　公用电网谐波》GB/T14549 的要求。

5. 采用智能灯光控制系统，优先采用节能光源，照明密度值按照《建筑照明设计标准》GB50034-2013 执行。

6. 设置建筑设备监控系统，对建筑物内的设备实现节能控制。

7. 采用分项计量。屋面设置 100kW 光伏发电设备 。

8. 柴油发电机房应进行降噪处理。满足环境噪音昼间不大于 55dBA，夜间不大于 45dBA。其排烟管应高出屋面并符合环保部门的要求。

节能环保设计

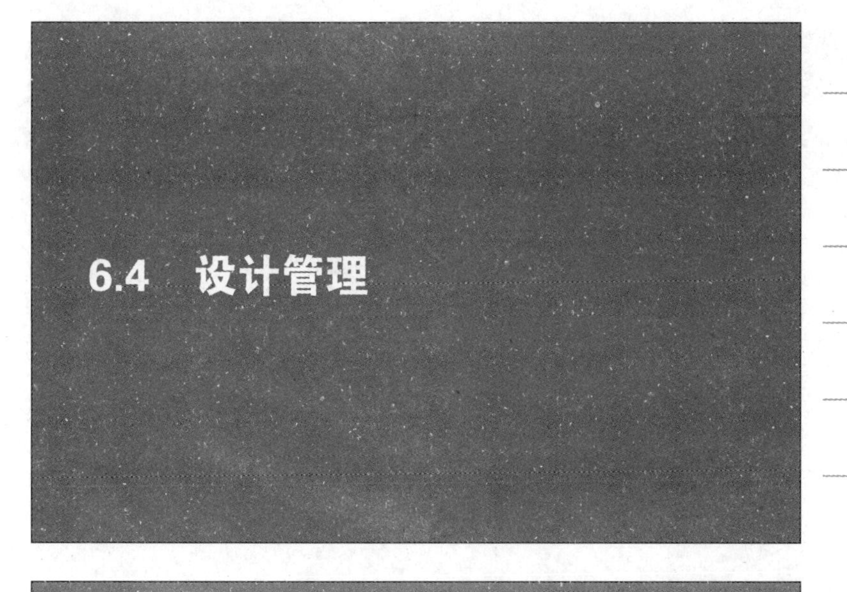


## 6.4 设计管理

电气技术规格书编制

**强电分项工程技术规格书**

第一篇　建筑电气子项工程技术规格书
第二篇　变配电子项工程技术规格书
第三篇　外电网接驳子项工程技术规格书
第四篇　照明子项工程技术规格书

## 6.4 设计管理

第一篇　建筑电气子项工程技术规格书

第 1 章　总则
第 2 章　母线槽系统
第 3 章　低压配电电缆线路
第 4 章　线路配件及其他电气设备
第 5 章　照明器
第 6 章　配电箱、控制箱
第 7 章　分配电线路
第 8 章　柴油发电设备
第 9 章　不间断电源系统
第 10 章　防雷系统
第 11 章　接地
第 12 章　浪涌保护器智能监控系统
第 13 章　智能照明控制系统
第 14 章　测试和试运转的特殊要求
第 15 章　涂油饰面

## 6.4 设计管理

第 1 章　总则

名词解释、项目概况、通用法规、通用技术等一般性要求，强电分项承包人的工作范围和界面划分的文字描述。

第 2 章至第 13 章

母线槽、公共区域照明灯具、柴油发电机组、配电箱等设备的技术、参数要求，施工及验收要求。

第 14 章　测试和试运转的特殊要求

对工厂验收测试、工地验收测试、保修期等进行详细说明和要求。

第 15 章　涂油饰面

对设备、管线的涂油、饰面进行说明和要求。

## 6.4 设计管理

### 第二篇　变配电子项工程技术规格书

第 1 章　总则
第 2 章　高压开关柜
第 3 章　配电变压器
第 4 章　直流屏
第 5 章　中央信号屏与模拟屏
第 6 章　高压配电电缆线路
第 7 章　低压配电柜
第 8 章　电力监控系统
第 9 章　测试和试运转的特殊要求
第 10 章　涂油饰面

## 6.4 设计管理

第 1 章　总则

名词解释、项目概况、通用法规、通用技术等一般性要求，强电分项承包人的工作范围和界面划分的文字描述。

第 2 章至第 8 章

10kV 高压柜、低压柜、直流屏、电力监控系统等设备的技术、参数要求，施工及验收要求。

第 9 章　测试和试运转的特殊要求

对工厂验收测试、工地验收测试、保修期等进行详细说明和要求。

第 10 章　涂油饰面

对设备、管线的涂油、饰面进行说明和要求。

## 6.4　设计管理

### 第三篇　外电网接驳子项工程技术规格书

第 1 节　技术规格书范围说明
第 2 节　名词解释
第 3 节　规则和条例
第 4 节　当地环境情况
第 5 节　电力供应
第 6 节　强电系统简介
第 7 节　工程范围
第 8 节　工地勘探
第 9 节　与各有关政府部门及公用事业机构的协调及合作
第 10 节　与其他承包单位的协调及交底
第 11 节　图纸
第 12 节　设备及材料
第 13 节　工程进度计划表
第 14 节　工地组织
第 15 节　检验和测试
第 16 节　竣工证书
第 17 节　所需提供的文件及图纸要求
第 18 节　施工图编号、电脑图编号和设备编号

## 6.4　设计管理

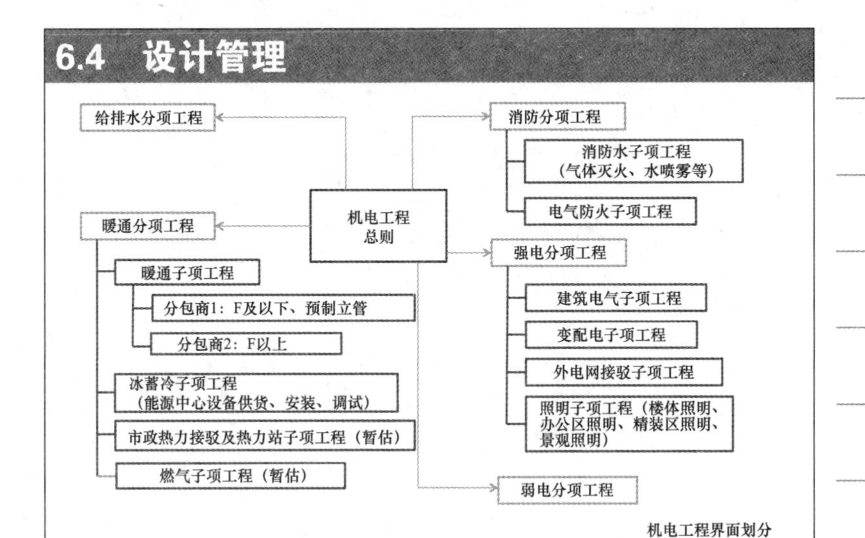


机电工程界面划分

## 6.4　设计管理

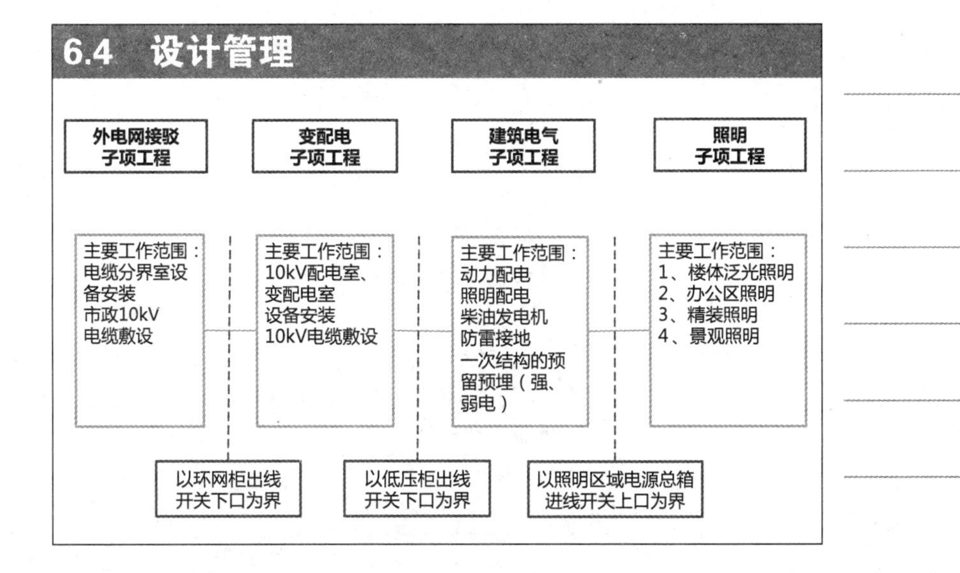

## 6.4 设计管理

**施工总包**
施工总包负责土建结构施工

**建筑电气**
负责电缆分界室内照明、插座、接地及配合土建预留预埋工作

**外电网接驳子项工程**
负责实施市政电源至高压分界小室的电缆、桥架、开关柜等全部设备、材料的供应、安装、工程实施、调试及开通等工作。

**变配电**
低压电缆以环网柜出线开关下口为界

**弱电**
负责电缆分界室内弱电施工

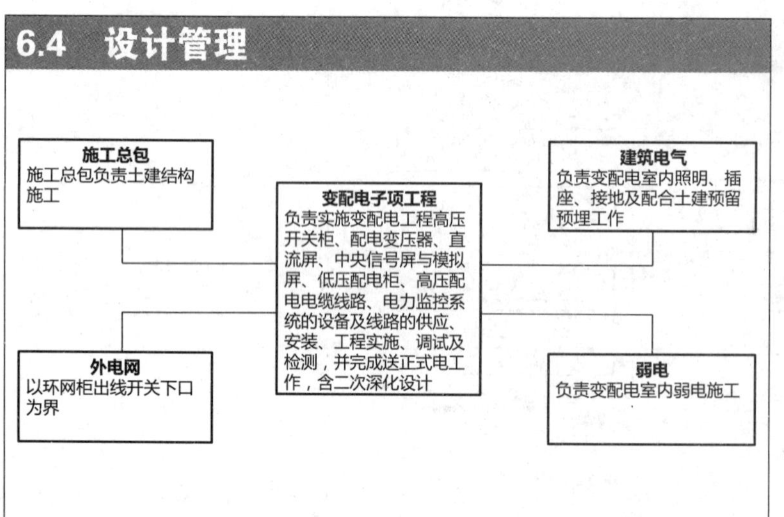


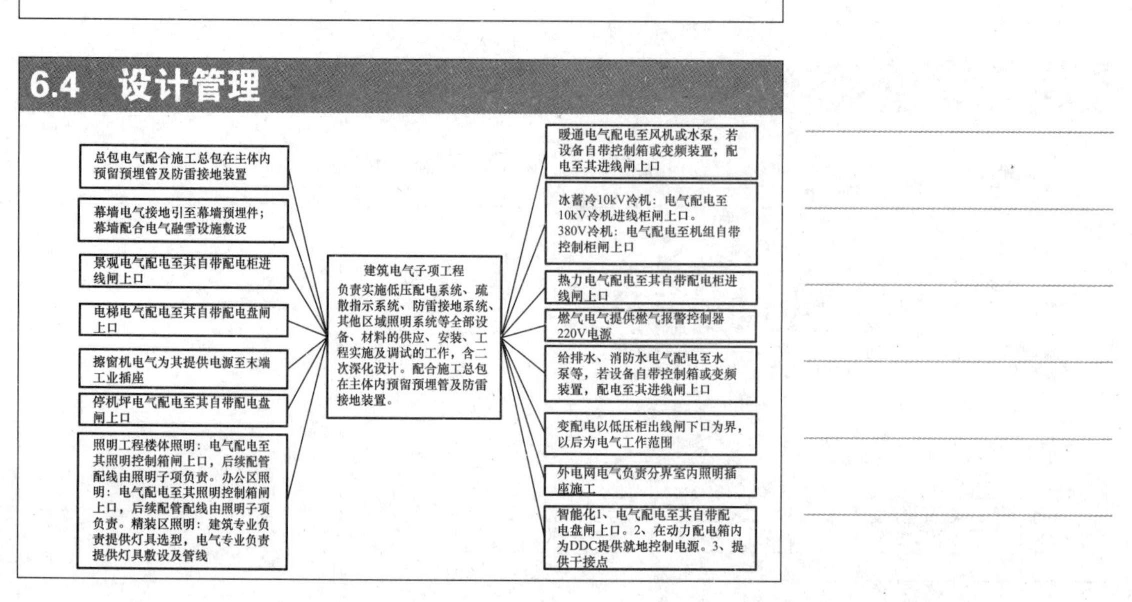

## 6.4 设计管理

**室内装修**
配合办公区、精装区照明预留灯位

**照明子项工程**
照明子项工程：负责实施楼体照明、办公区智能照明、精装区域照明、景观照明的二次深化设计、设备、材料(含灯具及控制系统)供应、安装、工程实施及调试等工作

**建筑电气**
照明区域电源总箱进线开关上口为界

**幕墙**
配合立面照明预留敷线路由

**弱电**
提供智能灯光控制信号

**景观**
配合景观照明预留灯位及敷线路由

## 6.4 设计管理

### 变压器

➢ 变压器外壳材质采用钢板喷涂，性价比高；
➢ 绝缘等级采用H级，温升125K，性价比高；
➢ 变压器质量的核心部件是铁芯和绕组，一般问题变压器也是厂家在这两个部件上做手脚，因此将在技术规格说明书中对变压器的重量给出参考值及可接受变化范围；
➢ 明确甲方将派专业人员对变压器的生产全过程进行督造；
➢ 明确要求变压器到现场后甲方有权对其产品进行抽检。

设备技术指标质量控制要点

## 6.4 设计管理

### 高压开关柜

➢ 高压柜应符合《3.6～40.5kV 交流金属封闭开关设备和控制设备》GB 3906-2006 等国家规范、电力行业规范以及IEC标准的要求，其各主要参数必须通过供电局专业部门审核，因此技术规格说明书中将按照较高标准进行设计。
➢ 在成本允许的条件下，尽量选用各品牌原厂成套高压开关柜系列产品。
➢ 承包单位应满足供电部门有关安装工程施工及验收的所有规定及图纸要求，投标价格须包括二次接线回路所需的接触器、继电器等设备及控制电缆等。
➢ 资料送审

制造厂商资格证书、国家主管部门颁发的3C认证证书、有效的或近五年内国家权威部门的检验报告、各类试验证书、各类试验文件及样品。进口部件提供入关单据。

设备技术指标质量控制要点

## 6.4 设计管理

低压开关柜

- 低压配电柜应符合《低压成套开关设备和控制设备》GB 7251 等国家规范要求，各主要参数必须通过供电局专业部门审核，因此技术规格说明书中将按照较高标准进行设计。
- 在成本允许的条件下，尽量选用各品牌原厂成套开关柜系列产品。
- 承包单位应满足供电部门有关安装工程施工及验收的所有规定及图纸要求，投标价格须包括二次接线回路所需的接触器、继电器等设备及控制电缆等。
- 资料送审

制造厂商资格证书、国家主管部门颁发的 3C 认证证书、有效的或近五年内国家权威部门的检验报告、各类试验证书、各类试验文件及样品。进口部件提供入关单据。

设备技术指标质量控制要点

## 6.4 设计管理

柴油发电机组

- 选用整机进口柴油发电机组；
- 机组生产完成装箱前，需派人前往生产厂进行检查确认；
- 每台柴油发电机组满载时输出功率不小于图中所示功率，满载连续运行时间不小于 72h 及全年运行时间不低于 500h；
- 为满足环保要求，发动机须采用电控喷油方式；
- 结合项目需求，满足远置散热要求。
- 资料送审：制造厂商资格证书、国家主管部门颁发的 3C 认证证书、有效的或近五年内国家权威部门的检验报告、各类试验证书、各类试验文件及样品。进口部件提供入关单据。

设备技术指标质量控制要点

## 6.4 设计管理

直流屏：

- 符合《半导体变流器》GB/T 3859，《继电保护和安全自动装置基本试验方法》GB/T 7261-2008，《固定型排气式铅酸蓄电池第一部分：技术条件》GB/T 13337.1-2011；满足供电公司要求，并获得国家主管部门颁发的 3C 认证证书。
- 控制回路、保护回路、信号回路电压均为 DC110V。高压配电室：容量 100Ah。分变电所：容量 38Ah。
- 蓄电池采用进口阀控式铅酸免维护蓄电池，使用寿命不少于 12 年。
- 试验

设备有型式试验、出厂试验及现场试验，各类试验均根据相应规定、方法进行。

- 资料送审

制造厂商资格证书、国家主管部门颁发的 3C 认证证书、有效的或近五年内国家权威部门的检验报告、各类试验证书、各类试验文件及样品。进口部件提供入关单据。

设备技术指标质量控制要点

## 6.4　设计管理

EPS 柜（集中应急电源装置）：

- 灯具负载类别：应急照明系统中灯具确定电子镇流器荧光灯，电子镇流器紧凑型荧光灯（电子节能灯）及开关电源式电致发光及 LED 标志灯。
- 电池采用密封免维护铅酸电池。
- 集中应急电源连同灯具转换时间大于 ATS 转换时间且不大于 5s，高危险区域使用的应急转换时间不大于 0.25s。
- 抗短路冲击能力：每个供电支路应设单独保护装置，且任意一支路故障应不影响其他支路的正常工作，不允许应急照明电源整机保护关机，使全部应急照明失效。
- 应急电源的充电时间应不大于 24h。
- 资料送审

制造厂商资格证书、国家主管部门颁发的 3C 认证证书、有效的或近五年内国家权威部门的检验报告、各类试验证书、各类试验文件及样品。进口部件提供入关单据。

设备技术指标质量控制要点

## 6.4　设计管理

UPS 柜：

- 符合《不间断电源设备》GB 7260-2008，《信息技术设备用不间断电源通用技术条件》GB/T 14715-1993。
- UPS 必须设计为连续可靠运行，对 UPS 的每个单独的模件，即整流器 / 充电器单元、逆变器单元及静态开关等的“平均故障”。
- 为保证最小停机时间，UPS 的“平均修理时间”（MTTR）不得超过 1h。
- 试验

设备有型式试验、出厂试验及现场试验，各类试验均根据相应规定、方法进行。

- 资料送审

制造厂商资格证书、国家主管部门颁发的 3C 认证证书、有效的或近五年内国家权威部门的检验报告、各类试验证书、各类试验文件及样品。进口部件提供入关单据。

设备技术指标质量控制要点

## 6.4　设计管理

照明、动力箱（柜）：

- 所有断路器箱、控制箱、配电箱及其附属设备包括 MCB，MCCB，RCBO 等须由认可的国家级测试机构证明其短路容量符合以上的规定，且所有产品须获得国家主管部门颁发的 3C 认证证书。
- 导电体均以高纯度铜制造，回收铜或含杂质的铜均不允许使用；按规范做好接地装置。
- 安装在水泵房、屋面等潮湿和露天场所必须按要求，采取相应的防腐蚀措施。
- 各箱柜的接线端子必须满足系统图上所标线型的要求安装；二次线与一次线应严格分开。预留控制节点及附件。
- 资料送审

制造厂商资格证书、国家主管部门颁发的 3 C 认证证书、有效的或近五年内国家权威部门的检验报告、各类试验证书、各类试验文件及样品。进口部件提供入关单据。

设备技术指标质量控制要点

## 6.4 设计管理

双电源转换开关：

- 电气和机械性能应符合IEC60947-6-1、《低压开关设备和控制设备》GB/T14048.11的要求，获得CCC认证证书报 告。ATSE的开关主体应满足污染等级Ⅲ级（工业级）的要求，开关本体和控制器组件均由统一生产厂家提供以确保其可靠性。
- 采用电磁瞬间驱动的一体化结构的PC级产品。ATSE为四极。
- 配有智能控制器。
- ATSE的使用类别应与负载特性相一致，无感或微感负载采用AC-31B级产品；电动机负载采用AC-33B级产品，开关应具备耐受10倍的额定电流的接通与分断能力。
- RS485通信接口，可与上位机通信进行监控，可实现遥控、遥测、遥信、遥调功能。
- 应能承受回路的预期短路电流。ATSE应经EMC检验，能抗电源电压闪变、瞬变等干扰。
- 资料送审

制造厂商资格证书、国家主管部门颁发的3C认证证书、有效的或近五年内国家权威部门的检验报告、各类试验证书、各类试验文件及样品。进口部件提供入关单据。

设备技术指标质量控制要点

## 6.4 设计管理

变频器：

- 产品须获得国家主管部门颁发的3C认证证书，且应由一个至少有连续5年生产变频器经验的、有信誉的制造厂生产。
- 安装在水泵房，或其他潮湿场所的变频器，采取相应的防水措施。
- 变频器应一对一配置同品牌无源或有源电流谐波滤波器抑制谐波，满足《电能质量—公用电网谐波》GB/T14549-1993的规定。
- 预留控制节点及附件。
- 资料送审

制造厂商资格证书、国家主管部门颁发的3C认证证书、有效的或近五年内国家权威部门的检验报告、各类试验证书、各类试验文件及样品。进口部件提供入关单据。

设备技术指标质量控制要点

## 6.4 设计管理

母线槽：

- 制造厂家必须提供符合招标文件内的各个电流的极限温升报告，该温升报告内要有外形照片、导体规格、通过试验电流及各检测点的温升。
- 3C型式实验报告试验项目：
  - □ 温升极限验证；
  - □ 母线槽系统，电气性能验证；
  - □ 介电性能验证；
  - □ 保护电路有效性验证；
  - □ 电气间隙和爬电距离验证；
  - □ 防护等级验证；
  - □ 结构强度验证；
  - □ 短路耐受强度验证；
  - □ 机械操作验证；
  - □ 耐压力性能试验；
  - □ 绝缘材料耐受非正常发热验证。

设备技术指标质量控制要点

## 6.4　设计管理

10kV 悬垂式电缆：

- 成品电缆
- 应符合规范 GB/T12706、GB/T18380.3、GB/T17650.2、GB/T17651.2 等，满足供电公司要求，并获得国家主管部门颁发的 3C 认证证书。
- 技术要求
- 导体、导体屏蔽、绝缘、绝缘屏蔽、金属屏蔽、外护套、缆芯及填充物等项符合技术要求。
- 电缆试验

电缆型式试验、抽样试验和例行试验的项目和方法、要求符合 GB/T 12706.2、GB/T 18380.3、GB 8358、GB/T 17650.2 等的有关规定。

- 拉力试验

吊装电缆专用吊具连接钢索拉力试验。

- 资料送审

制造厂商资格证书、国家主管部门颁发的 3C 认证证书、各类试验证书、各类试验文件及样品。

设备技术指标质量控制要点

## 6.4　设计管理

10kV 阻燃电缆

- 符合《电力工程电缆设计规范》GB 50217，满足供电公司要求，并获得国家主管部门颁发的 3C 认证证书。
- 高压电缆的额定电压及耐压水平、绝缘水平、电缆的载流量和电压降须符合规范，且满足供电公司要求。
- 所有铜线均以高纯度铜制造，回收铜或含杂质的铜均不允许使用。
- 电缆试验

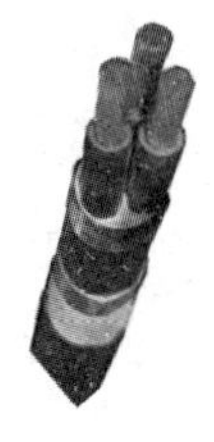

电缆型式试验、抽样试验和例行试验的项目和方法、要求符合 GB/T 12706.2、GB/T 18380.3、GB8358、GB/T 17650.2 等的有关规定。

- 资料送审

制造厂商资格证书、国家主管部门颁发的 3C 认证证书、各类试验证书、各类试验文件及样品。

设备技术指标质量控制要点

## 6.4　设计管理

无卤低烟阻燃电缆

- 符合《电力工程电缆设计规范》GB50217，满足供电公司要求，并获得国家主管部门颁发的 3C 认证证书。
- 电缆的额定电压及耐压水平、绝缘水平、电缆的载流量和电压降须符合规范，且满足北京市供电公司要求。
- 电缆须符合 GB/T 12706-2008 或 IEC 502 和 IEC811 的 600/1000V 电压级，铜芯，低烟无卤 A 级阻燃，交联聚乙烯绝缘和聚烯烃护套。电缆芯线须《电缆的导体》GB/T 3956-2008 规定，其全部绝缘用适当的颜色以作鉴别。
- 所有铜线均以高纯度铜制造，回收铜或含杂质的铜均不允许使用。

- 电缆试验

电缆型式试验、抽样试验和例行试验的项目和方法、要求符合 GB/T 12706.2、GB/T 18380.3、GB8358、GB/T 17650.2 等的有关规定。

- 资料送审

制造厂商资格证书、国家主管部门颁发的 3C 认证证书、各类试验证书、各类试验文件及样品。

设备技术指标质量控制要点

## 6.4 设计管理

### 矿物绝缘电缆

- 电缆的额定电压及耐压水平、绝缘水平、电缆的载流量和电压降须符合规范，且满足供电公司要求。
- 电缆须为符合《矿物绝缘电缆》GB13033-2007（或等同于 BS6207 或 IEC 60702）的 750V 电压，重载，铜芯，矿物绝缘，铜护套和聚氯乙烯外护套绝缘。
- 电缆的外护套须为聚氯乙烯护套符合《在火焰条件下电缆或光缆的线路完整性试验 第十一部分：试验装置在 90 分钟内火焰温度不低于 750℃的单独供火》GB/T19216.11-2003 的耐火要求。
- BS6387 950℃火焰下持续通电 180min 下不击穿（C），650℃ 15min 后承受 15min 的水喷淋不击穿（W），950℃火焰下承受 15min 的敲击振动而不击穿（Z）及低烟（透光率达 70% 以上）、无卤为准则，以成熟的工艺和合理的结构保证电缆的综合优越性能，有国际机构的检验报告或《国家防火建筑材料质量监督检验中心》出具不同规格的导体截面型式检验报告。
- 资料送审

制造厂商资格证书、国家主管部门颁发的 3 C 认证证书、各类试验证书、各类试验文件及样品。

设备技术指标质量控制要点

## 6.4 设计管理

### 电缆桥架、槽盒

- 电缆梯架须由热浸镀锌钢板制作，电缆槽盒须由低碳钢制作并于冲孔后热浸镀锌，并均符合《钢制电缆槽盒工程设计规范》CECS31-2006 的要求。
- 在水平弯曲，垂直方向弯曲、分支和电缆梯架缩小宽度时，须使用制造厂的标准直角弯节，分支接头，偏心缩节，直线缩节。为适应电缆梯架的胀缩必须使用制造厂的标准伸缩接合板。
- 所有夹紧螺栓，螺帽，垫片等均须热浸镀锌。
- 除上述要求外，整个电缆梯架系统须有电气上的连续性接地。
- 防火桥架，耐火时限 1h。
- 资料送审

制造厂商资格证书、国家主管部门颁发的 3 C 认证证书、各类试验证书、各类试验文件及样品。

设备技术指标质量控制要点

## 6.4 设计管理

### 智能浪涌保护器监控系统

- SPD 漏电流。实时监测 SPD 遭受雷击后的漏电流变化情况，从而判断 SPD 的劣化程度。
- SPD 热脱扣状态。实时监测 SPD 失效状态。
- SPD 雷击计数及雷击强度检测。实时监测 SPD 的累计被雷击的次数及雷击强度，从而为 SPD 的寿命预测提供依据。
- SPD 劣化指示。

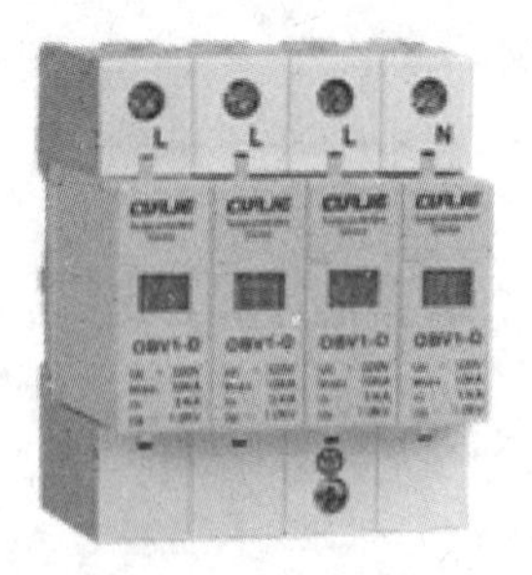


设备技术指标质量控制要点

## 6.4 设计管理

第三卷 消防分项工程技术规格书（电气防火子项）

第 1 章 总则
第 2 章 消防火灾自动报警及消防联动系统装置
第 3 章 消防应急照明和疏散指示系统
第 4 章 消防系统控制装置
第 5 章 消防系统电气装置
第 6 章 电气火灾监控系统
第 7 章 消防设备电源监控系统
第 8 章 磁门释放系统装置
第 9 章 油漆及卷标
第 10 章 测试和试运行
第 11 章 金属电线管及配件规格要求
第 12 章 防火卷帘 – 机电节点部份

## 6.4 设计管理

第一章 总则

名词解释、项目概况、通用法规、通用技术等一般性要求，电气防火分项承包人的工作范围和界面划分的文字描述。

第二章至第八章

消防火灾自动报警及消防联动系统装置、应急照明和疏散指示系统、电气火灾监控系统、消防设备电源监控系统、磁门释放系统装置等设备的技术、参数要求，施工及验收要求。

第九章 涂油饰面

对设备、管线的涂油、饰面进行说明和要求。

第十章 测试和试运转的特殊要求

对工厂验收测试、工地验收测试、保修期等进行详细说明和要求。

## 6.4 设计管理

- 消防设备电源监控系统必须满足《消防设备电源监控系统》GB 28184–2011 的检测，必须具有国家消防电子产品质量监督检验中心出具的型式检验报告。
- 除消防控制室内设置的控制器外，每台控制器直接控制的火灾探测器、手动报警按钮和模块等设备不应跨越避难层。
- 严禁将模块设置在配电（控制）柜（箱）内。
- 系统中各类设备之间的接口和通讯协议的兼容性应满足《火灾自动报警系统组件兼容性要求》GB 22134–2008 等国家有关标准的要求。

电气消防设备技术指标质量控制要点

## 6.4 设计管理

- 各避难层内应设独立的火灾应急广播系统，宜能接收消防控制中心的有线和无线两种播音信号。
- 系统总线上应设置总线短路隔离器，每只总线短路隔离器保护的火灾探测器、手动火灾报警按钮和模块等消防设备的总数不应超过 32；总线穿越防火分区时，应在穿越处设置总线短路隔离器。
- 任一台火灾报警控制器所连接的火灾探测器、手动火灾报警按钮和模块等设备总数和地址总数均不应超过 3200，其中每一总线回路连结设备的总数不宜超过 200，且应留有不少于额定容量 10% 的余量。

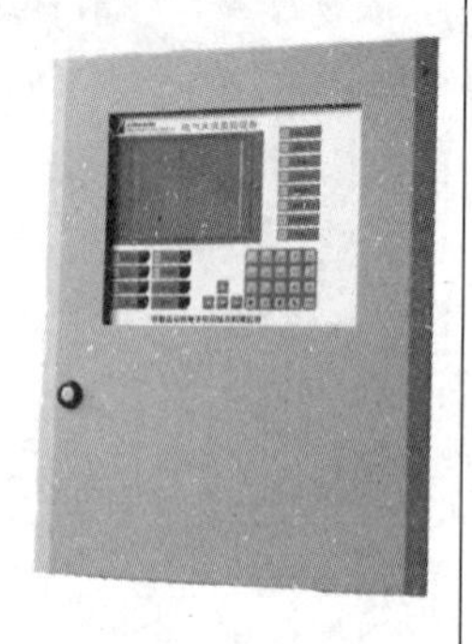

电气消防设备技术指标控制要点

## 6.4 设计管理

第六卷　智能化分项工程技术规格书

第 1 章　总则
第 2 章　智慧建筑云平台（一级平台）
第 3 章　物业及设施管理（二级平台）
第 4 章　建筑设备管理（二级平台）
第 5 章　综合安防管理（二级平台）
第 6 章　信息设施管理（二级平台）
第 7 章　综合机房工程
第 8 章　布线
第 9 章　涂油饰面

## 结束语

- 超高建筑电气设计离不开可靠性、安全性、灵活性要求
- 超高建筑设计的关键在多元使用要求条件下寻找其规律
- 超高建筑需要团队的力量、更需要设计团队勤奋和智慧

*The End*

# 第七章

## 电气设计中的验证和自我验证

## Verification and Self-verification Theory in Electrical Design

【摘要】验证更体现的是一种责任，设计文件的验证和自我验证是保证工程建设质量的重要环节。为保证工程质量，验证和自我验证必须掌握方法，对标准贯彻、文件编制深度、基础理论的响应程度等全面验证设计文件内容，对直接涉及工程质量、安全、卫生及环境保护等方面进行重点验证，验证范围包括项目的所有设计图纸、设计说明、计算书等，是设计师在多变的环境中支撑着设计的信心，更好地把握主动，使工程建设更加顺利。

## 目录 CONTENTS

# 7.1 验证目的

7.1 验证目的

验证主要指输出的模型和观察值是否相符。
验证更体现的是一种责任。
责任胜于能力。
没有做不好的工作，只有不负责任的人。
责任承载能力。
只有充满责任感的人，才能充分展现自己的能力。

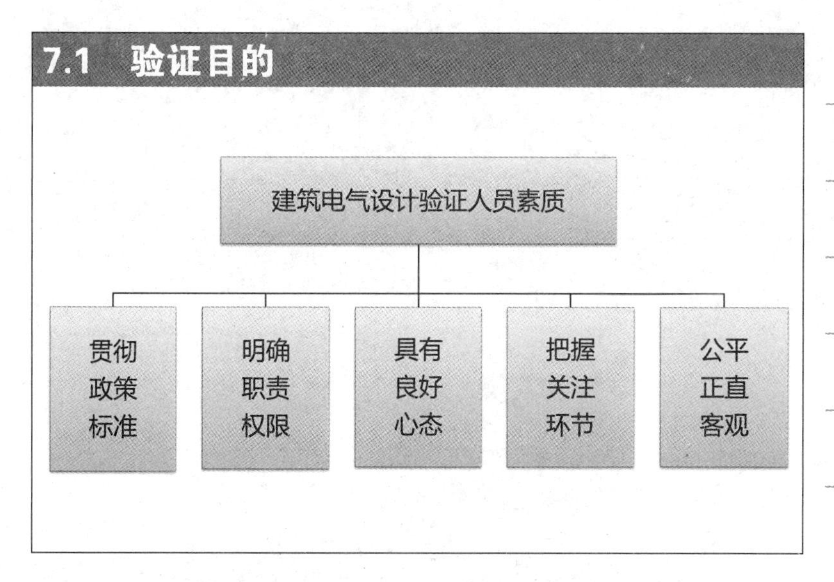


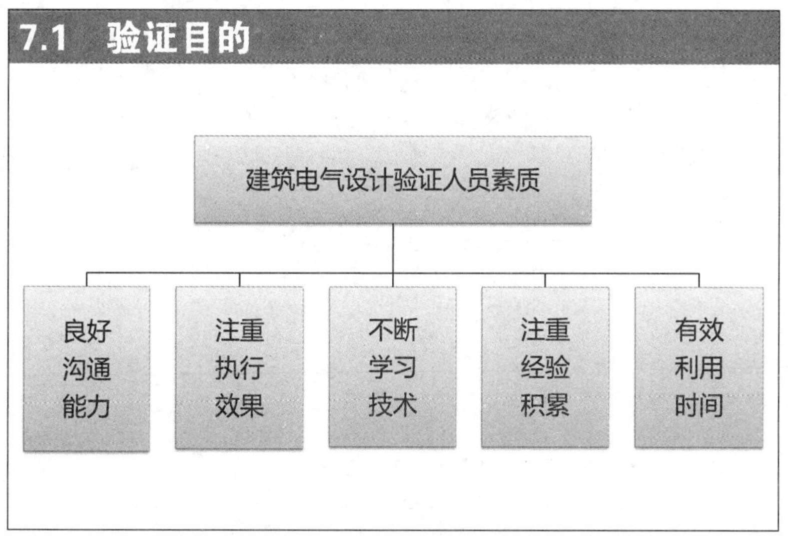


## 7.1 验证目的

自我验证

一旦人们有了关于他们自身的想法，就会努力证明这些自我观念。

## 7.1 验证目的

Swann 自我验证理论模型

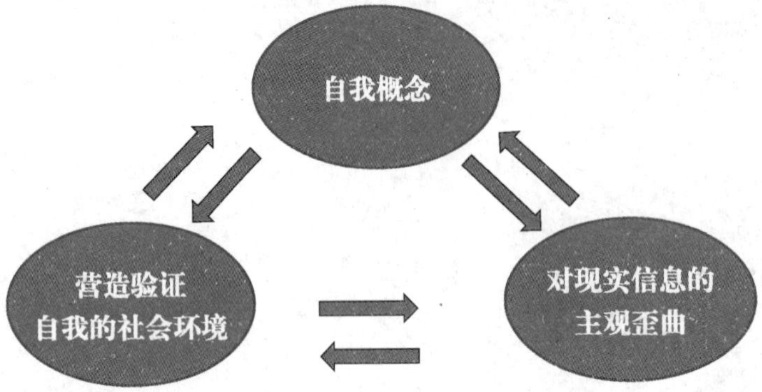

自我概念

营造验证
自我的社会环境

对现实信息的
主观歪曲

## 7.1 验证目的

认知方面

- 有助于形成稳定的自我概念，在多变的环境中支撑着我们的信心，从而能更好地把握主动。

实用方面

- 使得他人对我们的看法跟我们对自己的看法一致，我们自认为的身份得到普遍的承认，则我们的社会交往也变得可预测，社会交往也会更加顺利。

生活中人们通过镜子看到了自己
自我验证就是工作中人们的镜子

## 7.2 验证方法

## 7.2　验证方法

验证人岗位的职责与权限（审定）

☆ 对所审定项目的电气专业设计和计算负有相关责任；
☆ 审定人负责对所审定项目设计过程给予指导；
☆ 审定设计文件是否符合规划设计条件、任务书、各设计阶段批准文件、规范、规程、标准及设计评审意见等；
☆ 提出审定意见，对修改结果进行验证合格后，在设计文件审定人栏内签字。

## 7.2　验证方法

验证人岗位的职责与权限（审核）

☆ 对所审核项目的电气专业设计和计算负有相关责任；
☆ 按作业计划审核设计图纸、说明、计算书的完整性及设计深度是否符合规定要求，设计文件是否符合规划设计条件和设计任务书的要求，以及是否符合设计审批手续要求；
☆ 审查设计图纸和文件是否符合方针政策及规范规程标准要求，审查图纸计算书的错、漏、碰、缺。

## 7.2　验证方法

验证人岗位的职责与权限（审核）

☆ 审查专业接口是否协调统一，构造做法、设备选型是否正确、系统是否合理、图面索引是否标注正确、说明是否清楚；
☆ 提出审核意见，对修改结果进行验证合格后在设计文件审核人栏内签字。

## 7.2 验证方法

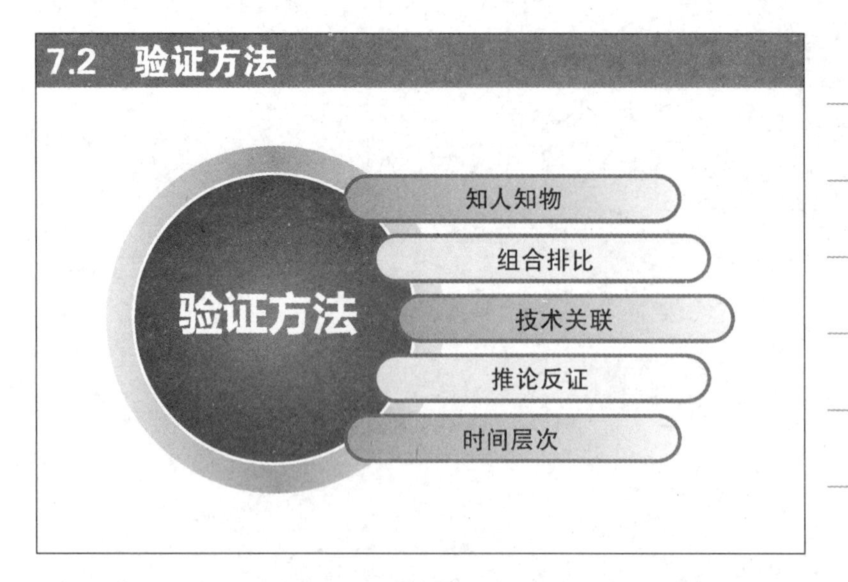


## 7.2 验证方法

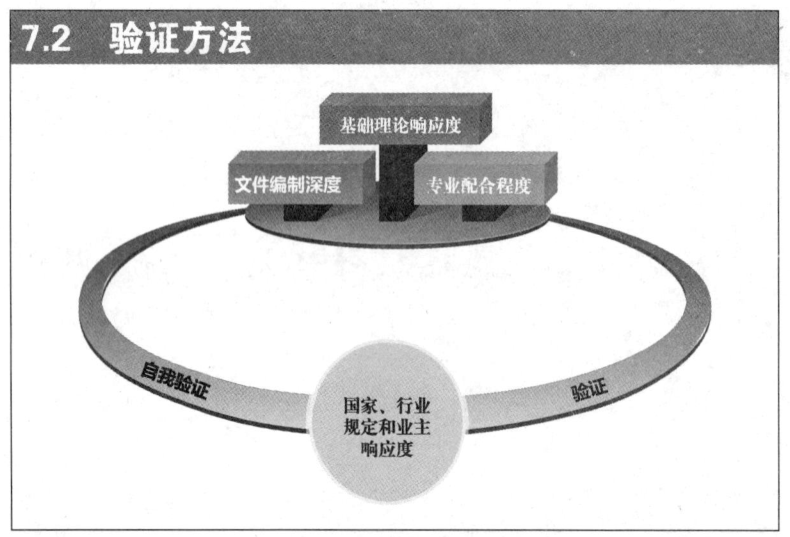


## 7.2 验证方法

验证国家、行业规定和业主响应度

- 关注工程建设强制性标准
- 关注相关专业国家、行业规定
- 关注业主对各专业的要求

## 7.2　验证方法

验证基础理论响应度

- 关注电气系统安全性、可靠性、灵活性
- 关注电气系统配置和标准
- 关注实现工程对电气系统的最优

## 7.2　验证方法

验证文件编制深度

- 住房和城乡建设部《建筑工程设计文件编制深度规定》
- 关注业主的要求

## 7.2　验证方法

验证专业配合程度

- 关注建筑功能整体性
- 关注与各相关专业协同

## 7.2 验证方法

验证和自我验证特点

- 敬业性
- 岗位性
- 阶段性

## 7.3 验证要点

## 7.3 验证要点

方案设计验证要点

- 电气系统配置应当与建筑适宜
- 提出电气系统的所需市政条件
- 应概念性提出电气设备机房

## 7.3 验证要点

验证建筑电气设计说明

- 验证工程概况描述；
- 验证拟设置的建筑电气系统合理性；
- 验证变、配、发电系统：

（1）负荷级别以及总负荷估算容量；
（2）电源，城市电网提供电源的电压等级、回路数、容量的需求；
（3）设置的变、配、发电站数量和位置；
（4）确定自备应急电源的型式、电压等级、容量。

- 验证其他建筑电气系统对城市公用事业的需求；
- 验证建筑电气节能措施。

## 7.3 验证要点

举例

1 设计依据
1.1 工程概况（略）
1.2 标准（略）
2 设计内容与范围
2.1 变配电系统
2.2 低压配电系统
2.3 电气照明系统
2.4 防雷保护、安全措施及接地系统
2.5 火灾自动报警系统
2.6 智能化系统

## 7.3 验证要点

3 变配电系统
3.1 负荷分级
3.1.1 一级负荷包括：酒店经营及设备管理用计算机系统、火灾报警及联动控制设备、消防泵、消防电梯、排烟（加压）风机、保安监控系统、应急照明用电，宴会厅、餐厅、厨房、康乐设施、门厅及高级客房、主要通道等场所的照明用电，厨房、排污泵、生活水泵、主要客梯用电等用电。设备容量约为：$P_e$=3200kW。酒店部分设备容量为：1600kW；办公部分设备容量为：990kW；公寓部分设备容量为：640kW。
3.1.2 二级负荷包括：一般客梯用电，普通客房等。本工程二级负荷容量：酒店部分设备容量为：3500kW；办公部分设备容量为：1900kW；公寓部分设备容量为：1200kW。
3.1.3 三级负荷包括：一般照明及动力负荷。酒店部分设备容量为：3800kW；办公部分设备容量为：8500kW；公寓部分设备容量为：5600kW。

## 7.3 验证要点

3.2 变配电所

| 编号 | 变配电所置 | 供电范围 | 变压器容量 |
|---|---|---|---|
| TH1 | 地下一层 | 酒店地下室及裙房配套设施的动力、照明用电 | 2x2000kVA |
| TH2 | 四十二层 | 酒店楼层配套设施的动力、照明用电 | 2x1000kVA |
| TO1 | 地下一层 | 写字楼地下室，裙房配套设施的动力、照明用电 | 2x2000kVA<br>2x1600kVA |
| TO2 | 二十八层 | 写字楼配套设施的动力、照明用电 | 2x1000kVA |
| TR1 | 地下一层 | 公寓地下室、裙房、公寓楼层的配套设施的动力、照明用电 | 2x1600kVA<br>2x1250kVA |

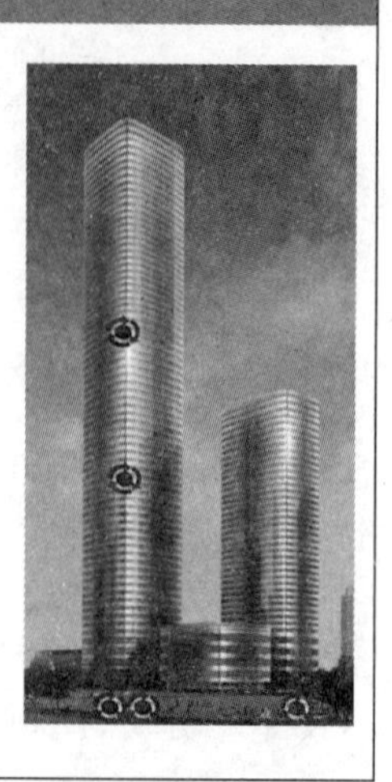

## 7.3 验证要点

3.3　自备应急电源系统

在地下一层设置两处柴油发电机房。各拟设置一台 1600kW 柴油发电机组。

当市电出现停电、缺相、电压超出范围（AC380V：−15% ～ +10%）或频率超出范围（50Hz ± 5%）时延时 15s（可调）机组自动启动。

当市电故障时，消防用电设备、应急照明与疏散照明以及涉及人身安全的用电设备均由自备应急电源提供电源。

## 7.3 验证要点

4　信息系统对城市公用事业的需求

4.1　本工程办公需输出入中继线 200 对（呼出呼入各 50%）。另外申请直拨外线 1000 对。

公寓需输出入中继线 100 对（呼出呼入各 50%）。另外申请直拨外线 500 对（此数量可根据实际需求增减）。酒店需输出入中继线 120 对（呼出呼入各 50%）。另外申请直拨外线 100 对（此数量可根据实际需求增减）。

4.2　本工程建立卫星通信系统，进行高速数据传输、图像传输、综合数据与语音通信、移动数据通信、计算机网络联接等综合业务，可以保证数据通信的不间断性、可靠性。

4.3　电视信号接自城市有线电视网，在顶层设有卫星电视机房。

## 7.3　验证要点

5　照明系统

5.1　照度标准

| 房间或场所 | | 参考平面及其高度 | 照度标准值（lx） | UGR | $R_a$ |
|---|---|---|---|---|---|
| 客房 | 一般活动区 | 水平面 | 75 | – | 80 |
| | 床头 | 水平面 | 150 | – | 80 |
| | 写字台 | 台面 | 300 | – | 80 |
| | 卫生间 | 水平面 | 150 | – | 80 |
| 中餐厅 | | 水平面 | 200 | 22 | 80 |
| 西餐厅、酒吧间、咖啡厅 | | 水平面 | 100 | – | 80 |
| 多功能厅 | | 水平面 | 300 | 22 | 80 |
| 门厅、总服务台 | | 地面 | 300 | – | 80 |
| 客房层走廊 | | 地面 | 50 | – | 80 |
| 厨房 | | 台面 | 200 | – | 80 |
| 行政办公室 | | 水平面 | 500 | – | 80 |
| 洗衣房 | | 水平面 | 200 | – | 80 |

## 7.3　验证要点

5　照明系统

5.2　航空障碍物照明

根据《民用机场飞行区技术标准》要求，本工程分别在屋顶及每隔40m左右设置航空障碍标志灯，40～90m采用中光强型航空障碍标志灯，90m以上采用航空白色高光强型航空障碍标志灯。航空障碍标志灯的控制纳入建筑设备监控系统统一管理，并根据室外光照及时间自动控制。

## 7.3　验证要点

5　照明系统

5.3　光源与灯具选择：一般场所选用节能型灯具。

5.4　照明配电系统：本利用在电气小间内的封闭式插接铜母线配电给各楼层照明配电箱。

5.5　应急照明与疏散照明：消防控制室、变配电所、配电间、电讯机房、弱电间、楼梯间、前室、水泵房、电梯机房、排烟机房、重要机房的值班照明等处的应急照明按100%考虑；门厅、走道按30%设置应急照明；其他场所按10%设置应急照明。各层走道、拐角及出入口均设疏散指示灯，停电时自动切换为直流供电，并且应急照明持续时间应不少于1.5h。

5.6　为保证用电安全，用于移动电器装置的插座的电源均设电磁式剩余电流保护装置（动作电流≤30mA，动作时间小于0.1s）。

5.7　照明控制：为了便于管理和节约能源，以及不同的时间要求不同的效果。本工程采用智能型照明控制系统。

## 7.3 验证要点

6 电力系统

6.1 配电系统的接地型式采用TN－S系统。冷冻机组、冷冻泵、冷却泵、生活泵、热力站、电梯等设备采用放射式供电；风机、空调机、污水泵等小型设备采用树干式供电。

6.2 为保证重要负荷的供电，对重要设备如：通讯机房、消防用电设备（消防水泵、排烟风机、加压风机、消防电梯等）、信息网络设备、消防控制室、中央控制室等均采用双回路专用电缆供电，在最末一级配电箱处设双电源自投，自投方式采用双电源自投自复。

6.3 主要配电干线沿由变电所用电缆桥架（线槽）引至各电气小间，支线穿钢管敷设。

6.4 普通干线采用辐照交联低烟无卤阻燃电缆；重要负荷的配电干线采用氧化镁电缆。部分大容量干线采用封闭母线。

## 7.3 验证要点

7 防雷与接地

7.1 本建筑物按二类防雷建筑物设防，接闪器采用接闪带（网）、接闪杆或由其混合组成。所有突出屋面的金属体和构筑物应与接闪带电气连接。

7.2 为防止侧向雷击，要求建筑物内钢构架和钢筋混凝土的钢筋应相互连接，自六层以上，每三层沿建筑物四周的金属门窗构件与该层楼板内的钢筋接成一体后再与引下线焊接，防雷接闪器附近的电气设备的金属外壳均应与防雷装置可靠焊接。玻璃幕墙内的金属构架，是等电位和屏蔽的一部分，应和防雷系统连接成一体。

7.3 为防止雷电波的侵入，进入建筑物的各种线路及金属管道宜采用全线埋地引入，并在入户端将电缆的金属外皮、钢导管及金属管道与接地装置连接。

7.4 利用建筑物钢筋混凝土柱子或剪力墙内两根$\phi16$以上主筋通长焊接作为引下线，引下线上端与女儿墙上的接闪带焊接，下端与建筑物基础底梁及基础底板轴线上的上下两层钢筋内的两根主筋焊接。外墙引下线在室外地面下1m处引出与室外接地线焊接。

## 7.3 验证要点

7 防雷与接地

7.5 本工程采用共用接地装置，以建筑物、构筑物的基础钢筋作为接地体，要求接地电阻小于0.5Ω，当接地电阻达不到要求时，可补打人工接地极。在建筑物四角的外墙引下线在距室外地面上0.5m处设测试卡子。

7.6 在屋顶安装提前放电接闪杆，高出大楼屋面5m，以能够准确的捕捉雷电的落雷点，防止直击雷击在被保护区域，规范了雷电流的泄入通道。

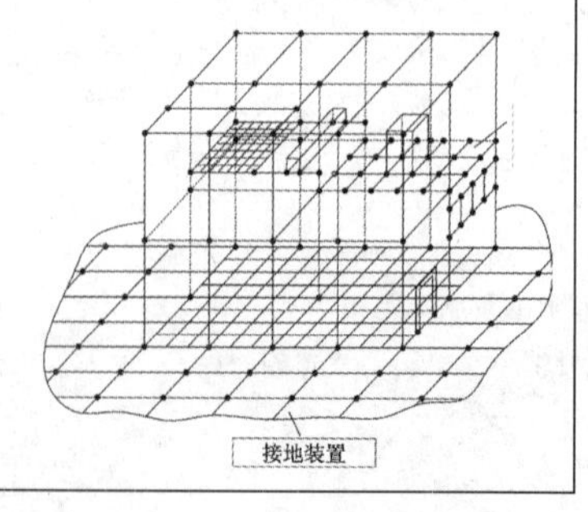

## 7.3 验证要点

8 火灾自动报警系统

8.1 本建筑物火灾自动报警系统的保护等级按特级保护设置。在一层设置消防控制室，分别对建筑内的消防设备进行探测监视和控制。

8.2 燃气表间、厨房设气体探测器，烟尘较大场所、车库设感温探测器，一般场所设感烟探测器。在适当位置设手动报警按钮及消防对讲电话插孔。在消火栓箱内设消火栓报警按钮。消防控制室可接收感烟、感温、气体探测器的火灾报警信号，水流指示器、检修阀、压力报警阀、手动报警按钮、消火栓按钮的动作信号。在每层消防电梯前室附近设置楼层显示复示盘。

8.3 消防控制中心和消防控制室可对探测器的火警、故障信号进行监视，并对消防水泵、消防风机、紧急广播等设备进行联动控制。

8.4 本工程还设置电气火灾报警系统。

## 7.3 验证要点

9 智能化设计

9.1 建筑设备管理系统；

9.2 综合布线系统；

9.3 安全技术防范系统；

9.4 有线电视系统；

9.5 视频服务系统；

9.6 背景音乐系统；

9.7 无线对讲系统；

9.8 室内移动通信覆盖系统；

9.9 多媒体智能信息发布系统。

## 7.3 验证要点

10 电气节能措施

10.1 设置建筑设备监控系统，对建筑物内的设备实现节能控制。

10.2 采用智能灯光控制系统，通过控制遮阳板将自然光和人工光实现有机结合。

10.3 变电所深入负荷中心，减少电压损失。

10.4 电气设备采用低损耗、低噪音的产品，合理选用导线截面。

10.5 采用低压集中自动补偿方式，并配备谐波电抗器组合，作为谐波抑制措施，避免高次谐波电流与电力电容发生谐振。

10.6 照明光源应优先采用节能光源，建筑照明功率密度值应小于《建筑照明设计标准》GB 50034 中的规定。

10.7 客房内采用节能开关。

## 7.3 验证要点

电气初步设计验证要点

- 应当有完善的电气系统
- 电气系统模型应稳定
- 电气机房应合理
- 应有相应的电气计算
- 提出存在问题

## 7.3 验证要点

验证建筑电气初步设计文件编制内容

- 设计说明书
- 验证建筑电气初步设计图纸内容
  - 验证电气总平面图
  - 验证变、配电系统
  - 验证电力、照明配电系统
  - 验证火灾自动报警系统、平面图
  - 验证智能化系统

## 7.3 验证要点

建筑电气施工图设计验证要点

- 电气系统应具备可实施文件表达
- 设计应考虑日常维护
- 提示施工注意问题

## 7.3　验证要点

验证建筑电气施工图文件编制内容

- 施工设计说明书
- 建筑电气施工图纸内容
  - 电气总平面图
  - 变，配电系统、继电保护原理图、机房详平面图
  - 电力、照明配电系统、二次原理图、平面图、竖井详平面图
  - 火灾自动报警系统、平面图、机房详平面图
  - 智能化系统、平面图、机房（竖井）详平面图
  - 防雷与接地系统、平面图
- 计算书、主要设备表

## 7.3　验证要点

验证建筑电气设计说明

- 验证工程概况。应将经初步（或方案）设计审批定案的主要指标录入
  - 验证设计依据、设计范围、设计内容，建筑电气系统的主要指标；
  - 验证各系统的施工要求和注意事项（包括布线、设备安装等）；
  - 验证设备主要技术要求（亦可附在相应图纸上）；
  - 验证防雷及接地保护等其他系统相关内容（亦可附在相应图纸上）；
  - 验证电气节能及环保措施；
  - 验证与相关专业的技术接口要求；
  - 验证对承包商深化设计图纸的审核要求。
- 验证图例符号

## 7.3　验证要点

验证电气总平面图

- 标注建筑物、构筑物名称或编号、层数或标高、道路、用户的安装容量。
- 标注变、配电站位置、编号；变压器台数、容量；发电机台数、容量；室外配电箱的编号、型号；室外照明灯具的规格、型号、容量。
- 架空线路应标注：线路规格及走向、回路编号、杆位编号，挡数，挡距、杆高、拉线、重复接地、浪涌保护等（附标准图集选择表）。
- 电缆线路应标注：线路走向、回路编号、敷设方式、人（手）孔型号、位置。
- 比例、指北针。
- 图中未表达清楚的内容可附图作统一说明。

## 7.3 验证要点

### 验证变、配电站设计图

- 验证高、低压配电系统图（一次线路图）

图中应标明母线的型号、规格; 变压器、发电机的型号、规格; 开关、断路器、互感器、继电器、电工仪表（包括计量仪表）等的型号，规格、整定值。图下方表格标注：开关柜编号、开关柜型号、回路编号、设备容量、计算电流、导体型号及规格、敷设方法、用户名称、二次原理图方案号（当选用分格式开关柜时，可增加小室高度或模数等相应栏目）。

- 验证平、剖面图

按比例绘制变压器、发电机、开关柜、控制柜、直流及信号柜、补偿柜、支架、地沟、接地装置等平面布置、安装尺寸等，以及变、配电站的典型剖面图。当选用标准图时，应标注标准图编号、页次，进出线回路编号、敷设安装方法。图纸应有比例。

## 7.3 验证要点

### 验证变、配电站设计图

- 验证继电保护及信号原理图：继电保护及信号二次原理方案号，宜选用标准图、通用图。当需要对所选用标准图或通用图进行修改时。只需绘制修改部分并说明修改要求；控制柜、直流电源及信号柜、操作电源均应选用企业标准产品，图中标示相关产品型号、规格和要求。
- 验证竖向配电系统图：以建筑物、构筑物为单位，自电源点开始至终端配电箱止，按设备所处相应楼层绘制，应包括变、配电站变压器台数、容量、发电机台数、容量、各处终端配电箱编号，自电源点引出回路编号（与系统图一致）。
- 验证相应图纸说明：图中表达不清楚的内容，可随图作相应说明。

## 7.3 验证要点

### 验证配电、照明设计图

- 验证配电箱（或控制箱）系统图：应标注配电箱编号、型号，进线同路编号；标注各元器件型号、规格、整定值；配出回路编号、导线型号规格、负荷名称等（对于单相负荷应标明相别）；对有控制要求的回路应提供控制原理图或控制要求；对重要负荷供电回路宜标明用户名称。上述配电箱（或控制箱）系统内容在平面图上标注完整的，可不单独出配电箱（或控制箱）系统图。
- 验证配电平面图：应包括建筑门窗、墙体、轴线、主要尺寸、工艺设备编号及容量；布置配电箱、控制箱，并注明编号；绘制线路始、终位置（包括控制线路），标注回路规格、编号、敷设方式；凡需专项设计场所，具配电和控制设计图随专项设计，但配电平面图上应相应标注预留的配电箱，并标注预留容量；图纸应有比例。

## 7.3 验证要点

### 验证配电、照明设计图

- 验证照明平面图：应包括建筑门窗、墙体、轴线、主要尺寸，标注房间名称、绘制配电箱、灯具、开关、插座、线路等平面布置，标明配电箱编号，干线、分支线回路编号；凡需二次装修部位，其照明平面图由二次装修设计，但配电或照明平面图上应相应标注预留的照明配电箱，并标注预留容量；有代表性的场所的设计照度值和设计功率密度值；图纸应有比例。
- 图中表达不清楚的，可随图作相应说明。

## 7.3 验证要点

### 验证火灾自动报警系统设计图

- 火灾自动报警及消防联动控制系统图、施工说明、报警及联动控制要求；
- 各层平面图，应包括设备及器件布点、连线，线路型号、规格及敷设要求；
- 电气火灾报警系统，应绘制系统图，以及各监测点名称、位置等。

### 验证建筑设备监控系统及系统集成设计图

- 监控系统方框图，绘制 DDC 站址；
- 随图说明相关建筑设备监控（测）要求、点数，DDC 站位置。

## 7.3 验证要点

### 验证防雷、接地设计图

- 绘制建筑物顶层平面，应有主要轴线号、尺寸、标高，标注接闪杆、接闪带、引下线位置。注明划料型号规格、所涉及的标准图编号，页次，图纸应标注比例；
- 绘制接地平面图（可与防雷顶层平面重合）；绘制接地线、接地极、测试点、断接卡等的平面位置，标明材料型号、规格、相对尺寸及涉及的标准图编号、页次（当利用自然接地装置时，可不出此图），图纸应标注比例；
- 当利用建筑物（或构筑物）钢筋混凝土内的钢筋作为防雷接闪器、引下线、接地装置时，应标注连接点、接地电阻测试点、预埋件位置及敷设方式，注明所涉及的标准图编号、页次；

## 7.3 验证要点

### 验证防雷、接地设计图

- 随图说明可包括: 防雷类别和采取的防雷措施(包括防侧击雷、防雷击电磁脉冲、防高电位引入); 接地装置型式，接地板材料要求、敷设要求、接地电阻值要求; 当利用桩基、基础内钢筋作接地极时，应采取的措施;
- 除防雷接地外的其他电气系统的工作或安全接地的要求(如电源接地型式，直流接地，局部等电位、总等电位接地等); 如果采用共用接地装置，应在接地平面图中叙述清楚，交代不清楚的应绘制相应图纸(如局部等电位平面图等)。

## 7.3 验证要点

### 验证其他系统设计图

- 各系统的系统框图;
- 说明各设备定位安装、线路型号规格及敷设要求;
- 配合系统承包方了解相应系统的情况从要求，对承包方提供的深化设计图纸审查其内容。

### 验证主要设备表

- 注明主要设备名称、型号、规格、单位、数量。

### 验证计算书

- 施工图设计阶段的计算书，只补充初步设计阶段时应进行计算而未进行计算的部分，修改因初步设计文件审查变更后，需重新进行计算的部分。

## 7.4 注意问题

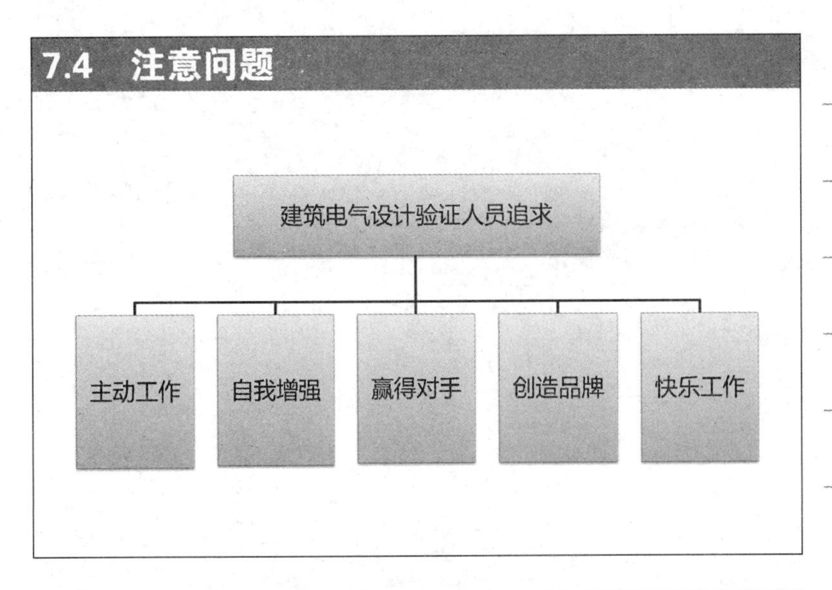
7.4 注意问题
建筑电气设计验证人员追求
主动工作
自我增强
赢得对手
创造品牌
快乐工作

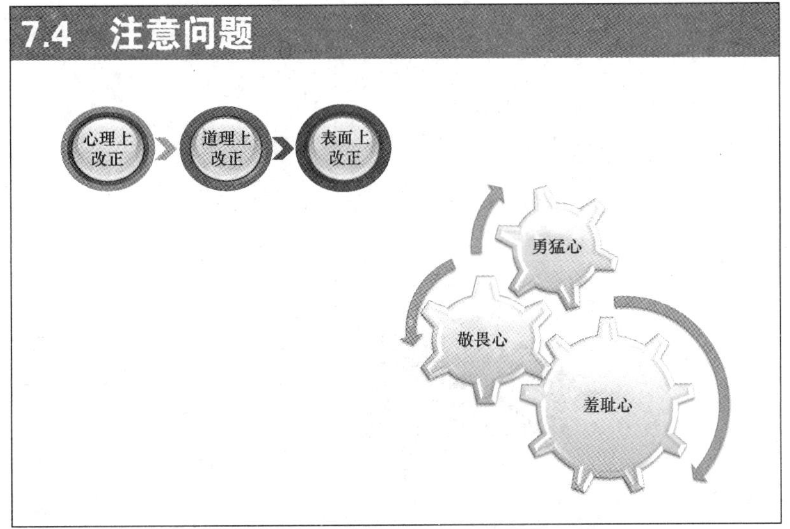
7.4 注意问题
心理上改正
道理上改正
表面上改正
勇猛心
敬畏心
羞耻心

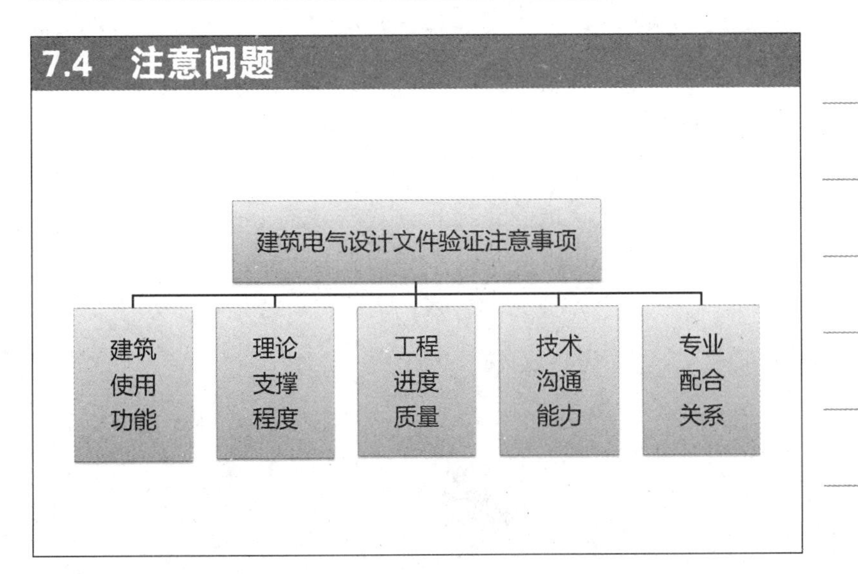
7.4 注意问题
建筑电气设计文件验证注意事项
建筑使用功能
理论支撑程度
工程进度质量
技术沟通能力
专业配合关系

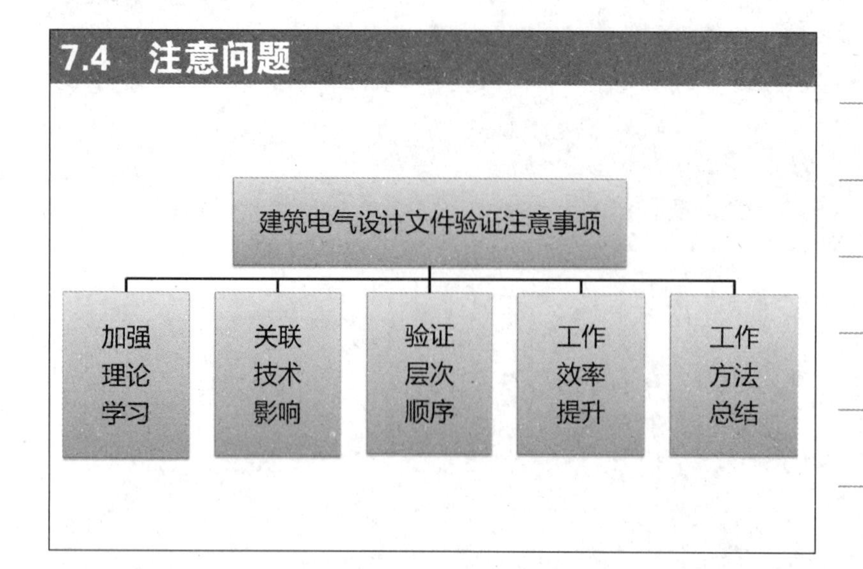


## 7.4 注意问题

安全性的问题

问题：变压器、柴油发电机组容量不满足消防要求。

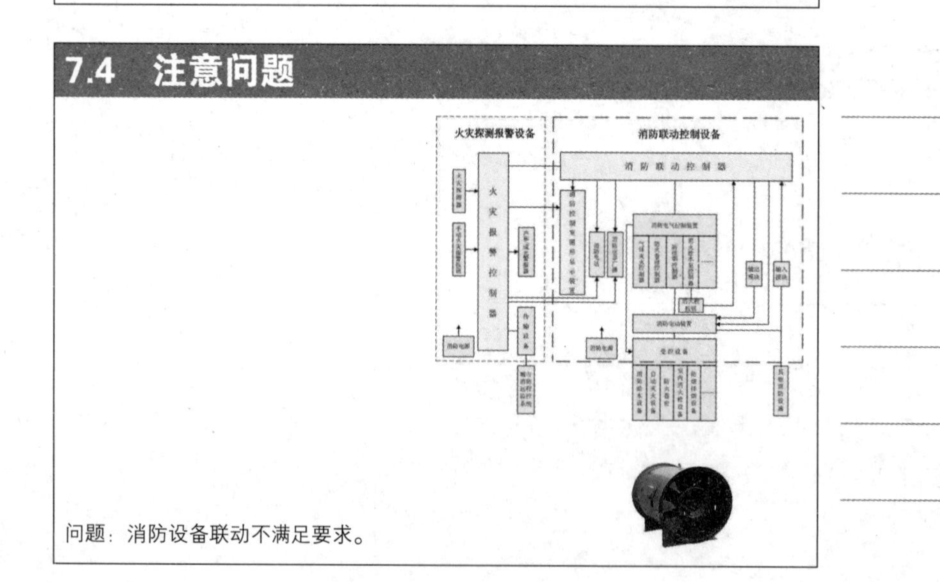

## 7.4　注意问题

问题：消防配电回路配电级数设置较多，故障点增多。

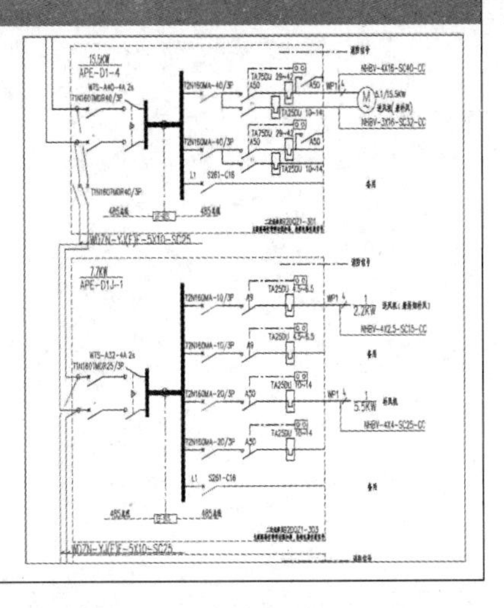

## 7.4　注意问题

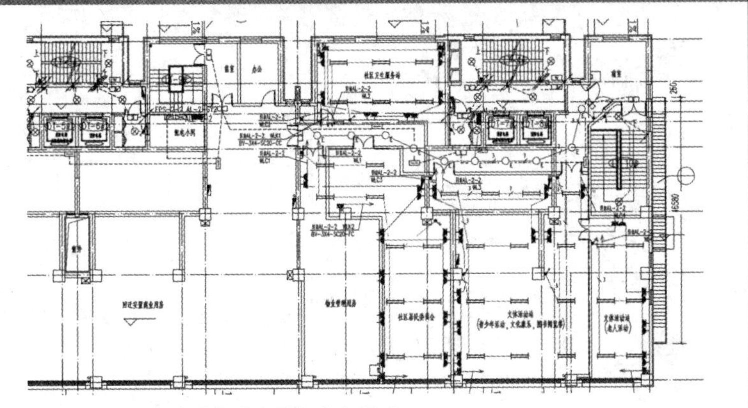

问题：1. 一、二层商业部分应增加应急照明。

2. 老年活动、青少年活动区宜增加应急及疏散照明。

## 7.4　注意问题

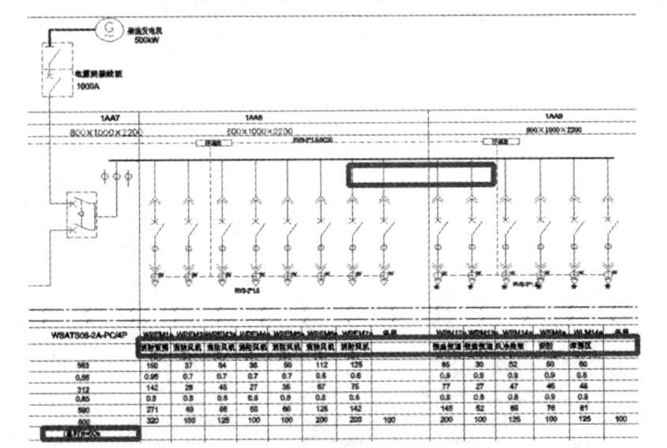

问题：1. 消防与非消防负荷应分设母线段。柴油发电机所带负荷应为一级负荷中特别重要负荷，系统图与说明所列负荷等级不符。

2. 柴油发电机启动时间不满足要求。

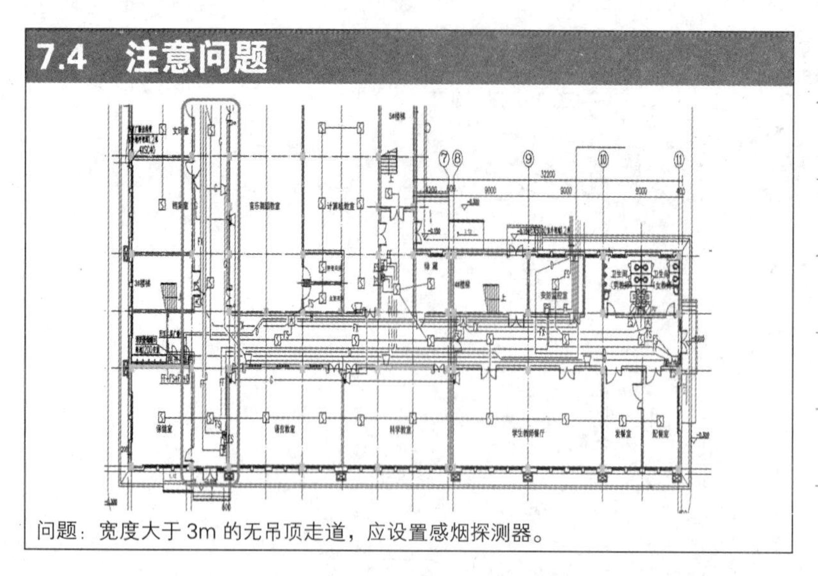
7.4 注意问题
问题：宽度大于 3m 的无吊顶走道，应设置感烟探测器。

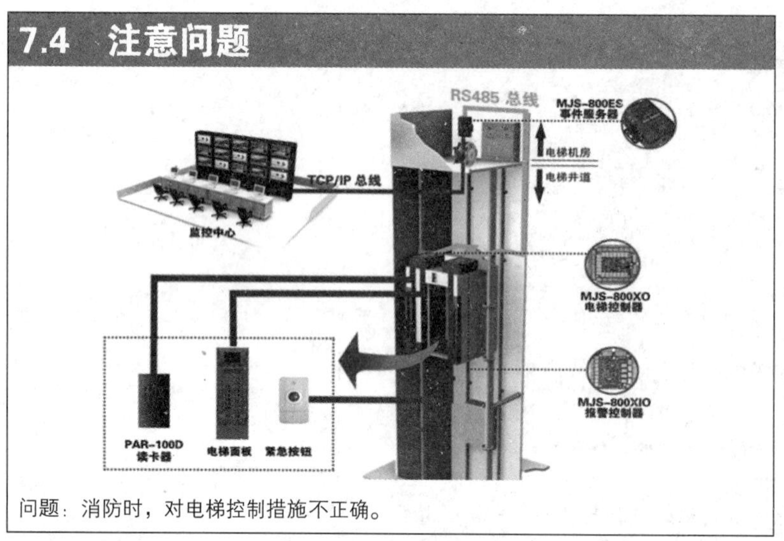
7.4 注意问题
RS485 总线
MJS-800ES
事件服务器
电梯机房
电梯井道
TCP/IP 总线
监控中心
MJS-800XO
电梯控制器
MJS-800XIO
报警控制器
PAR-100D
读卡器
电梯面板
紧急按钮
问题：消防时，对电梯控制措施不正确。

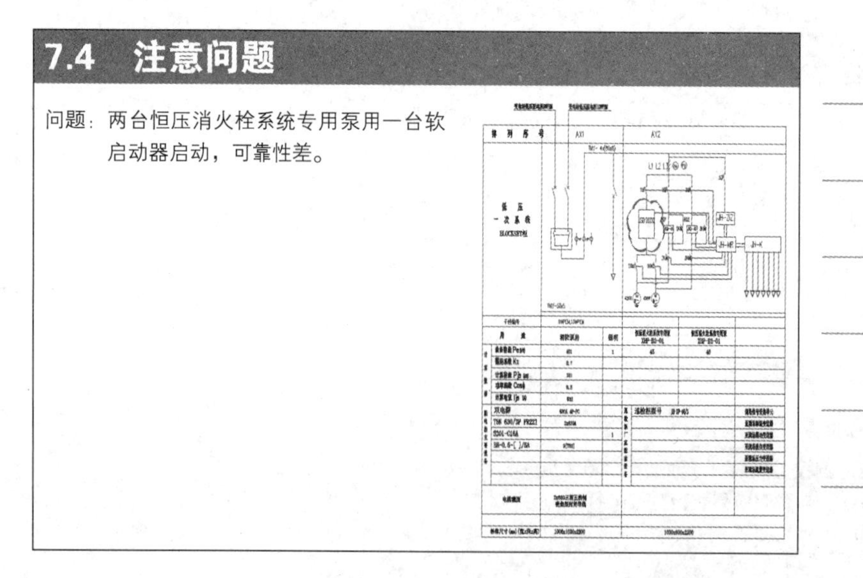
7.4 注意问题
问题：两台恒压消火栓系统专用泵用一台软启动器启动，可靠性差。

## 7.4　注意问题

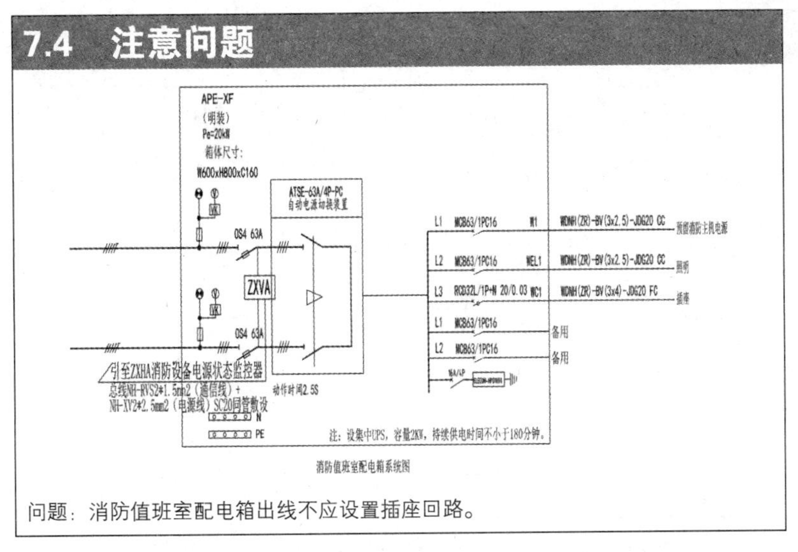


问题：消防值班室配电箱出线不应设置插座回路。

## 7.4　注意问题

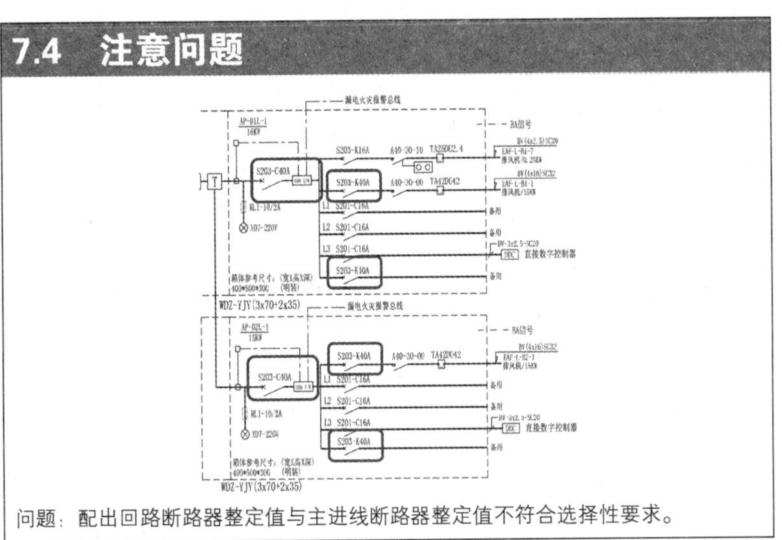


问题：配出回路断路器整定值与主进线断路器整定值不符合选择性要求。

## 7.4　注意问题

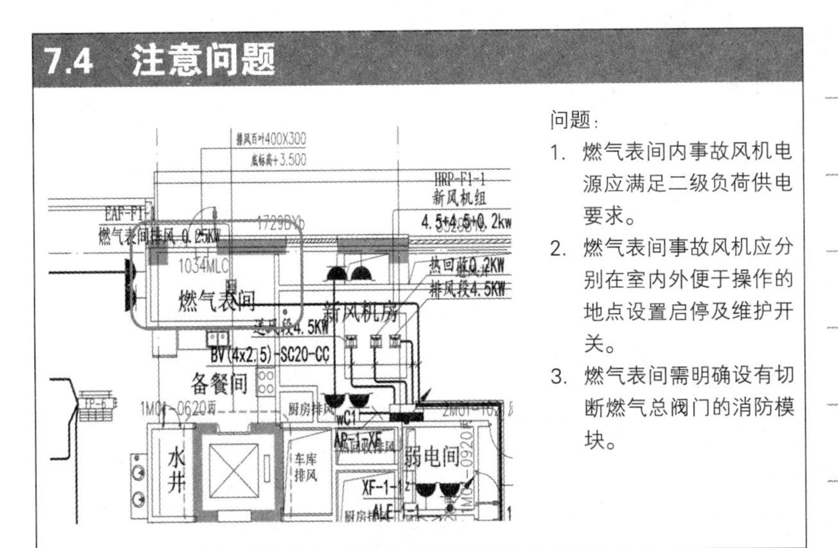


问题：

1. 燃气表间内事故风机电源应满足二级负荷供电要求。
2. 燃气表间事故风机应分别在室内外便于操作的地点设置启停及维护开关。
3. 燃气表间需明确设有切断燃气总阀门的消防模块。

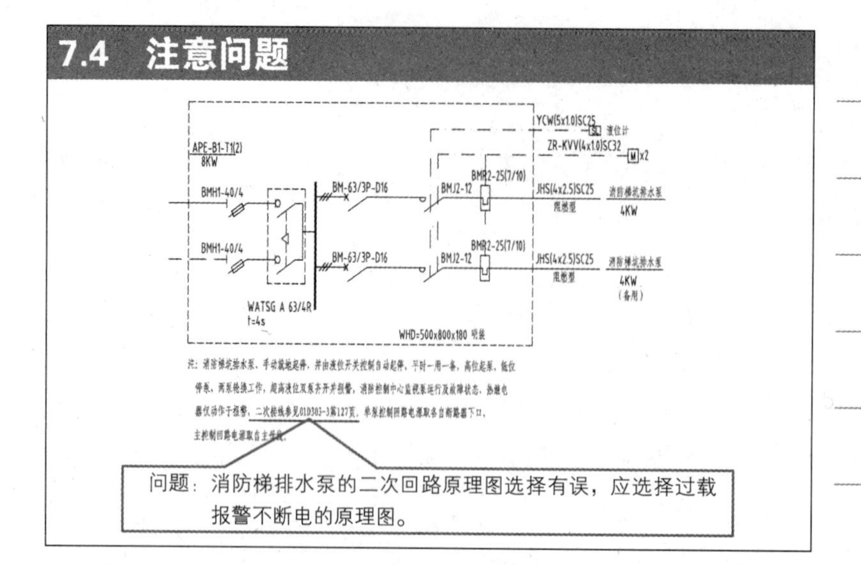
7.4 注意问题
APE-B1-T1(2)
8KW
BMH1-40/4
BM-63/3P-D16
BMJ2-12
BMR2-25(7/10)
YCW(5x1.0)SC25
ZR-KVV(4x1.0)SC32
JHS(4x2.5)SC25
4KW
WATSG A 63/4R
t=4s
WHD=500x800x180
问题：消防梯排水泵的二次回路原理图选择有误，应选择过载报警不断电的原理图。

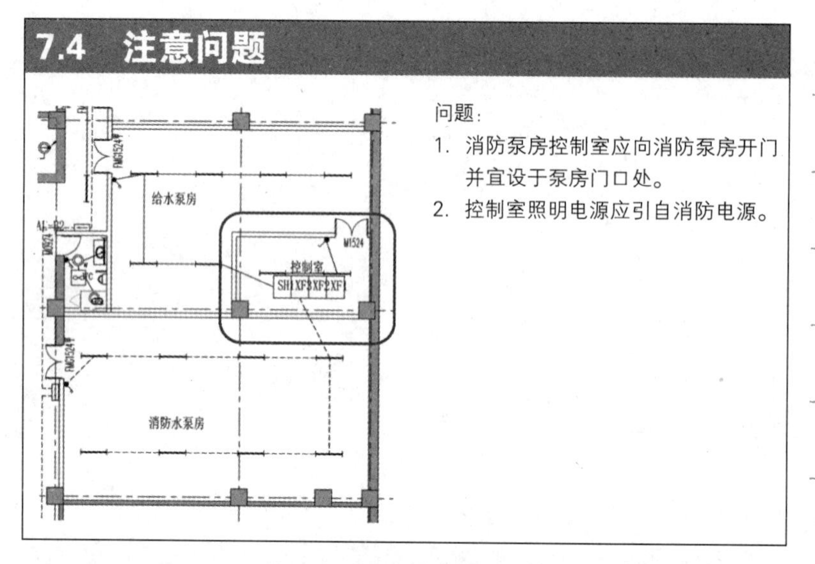
7.4 注意问题
给水泵房
控制室
SH1XF3XF2XF1
M1524
消防水泵房
问题：
1. 消防泵房控制室应向消防泵房开门并宜设于泵房门口处。
2. 控制室照明电源应引自消防电源。

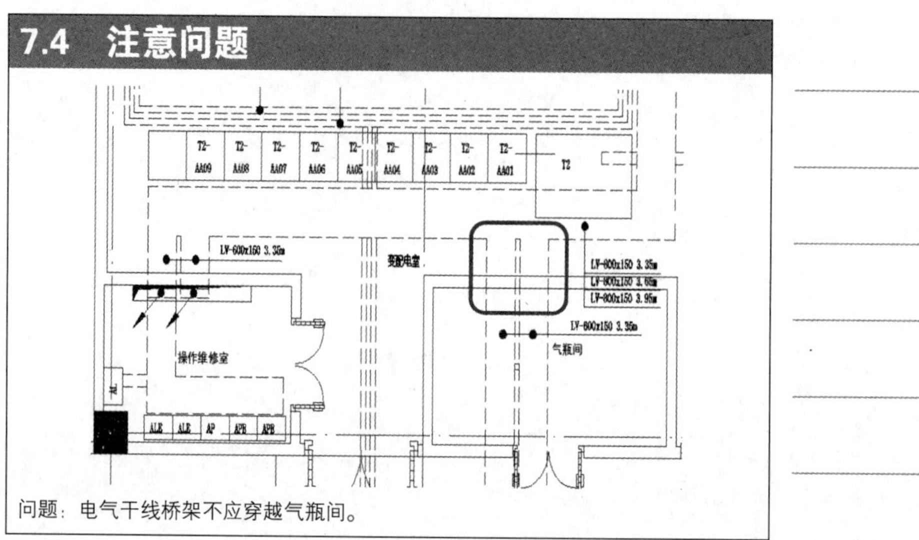
7.4 注意问题
T2
变配电室
操作维修室
气瓶间
ALE
AP
APE
问题：电气干线桥架不应穿越气瓶间。

## 7.4 注意问题

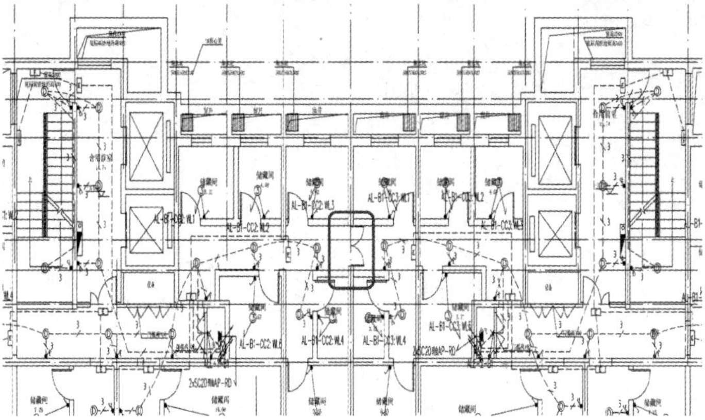

问题：当两个防火分区中间的门为互相借用的疏散门，两侧均应加疏散出口指示灯。

## 7.4 注意问题

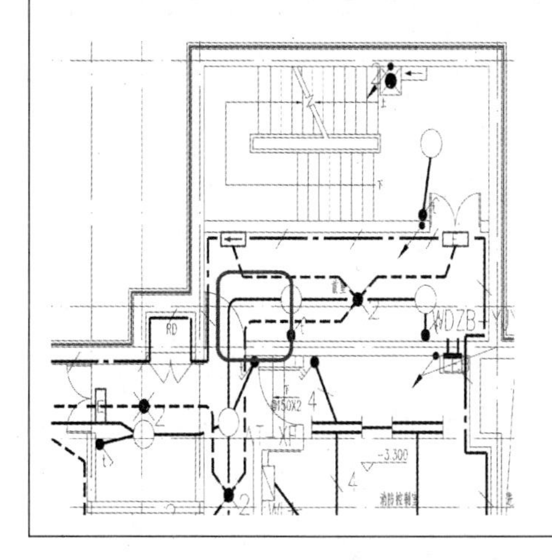

问题：前室疏散指示标志灯方向有误，疏散通道门上缺少疏散安全出口指示灯。

## 7.4 注意问题

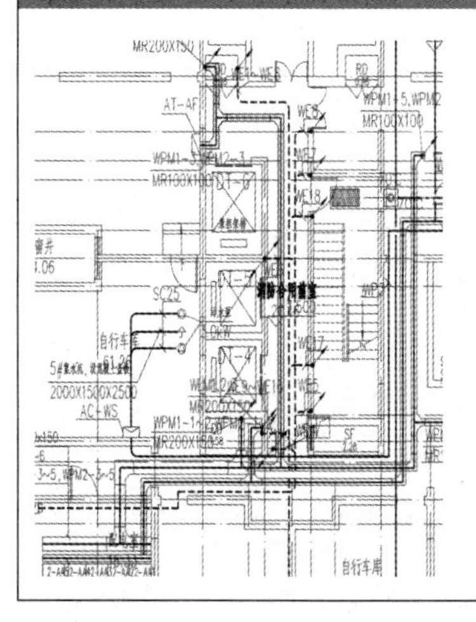

问题：配电干线不宜在消防合用前室明装敷设。

## 7.4 注意问题

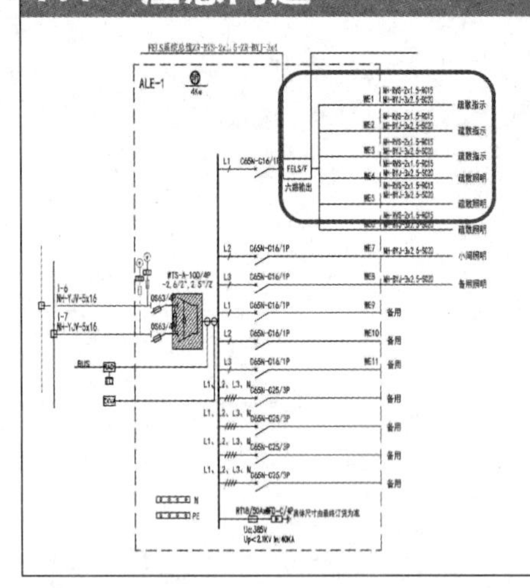

问题：

集中型应急照明系统未明确系统形式，在不明确控制模块内设有回路保护的情况下，所有配出回路所带灯具（超过 25 个光源）前端保护只设置了一个 C16-1P 作为保护。

## 7.4 注意问题

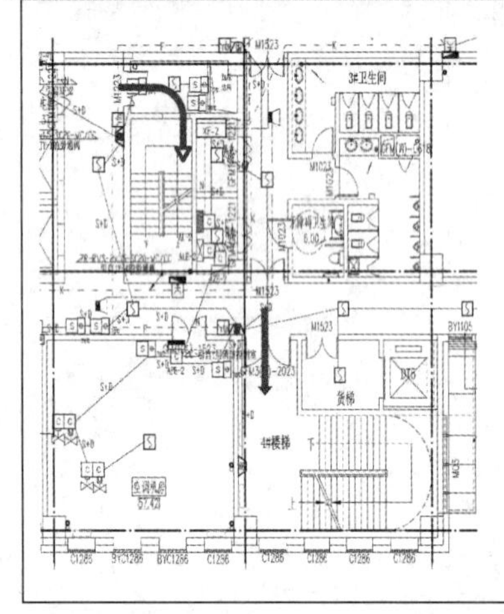

问题：

火灾声光报警器不宜布置在安全出口指示灯同侧墙上。

## 7.4 注意问题

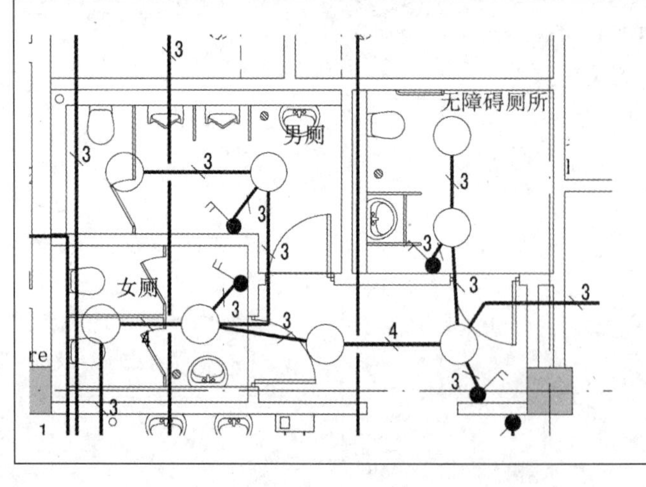


问题：

残疾人卫生间缺少求助呼叫按钮及警报装置。

## 7.4　注意问题

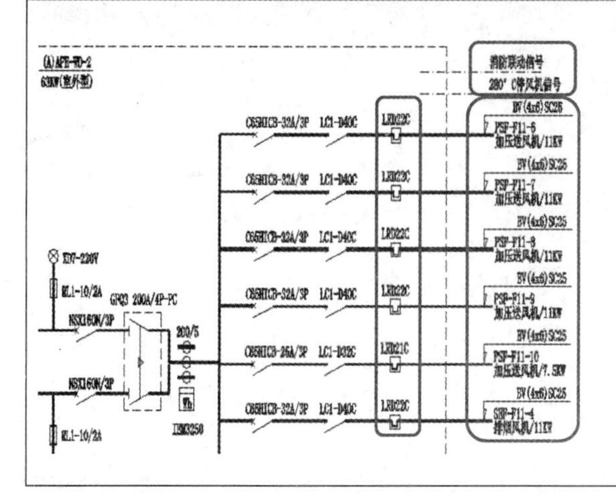

问题：

1. 消防电梯、加压风机、排烟风机应采用耐火线。
2. 加压风机与排烟风机应有联锁控制。

## 7.4　注意问题

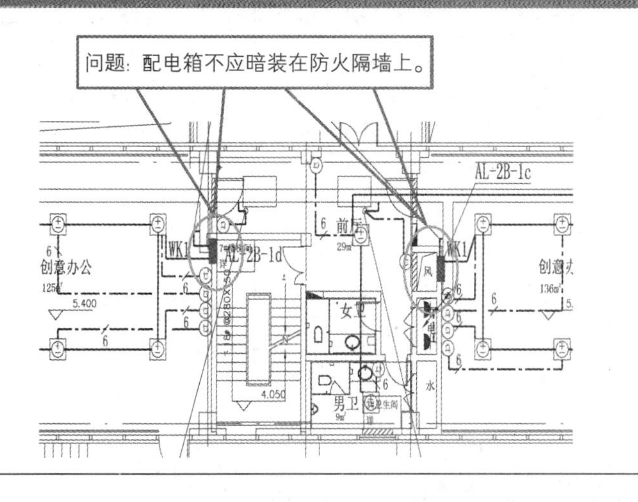


## 7.4　注意问题

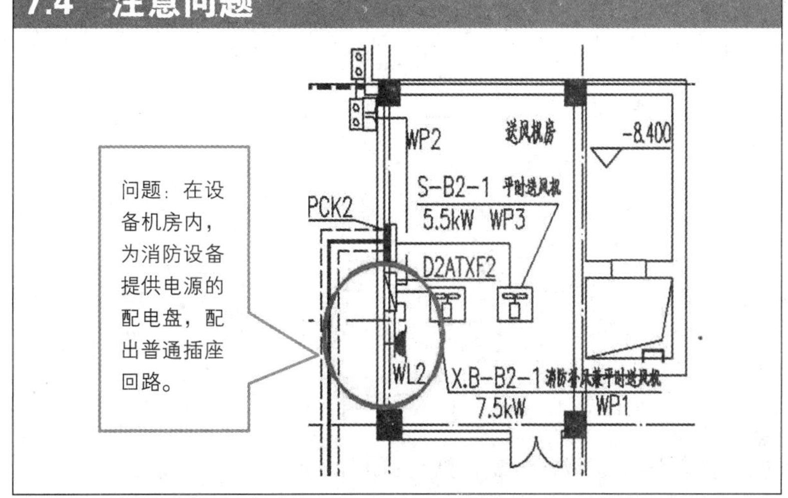

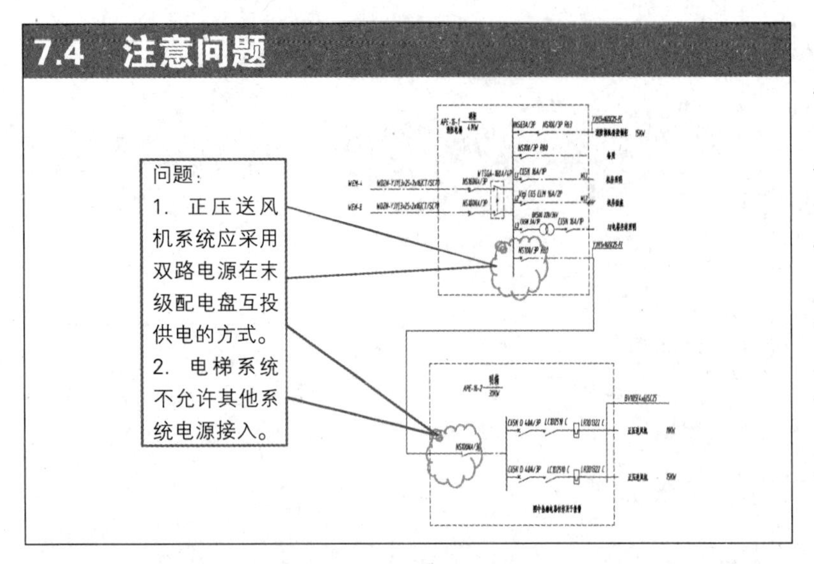
7.4 注意问题
问题：
1. 正压送风机系统应采用双路电源在末级配电盘互投供电的方式。
2. 电梯系统不允许其他系统电源接入。

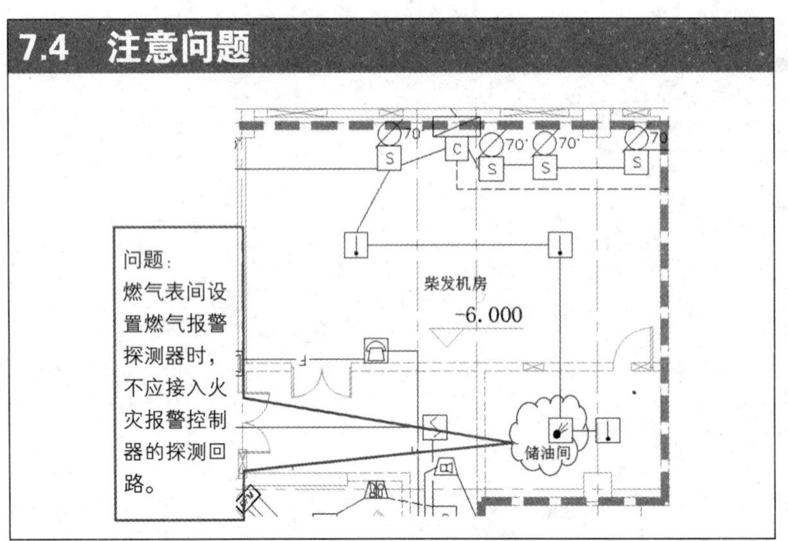
7.4 注意问题
问题：
燃气表间设置燃气报警探测器时，不应接入火灾报警控制器的探测回路。
柴发机房
-6.000
储油间

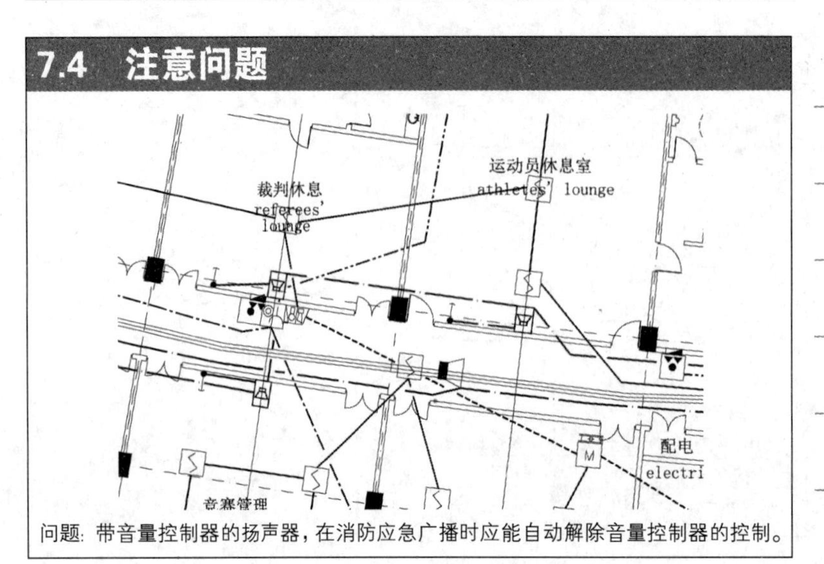
7.4 注意问题
裁判休息
referees'
lounge
运动员休息室
athletes' lounge
配电
electri
问题：带音量控制器的扬声器，在消防应急广播时应能自动解除音量控制器的控制。

## 7.4　注意问题

问题：首层楼梯间直通室外的门应加装疏散出口标志灯及门禁系统。

## 7.4　注意问题

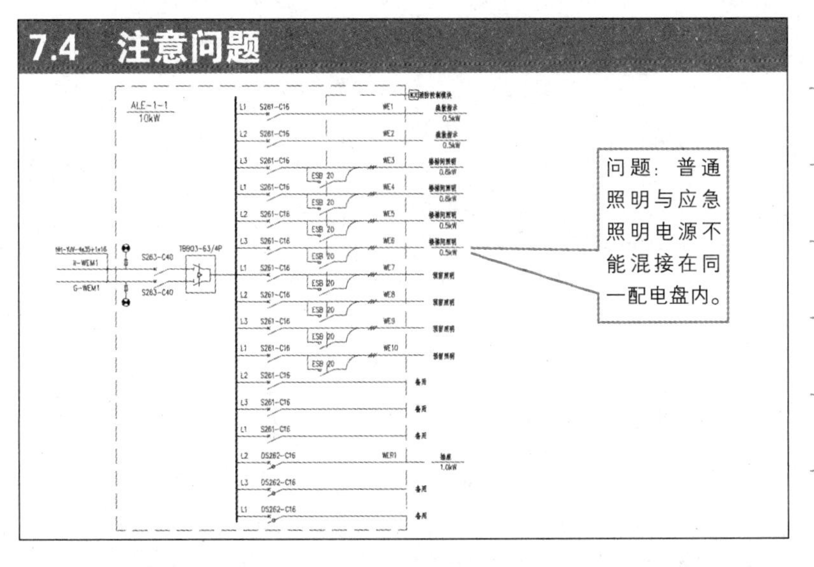


问题：普通照明与应急照明电源不能混接在同一配电盘内。

## 7.4　注意问题

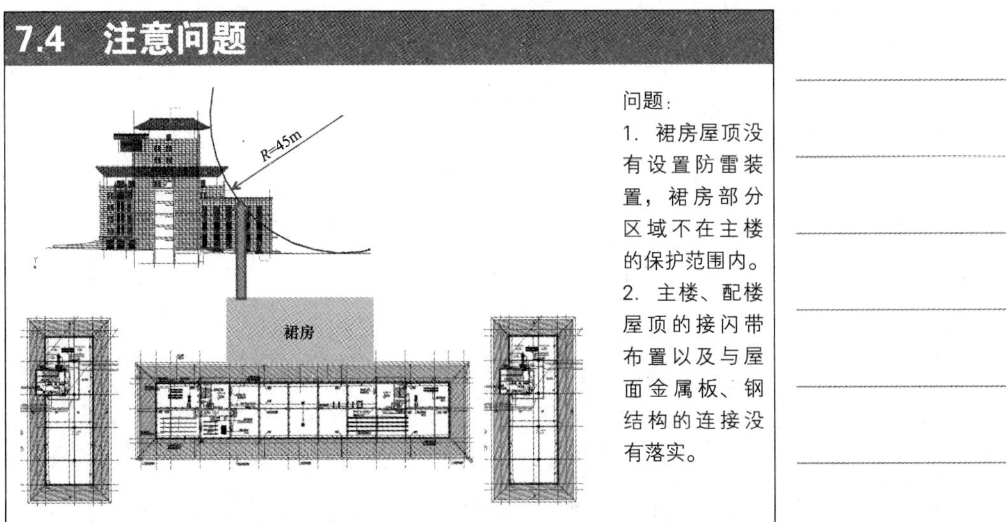


问题：

1. 裙房屋顶没有设置防雷装置，裙房部分区域不在主楼的保护范围内。
2. 主楼、配楼屋顶的接闪带布置以及与屋面金属板、钢结构的连接没有落实。

## 7.4 注意问题

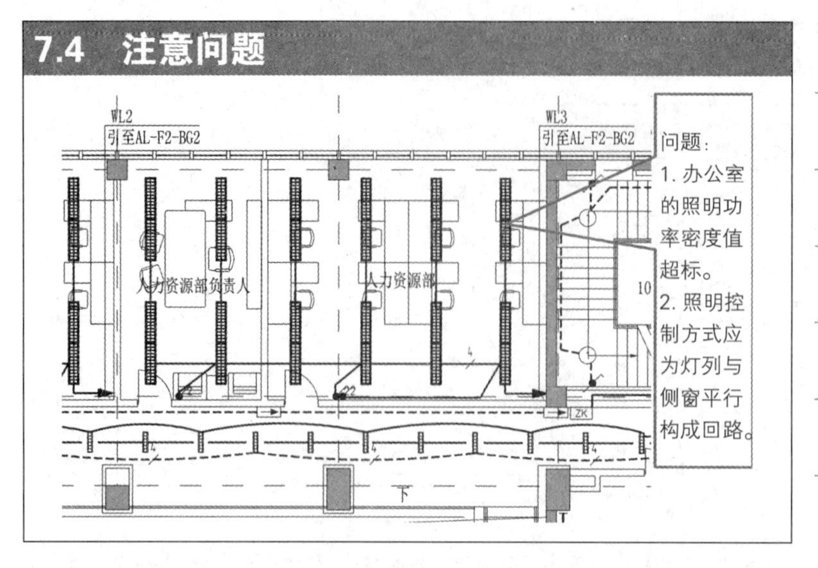


问题：
1. 办公室的照明功率密度值超标。
2. 照明控制方式应为灯列与侧窗平行构成回路。

## 7.4 注意问题

问题：
1. 由于没有标明电源起点位置和编号，目前所表示的线路长度已经超过250m，电压降能否满足要求？
2. 线路敷设路径上多数区域不适合电缆直埋，需要穿管保护并设置电缆井。

## 7.4 注意问题

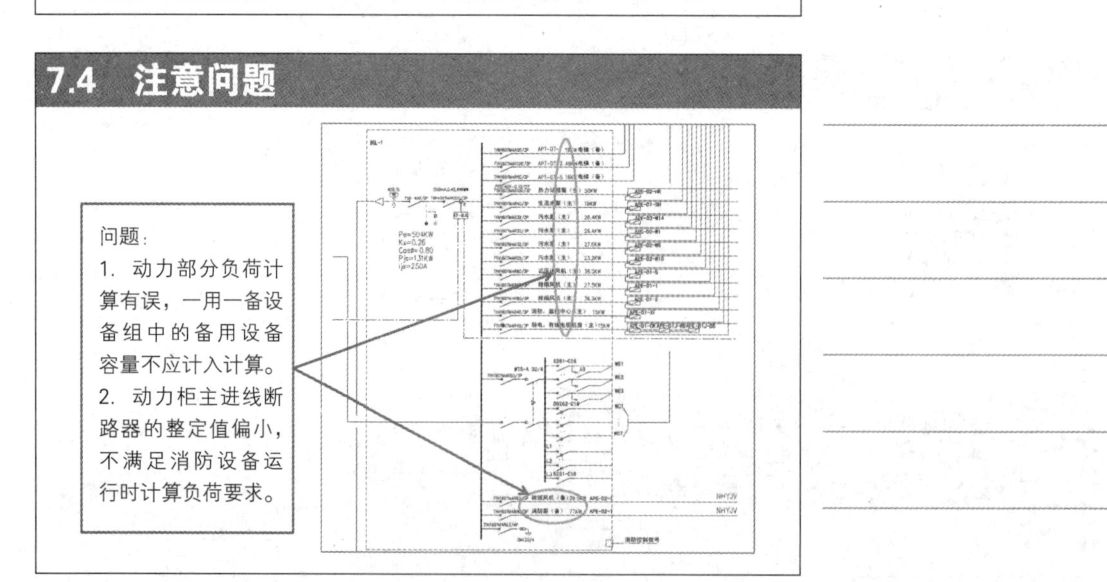

问题：
1. 动力部分负荷计算有误，一用一备设备组中的备用设备容量不应计入计算。
2. 动力柜主进线断路器的整定值偏小，不满足消防设备运行时计算负荷要求。

## 7.4　注意问题

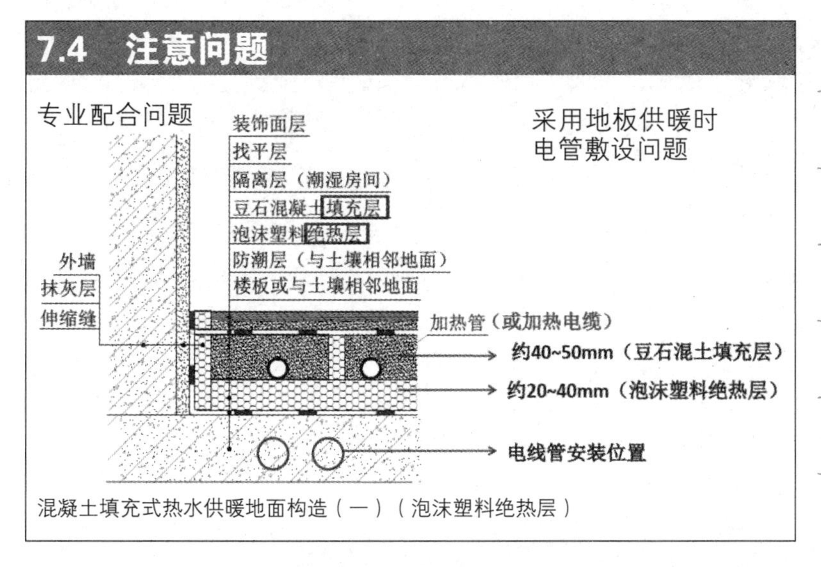


混凝土填充式热水供暖地面构造（一）（泡沫塑料绝热层）

## 7.4　注意问题

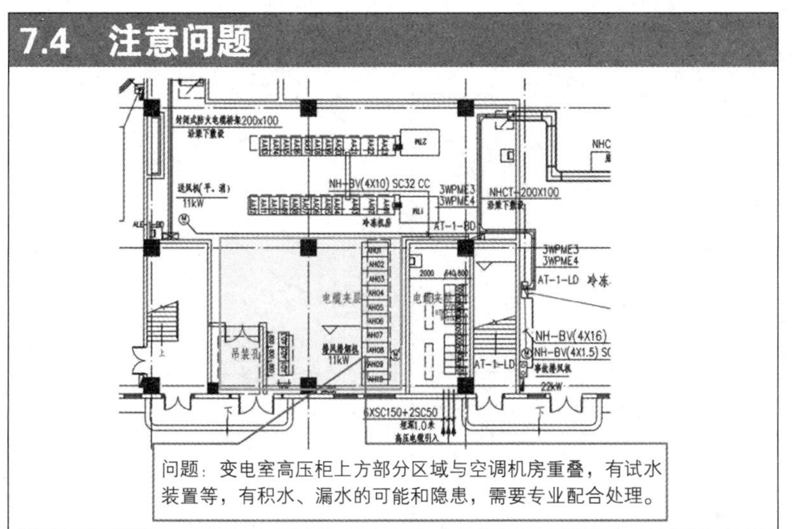


问题：变电室高压柜上方部分区域与空调机房重叠，有试水装置等，有积水、漏水的可能和隐患，需要专业配合处理。

## 7.4　注意问题

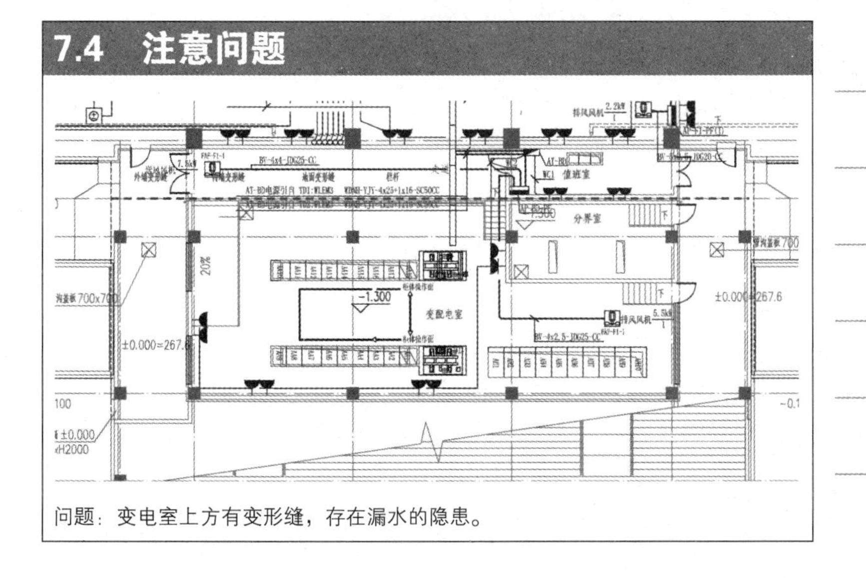


问题：变电室上方有变形缝，存在漏水的隐患。

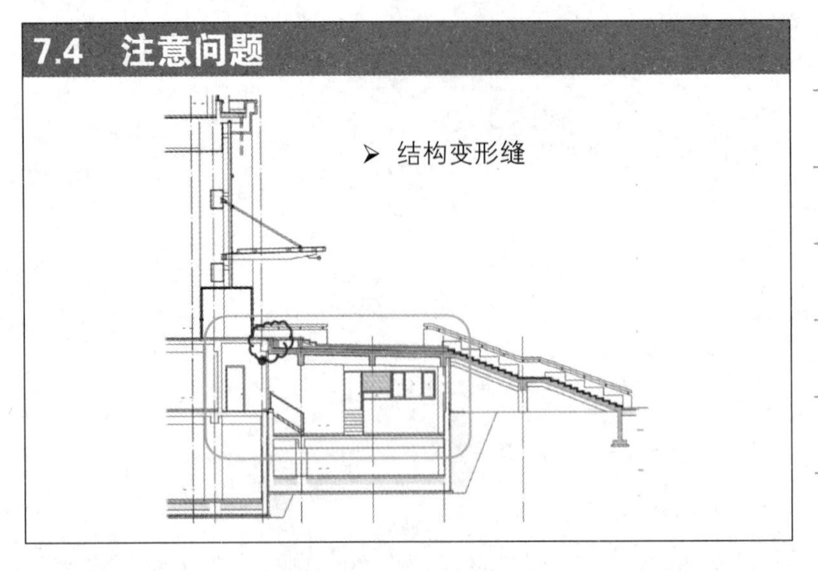
7.4 注意问题
➢ 结构变形缝

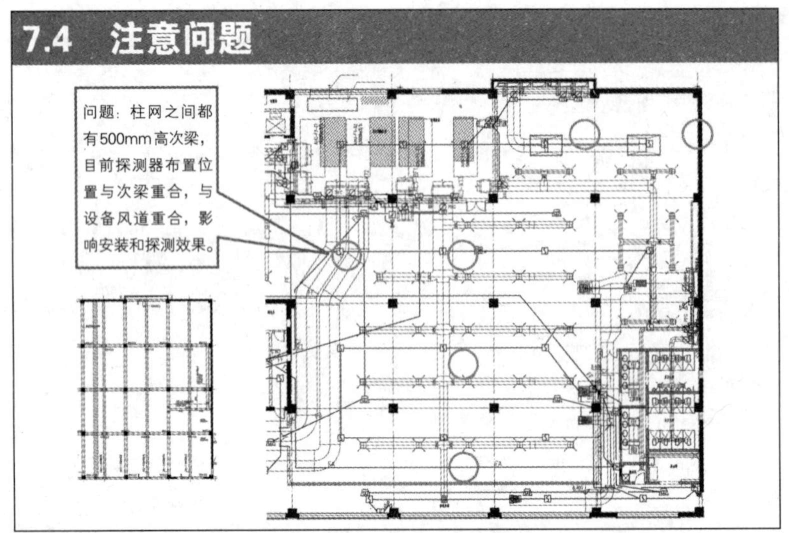
7.4 注意问题
问题：柱网之间都有500mm高次梁，目前探测器布置位置与次梁重合，与设备风道重合，影响安装和探测效果。

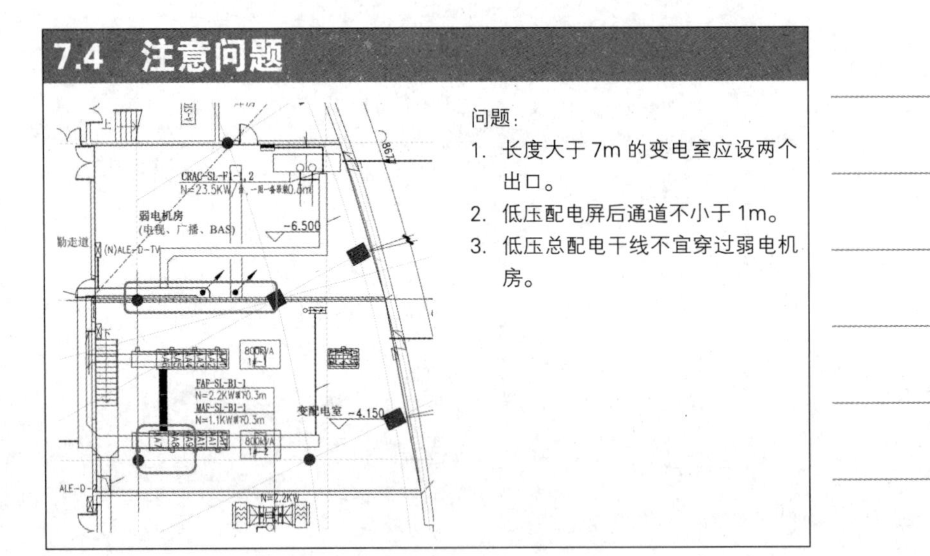
7.4 注意问题
问题：
1. 长度大于7m的变电室应设两个出口。
2. 低压配电屏后通道不小于1m。
3. 低压总配电干线不宜穿过弱电机房。
弱电机房
(电视、广播、BAS)
-6.500
勤走道
变配电室
-4.150
800kVA
N=2.2KW

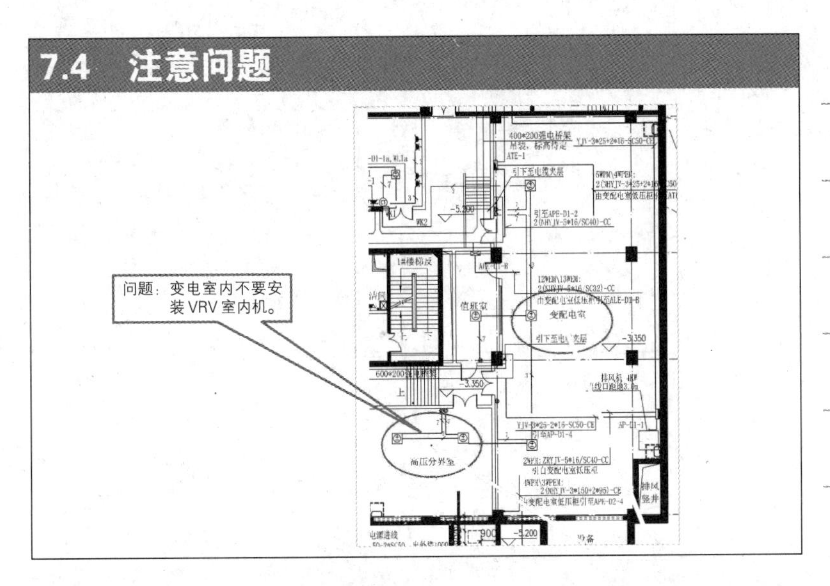
7.4 注意问题
问题：变电室内不要安装VRV室内机。

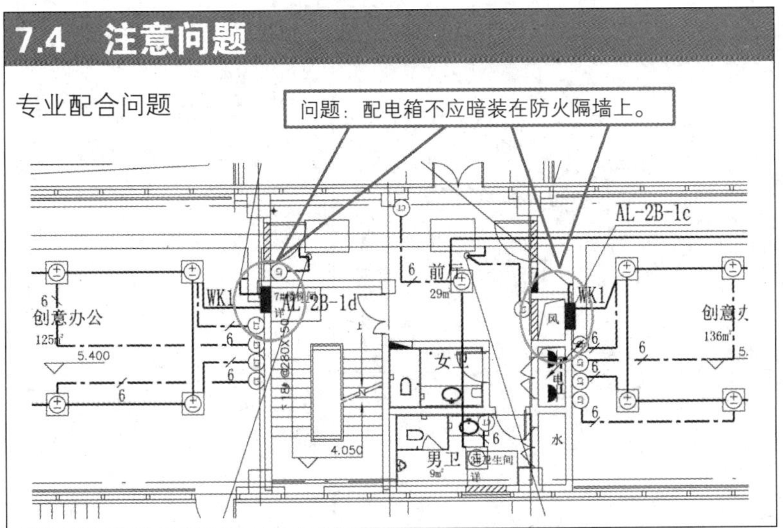
7.4 注意问题
专业配合问题
问题：配电箱不应暗装在防火隔墙上。
AL-2B-1c
AL-2B-1d
WK1
前厅
创意办公
女卫
男卫

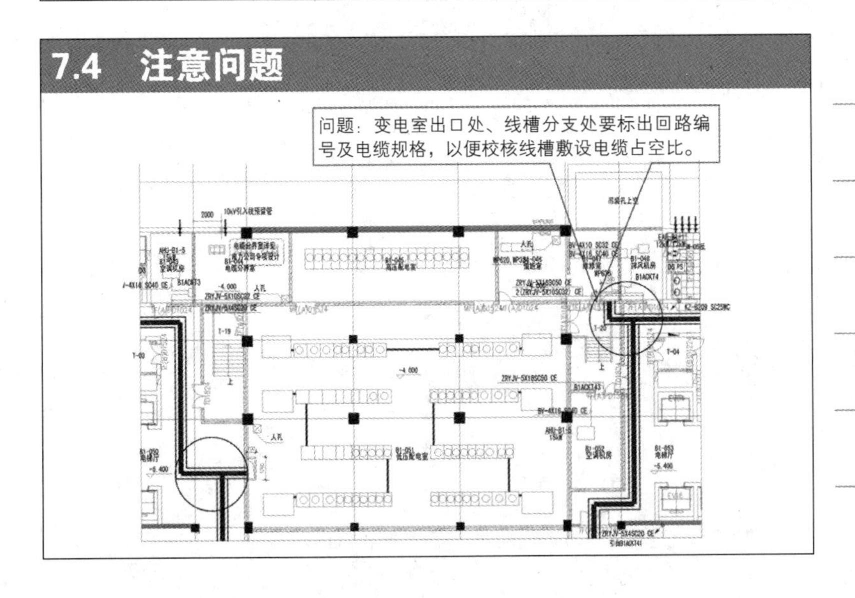
7.4 注意问题
问题：变电室出口处、线槽分支处要标出回路编号及电缆规格，以便校核线槽敷设电缆占空比。

## 7.4 注意问题

问题：采用树干式电缆配电，宜选用弧形触头 T 接端子，避免“鸡爪子”接线，保持电缆相对完整。

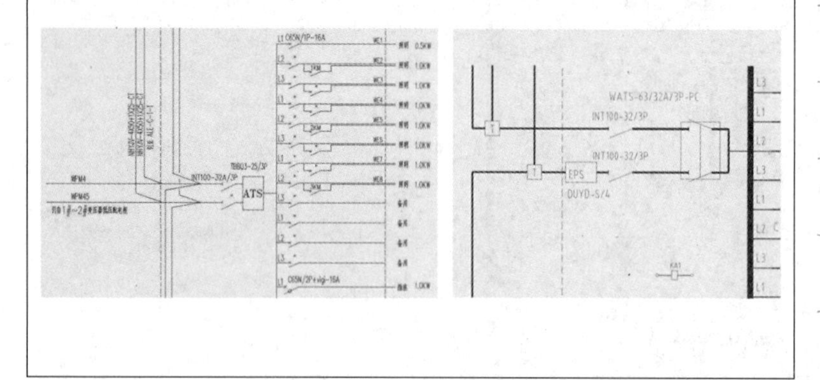

## 7.4 注意问题

合理性问题

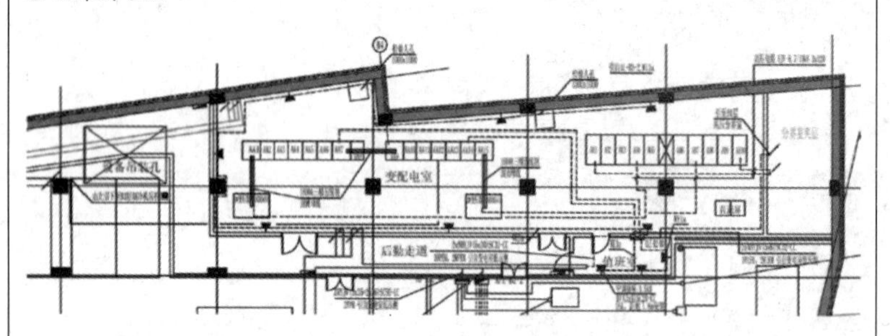

1. 竖向母线在公共区敷设距地高度不能低于 1.8m。
2. 电缆桥架不应敷设在吊装孔下方。B1 层同理。
3. 变电室配出干线应有线路规格和编号。

## 7.4 注意问题

配电干线穿越不同的商业租户库房供电，使用管理增容变化不方便，存在安全隐患。建设与建筑专业配合在适当的位置设置电气小间，便于今后业态调整增容变化和灵活布线。

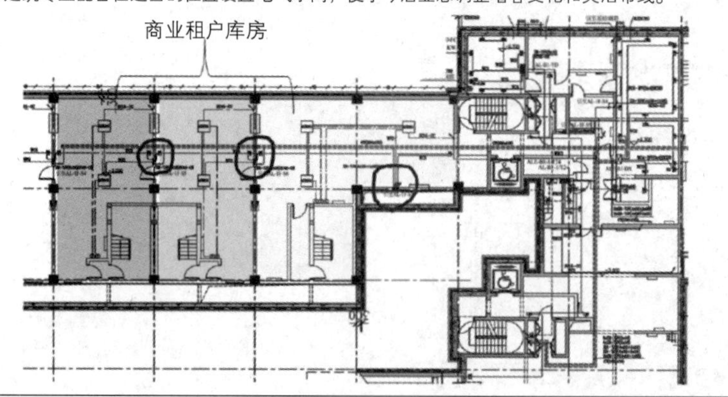

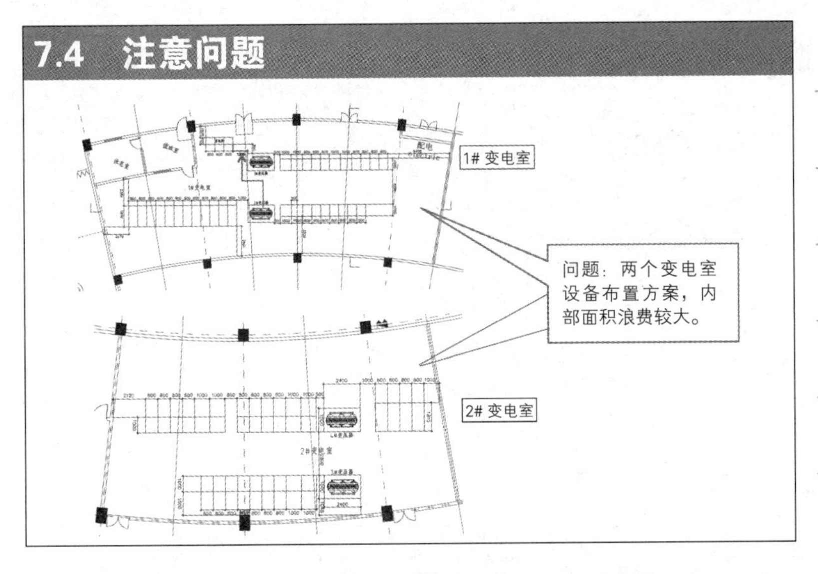

7.4　注意问题
1# 变电室
问题：两个变电室设备布置方案，内部面积浪费较大。
2# 变电室


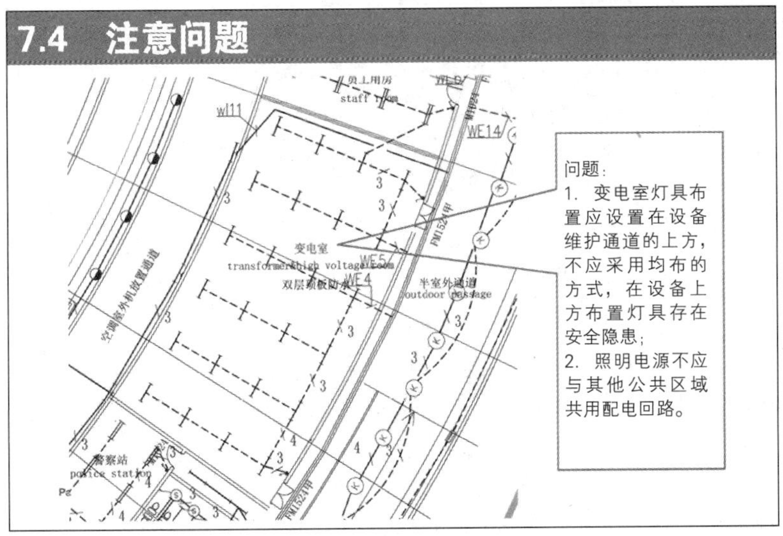

7.4　注意问题
问题：
1. 变电室灯具布置应设置在设备维护通道的上方，不应采用均布的方式，在设备上方布置灯具存在安全隐患；
2. 照明电源不应与其他公共区域共用配电回路。
变电室
半室外通道
outdoor passage
警察站
police station


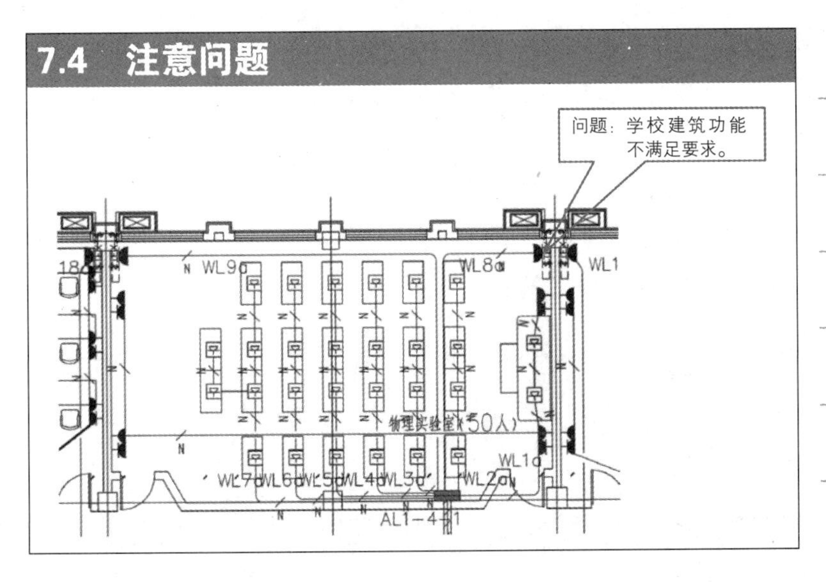

7.4　注意问题
问题：学校建筑功能不满足要求。
物理实验室（50人）
AL1-4-1

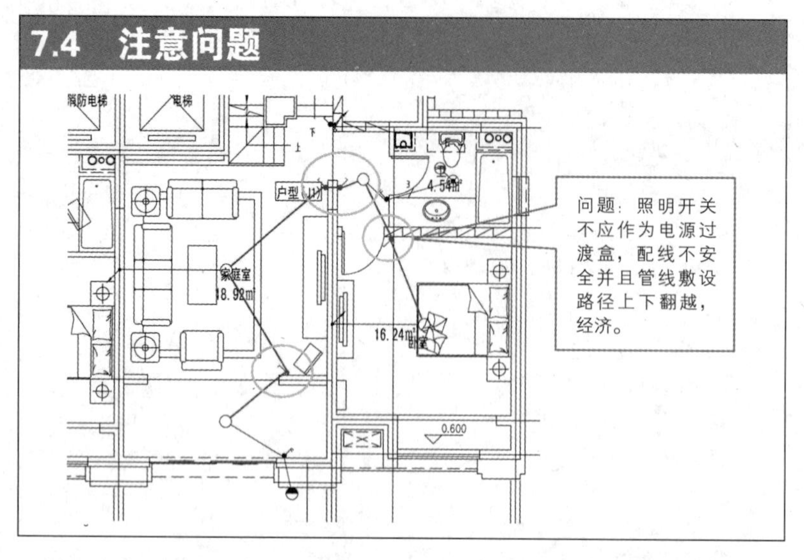
7.4 注意问题
消防电梯
电梯
户型
家庭室
18.92㎡
4.54㎡
16.24㎡
0.600
问题：照明开关不应作为电源过渡盒，配线不安全并且管线敷设路径上下翻越，经济。

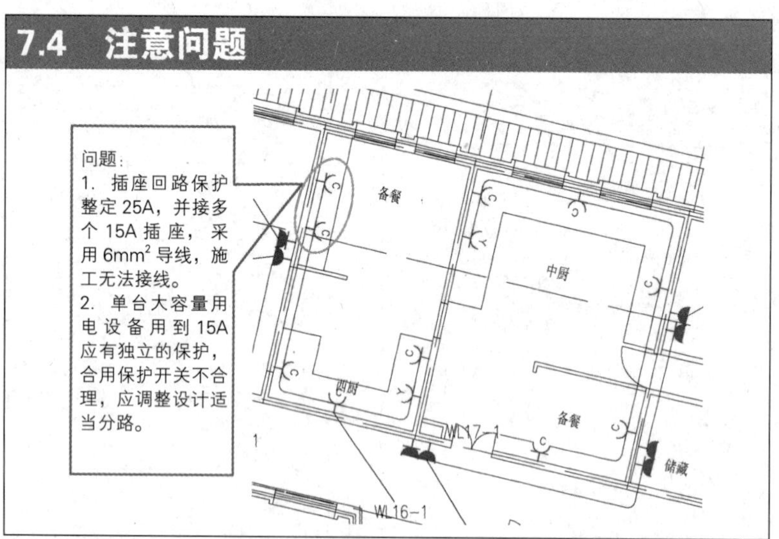
7.4 注意问题
问题：
1. 插座回路保护整定25A，并接多个15A插座，采用6mm² 导线，施工无法接线。
2. 单台大容量用电设备用到15A应有独立的保护，合用保护开关不合理，应调整设计适当分路。
备餐
中厨
西厨
备餐
储藏
WL17-1
WL16-1

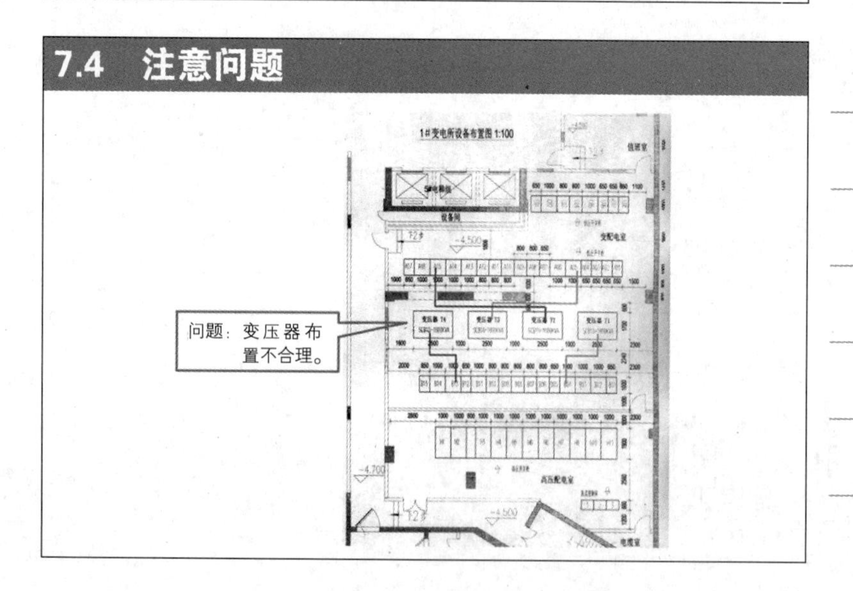
7.4 注意问题
1#变电所设备布置图 1:100
问题：变压器布置不合理。
高压配电室

## 7.4　注意问题

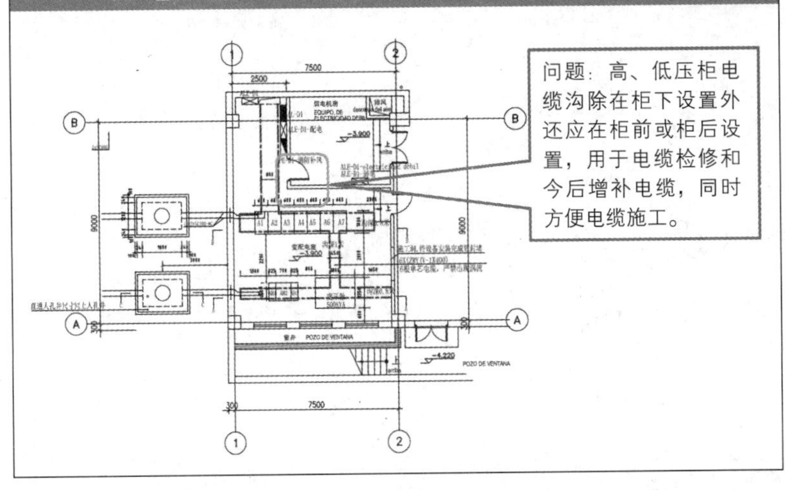


## 7.4　注意问题

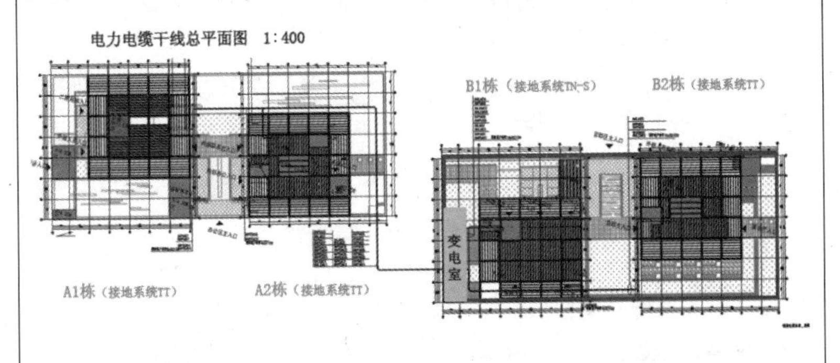


1. B1 栋接地系统为 TN 系统、B2 栋接地系统为 TT 系统，接地保护方式不同，接地极应分开设置。目前接地极是连接在一起的，应采用相同的保护防式。
2. 总平面图没有表示电缆敷设要求、标高、电缆井等必须的信息。

## 结束语

- 验证和自我验证是实现设计文件高完成度保证
- 验证和自我验证应贯穿工程建设全过程
- 验证和自我验证是创造优质工程的基础
- 验证和自我验证需要是技术和经验，更需要自律和总结

*The End*

# 第八章

## 电气设计若干问题解析

## Analysis of Several Problems in Building Electrical Design

【摘要】随着建筑科学技术领域的飞速发展，供配电专业的电气工程师工作中经常遇到实际问题，这些问题会影响工程建设，电气工程师应当针对工程实践中遇见的疑点和难点，遵循国家有关方针、政策，突出电气设计原则，寻找出问题所在，根据解决问题的思维程序去分析问题和界定问题，同时应当注意以下几个方面：原以为自己看到事件，不一定是整个事件全部；观察问题视角不同，发现问题也会不同；只有不断探索，才能接近问题真相。

## 目录 CONTENTS

# 8.1 供配电系统

## 8.1 供配电系统

### 负荷计算的意义是什么?

答：计算负荷是一假想的持续性负荷，其热效应与同一时间内实际变动负荷所产生的最大热效应相等。因导线、电缆及各种配电设备达到稳定温升的时间约为 0.5h，短时尖峰负荷不是造成最高温度的原因，因为导线电缆等的温度在未到达相应温度之前，这个尖峰负荷已经降下来了，只有持续在 30min 以上的负荷，才有可能造成最大的温升，故 30min 最大负荷称为计算负荷，并以此作为按发热条件选择导线、电缆及电气设备的依据。

负荷计算，可作为按发热条件选择变压器、导体及电器的依据，并用来计算电压损失和功率损耗；也可作为电能消耗及无功功率补偿的计算依据；尖峰电流，可用以校验电压波动和选择保护电器；一级、二级负荷，可用以确定备用电源或应急电源及其容量；季节性负荷，可用以确定变压器的容量和台数及经济运行方式。

## 8.1 供配电系统

### 负荷计算的注意事项是什么?

答:（1）当进行负荷计算时，需将用电设备按其性质分为不同的用电设备组，然后确定设备功率。

（2）对于不同负载持续率下的额定功率或额定容量，应统一换算负载持续率下的有功功率。

（3）成组用电设备的设备功率，不应包括备用设备。

（4）当消防用电的计算有功功率大于火灾时可能同时切除的一般电力、照明负荷的计算有功功率时，应按未切除的一般电力、照明负荷加上消防负荷计算低压总的设备功率，计算负荷。否则计算低压总负荷时，不应考虑消防负荷。

（5）应将配电干线范围内的用电设备按类型统一划组。配电干线的计算负荷为各用电设备组的计算负荷之和再乘以同时系数。变电所或配电所的计算负荷，为各配电干线计算负荷之和再乘以同时系数。计算变电所高压侧负荷时，应加上变压器的功率损耗。

（6）单相负荷与三相负荷同时存在时，应将单相负荷换算为等效三相负荷，再与三相负荷相加。

## 8.1 供配电系统

### 高压配电系统接线方式有什么特点?

答:高压配电系统接线方式及特点见下表:

| 接线方式 | 特点 |
|---|---|
| 放射式 | 供电可靠性高，故障发生后影响范围较小，切换操作方便，保护简单便于自动化，但配电线路和高压开关柜数量多而造价较高 |
| 树干式 | 配电线路和高压开关柜数量少且投资少，但故障影响范围较大，供电可靠性较差 |
| 环式 | 有闭路环式和开路环式两种。为简化保护，一般采用开路环式，运行比较灵活，但切换操作较繁 |

## 8.1 供配电系统

### 电力系统运行方式的种类有哪些?

答:

（1）正常运行方式:电力系统发、供、用电设备无重大检修，主系统无事故，频率、电压正常，这种既安全又经济的运行方式。

（2）异常运行方式:电力系统的正常运行方式被破坏，没有发生故障或已经发生故障。

（3）最大运行方式:电力系统运行时，具有最小的短路阻抗值，发生短路后产生短路电流最大的一种运行方式叫作最大运行方式。一般依其选择开关电器遮断容量。

（4）最小运行方式:电力系统运行时，具有最大的短路阻抗值，发生短路后产生短路电流最小的一种运行方式。一般依其校验继电保护装置的灵敏度。

（5）经济运行方式:能使整个电力系统的电能损耗最小，电气设备的寿命最长，经济效益最高的运行方式。

## 8.1　供配电系统

### 什么是供电系统可靠性?

答：供电系统是向用户提供源源不断、质量合格的电能。由于电力系统各种设备，包括变压器、断路器、发电机等一次设备及与之配套的二次设备，都会发生不同类型的故障，从而影响供电系统正常运行和对用户正常供电。供电系统故障，对电力企业、用户和国民经济某些环节，都会造成不同程度的经济损失。供电系统可靠性包括：充裕度和安全性。充裕度是指供电系统有足够的发电容量和足够的输电容量，在任何时候都能满足用户的峰荷要求，表征了电网的稳态性能。安全性是指供电系统在事故状态下的安全性和避免连锁反应而不会引起失控和大面积停电的能力，表征了电力系统的动态性能。

## 8.1　供配电系统

### 什么是 *N*–1 准则?

答：*N*–1 准则是判定供电系统安全性的一种准则，又称单一故障安全准则。按照这一准则，电力系统的 *N* 个元件中的任一独立元件（发电机、输电线路、变压器等）发生故障而被切除后，应不造成其他线路过负荷跳闸而导致用户停电，不破坏系统的稳定性，不出现电压崩溃等事故。当这一准则不能满足时，则要考虑采用增加发电机或输电线路等措施。

*N*–1 准则包含两层含义：一是保证电网的稳定；二是保证用户得到符合质量要求的连续供电。

## 8.1　供配电系统

### 供电系统的合环操作时应注意什么?

答：供电系统合环是指在电力系统电气操作中将线路、变压器或断路器串构成的网络闭合运行的操作。将两个同一电源的系统进行并路运行的环网操作，称为合环操作；进行断开的操作，称为解环操作。操作时注意下列几个问题：

（1）必须合环，点相位应一致，相序相同；

（2）两端电压差不大，在允许范围内。各母线电压不应超过规定值；

（3）继电保护与安全自动装置应适应环网运行方式；

（4）进线保护应校核环流影响。合环后不会引起环网内元件过载，电网稳定符合规定的要求。应进行潮流计算，证明不会造成设备的严重过负荷，不会导致系统稳定的破坏，不会使继电保护装置动作跳闸，才能进行解合环操作。

## 8.1 供配电系统

### “双重电源”的标准是什么？

答：双重电源可以是指分别来自不同电网的电源，或来自同一电网但在运行时电路互相之间联系很弱，或者来自同一个电网，但其间的电气距离较远，任意一个电源系统的一处出现异常运行时或发生短路故障时，另一个电源仍能不中断供电，这样的电源都可视为双重电源，双重电源可一用一备，亦可同时工作，各供一部分负荷。

（1）电源来自两个不同发电厂；

（2）电源来自两个区域变电站（电压一般在35kV及以上）；

（3）电源来自一个区域变电站，另一个设置自备发电设备。

## 8.1 供配电系统

### 四极开关选用有什么要求？

答：（1）保证电源转换的功能性开关电器应作用于所有带电导体，且不得使这些电源并联。

（2）TN-C-S、TN-S系统中的电源转换开关，应采用切断相导体和中性导体的四极开关。

（3）有中性导体的IT系统与TT系统或TN系统之间的电源转换开关应采用四极开关。

（4）正常供电电源与备用发电机电源系统之间，其电源转换开关应采用四极开关。

（5）TT系统的电源进线开关应选用四极开关。

（6）IT系统中当有中性导体时应采用四极开关。

（7）在带有接地故障保护（GFP）功能断路器可选用四极开关。

（8）当选用剩余电流动作保护电器时，除在TN-S系统中，中性导体为可靠的地电位时可不断开外，应采用能断开所保护回路所有带电导体的保护电器。

（9）每套住宅的电源总开关应采用能同时断开相线和中性线的开关电器。

## 8.1 供配电系统

### 如何正确选用自动转换开关电器？

答：（1）应根据配电系统的要求，选择高可靠性的ATSE电器，其特性应满足现行国家标准《低压开关设备和控制设备》GB/T 14048.11的有关规定；

（2）ATSE的转换动作时间，应满足负荷允许的最大断电时间的要求；

（3）当采用PC级自动转换开关电器时，应能耐受回路的预期短路电流，且ATSE的额定电流不应小于回路计算电流的125%；

（4）当采用CB级ATSE为消防负荷供电时，应采用仅具短路保护的断路器组成的ATSE，其保护选择性应与上下级保护电器相配合；

（5）选用的ATSE宜具有检修隔离功能；当ATSE本体没有检修隔离功能时，设计上应采取隔离措施；

（6）ATSE的切换时间应与供配电系统继电保护时间相配合，并应避免连续切换；

（7）ATSE为大容量电动机负荷供电时，应适当调整转换时间，在先断后合的转换过程中保证安全可靠切换。

## 8.1 供配电系统

### 为什么 TN–C 系统中不应将保护接地中性导体隔离?

答：在 TN–C 系统中，当保护接地中性导体（PEN）断开时，有可能危及人身安全。因此，不应将该导体隔离。为了保证该导体的连续性，严禁在该导体中接入可以断开导体的开关电器。

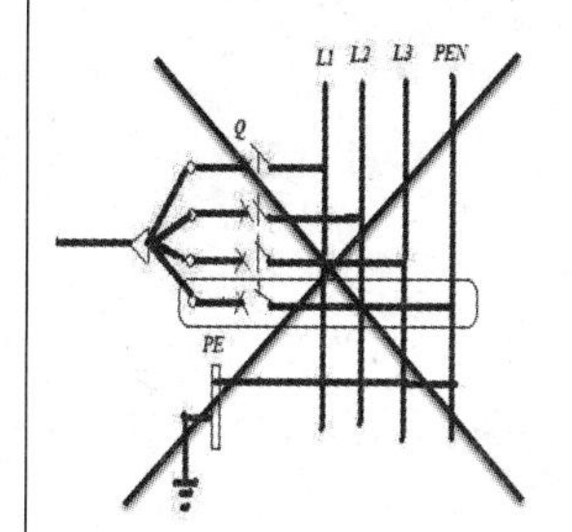


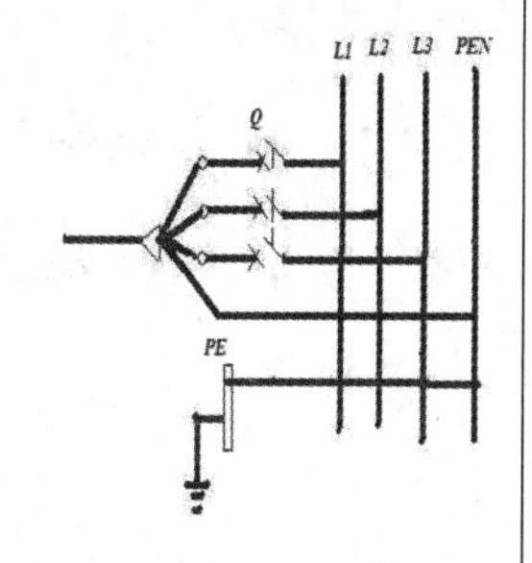


## 8.1 供配电系统

### 为什么半导体开关电器，严禁作为隔离电器?

答：半导体开关电器不具有可靠地将设备与电源隔离，不能保证人身安全，因此半导体开关电器，严禁作为隔离电器。

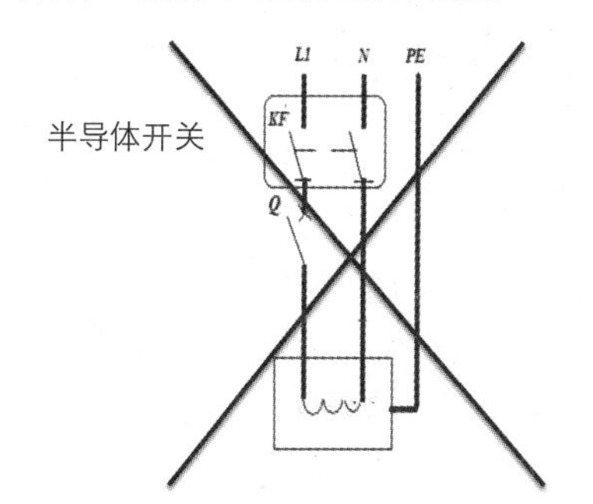


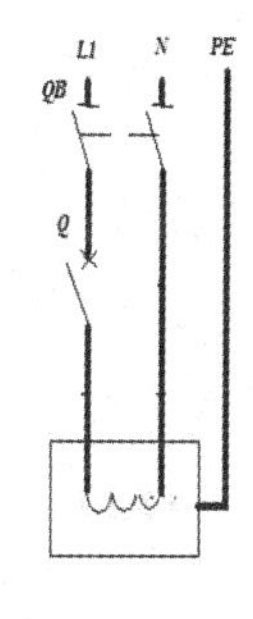


## 8.1 供配电系统

### 自动转换开关（ATSE）PC 级与 CB 级有何区别?

（1）PC 级 ATSE：能够接通、承载、但不用于分断短路电流，PC 级 ATSE 转换时间为 0.1s 左右，PC 级具有结构简单、体积小、自身连锁、转换速度快、安全、可靠等优点，但需要配备短路保护电器。

（2）CB 级 ATSE：配备过电流脱扣器的 ATSE，它的主触头能够接通并用于分断短路电流，CB 级转换时间为 1 ~ 3s，CB 级 ATSE 是直接采用断路器作为本体，因此，CB 级 ATSE 具有所选断路器的全部特性。

### 应急与正常电源之间为什么要采取防止并列运行的措施?

答：应急电源与正常电源之间必须采取可靠措施防止并列运行，其目的在于保证应急电源的专用性，防止正常电源系统故障时应急电源向正常电源系统负荷送电而失去作用。例如应急电源原动机的启动命令必须由正常电源主开关的辅助接点发出，而不是由继电器的接点发出，因为继电器有可能误动作而造成与正常电源误并网。

## 8.1 供配电系统

### 二级负荷的供电有哪些具体要求？

答：

（1）二级负荷的外部电源进线宜由双回线路供电。在负荷较小或地区供电条件困难时，二级负荷可由一回 10kV 及以上专用的架空线路供电；

（2）当建筑物由一路中压电源供电时，二级负荷可由两台变压器各引一路低压回路在负荷端配电箱处切换供电；

（3）当建筑物由双重电源供电时，可由两台变压器的两个低压回路在变电所内切换供电；

（4）对于冷水机组（包括其附属设备）等季节性负荷为二级负荷时，可由一台专用变压器供电；

（5）对于大空间等类似场所的普通照明为二级负荷时，可采用双电源交叉供电（当双电源为双重电源时，可为一级照明负荷交叉供电）。

## 8.1 供配电系统

### 柴油发电机组性能等级如何划分？

答：柴油发电机组性能等级的分为：G1 级、G2 级、G3 级和 G4 级。

（1）G1 级：一般用在照明和其他简单的电气负载。用于只需规定其电压和频率的基本参数的连接负载。

（2）G2 级：用在照明系统、泵、风机和卷扬机这些对电压特性与公用电力系统有相同要求的负载。当负载变化时，可有暂时的电压和频率的偏差。

（3）G3 级：用在无线电通信和硅可控整流器控制的负载这些对频率、电压和波形特性有严格要求的连接设备（整流器和硅可控整流器控制的负载对发电机电压波形影响需要特殊考虑的）。

（4）G4 级：用在数据处理设备或计算机系统这些对频率、电压和波形特性有特别严格要求的负载。

## 8.1 供配电系统

### 柴油发电机组容量多少时要设控制室？

答：单机容量大于 500kW 柴油发电机组宜设控制室。

### 柴油发电机可否长期空载运行？

答：柴油发电机不建议长期空载运行。如果柴油发电机运行时空载或轻载是不可避免的，柴油发电机每小时运行至少带 30% 负荷 10min，并应定期保养，每三个月满载运行一次，让柴油发电机充分燃烧，减少气缸内壁，排气管等部件的积炭。

## 8.1　供配电系统

### 如何理解柴油发电机的额定功率？

答：柴油机的额定功率是指外界大气压力为 100kPa（760mmHg）、环境温度为 20℃、空气相对湿度为 50%的情况下，能以额定方式连续运行 12h 的功率（包括超负荷 10%运行 1h），如连续运行时间超过 12h，则应按 90%额定功率使用，如气温、气压、湿度与上述规定不同，应对柴油机的额定功率进行修正。

### 为什么柴油发电机油嘴积碳会危害到润滑系统？

答：柴油发电机在气缸、排气管或油嘴等部分长期积炭，阀门，活塞环或涡轮增压器的密封损坏，会发生润滑油的泄漏。

## 8.1　供配电系统

### 如何选择自备柴油发电机型号？

答：机组选型：应选择外形尺寸小、结构紧凑、重量轻、辅助设备少的机组，以减少机房的面积和高度；发电机起动装置应保证在市电中断后 15s 内起动且恢复供电，并具有能够在 30s 内自启动三次的功能；自启动的直流电压为 24V；冷却方式为封闭式水循环风冷的整体机组；柴油机应选用耗油量少的产品；作为应急电压的柴油发电机宜采用单台机组，额定电压为 230/400V 单机容量不宜超过 1600kW。

### 应急型和备用型发电机的机械和电气性能有何不同？

答：应急型发电机：火灾或紧急时候使用，需要短时（2 ~ 3h）持续工作的发电机，由于工作的时间较短，可以过载运行。

备用型发电机：用户自备，需要长时间（几小时 ~ 几十小时），持续工作的发电机，由于工作的时间较长，不能过载运行。

## 8.1　供配电系统

### UPS 不间断电源按工作方式分为几种？

答：（1）后备式 UPS 不间断电源是指在电网正常供电时，由电网直接向负荷供电，当电网供电中断时，蓄电池才对不停电电源的逆变器供电，并由不停电电源的逆变器向负荷提供交流电源，即不停电电源的逆变器总是处于对负荷提供后备供电状态。

（2）在线式 UPS 不间断电源平时是由电网通过不停电电源的整流电路向逆变电路提供直流电源，并由逆变电路向负荷提供交流电源。一旦电网供电中断时，改由蓄电池经逆变电路向负荷提供交流电源。

（3）在线互动式 UPS 不间断电源源是指在电网正常供电，而且其电压和频率偏差在允许范围内，通过自动旁路开关由电网直接向负荷供电，当电网电压和频率不稳定，超过允许范围内时，则市电通过整流器逆变器向负荷供电。当电网电压、频率稳定在设定的范围内，UPS 又经自动旁路开关由电网直接向负荷供电，当电压、频率超过允许范围，则市电又转回到通过整流器逆变器向负荷供电。

## 8.1 供配电系统

### 选择 UPS 不间断电源应注意什么？

答：（1）UPS 不间断电源装置，适用于电容性和电阻性负荷；当为电感性负荷时，则应选择负载功率因数自动适应不降容的不间断电流装置；

（2）电源装置的输出功率选择：对电子计算机系统供电时，其额定输出功率应大于计算机各设备额定功率总和的 1.2 倍；对其他用电设备供电时，为最大计算负荷的 1.3 倍；

（3）蓄电池组容量，应根据用户性质、工程的电源条件，停电时持续供电时间的要求选定；

（4）UPS 不间断电源的工作制式，宜按在线运行连续工作制考虑；

（5）UPS 不间断电源装置的本体噪声，在正常运行时不应超过 75dB，小型不间断电源装置不应超过 65dB。

## 8.1 供配电系统

### EPS 与 UPS 有什么性能差别？

答：（1）EPS 是应急电源，按用途可分为应急照明、动力和动力变频三大类。UPS 是不间断电源，在市电出现异常和突然中断时，它能持续一定时间为设备供电，给用户充裕的时间应对工作。通常采用接触器转换，切换时间均为 0.1 ~ 0.25s。其优点是结构较简单，造价较低，平时能耗小无噪音，主机寿命长（15 ~ 20 年），可适应于电感性、电容性及综合性负载，需要时可实现变频软启动。

（2）UPS 按工作原理可分为后备式、在线式和在线互动式三大类。在市电中断时，EPS 和 UPS 均为负载提供逆变交流电。UPS 输出精度高、转换时间快，同时造价较高（约为 EPS 的两倍），平时能耗大（在线式），主机寿命较短（8 ~ 10 年）。

## 8.1 供配电系统

### 低压配电系统配电方式通常有哪几种？

答：低压配电系统的配电方式有放射式、树干式、放射式和树干式相结合的配电方式。选择配电方式应根据工程的种类、负荷容量、负荷性质等合理选择。在正常环境条件下的建筑物内，当大部分用电设备容量不很大，又无特殊要求时，宜采用树干式配电；当用电设备容量大，负荷性质重要，或潮湿、腐蚀性环境的车间或建筑物内宜采用放射式配电；当一些容量较小的次要设备，距供电点较远，而彼此相距很近，可采用链式配电，但每一回路的链接设备不宜超过五台，总容量不超过 10kW。在高层建筑内，当向楼层各配电点供电时，宜采用分区树干式配电，但部分容量较大的集中负荷和重要负荷应从低压配电室以放射式配电。

## 8.1　供配电系统

### 低压配电的级数限制在多少为宜?

答：设计低压配电系统时，应对其配电的级数加以限制：

（1）变压器二次侧至用电设备之间的低压配电级数不宜超过三级；

（2）各级低压配电屏或低压配电箱宜根据发展的可能留有备用回路；

（3）由市电引入的低压电源线路，应在电源箱的受电端设置具有隔离作用和保护作用的电器；

（4）由本单位配变电所引入的专用回路，在受电端可装设不带保护的开关电器；对于树干式供电系统的配电回路，各受电端均应装设带保护的开关电器。

## 8.1　供配电系统

### $I_{cu}$、$I_{cs}$、$I_{cw}$ 的含义是什么?

答：（1）极限短路分断能力 $I_{cu}$ 是指在一定的试验参数（电压、短路电流、功率因数）条件下，经一定的试验程序，能够接通、分断的短路电流，经此通断后，不再继续承载其额定电流的分断能力。它的试验程序为 O—$t$—CO，"$t$" 一般为 3min。

（2）额定运行短路能力 $I_{cs}$ 是指在一定的试验参数条件下，经一定的试验程序，能够接通、分断的短路电流，经此通断后，还要继续承载其额定电流的分断能力，它的试验程序为 O—$t$—CO—$t$—CO，$I_{cs}$ 必定小于或等于 $I_{cu}$，一般用 $I_{cs}$=xx%$I_{cu}$ 表示。

（3）额定短时耐受电流 $I_{cw}$ 是指在一定的电压、短路电流、功率因数下，忍受 0.05、0.1、0.25、0.5 或 1s 而断路器不允许脱扣的能力，$I_{cw}$ 是在短延时脱扣时，对断路器的电动稳定性和热稳定性的考核指标，它是针对 B 类断路器的。

## 8.1　供配电系统

### 为什么要对低压电器使用的海拔高度加以限制?

答：海拔高度对电器的温升，绝缘强度和分断能力都有影响。因为海拔越高，空气越稀薄，则电器的散热条件就越差，而且电弧的熄灭就越困难。据试验，海拔每升高 100m，电器的温升要增大 0.1 ~ 0.5℃，而气温则降低 0.5℃，所以海拔高度对温升的影响不大。至于绝缘强度和分断能力则不然，一般海拔每升高 100m，电气间隙和爬电距离的击穿强度将降低 0.5% ~ 1%，我国地域辽阔，地形变化复杂，所以《低压电器基本标准》GB1497 中，对使用环境的海拔高度加以限制，而且规定不得超过 2000m。因此，若将电器用于海拔高度超过 2000m 的地区时，在设计上应考虑增强电器的绝缘强度，并且降低对分断能力的要求。

## 8.1　供配电系统

### 熔断器与断路器区别是什么？

答：熔断器与断路器的区别：相同点是都能实现短路保护，熔断器的原理是利用电流流经导体会使导体发热，达到导体的熔点后导体融化所以断开电路保护用电器和线路不被烧坏。它是热量的一个累积，所以也可以实现过载保护。一旦熔体烧毁就要更换熔体。

断路器也可以实现线路的短路和过载保护，不过原理不一样，它是通过电流的磁效应（电磁脱扣器）实现断路保护，通过电流的热效应实现过载保护（不是熔断，多不用更换器件）。

## 8.1　供配电系统

### 为什么装置外可导电部分严禁作为保护接地中性导体的一部分？

答：装置外可导电部分是建筑物中电气系统以外的金属构件，如金属结构件、金属管道等。这些金属结构件、管道在电气连接的可靠性方面没有保证，因此严禁做为保护接地中性导体（PEN）的一部分。

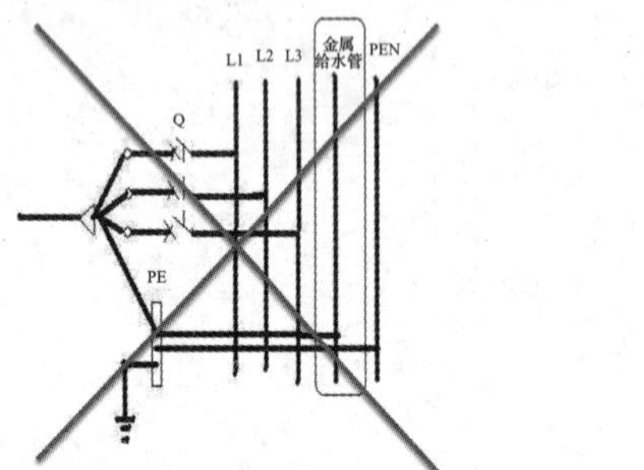


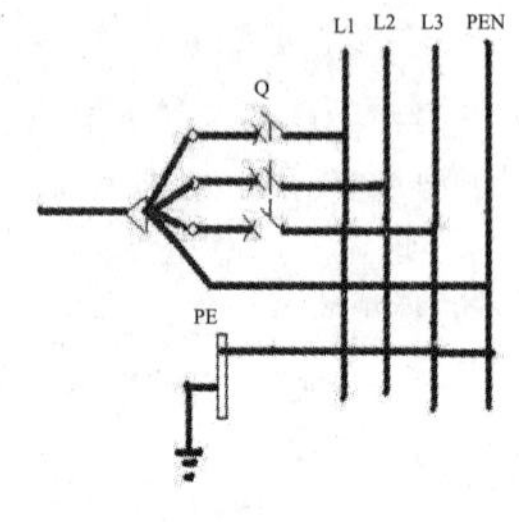


## 8.1　供配电系统

### 为什么外界可导电部分，严禁用作 PEN 导体？

答：由于 PEN 导体具有两种功能，既为 PE 导体又为 N 导体。需要满足其功能要求，PEN 线本身是带电导体。装置外可导电部分作为电气连接，其可靠性不能保证，更不能作为带电导体，而危及人身安全。

### 为什么在 TN-C 系统中，严禁断开 PEN 导体，不得装设断开 PEN 导体的电器？

答：在 TN-C 系统中，若 PEN 导体断开，由于不平衡电压或接地故障可能导致 PEN 导体上带危险电压，从而引起触电事故，危及人身安全。

## 8.1　供配电系统

谐波对电力系统会产生怎样的危害？

答：（1）谐波使公用电网的元件产生了附加的谐波损耗，降低了发电、输电及用电设备的使用效率，大量的3次谐波电流流过中线时会使线路过热甚至发生火灾；

（2）谐波影响各种电气设备的正常工作。谐波对电动机的影响除引起附加损耗外，还会产生机械振动、噪声和过电压，使变压器局部严重过热。谐波使电容器、电缆等设备过热、绝缘老化、寿命缩短以至损坏；

（3）谐波会引起公用电网中局部的并联谐振和串联谐振，从而使谐波放大，这就使上述的危害大大增加，甚至引起严重事故；

（4）谐波会导致继电保护和自动装置的误动作，并会使电气测量仪表计量不正确；

（5）谐波会对邻近的通信系统产生干扰，轻者引起噪声，降低通信质量，重者导致信息丢失，使通信系统无法正常工作。

## 8.1　供配电系统

供配电系统主要节能措施是什么？

答：（1）电气主结线应简单、可靠、灵活。

（2）减少供电电压级数，以减少中间变压器的损耗；而且同一电压的配电级数也不宜多于两级。合理分配回路，适当选择电缆截面，减少线路损耗。

（3）用户变电所选址应尽量靠近负荷中心，以缩短配电半径，减少线路的能量损耗。

（4）根据用电负荷的情况，正确选址和配置变压器的容量和台数，选择低能耗电力变压器，保证变压器的负荷率，做到变压器经济运行。

（5）提高电力系统的功率因数，使供用电设备合理运行；选用自动补偿的荧光灯光源、尽量减少电动机的轻载和空载运行，以提高自然功率因数。若不能达到电力部门规定的要求时，应采取无功功率的人工补偿。

## 8.1　供配电系统

电气照明设计可采用哪些节能措施？

答：（1）按标准进行照度设计：①按《建筑照明设计标准》GB50034-2013对各类建筑空间的照度要求取值，且建筑照明的功率密度值不超出该规范要求。②充分利用天然光。照明设计时，宜利用各种导光和反光装置将天然光引入室内，并宜随室外天然光的变化自动调节人工照明照度。

（2）选择高效光源：①一般室内照明选用高效荧光灯或小功率的金属卤化物灯光源。②高大工业厂房选用金属卤化物灯或高压钠灯或大功率细管径荧光灯。③室外照明选用高压钠灯等高效光源。④充分考虑光源电参数的影响。

（3）选择高效灯具：①荧光灯灯具的效率应不低于开敞型75%、带透明保护罩65%、格栅式60%、带磨砂保护罩65%。②选择高效灯具附件，T8管36W的荧光灯用节能电感型的镇流器功耗为4.5～5.5W，电子型镇流器功耗为3.5～4.0W，而老式镇流器的功率为8W。

（4）照明控制：①配合天然采光状况采取分区、分组控制措施。②按需要采取调光或降低照度的控制措施。③设置节能控制型总开关和节能自熄开关。④按该场所照度自动开关灯或调光控制。⑤采用人体感应或动静感应等方式自动开关灯。

## 8.1 供配电系统

### 哪些建筑宜设置能源管理系统?

答:（1）政府投资的国家机关办公建筑、学校、医院、博物馆、科技馆、体育馆等建筑。

（2）单体建筑面积 2 万 $m^2$ 及以上的宾馆、饭店、商场、写字楼、科教文卫等大型公共建筑。

（3）二级及以上的医院建筑。

（4）单体建筑面积 20000$m^2$ 及以上机场候机楼、车站、码头等交通建筑。

### 电动机功率为多大时，宜采用高压供电方式?

答:（1）当单台电动机的额定输入功率大于 1200kW 时，应采用中（高）压供电方式。

（2）当单台电动机的额定输入功率大于 900kW 而小于或等于 1200kW 时，宜采用中（高）压供电方式。

（3）当单台电动机的额定输入功率大于 650kW 而小于或等于 900kW 时，可采用中（高）压供电方式。

## 8.1 供配电系统

### 供配电系统中产生谐波的原因是什么?

答：在建筑中，大量的电子镇流器、计算机、变频器等设备成为产生谐波的根源，造成电网中的谐波严重超标。谐波使电网产生了附加的谐波损耗，降低了发电、输电及用电设备的效率，大量的三次谐波流过中性线时会使线路过热甚至发生火灾、危害设备的运行。谐波消除方法：加装有源滤波器来吸收电网的谐波，以减少和消除谐波的干扰，把奇次谐波控制在允许的范围内，保证电网和各类设备安全可靠地运行。

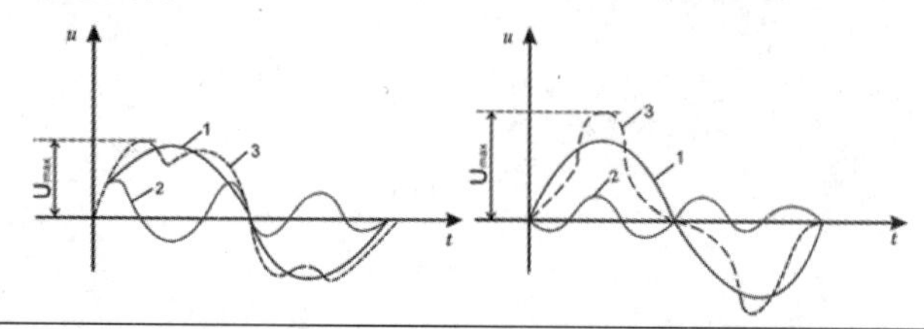


## 8.1 供配电系统

### SVG 的工作原理什么?

答：SVG（静止型动态无功发生器）是指由自换相的电力半导体桥式变流器来进行动态无功补偿的装置。静止型动态无功发生器是电力电子设备，由三个基本功能模块构成：检测模块、控制运算模块及补偿输出模块。其工作原理为由外部 CT 检测系统的电流信息，经由控制芯片分析出当前的电流信息；由控制器给出补偿的驱动信号，再由电力电子逆变电路组成的逆变回路发出补偿电流。

| 运行模式 | 波形和相量图 | 说明 |
| --- | --- | --- |
| 空载运行 | $U_I$ $U_s$ 没有电流 $U_s$ $U_I$ (a) $U_I=U_s$ | $U_I=U_s$，$I_L=0$，SVG 不起补偿作用 |
| 容性运行 | $U_I$ $U_s$ $I_L$ 超前的电流 $I_L$ $U_s$ $jxI_L$ $U_I$ (b) $U_I>U_s$ | $U_I>U_s$，$I_L$为超前的电流，其幅值可以通过调节 $U_I$来连续控制，从而连续调节 SVG 发出的无功功率 |
| 感性运行 | 滞后的电流 $U_s$ $I_L$ $U_I$ $U_s$ $U_I$ $jxI_L$ $I_L$ (c) $U_I<U_s$ | $U_I<U_s$，$I_L$为滞后的电流。此时可以连续控制 SVG 吸收的无功功率 |

# 8.2 变电所

## 8.2 变电所

### 民用建筑与10kV及以下的预装式变电站的防火间距有何具体规定?

答：民用建筑与10kV及以下的预装式变电站的防火间距不应小于3m。考虑电磁辐射和人居环境的等因素的影响，建议室外变电站的外侧与住宅建筑外墙的间距不宜小于20m。

### 设置在住宅建筑内的变压器有什么要求?

答：从安全性考虑，设置在住宅建筑内的变压器应选择干式、气体绝缘或非可燃性液体绝缘的变压器。潮湿地区不宜使用气体绝缘干式变压器。住宅小区单独设置的变配电所，其与住宅建筑、会所、配套服务设施等的防火间距满足国家标准《建筑设计防火规范》GB 50016相关的强制性条文要求时，可设置油浸式变压器。

## 8.2 变电所

### 变压器允许过负荷的倍数和时间有什么要求?

答：变压器允许过负荷倍数和时间见下表。

| | | | | | | |
|---|---|---|---|---|---|---|
| 油浸变压器 | 过负荷倍数 | 1.30 | 1.45 | 1.60 | 1.75 | 2.00 |
| | 允许持续时间（min） | 120 | 80 | 45 | 20 | 10 |
| 干式变压器 | 过负荷倍数 | 1.20 | 1.30 | 1.40 | 1.50 | 1.60 |
| | 允许持续时间（min） | 60 | 45 | 32 | 18 | 5 |

## 8.2 变电所

### 高层建筑内的变电所位置选择应考虑哪些因素？

答：（1）应尽可能接近负荷中心，减少电压降，节省线缆，减少能耗，提高供电质量，对于高层建筑、地下室和屋顶是电力负荷相对比较集中的两个区域，地下室有冷冻机房、水泵房、锅炉间、通风设备等，约占整个大楼用电负荷的40%～55%，尤其是冷冻机房是用电大户，因此变电所应尽量靠近冷冻机房一侧。

（2）高压进线要尽量减少与建筑物周围其他管道的交叉。出线要靠近用电负荷侧，特别希望与电气竖井靠近，并使大部分线缆的走向尽量能避免与其他专业的大管道交叉。尤其在层高有限的情况下，更应综合考虑，合理布置。

（3）设在地下室的变电所，其电气设备的运输通道，首先应尽量利用地下层的车道，但应注意其层高能否满足要求，通往变电所的通道有否剪力墙等不可拆移的障碍物。设置在屋顶层或中间技术层的变电所，主要应考虑电气设备吊装的可能，以及楼板荷载的承重问题。

（4）变电所若设于地下室，不宜设在最底层，当地下层仅有一层时，应采取适当抬高地面等防水措施。变电所不应设在厕所、浴室或其他经常积水场所的正下方或邻近。变电所位置还应考虑避开剧烈震动的场所、远离污秽的地方（如污水处理站），不应与有火灾危险的场所邻近。

## 8.2 变电所

### 变电所开关柜的进出线方式有哪几种？

答：（1）下进下出方式，即电源进线及馈出线均以电缆形式从开关柜下部进出，需要在开关柜下面做电缆沟或电缆夹层，作为电缆敷设之用，安装检修十分方便，为满足大电缆弯曲半径的需要，沟深要1m左右，夹层则要1.8～2.4m高。

（2）上进上出方式，即电源进线与馈出线均从开关柜顶部进出，充分利用了开关柜顶的空间，压缩了层高，解决了进水、积水问题，但对开关柜制造厂提出应有导体上引的通道的要求。

（3）混合型方式，即一部分线缆上进上出，一部分为下进下出，这在设备订货时，应特别注意对厂家提出不同的出线要求。

### 开关柜的防误操作闭锁装置“五防”功能是什么？

答：目前在配电装置中，实现“五防”的技术措施为防误闭锁装置。防止误分（合）油断路器。防止带负荷误拉（合）隔离开关。防止带电挂接地线。防止带地线送电。防止误入带电间隔。

## 8.2 变电所

### 变电所门的具体防火措施及要求？

答：（1）变压器室、配电室、电容器室的门应向外开启。相邻配电室之间有门时，应采用不燃材料制作的双向弹簧门。规定门的开启方向是为了使值班人员在配电室发生事故时能迅速通过房门，脱离危险场所；

（2）变电所位于高层主体建筑或裙房内时，通向其他相邻房间的门应为甲级防火门，通向过道的门应为乙级防火门；

（3）变电所位于多层建筑物的二层或更高层时，通向其他相邻房间的门应为甲级防火门，通向过道的门应为乙级防火门；

（4）变电所位于单层建筑物内或多层建筑物的一层时，逼向其他相邻房间或过道的门应为乙级防火门；

（5）变电所位于地下层或下面有地下层时，通向其他相邻房间或过道的门应为甲级防火门；

（6）变电所附近堆有易燃物品或通向汽车库的门应为甲级防火门；

（7）变电所直接通向室外的门应为丙级防火门。

## 8.2 变电所

### 变电所操作电源有哪几种?

答：变电所二次回路用于继电保护装置及控制信号回路工作的电源统称操作电源，有交流电源和直流电源两种。

（1）交流操作电源受系统故障影响大，可靠性差，但运行维护简单，投资少，实施方便，可直接从站用变压器或电压互感器取得电源，短路保护可直接从电流互感器取得操作电源，一般用于设备数量少，继电保护装置简单，要求不高的小型变电所。

（2）直流操作电源大多采用硅整流器或直流发电机配以适当容量的蓄电池，变电所规模不大时可采用复式整流器并以电容器组取代蓄电池。直流操作的优点是可靠性高，不受系统故障和运行方式的影响。缺点是系统复杂，维护工作量大，投资大，直流接地故障点难找。

## 8.2 变电所

### 电能计量用互感器的精确度等级应满足什么要求?

答：（1）0.5 级的有功电度表和 0.5 级的专用电能计量仪表，应配用 0.2 级的互感器。

（2）1.0 级的有功电度表、1.0 级的专用电能计量仪表、2.0 级计费用的有功电度表及 2.0 级的无功电度表，应配用不低于 0.5 级的互感器。

（3）仅作为企业内部技术经济考核而不计费的 2.0 级有功电度表及 3.0 级的无功电度表，宜配用不低于 1.0 级的互感器。

### 变配电所常用测量仪表的精确度等级应满足什么要求?

答：常用测量仪表的精确度等级，应按下列要求选择：

（1）除谐波测量仪表外，交流回路仪表的精确度等级，不应低于 2.5 级；

（2）直流回路仪表的精确度等级，不应低于 1.5 级；

（3）电量变送器输出侧仪表的精确度，不应低于 1.0 级。

## 8.2 变电所

### 仪表选择应满足什么要求?

答：常用测量仪表应符合下列要求：①能正确反映电力装置的运行参数；②能随时监测电力装置回路的绝缘状况。

常用测量仪表配用的互感器精确度等级，应按下列要求选择：① 1.5 级及 2.5 级的常用测量仪表，应配用不低于 1.0 级的互感器；②电量变送器应配用不低于 0.5 级的电流互感器。

仪表的安装设计，应符合运行监测、现场调试的要求和仪表正常工作的条件。仪表水平中心线距地面尺寸，应符合下列要求：①指示仪表和仪表，宜装在 0.8 ~ 2.0m 的高度；②电能计量仪表和记录仪表，宜装在 0.6 ~ 1.8m 的高度。

## 8.2 变电所

### 电流互感器二次侧为何不能开路?

答：电流互感器正常运行时，二次侧的负载阻抗很小，接近于短路状态工作，二次电压很低，铁芯的磁通密度很低。如果二次侧断线开路，这时二次电流为零，去磁作用就消失，铁芯在一次电流作用下严重饱和，磁通密度可达 15000T 以上，由于二次线圈匝数比一次线圈高得多，因而在二次侧将感应出很高的电压，可达几千伏，对二次侧的设备以及工作人员的安全都是危险的。由于二次线圈开路，使铁芯磁通饱和产生过热甚至将电流互感器烧毁。因此电流互感器运行时二次侧是不能开路的。

电流互感器一、二次之间是绝缘的，只有磁的联系而没有电的联系，使二次侧设备与一次侧的高压隔离开来，但当一、二次之间的绝缘损坏时，一次侧的高压就会传到二次侧，危及二次侧设备和人员的安全，因此二次侧回路必须进行接地。

## 8.2 变电所

### 当成排布置的配电屏对出口有什么要求?

答：配电屏发生金属性短路故障时，会产生很大的动能、光能和热能，可能使配电屏崩裂，如果有人员在附近而又没有足够的逃生通道，可能造成人员伤亡事故，故要求当成排布置的配电屏后长度超过 6m 时，设置两个逃生出口，同理，当长度超过 15m 时，中间应增加出口，以使故障时，人员能迅速从两边出口就近逃生

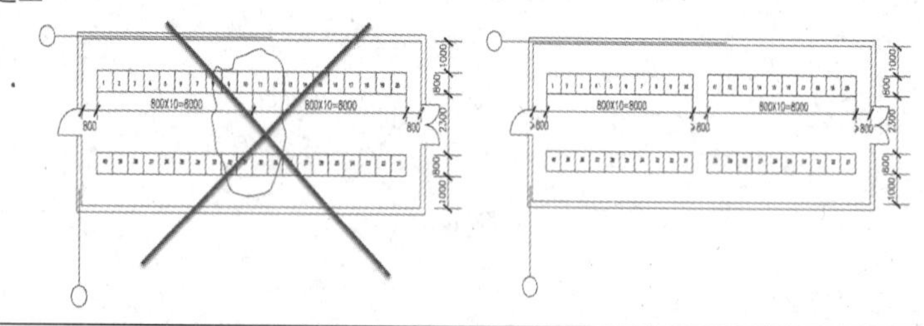

## 8.2 变电所

### 什么时候需要设置专用变压器?

- 当照明负荷较大或动力和照明采用共用变压器严重影响照明质量及光源寿命时，应设照明专用变压器；
- 单台单相负荷较大时，应设单相变压器；
- 冲击性负荷较大，严重影响电能质量时，应设冲击负荷专用变压器；
- 季节性负荷较大，应设季节性负荷专用变压器；
- 采用不配出中性线的交流三相中性点不接地系统（IT 系统）时，应设照明专用变压器；
- 采用 660（690）V 交流三相配电系统时，应设照明用变压器。

## 8.2　变电所

### 配电室通道上方裸带电体距地面的高度是多少?

答：主要是从人身安全的角度出发，配电室通道上方裸带电体距地面的高度不应低于 2.5m，当低于 2.5m 时应设置不低于现行国家标准《外壳防护等级（IP 代码）》GB 4208 规定的 IPXXB 级或 IP2X 级的遮栏或外护物，遮栏或外护物底部距地面的高度不应低于 2.2m，避免在配电室内工人或维修人员在日常工作或检修时，搬金属梯子或手持长杆形金属工具时，不慎碰到裸导体，从而导致人身伤亡。

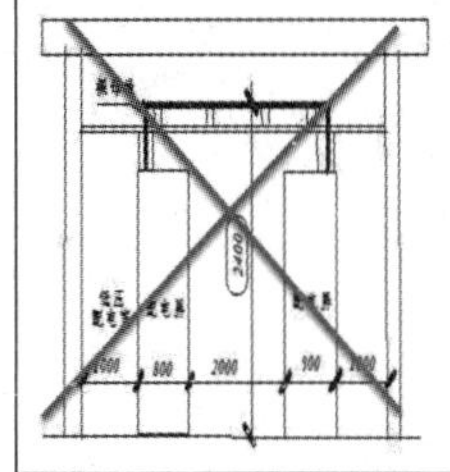

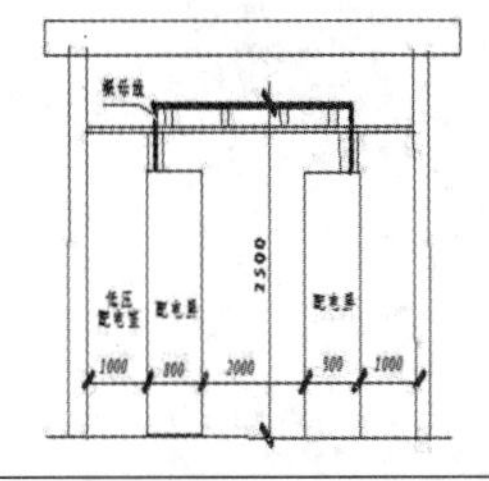


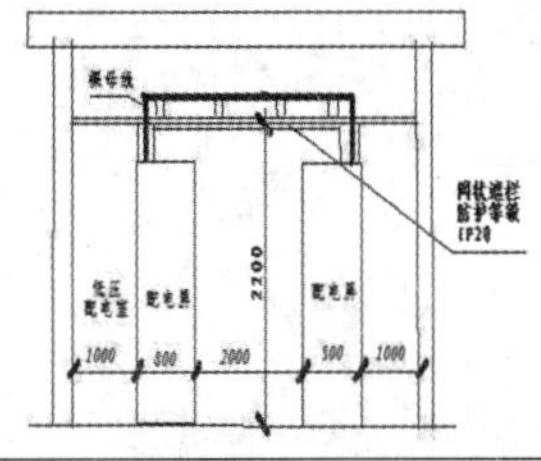


## 8.2　变电所

### 配电室外无遮护的裸导体至地面的距离是多少?

答：除配电室外，无遮护的裸导体至地面的距离，不应小于 3.5m；采用防护等级不低于现行国家标准《外壳防护等级（IP 代码）》GB 4208 规定的 IP2X 的网孔遮栏时，不应小于 2.5m。网状遮栏与裸导体的间距，不应小于 100mm；板状遮栏与裸导体的间距，不应小于 50mm。

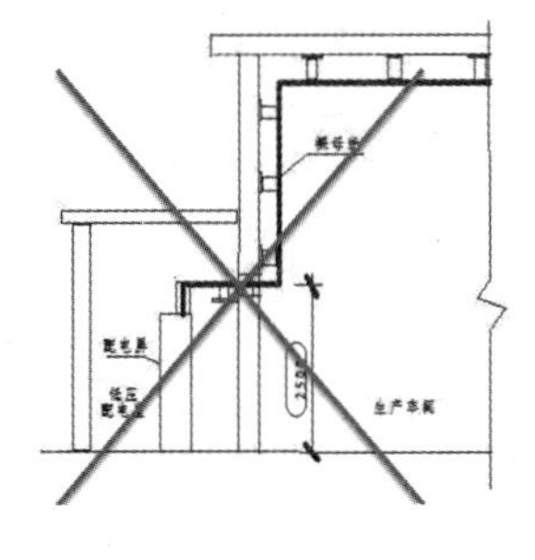

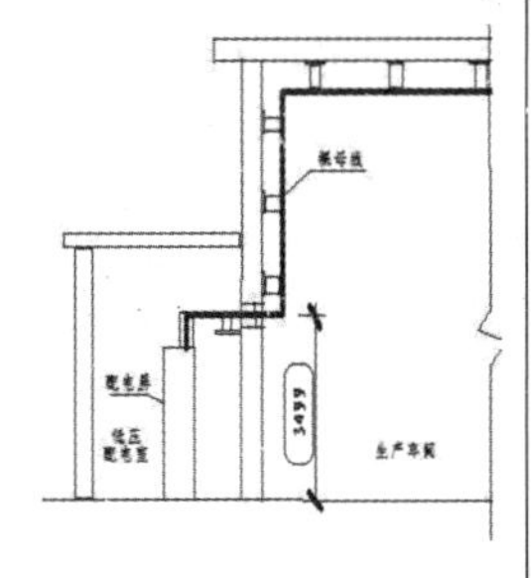

## 8.2　变电所

### 六氟化硫气体绝缘的配电装置房间的排风装置设置位置?

答：房间在发生事故时房间内易聚集六氟化硫气体的部位（六氟化硫气体密度比空气重，积聚在最低处），应装设报警信号和排风装置。当变压器室、电容器室采用机械通风时，其通风管道应采用非燃烧材料制作。当周围环境污秽时，宜加设空气过滤器。装有六氟化硫气体绝缘的配电装置的房间，在发生事故时房间内易聚集六氟化硫气体的部位，应装设报警信号和排风装置。

# 8.3 电力照明系统

## 8.3 电力照明系统

### 10kV 的电缆使用到 6kV 系统上有什么问题?

答：10kV 的电缆使用到 6kV 系统上，在绝缘强度上是没问题的；但在载流量上是有问题的，因 10kV 电缆的绝缘厚度比 6kV 电缆厚，而电缆载流量主要是受温升限制的，绝缘厚度愈厚散热就愈困难，载流量就较小。因此，10kV 电缆用到了 6kV 系统上，电缆容许载流量只能按 10kV 电缆标准选择，不能按 6kV 电缆标准选择。在同样截面下，10kV 电缆比 6kV 容许载流量小，所以 10kV 电缆使用到 6kV 系统上，不仅因绝缘强度高而价钱较贵，而且容许载流量还比 6kV 电缆小。如将 10kV 电缆用到 6kV 系统上去，是不合理的。

## 8.3 电力照明系统

### 低压配电导体截面的选择应有什么要求?

答：当电力电缆截面选择不当时，会影响电缆的可靠运行和使用寿命乃至危及安全。

（1）按敷设方式、环境条件确定的导体截面，其导体载流量不应小于预期负荷的最大计算电流和按保护条件所确定的电流；

（2）线路电压损失不应超过允许值；

（3）导体应满足动稳定与热稳定的要求；

（4）导体最小截面应满足机械强度的要求，配电线路每一相导体截面不应小于下表的规定。

| 布线系统型式 | 线路用途 | 导体最小截面（$mm^2$） | |
|---|---|---|---|
| | | 铜 | 铝 |
| 固定敷设的电缆和绝缘电线 | 电力和照明线路 / 信号和控制线路 | 1.5/0.5 | 2.5/— |
| 固定敷设的裸导体 | 电力供电线路 / 信号和控制线路 | 10/4 | 16/— |
| 用绝缘电线和电缆的柔性连接 | 任何用途 / 特殊用途的特低压电路 | 0.75 | — |

## 8.3 电力照明系统

### 影响电力电缆使用寿命因素是什么?

答：电力电缆截面选择不当时，会影响电缆的可靠运行和使用寿命乃至危及安全。电缆老化故障的最直接原因使绝缘能力降低而被击穿是影响电力电缆使用寿命另一因素，电线电缆老化原因归纳了以下几种情况。

（1）外力损伤。相当多的电缆故障都是由于机械损伤引起的。

（2）绝缘受潮。一般发生在直埋或排管里的电缆接头处。

（3）化学腐蚀。电缆直接埋在有酸碱作用的地区，往往会造成电缆的铠装、铅皮或外护层被腐蚀，保护层因长期遭受化学腐蚀或电解腐蚀，致使保护层失效，绝缘能力降低，也会导致电缆故障。

（4）长期过负荷运行。长期超负荷运行时，过高的温度会加速绝缘的老化，以至绝缘被击穿。

（5）电缆接头故障。电缆接头是电缆线路中最薄弱的环节，由人员直接过失（施工不良）引发的电缆接头故障时常发生。

（6）环境和温度。电缆所处的外界环境和热源也会造成电缆温度过高、绝缘击穿，甚至爆炸起火。

（7）自然灾害等其他原因。

## 8.3 电力照明系统

### 常用电力电缆导体的最高允许温度有什么要求?

答：常用电力电缆导体的最高允许温度见下表：

| 电缆 | | | 最高允许温度（℃） | |
|---|---|---|---|---|
| 绝缘类别 | 型式特征 | 电压（kV） | 持续工作 | 短路暂态 |
| 聚氯乙烯 | 普通 | ≤6 | 70 | 160 |
| 交联聚乙烯 | 普通 | ≤500 | 90 | 250 |
| 自容式充油 | 普通牛皮纸 | ≤500 | 80 | 160 |
| | 半合成纸 | ≤500 | 85 | 160 |
| 矿物绝缘（PVC护套或可触及的裸护套）电缆 | | | 70 | |
| 矿物绝缘（不允许触及和不与可燃物相接触的裸护套电缆） | | | 105 | |

## 8.3 电力照明系统

### 电梯供电导体如何确定?

答：（1）单台交流电梯供电导体的连续工作载流量，应大于铭牌连续工作制额定电流的1.4倍或铭牌0.5h（或1h）工作制额定电流的0.9倍；

（2）单台直流电梯供电导体的连续工作载流量，应大于交直流变流器的连续工作制交流定额输入电流的1.4倍；

（3）多台电梯电源线的计算电流，应计入同时系数；

（4）自动扶梯和自动人行道应按连续工作制计。

### 一根三芯电缆另加一根单芯电缆能否作四芯电缆使用?

答：因为四芯电缆多用于三相四线制低压供电网络。三相四线制中，三相电流往往会出现不平衡，其相量和不为零。如果用一根三芯电缆加一根单芯电缆代替四芯电缆，将在电缆的钢带或穿电缆的钢管内产生涡流，出现过热现象。这样，轻者影响电缆的载流能力，严重时会烧坏电缆造成事故。三相不平衡电流还会影响邻近其他管线的安全运行。因此，不允许用三芯电缆另加单芯电缆作为四芯电缆使用。

## 8.3 电力照明系统

### 消防电源线路的线缆敷设有什么要求?

答：消防配电线路应满足火灾时连续供电的需要，其敷设应符合下列规定：

（1）明敷时（包括敷设在吊顶内），应穿金属导管或采用封闭式金属槽盒保护，金属导管或封闭式金属槽盒应采取防火保护措施；当采用阻燃或耐火电缆并敷设在电缆井、沟内时，可不穿金属导管或采用封闭式金属槽盒保护；当采用矿物绝缘类不燃性电缆时，可直接明敷；

（2）暗敷时，应穿管并应敷设在不燃性结构内且保护层厚度不应小于30mm；

（3）消防配电线路宜与其他配电线路分开敷设在不同的电缆井、沟内；确有困难需敷设在同一电缆井、沟内时，应分别布置在电缆井、沟的两侧，且消防配电线路应采用矿物绝缘类不燃性电缆。

## 8.3 电力照明系统

### 消防配电线路如何进行过载保护?

答：（1）当由配变电所或低压配电室放射式供电至消防设备（例如：消防水泵、防排烟风机等），其末端配电箱或控制箱已设置过载作用于信号的报警装置，其前端配电线路可不加设该报警装置。

（2）当由配变电所或低压配电室放射式供电至消防用电设备，其末端配电箱或控制箱未设置过载作用于报警的装置时，其前端配电线路应加设该报警装置。

（3）当由配变电所或低压配电室树干式供电至消防配电箱（例如：小容量防排烟风机、防火卷帘门等）其前端配电线路应加设过载作用于信号的报警装置。

### 电缆是否按照消防、非消防的主备电缆分别敷设?

答：当消防配电设备采用矿物绝缘类电缆时可不受限制；但采用其他耐火类电缆时应分别配管或桥架敷设，条件困难时，也可同一桥架设隔板分开敷设。

## 8.3 电力照明系统

### 如何选择竖井位置?

答：竖井内布线主要适用于多层和高层建筑内强、弱电垂直干线的敷设。可采用金属管、金属线槽、电缆、电缆桥架及封闭式母线等布线方式。选择竖井位置应考虑：

（1）宜靠近用电负荷中心，减少干线电缆沟道的长度。

（2）不得和电梯井、管道井共用同一竖井。

（3）避免邻近烟道、热力管道及其他散热量大或潮湿的设施。

（4）在条件允许时，宜避免与电梯井及楼梯间相邻。

（5）此外竖井的楼层间还应做防火密封隔离。

### 电缆井和电气竖井是否是一回事?

答：电缆井和电气竖井使用上一般没有本质的区别，但有细微的差异。电缆井主要是为垂直敷设线缆提供通道；电气竖井除线缆通道功能外，通常还可安装配电装置。

## 8.3 电力照明系统

### 插接式母线优点是什么?

答:(1)插接母线分接方便:任何一个分支线需要切断电源,插接母线无须断电,只要在空载的情况下,取下母线的插接箱即可。

(2)插接母线过载能力强:插接母线过载能力强,取决于它用的绝缘材料工作温度高,母线用的绝缘材料过支采用工作温度为105℃的材料,现已开发出工作温度为140℃以上的辐射交联阻燃缠绕带(PER)和辐射交联聚烃热收缩管。

(3)插接母线能防止过载失火:插接母线外壳是钢制的,不会燃烧,即使铜排的绝缘材料发生燃烧,火苗也不会窜到母线外面。

(4)插接母线散热性能好:插接母线利用空气传导散热,并通过紧密接触的钢制外壳,把热量散发出去。

(5)插接母线维护方便:插接母线几乎不必维护,日常维护通常是测量外壳和穿芯螺栓的温升、进线箱的接头温升等。

## 8.3 电力照明系统

### 应急照明电源有什么要求?

答:(1)当建筑物消防用电负荷为一级,且采用交流电源供电时,宜由主电源和应急电源提供双电源,并以树干式或放射式供电。应按防火分区设置末端双电源自动切换应急照明配电箱,提供该分区内的备用照明和疏散照明电源。当采用集中蓄电池或灯具内附电池组时,宜由双电源中的应急电源提供专用回路采用树干式供电,并按防火分区设置应急照明配电箱。

(2)当消防用电负荷为二级并采用交流电源供电时,宜采用双回线路树干式供电,并按防火分区设置自动切换应急照明配电箱。当采用集中蓄电池或灯具内附电池组时,可由单回线路树干式供电,并按防火分区设置应急照明配电箱。

(3)高层建筑楼梯间的应急照明,宜由应急电源提供专用回路,采用树干式供电。宜根据工程具体情况,设置应急照明配电箱。

(4)备用照明和疏散照明,不应由同一分支回路供电,严禁在应急照明电源输出回路中连接插座。

## 8.3 电力照明系统

### 消防应急照明和灯光疏散指示标志的备用电源的连续供电时间有什么要求?

答:建筑内消防应急照明和灯光疏散指示标志的备用电源的连续供电时间应符合下列规定:

(1)建筑高度大于100m的民用建筑,不应小于1.5h;

(2)医疗建筑、老年人建筑、总建筑面积大于100000$m^2$的公共建筑和总建筑面积大于20000$m^2$的地下、半地下建筑,不应少于1.0h;

(3)其他建筑,不应少于0.5h。

### 安装在人员长期工作场所LED灯具有什么要求?

答:安装在人员长期工作场所LED灯具应满足色温小于4000K;显色指数≥80;R9大于0;选用同类光源之间的色容差应低于5SDCM;不同方向颜色变化≤0.004;整个寿命周期内颜色变化≤0.007。

## 8.3 电力照明系统

应急照明的供电有什么要求?

答：应急照明定义为：因正常照明的电源失效而启用的照明。应急照明包括疏散照明、安全照明、备用照明。应急照明的供电应符合下列规定：

（1）疏散照明的应急电源宜采用蓄电池（或干电池）装置，或蓄电池（或干电池）与供电系统中有效地独立于正常照明电源的专用馈电线路的组合，或采用蓄电池（或干电池）装置与自备发电机组组合的方式；

（2）安全照明的应急电源应和该场所的供电线路分别接自不同变压器或不同馈电干线，必要时可采用蓄电池组供电；

（3）备用照明的应急电源宜采用供电系统中有效地独立于正常照明电源的专用馈电线路或自备发电机组。

## 8.3 电力照明系统

家居配电箱里的电源进线开关电器为什么必须要能同时断开相线和中性线?

答：家居配电箱内应配置有过流、过载保护的照明供电回路、电源插座回路、空调插座回路、电炊具及电热水器等专用电源插座回路。除壁挂分体式空调器的电源插座回路外，其他电源插座回路均应设置剩余电流动作保护器。为保障居民和维修维护人员人身安全和便于管理，家居配电箱里的电源进线开关电器必须能同时断开相线和中性线，单相电源进户时应选用双极开关电器，三相电源进户时应选用四极开关电器。

## 8.3 电力照明系统

电磁式与电子式剩余电流保护装置有什么区别?

答：

| 项目 | 电磁式剩余电流保护器 | 电子式剩余电流保护器 |
|---|---|---|
| 灵敏度 | 对于100A以上的$I_{\Delta n}$以30mA为大容量产品，提高灵敏度有困难 | 由于可以多级放大，灵敏度提高，可制成灵敏度为6mA以下的产品 |
| 电源电压对特性的影响 | 完全不受电压波动的影响 | 电压波动时，其动作电流发生变化，装备稳压设备则可减少影响 |
| 耐过压能力 | 耐过电压力高，可满足2000V/min或2500V/min的耐压试验 | 过电压会使电子元件损坏 |
| 耐雷电冲击能力 | 强 | 弱（设备过电压吸收器可提高耐雷能力） |
| 耐机械冲击和振动能力 | 一般较差 | 较强 |
| 外界磁场干扰 | 影响小 | 影响大（电子回路采取防干扰措施后，可减小影响） |
| 结构 | 简单 | 复杂 |
| 制造要求 | 精密 | 简单 |
| 接线要求 | 进出线可倒接 | 不允许倒接 |
| 价格 | 较贵，100A以上价格贵 | 较便宜，100A以上比电磁式便宜得多 |

## 8.3　电力照明系统

为什么采用剩余电流动作保护电器作为间接接触防护电器的回路时，必须装设保护导体?

答：在没有保护导体的回路中，剩余电流动作保护电器是不能正确动作的，因此必须装设保护导体。

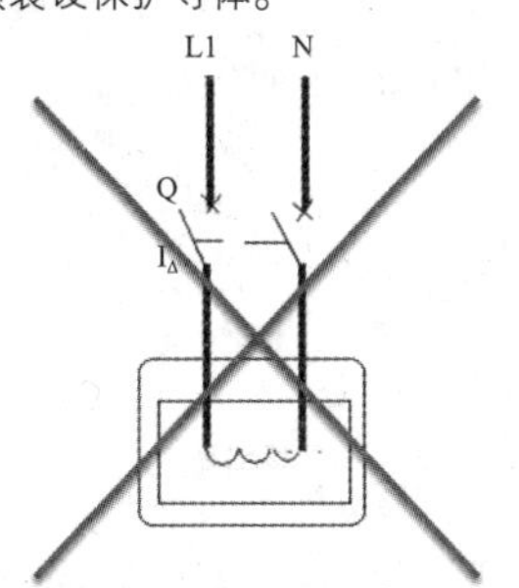


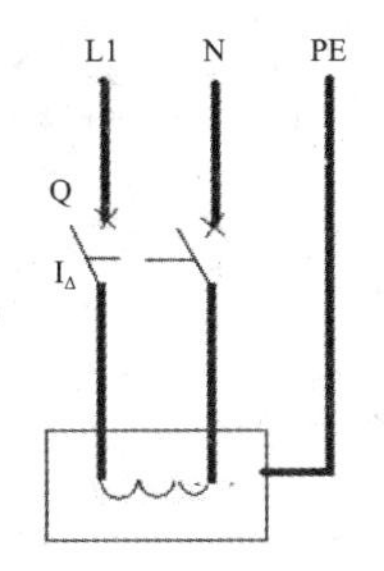


# 8.4　防雷与接地系统

## 8.4　防雷与接地系统

雷电的危害是什么?

答：直击雷是雷雨云对大地和建筑物的放电现象。它以强大的冲击电流、炽热的高温、猛烈的冲击波、强烈的电磁辐射损坏放电通道上的建筑物、输电线、室外设备，击死击伤人、畜造成局部财产损失和人、畜伤亡。

雷电感应高电压及雷电电磁脉冲（LEMP），雷电感应及雷电电磁脉冲是由于雷雨云之间和雷雨云与大地之间放电时，在放电通道周围产生的电磁感应、雷电电磁脉冲辐射以及雷云电场的静电感应、使建筑物上的金属部件，如管道、钢筋、电源线、信号传输线、天馈线等感应出雷电高电压，通过这些线路进入室内的管道、电缆、走线桥架等引入室内造成放电，损坏电子、微电子设备。

因为直击雷和雷电感应高电压及雷电电磁脉冲（LEMP）的侵害渠道不同，其次是由于被保护系统的屏蔽差，没有采取等电位连接措施、综合布线不合理、接地不规范，没有安装浪涌保护器 SPD 或安装的浪涌保护器 SPD 不符合规范的要求等，使雷电感应高电压及雷电电磁脉冲入侵概率大大提高，损坏相应的电子、电气设备。

## 8.4 防雷与接地系统

### 什么叫跨步电压?

答：跨步电压是指人体活动在具有分布电位的地面上时，人的两脚之间所承受的电位差。通常说的对地电压，就是带电体与零电位的大地之间的电位差，数值上等于接地电流（从带电体经接地装置流散到大地的电流）和接地电阻（接地线的电阻和接地体的流散电阻的乘积。当电流通过接地体流入大地时，接地体具有最高电压，离开接地体，电压逐渐下降，直到20m外就降到零值。

当有接地电流通过接地装置时，在以接地体为中心的20m内，大地表面分布不同的电位。人若在这一地区内行走时，一般跨步为0.8m，这时人体两脚之间可能承受最大跨步电压为接地体对地电压的0.8/（$r_0$+0.8）倍，这里$r_0$为接地体自身的半径。人离接地体越近，跨步电压越高。

## 8.4 防雷与接地系统

### 什么叫绝缘配合?

答：电力系统中用以确定输电线路和电工设备绝缘水平的原则、方法和规定叫做绝缘配合。研究绝缘配合的目的在于综合考虑电工设施可能承受的作用电压（工作电压及过电压），过电压防护装置的效用，以及设备的绝缘材料和绝缘结构对各种作用电压的耐受特性等因素，并且考虑经济上的合理性以确定输电线路和电工设备的绝缘水平。要求在技术上处理好作用电压、限制过电压的措施、绝缘耐受能力三者之间相互配合的关系，以及在经济上协调投资费用、维护费用和事故损失费用等之间的关系，以达到较好的综合经济效益。

## 8.4 防雷与接地系统

### 为什么进出电子信息系统机房的电源线路不宜采用架空线路?

答：当建筑物上空发生云集闪、建筑物邻近地区或建筑物本身落雷时，建筑物处在充满瞬态的、波前陡峭的、幅度很高的雷电电磁脉冲状的电磁场，这种电磁场可称为由直接雷引发的雷电脉冲感应场。如果进出电子信息系统机房的电源线路是架空敷设的，那么，这种感应场将通过电磁耦合的方法作用于架空的电源线路，此线路上将产生感应电压$U_M$，$U_M$的大小与雷电流通路和电源线路之间的耦合度M及雷电流的陡度$di/dt$成正比，即$U_M=M(di/dt)$。设$M$=1μH，$I_L$在2μs内上升到100kA，则$U_M=(1\times10^{-6}\times100\times10^3)/(2\times10^{-6})$=50kV。此感应电压亦呈脉冲状，并且立即出现在电子信息设备的电源输入端口，这对电子设备将造成严重威胁。所以进、出电子信息系统设备机房的电源线路不宜架空，宜采用带金属屏蔽层的线缆或穿金属管敷设。

## 8.4 防雷与接地系统

### 为什么当电子信息系统设备由TN交流配电系统供电时，其配电线路必须采用TN-S系统的接地方式？

答：TN交流配电系统共有TN-S、TN-C-S、TN-C共3种接地型式，其中TN-C-S系统的TN-C系统的PEN线，正常工作状态下会流过N线电流，导致其末端的PE或PEN的电位不能稳定为地电位，给其供电的电子系统带来不可避免的干扰。为了避免上述问题的发生，要求TN交流配电系统给电子信息系统设备供电时，其配电线路必须采用TN-S系统的接地方式。

## 8.4 防雷与接地系统

### 为什么在地下禁止用裸铝线作接地极或接地导体？

答：由于裸铝线易氧化，电阻率不稳定，在一定时间后影响接地效果，并危及接地安全。

### 单根钢筋或圆钢作为防雷装置时，直径有什么要求？

答：当单根钢筋或圆钢敷设在钢筋混凝土中时，应考虑到腐蚀的影响，钢筋或圆钢的直径小于10mm时，其作为防雷装置的安全性得不到保证。

## 8.4 防雷与接地系统

### 建筑物内SPD是否设置得越多越好？

答：SPD在使用一段时间后将因各种原因失效，当它对地短路时可能引发一些电气事故，实际工程中需要经常监视SPD的完好性并及时更换损坏的SPD，否则可能导致人身电击、电气火灾、供电中断等事故，电气设计时应充分考虑过多设置SPD可能导致的这些不良后果。从造价上来说，SPD造价较高，大量装用势必引起甲方初期投资和运维成本的双重增加。由于设置SPD并不是防止雷电冲击过电压的唯一可以采取的技术措施，因此我们在设计中既要装设必要的SPD装置来防止雷电冲击过电压损坏电气设备，也要采用其他经济有效的措施来避免这种危险过电压的发生。设计中单纯依靠层层设防、多层次安装大量SPD来保护建筑内的敏感设备的做法是错误的。

## 8.4 防雷与接地系统

### SPD 两端的连接线有什么具体要求?

答：SPD 两端的连接线长度越短越好，IEC 标准要求 SPD 连接线总长不宜超过 0.5m。对于 TN 系统和 TT 系统，SPD 两端接向带电导体和 PE 线的连接线要求“短”且“直”。雷电冲击波呈高频特性，施加在被保护电气设备上的雷电冲击过电压为 SPD 上的残压与连线上的高频电压降之和。连线上的高频电压降为 $L \cdot di/dt$，其中 $L$ 为 SPD 两端电感，与连接线长度成正比，故减少连接线长度即为减小连接线电感值，继而减小施加在被保护电气设备上的雷电冲击过电压。

## 8.4 防雷与接地系统

### 什么叫触电?

答：所谓触电，就是当人体触及带电体，带电体与人体之间闪击放电或电弧波及人体时，电流通过人体与大地或其他导体，形成闭合回路，我们就把这种情况叫做触电。触电会使人体受到伤害，可分为电击和电灼伤两种：

（1）电击：人体相当于一个电阻，当电压施加于人体时，形成电流。人体在电流的作用下（0.02 ~ 0.05A 时）组织细胞遭到破坏，控制心脏和呼吸器管的中枢神经会麻痹，造成休克（假死亡）或死亡，这就叫做电击。

（2）电灼伤：电灼伤是指由于电流的热效应，化学反应，机械效应以及在电流作用下，使熔化和蒸发的金属微粒等侵袭人体皮肤，使人体的局部发红、起泡烧焦或组织破坏，严重时也可以置人于死命，此类情况即为电灼伤。

## 8.4 防雷与接地系统

### 局部等电位联结与辅助等电位联结有什么区别?

答：局部等电位联结是指将局部范围内可同时触及的可导电部分用导体相互连通的联结，用以在已设置总等电位联结的情况下，在局部范围内进一步降低接触电压使其达到接触电压限值 $U_L$ 以下。干燥、潮湿、特别潮湿场所的 $U_L$ 值分别为 50V、25V、12V。辅助等电位联结是指将人体可同时触及的可导电部分的联结，用以消除两不同电位部分的电位差，使 2.5m 伸臂范围内可能出现的电位差降至或接近零伏。

## 8.4 防雷与接地系统

### 局部等电位联结与总等电位联结之间是否必须连通？

答：局部等电位联结只要求将局部范围内可同时触及的可导电部分之间的电位差小于或等于接触电压限值 $U_L$，并不要求它必须与总等电位联结连通。如果强制其连通，不仅造成人工和材料的浪费，还有可能把不同电位导入局部等电位联结负责的局部范围内，从而引起电气危险。

### 等电位联结必须要接地吗？

答：根据 IEC 标准规定，等电位联结与接地是两种完全独立的电气安全性和功能性措施。一般情况下，接地是指和大地做等电位联结，而建筑物内做了等电位联结往往同时也实现了有效的接地。但这并不是说等电位联结必须接地才能起到应有的作用。

# 8.5 智能化系统

## 8.5 智能化系统

### 通信系统中的接入网系统有什么要求？

答：（1）系统应根据用户需求、特点和分布情况，结合本地区电信发展规划及业务网状况，选择铜缆接入（xDSL）、光纤接入及无线接入等接入网系统的方式；

（2）系统宜采用有线技术为主，应充分利用现有的铜缆网资源及发展中的光纤接入方式；

（3）通信业务量大、需要提供各种通信业务的集团型大用户，应采用光纤到建筑物（FTTB）或光纤到户（FTTH）等接入方式；

（4）系统视频业务的需求量较少、用户比较分散的地区，宜考虑采用 xDSL 的接入网方式；

（5）系统的接入采用以无线接入方式作为有线接入方式补充时，宜采用宽带无线接入网方式。

## 8.5 智能化系统

### 住宅建筑通信设施接入有什么要求?

答：住宅区和住宅建筑内光纤到户通信设施工程的设计，必须满足多家电信业务经营者平等接入、用户可自由选择电信业务经营者的要求。房地产开发企业、项目管理者不得就接入和使用住宅小区和商住楼内的通信管线等通信设施与电信运营企业签订垄断性协议，不得以任何方式限制其他电信运营企业的接入和使用，不得限制用户自由选择电信业务的权利。住宅区地下通信管道的管孔容量、用户接入点处预留的配线设备安装空间、电信间及设备间面积应满足至少 3 家电信业务经营者通信业务接入的需要。

## 8.5 智能化系统

### 什么条件住宅建筑的通信设施要采用光纤到户方式?

答：在公用电信网已实现光纤传输的县级及以上城区，新建住宅区和住宅建筑的通信设施应采用光纤到户方式建设。到 2015 年城市和农村家庭分别实现平均 20 兆和 4 兆以上带宽接入能力，部分发达城市网络接入能力达到 100 兆，因此，必须实现光纤到户。当前，光纤到户（FTTH）已作为主流的家庭宽带通信接入方式，与铜缆接入（xDSL）、光纤到楼（FTTB）等接入方式相比，光纤到户接入方式在用户接入带宽、所支持业务丰富度、系统性能等方面均有明显的优势。主要表现在：一是光纤到户接入方式能够满足高速率、大带宽的数据及多媒体业务的需要，能够适应现阶段及将来通信业务种类和带宽需求的快速增长，可大幅提升通信业务质量和服务质量；二是采用光纤到户接入方式可以有效地实现共建共享，为用户自由选择电信业务经营者创造便利条件，并且有效避免对住宅区及住宅建筑内通信设施进行频繁的改建及扩建；三是光纤到户接入方式能够节省有色金属资源。

## 8.5 智能化系统

### 带宽和网络传输速率有什么关系?

答：带宽是单位时间内线路中的信号振荡的次数，是一个表征频率的物理量，用 MHz 表示。带宽表示传输介质提供的信息传输的基本带宽，它取决于所用导线的质量、每一根导线的精确长度及传输技术。网络传输速率用 Mbit/s 表示，表示的是单位时间内线路中传输的信息量，是一个表征速率的物理量，它的高低和数据传输时的编码形式有关。传输速率是在特定的带宽下对信息传输的能力，衡量器件传输性能的指标包括衰减和近端串音，整体链路性能的指标则用衰减 / 串音比来衡量。带宽越宽传输越流畅，允许传输速率越高。网络系统中的编码方式建立了带宽和网络传输速率之间的联系，某些特殊的网络编码方案能够在有限的频率带宽上高速的传输数据。

## 8.5　智能化系统

内部网络与外部网络隔离有什么要求？

答：

| 设备类型 | 外网设备 | 外网信号线 | 外网电源线 | 外网信号地线 | 偶然导体 | 屏蔽外网信号线 | 屏蔽外网电源线 |
|---|---|---|---|---|---|---|---|
| 内网设备 | 1m | 1m | 1m | 1m | 1m | 0.05m | 0.05m |
| 内网信号线 | 1m | 1m | 1m | 1m | 1m | 0.15m | 0.15m |
| 内网电源线 | 1m | 1m | 1m | 1m | 1m | 0.15m | 0.05m |
| 内网信号地线 | 1m | 1m | 1m | 1m | 1m | 0.15m | 0.15m |
| 屏蔽内网信号线 | 0.15m | 0.15m | 0.15m | 0.15m | 0.05m | 0.05m | 0.05m |
| 屏蔽内网电源线 | 0.15m | 0.15m | 0.15m | 0.15m | 0.15m | 0.05m | 0.05m |

## 8.5　智能化系统

什么是建筑设备监控系统？

答：将建筑设备采用传感器、执行器、控制器、人机界面、数据库、通信网络、管线及辅助设施等连接起来，并配有软件进行监视和控制的综合系统。系统中被监控设备分属于供暖通风与空气调节、建筑电气和给水排水等不同专业，系统对设备的监控范围根据项目建设标准确定，可包括冷热源、供暖通风和空气调节、给水排水、供配电、照明、电梯与自动扶梯等，亦可包括以自成控制体系方式纳入管理的专项设备监控系统等；采集的信息包括温度、湿度、流量、压力、压差、液位、照度、气体浓度、电量、冷热量等建筑设备运行基础状态信息。

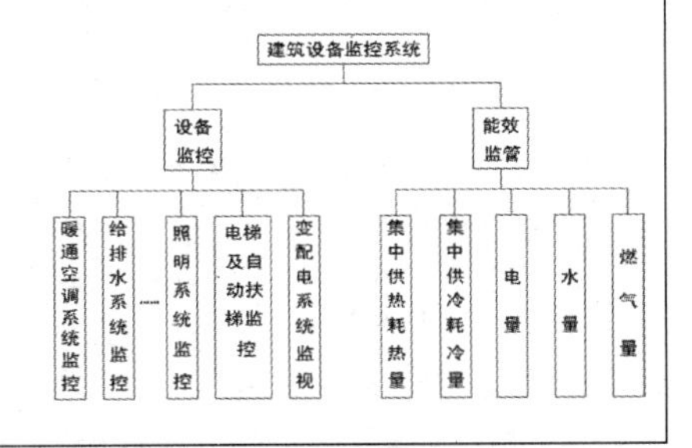


## 8.5　智能化系统

室内温度、湿度传感器的安装位置有什么要求？

答：（1）温度、湿度传感器应尽可能远离窗、门和出风口位置；

（2）并列安装的传感器，距地高度应一致，高度差应不大于1mm，同一区域内高度差应不大于5mm；

（3）温、湿度传感器应安装在便于调试、维修的地方。

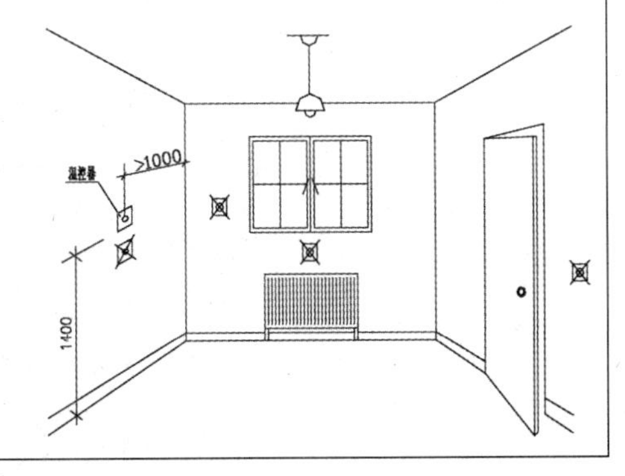

## 8.5 智能化系统

### 空调系统送风机的电加热器为什么应与送风机连锁？

答：要求电加热器与空调系统送风机连锁，是一种保护控制，可避免系统中因无风电加热器单独工作导致的火灾。为了进一步提高安全可靠性，还要求设无风断电、超温断电保护措施，例如，用监视风机运行的风压差开关信号及在电加热器后面设超温断电信号与风机启停连锁等方式，来保证电加热器的安全运行。

### 电力自动监控系统设计原则是什么？

答：（1）系统设计应确保系统整体的安全性和可靠性，并满足系统运行、维护和管理的需要。

（2）系统设计应充分考虑系统内务设备之间以及与相关系统或设备之间的相互通信。

（3）系统设备的配置应满足工程使用的实际需要，并具有一定的可扩性和开放性。

（4）设备选型应按标准化和模块化设计并应充分考虑日后维修的方便，做到零部件、易损部件容易拆卸、更换，电子元器件应能长期稳定、正常地工作，抗电磁干扰能力强。

## 8.5 智能化系统

### 什么是电子会议系统？

答：通过音频、自动控制、多媒体等技术实现会议自动化管理的电子系统。电子会议系统可包括会议讨论系统、同声传译系统、表决系统、扩声系统、显示系统、摄像系统、录制和播放系统、集中控制系统和会场出入口签到管理系统等。会议讨论系统和会议同声传译系统必须具备火灾自动报警联动功能。

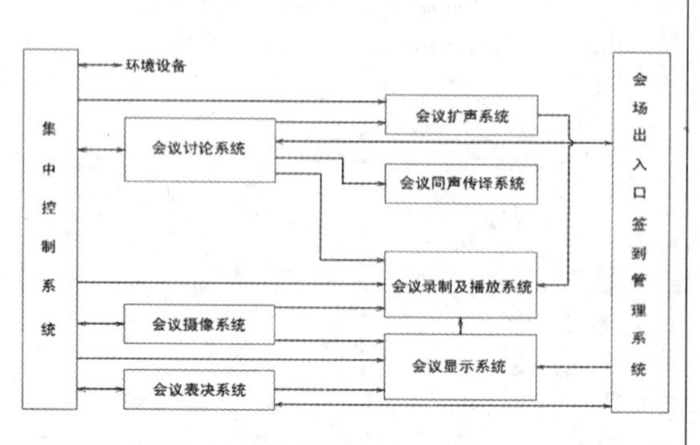


## 8.5 智能化系统

### 什么场所要安装时钟系统？

答：时钟系统主要应用于交通建筑、体育场馆、酒店、医院、地铁等领域，统一建筑内环境时间，避免因显示时间差异造成不必要的矛盾与纠纷，为用户提供准确、标准时间，并为其他智能化系统提供时钟同步信号的系统，这些信息通过各种接口类型来传输给自动化系统中需要时间信息的设备，达到整个系统时间同步。时钟系统主要由母钟和多台子钟构成。

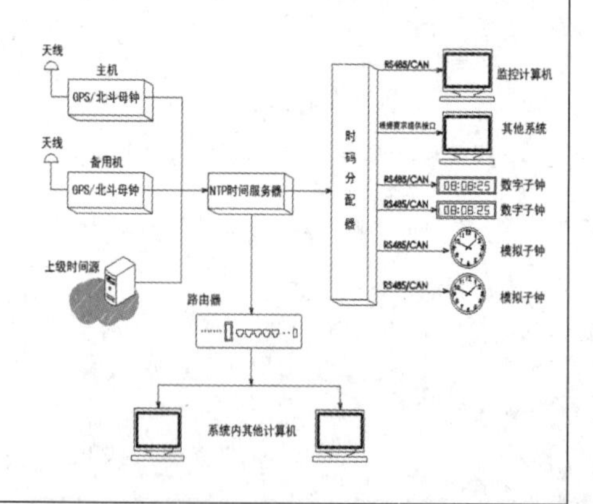

## 8.5 智能化系统

### 入侵报警系统性能指标是什么?

答：（1）入侵报警系统报警响应时间应满足下列要求：

①分线制、总线制和无线制入侵报警系统：不大于2s；

②基于局域网、电力网和广电网的入侵报警系统：不大于2s；

③基于市话网电话线入侵报警系统：不大于20s。

（2）系统备用电源切换时不应改变系统的工作状态，其容量应能保证系统连续正常工作不小于8h。

（3）利用公共网络传输报警信号的系统，当公共网络传输发生故障或信息连续阻塞超过30s时，系统应发出声光报警信息且保持到手动复位。

## 8.5 智能化系统

### 出入口控制系统对系统性能指标有什么要求?

答：（1）在单级网络的情况下，现场报警信息传输到出入口管理中心的响应时间应不大于2s。

（2）现场事件信息经非公共网络传输到出入口管理中心的响应时间应不大于5s。

（3）系统计时、校时应符合下列规定：

①非网络型系统的计时精度<5s/d；网络型系统的中央管理主机的计时精度<5s/d，其他的与事件记录、显示及识别信息有关的各计时部件的计时精度<10s/d；

②系统与事件记录、显示及识别信息有关的计时部件应有校时功能；在网络型系统中，运行于中央管理主机的系统管理软件每天宜设置向其他的与事件记录、显示及识别信息有关的各计时部件校时功能。

## 8.5 智能化系统

### 自助银行在安防方面有什么要求?

答：自助银行及自动柜员机室的现金装填区域属于高风险场所，必须设置完善的安全技术防范设施，以遏制恶性犯罪案件的发生，同时也便于警方的实时快速反应和事后案情追查。所以自助银行及自动柜员机室的现金装填区域应设置视频安全监控装置、出入口控制装置和入侵报警装置，且应具备与110报警系统联网功能。在设计中，应在相关区域设置门禁系统的读卡器及专用门锁，并在门口或其他适当部位设置与安全技术防范系统及110系统相连的手动报警按钮。同时，应在自动柜员机大厅设置高清晰度摄像机，且不能存在监视盲区。

## 8.5 智能化系统

### 扩声系统的供电电源应采取哪些抗干扰措施?

答：扩声系统的供电电源的外部干扰，尤其是舞台的可控硅调光设备常引起正弦波畸变，使电能质量下降，严重干扰扩声系统的音质效果，应采取以下抗干扰措施：

（1）舞台调光照明供电与扩声系统的供电分别设置电源变压器。

（2）当不能采取两台变压器分别供电时，则电声系统可采用1：1隔离变压器及交流电子稳压电源供电。

（3）对可控硅调光系统采用带抗干扰滤波线路供电。

## 8.5 智能化系统

### 智能化系统中对保护导管及槽盒有什么要求?

答：布线宜按智能化系统分项管理、弱电线路分类和符合各智能化系统规范等要求采用穿保护管、在独立线槽或线槽分隔内敷设。

（1）弱电系统设备供电为220VAC及以上电压电缆时，其电缆应独立穿导管或槽盒内敷设。

（2）系统信号传输电缆为70VAC及以上电压时（定压广播系统），其电缆应独立穿导管或槽盒内敷设。

（3）系统信号传输电缆为60VAC电压时，其电缆应独立穿导管或宜在槽盒内加金属隔板敷设。

（4）系统信号传输或电源电缆为48VDC电压时（电话），应独立穿导管，并可与30V及以下电压信号传输或控制或电源电缆在槽盒内加金属隔板敷设。

（5）30V及以下电压的交流或直流电缆可分别穿导管敷设，并在需要时可同在一根导管或槽盒内敷设。

（6）当弱电系统电缆受外界电磁场干扰或自身电缆干扰其他弱电系统电缆时，其电缆应采用金属屏蔽型电缆且金属屏蔽层接地。

## 8.6 电气消防系统

## 8.6 电气消防系统

### 物质燃烧充分必要条件是什么?

答：物质燃烧现象是一种化学反应，具体地说是剧烈的氧化反应过程。在这个过程中有发热、发光效应和将原物质生成另外一种新物质的转化能力。构成物质燃烧的必要条件有：引火源；可燃物；氧化剂。

当具备物质燃烧的三个必要条件，并发生不可抑制的化学反应，就会发生火灾。换句话讲，当存在三个燃烧必要条件，这给物质燃烧提供了一种可能性，但并不等于说物质一定会发生燃烧，要使物质燃烧还必须提供充分的条件。首先，引火源必须具备足够的热量和相应的温度。这个热量或者温度作为初始热量或温度能够引燃周围的可燃物。其次，可燃物应该有一定的数量。再次，氧化剂也应该有足够的数量。因此，要使可燃物发生燃烧，不仅要满足燃烧的必要条件而且还要满足燃烧的充分条件。

## 8.6 电气消防系统

### 煤气表间可否不设置可燃气体报警装置?

答：建筑内可能散发可燃气体、可燃蒸汽的场所应设置可燃气体报警装置。

### 公共建筑的燃气厨房是否要设置可燃气体报警装置?

答：可燃气为燃料的商业和企、事业单位的公共厨房及燃气表房，建筑内可能散发可燃气体、要设置可燃气体报警装置。

### 可燃气体探测器是否可以接入火灾报警的探测器回路?

答：可燃气体探测报警系统应独立组成，燃气表间可燃气体探测器不应接入火灾报警控制器的探测器回路。

## 8.6 电气消防系统

### 当发生火警时，疏散通道上和出入口处的门禁是否能采用“手动解锁”的方式?

答：如建筑物内设有火灾自动报警系统，则不能采用手动解锁措施，必须设置自动联动解锁措施，当发生火警或需紧急疏散时，人员不使用钥匙应能迅速安全通过。

### 消防回路是否要设置电气火灾监控系统?

答：根据《建筑设计防火规范》GB 50016—2014 第 10.2.7 条要求，消防用电回路不需设置电气火灾监控系统。

## 8.6 电气消防系统

### 消防水泵等能否采用软启动方式?

答：软启动器与变频启动设备类似，均包含有电力电子器件、电子芯片，在水泵房等潮湿工作环境下可靠性会受到影响，因此不建议采用。

### 消防水池对液位监视有什么要求?

答：（1）消防水池应设置就地水位显示装置，并应在消防控制中心或值班室等地点设置显示消防水池水位的装置，同时应有最高和最低报警水位；

（2）消防用水与其他用水共用的水池，应采取确保消防用水量不作他用的技术措施。

（3）雨水清水池、中水清水池、水景和游泳池必须作为消防水源时，应有保证在任何情况下均能满足消防给水系统所需的水量和水质的技术措施。

## 8.6 电气消防系统

### 疏散通道上防火门有什么控制要求?

答：疏散通道上各防火门的开启、关闭及故障状态信号应反馈至防火门监控器。

### 消防配电线路能否穿难燃 PVC 管暗敷?

答：否，消防配电线路穿金属导管并敷设在保护层厚度达到 30mm 以上的结构内。

### 可否利用电力监控系统替代消防设备电源监控系统?

答：否，火灾自动报警系统的发展方向是采用各类定型产品对消防设施进行分类管理，可简化系统，提高系统的整体可靠性。消防设备电源监控系统与电力监控系统产品的相关要求有差别，消防设备电源监控系统需要监测的只是消防设备的主、备电源状态，要实行强制性消防产品认证制度，而电力监控系统监测的点和电量参数多，不利于对消防设备电源的有效监管。

## 8.6 电气消防系统

### 消防水泵控制柜有什么要求?

答：（1）消防水泵控制柜设置在专用消防水泵控制室时，其防护等级不应低于 IP30；与消防水泵设置在同一空间时，其防护等级不应低于 IP55；

（2）消防控制柜或控制盘应设置专用线路连接的手动直接启泵的按钮；

（3）消防水泵应能手动启停和自动启动。消防水泵控制柜应设置手动机械启泵功能，并应保证在控制柜内的控制线路发生故障时由有管理权限的人员在紧急时启动消防水泵。机械应急启动时，应确保在消防水泵在报警后 5.0min 内正常工作。

### 大型消防设备为什么不允许使用变频、软启设备?

答：变频、软启设备采用电力电子器件、电子芯片，系统复杂，不稳定，易损坏。为了保证消防设备功能的正常发挥，在紧急启动时，必须立即投入额定工作状态，因此不允许采用变频启动，也不允许采用软启动方式。

## 8.6 电气消防系统

### 导体间的不良连接是否会引起电气火灾?

答：是。相当多的电气火灾是因导体的连接不良引起的。导体间的连接有两种：设备端子和线路之间以及线路和线路之间的永久连接为固定连接；开关两触头间和插头、插座间的断续的连接为活动连接。两种连接都有可能因连接不良产生高温和电火花而引起火灾。为避免这类火灾的发生，要求电气连接的导电良好，接触电阻尽量小。导体连接处如果接触电阻过大，根据 $I^2Rt$ 理论，将发热并产生异常高温；如果连接不实也可能产生电火花从而引起异常高温；这些都将成为危险的电气火灾起火源。

## 8.6 电气消防系统

### 防火阀都需要接入火灾自动报警系统吗?

答：电动防火阀和 280℃排烟防火阀的反馈信号要接入火灾自动报警系统，空调风管上的 70℃防火阀按以下原则设置反馈信号：电动防火阀的反馈信号应接入火灾自动报警系统；穿过防火分区处设置的防火阀的反馈信号应接入火灾自动报警系统；70℃防火阀如有联动关闭空调机要求的则应将反馈信号接入火灾自动报警系统。

### 防火卷帘电源箱能否由应急照明箱回路供电?

答：可以。

### 电梯轿厢内设置的电话有什么要求?

答：为了发生火灾时，对电梯有效的控制，强调的是电梯轿厢应具备的通讯功能，满足轿厢与消防控制室的通讯。

## 8.6 电气消防系统

### 哪些建筑或场所需要设置电气火灾监控系统?

答：（1）建筑面积 5000m² 及以上的商店建筑营业厅内的配电干线；

（2）建筑高度大于 50m 的乙、丙类厂房和丙类仓库，室外消防用水量大于 30L/s 的厂房（仓库）；

（3）一类高层民用建筑；

（4）座位数超过 1500 个的电影院、剧场，座位数超过 3000 个的体育馆，任一层建筑面积大于 3000m² 的商店和展览建筑，省（市）级及以上的广播电视、电信和财贸金融建筑，室外消防用水量大于 25L/s 的其他公共建筑；

（5）国家级文物保护单位的重点砖木或木结构的古建筑。

## 8.6 电气消防系统

### 疏散照明照度有什么要求?

| 《建筑设计防火规范》GB 50016-2014 | 《建筑照明设计标准》GB 50034-2013 |
|---|---|
| 对于疏散走道，不应低于 1.0lx | 水平疏散通道，不应低于 1lx |
| 对于人员密集场所、避难层（间），不应低于 3.0lx | 人员密集场所、避难层（间），不应低于 2lx |
| 对于楼梯间、前室或合用前室、避难走道，不应低于 5lx | 垂直疏散区域，不应低于 5lx |
| 对于病房楼或手术部的避难间，不应低于 10lx | 寄宿制幼儿园和小学的寝室、老年公寓、医院等需要救援人员协助疏散的场所，不应低于 5lx |
| | 疏散通道中心线的最大值与最小值之比不应大于 40 ：1 |

## 8.6 电气消防系统

### 住宅建筑应如何设置火灾自动报警系统?

答：超高层住宅建筑应全面设置火灾自动报警系统。一类高层住宅建筑的公共区应设置火灾自动报警系统，住户套内宜设置火灾自动报警系统。二类高层住宅建筑，其公共区宜设置火灾自动报警系统；当设置有需联动控制的消防设施时，其公共区应设置火灾自动报警系统。

住宅建筑火灾自动报警系统可根据实际应用过程中保护对象的具体情况按以下分类：

（1）A 类系统可由火灾报警控制器、手动火灾报警按钮、家用火灾探测器、火灾声警报器、应急广播等设备组成；

（2）B 类系统可由控制中心监控设备、家用火灾报警控制器、家用火灾探测器、火灾声警报器等设备组成；

（3）C 类系统可由家用火灾报警控制器、家用火灾探测器、火灾声警报器等设备组成；

（4）D 类系统可由独立式火灾探测报警器、火灾声警报器等设备组成。

## 结束语

- 分析电气问题应首先注重设计原则
- 分析电气设计问题应注意自己角度
- 电气设计问题分析应有理论的支撑
- 对电气设计问题分析将会不断更新